风 景 园 林 学

Fengjing Yuanlin Xue

吕明伟　张国强　著

中国建筑工业出版社

审图号：GS（2022）4780号

图书在版编目（CIP）数据

风景园林学/吕明伟，张国强著. -- 北京：中国
建筑工业出版社，2022.7
ISBN 978-7-112-27565-6

Ⅰ.①风… Ⅱ.①吕…②张… Ⅲ.①园林设计—研
究 Ⅳ. ①TU986.2

中国版本图书馆CIP数据核字（2022）第111833号

封面题字：孟兆祯
责任编辑：郑淮兵　杜　洁　兰丽婷
责任校对：赵　菲

风景园林学

吕明伟　张国强　著

*

中国建筑工业出版社出版、发行（北京海淀三里河路9号）

各地新华书店、建筑书店经销

北京中科印刷有限公司印刷

*

开本：787毫米×1092毫米　1/16　印张：25½　字数：512千字

2022年7月第一版　2022年7月第一次印刷

定价：88.00元

ISBN 978-7-112-27565-6

　　（39489）

前　言

　　风景园林从悠久而又璀璨的中华文明中孕育、发展。新时代，极富中华文明特征的风景园林成为中华民族伟大复兴的中国梦的重要组成部分，成长为一项"人与天调""人天和美"的社会公共事业。风景园林学作为研究和实践这一伟大事业的学科，其路漫漫，道阻且长，需"守正笃实，久久为功"。

　　本书以史为鉴，以钱学森先生的系统论思想为指导，历史文献资料和实物实景相结合，风景园林理论与实践相结合，图文并茂地系统论述了风景园林发展的三系组成，即风景、园林、绿地三大系统。全书共分三篇十八章，上篇为中国风景园林发展阶段特征，中篇为风景、园林、绿地各论，下篇为风景园林实践。

　　本书编写大纲最早在1989年提出，时值中国风景园林学会（一级）成立之际，应中国科协要求各学会均要编写本学科之"学"，当时，周干峙、李嘉乐、谢凝高、王秉洛、张国强等数位先生分别参与了《风景园林学》大纲编写。期间原因种种，《风景园林学》编写工作进展缓慢，仅有李嘉乐先生在21世纪之初完成了《风景园林学概论》初稿，并收录在2006年出版的《李嘉乐风景园林文集》中。近几十年来，风景园林蓬勃发展，张国强先生在完成了《风景园林文脉》的基础上，提高、充实、完善了中国风景园林学发展的"七段三系八纲"之说，为本书写作奠定了整体框架体系。"高山仰止，景行行止。虽不能至，然心向往之"，风景园林发展薪火相传，数位先生未竟之事业激励我辈后生不敢懈怠。吕明伟在汪菊渊、周维权及以上数位先生学术思想指引下，参考众多专家学者研究与设计院（企业）实践成果，执笔编写此书。虽历时数载，仍感仓促，书中如有不妥之处，希望读者批评指正。

编者

2020年8月18日

目　录

上篇　风景园林发展阶段特征

中篇　风景、园林、绿地三系各论

下篇　风景园林实践

绪　论

风景园林学是一门既古老又年轻的学科。说它古老，人类最早的"天地水生"崇拜与造园活动可追溯到漫长的远古时代；说它年轻，直到 20 世纪初，风景园林学才成为一门独立学科。中国是世界三大造园体系（中国园林体系、西亚园林体系、欧洲园林体系）发源地之一，享有"世界园林之母"的美誉。中国传统园林艺术在世界上独树一帜，并对世界园林艺术发展产生了广泛而深远的影响。然而，风景园林在国内成为一门学科，却是中华人民共和国成立后。从传统造园到现代风景园林学，其发展脉络、学科体系建设、实践创新领域和人才培养模式等也随时代变迁而发生了深刻的变化。

第一节　风景园林发展演进

风景园林有着先有事物，后有事业，再有学科的发展历程。我国关于造园活动的文字记载最早可追溯到殷商甲骨文中的"囿"和"圃"等象形字。

上古典籍《尚书》载禹"奠高山大川"，周武王"所过名山大川"；战国至秦汉的《礼记》载"天子祭天下名山大川……诸侯祭其疆内名山大川"，当为名山大川形成和山水风景开发的初肇。《世说新语》一书中出现了最早的关于"风景"一词的记载，其中周顗（269—322 年）的"风景不殊"和羊祜（221—278 年）的"每风景必造岘山"（《晋书·羊祜传》）一同被当代认定为"风景"一词的源头。甲骨文和石鼓文最早的文字记载了山川风景开发历史。山水与天地并生，与日月同辉，人类与天地日月、山川草木等自然万物和谐共生。先民原始的"山岳观"以及山岳崇拜是山水风景形成的最早成因。

"园林"一词最早出现在汉代班彪（3—54 年）《游居赋》中："瞻淇澳之园林"，"瞻"有瞻仰和看、观、望等义，"淇"通琪，"澳"通奥，"淇澳"可以理解为美好、弯曲、奥深，这类含义的"园林"，已具有完备的游赏与审美对象等特征。二里头遗址"坛""墠"，甲骨文的囿、圃，瑶台、鹿台、沙丘苑台，灵台、灵沼、灵囿四组并列为中国"园林"的源头。

中国风景园林萌动于农耕与聚落形成的时代，发端于夏商周时期，在400余年的秦汉时期中走向完备，达到了中国风景园林发展史上第一个高峰期。之后，经极富艺术精神的魏晋南北朝，隋唐宋三代风景园林进入全面发展时期。6—7世纪，中国园林作为"文化使节"，开始第一次走出国门，影响了日本、朝鲜等国家的园林建设。元明清时期，风景园林步入多元与深化发展阶段，"中国山水园"形成，皇家园林、私家园林、寺观园林等各种园林类型形成百花争艳发展格局。这一时期，专著图册繁盛，造园家、理论家人才辈出，并出现了从事建筑及造园的职业世家；17—18世纪，中国园林第二次走出国门，并风靡欧洲，直接影响了英国自然风景式园林的产生与发展，改变了欧洲两千多年以来以意大利和法国为首的几何式园林的造园传统，开启了世界风景园林艺术发展的新纪元。

然而，历史的发展有时总会让人无限哀叹与惋惜，1860年，英法联军抢劫并火烧圆明园；1872年美国黄石国家公园成立；1900年，八国联军再次将圆明园付之一炬，这是中国人的耻辱，也是人类文明的悲哀。而大洋彼岸的美国则受欧洲自然风景式园林影响，风景式造园运动如火如荼。几乎在与圆明园的两次被毁相差无几的时间节点上，美国诞生了第一座城市公园——纽约中央公园（1858—1873年）和第一个风景园林专业（1900年哈佛大学设立）。全球风景园林在此消彼长、各领风骚中发展。随后，1948年，国际风景园林师联合会成立，成为联合国教科文组织指导的国际风景园林行业内影响力最大的国际学术组织，Landscape Architecture也成为国际上通用的英文专业名称。

1949年，中华人民共和国成立后，我国开始了大规模的绿化祖国和城镇园林建设，风景、园林、绿地得以快速发展。1958年3月1日钱学森在《人民日报》发表《不到园林怎知春色如许——谈园林学》。1983年，钱学森结合国内外风景园林发展历程和特点，在《园林艺术是我国创立的独特艺术部门》一文中认为中国园林是Landescape、Gardening、Horticulture三方面的综合艺术产物。此后，钱学森在任职中国科学技术协会主席期间（1986年6月至1991年5月），从全国学科体系建设的角度，对中国园林及其学科特点、定位和发展，对园林、建筑、城市三者关系，指明了方向。20世纪50年代之后，我国现代风景园林发展呈现出风景、园林、绿地三系统集成的特征。

进入21世纪，继我国2008年北京奥运会、2010年上海世博会及2019年中国北京世界园艺博览会等重大国际盛会的举办之后，以风景园林师为主体参与规划设计、施工建设、管理运营的园区，成为贯彻生态文明思想、践行"绿水青山就是金山银山"理论、建设美丽中国的生动实践。尤其是以"绿色生活，美丽家园"为主题的2019年中国北京世界园艺博览会，促进了人类与自然和谐共生，激发着人们为共创美丽家园与美好未来而奋斗。

第二节　风景园林学科发展历程

　　我国传统园林艺术营造者多为能主事的文人雅士和善操作的百工匠师。在专业类的学校出现以前，以老带新、传帮带是传统造园人才培养的主要方式和途径。以学校为核心的人才教育培养体系建立及现代风景园林学科建设可追溯至19世纪末、20世纪初，从而开启了现代风景园林人才教育培养的新篇章（图0-1）。现代风景园林学科经过120年的发展，目前世界上有近上百个国家、500余所大学设置了风景园林专业。

　　我国现代风景园林学科建设始于20世纪50年代，期间专业名称因各种因素变化不断，并派生了如造园学、城市及居民区绿化、园林、景观建筑、景观设计学等多种

2021年　造园学组设立70周年，风景园林学成为国家一级学科10周年

2011年　风景园林学正式成为国家110个一级学科之一，列在工学门类，学科编号为0834，可授工学、农学学位

2006年　教育部恢复了在1998年撤销的风景园林本科专业

2005年　风景园林硕士专业学位（MLA）诞生

1998年　本科专业目录修订，风景园林专业被合并至园林专业或城市规划专业

1997年　研究生学科目录调整，风景园林规划与设计二级学科被合并至城市规划与设计（含风景园林规划与设计）二级学科

1994年　风景园林本科专业从工科土建类调整至农学环境保护类，可授农学或工学学士学位

1992年　我国第一个园林学院在北京林业大学成立

1989年　中国风景园林学会（一级）成立

1986年　中国园林学会（二级）成立

1984年　风景园林专业首次出现在土建类专业目录中

1979年　北京林学院、同济大学等高校开设园林及园林绿化专业

1959年　原北京林学院按园林设计和园林植物两个方向招收研究生
　　　　（后发展为风景园林规划与设计以及园林植物与观赏园艺两个学科）

1956年　造园专业更名为城市及居民区绿化专业，并调整到原北京林学院
　　　　（现北京林业大学）

1952年　我国首份专业目录中设立造园专业

1951年　原北京农业大学园艺系和清华大学营建学系联合成立"造园组"

图0-1　我国现代风景园林学科发展脉络图

专业和学科名称。直到 2011 年，国务院学位委员会、教育部公布的新的《学位授予和人才培养学科目录（2011）》中，110 个一级学科中出现了"风景园林学"，列在工学门类，学科编号为 0834，可授工学、农学学位，风景园林学成为新增加的 21 个一级学科之一。风景园林学科地位得以巩固，从工学门类的建筑学和农学门类的林学下的二级学科，独立为与之并列的一级学科。之后，风景园林学科建设进入高速发展的黄金时期，截至 2021 年，我国有风景园林学一级学科博士授权点 21 个，博士后科研流动站 9 个，学术硕士授权点 62 个，专业硕士学位授权点 80 个。据统计，全国累计共有 200 余所普通高校开设风景园林专业课程，风景园林专业广泛分布在农林、建筑、艺术及综合类等院校中。

第三节　风景园林学科内涵与学科体系

中国风景园林从古老的文明中走来，在新的时代，风景园林学科却又恰同学少年，风华正茂，焕发出勃勃生机！

一、学科内涵

风景园林经过数千年的发展演变，其内涵和外延不断丰富和拓展。结合中国风景园林发展规律、阶段特征、系统集成等提出的"三系"学说，即风景、园林、绿地三大系统之说，反映了风景园林发展的客观规律，是根植于中华传统文化沃土诞生的学科理论和思想精髓。"三系"学说阐述了风景、园林、绿地三系鼎立成三角交织循环关系，从宏观、中观、微观层面定位了风景园林学科实践范畴，是风景园林学研究体系化、理论化和科学化的重要进展。

中国风景园林作为中华文明的有机组成部分，历史悠久且自成体系。目前，风景园林成为兼融着风景、园林、绿地三系特征，为满足人们的生理健康、心理达畅、人天和美三类需求而成长的公共事业。风景园林学则成为一门经世致用、知行合一的学科，具有着综合性、交叉性和实践性的特点。总而言之，风景园林学是探索人与自然和谐共生的科学和艺术，是研究风景、园林、绿地三系特征和发展规律，共建"人天和美"与美好家园的综合性应用学科。

二、学科体系

风景园林学作为一级学科虽只有 10 年时间，但却呈现出蓬勃发展的生命活力。21 世纪，新时代的风景园林学将是一门建立在理论研究和广泛应用的基础上，趋向综合化、社会化的理论与实践并举的科学与艺术。

风景园林是科学的艺术，也是艺术的科学。新时代风景园林学科体系建设至少包括风景园林历史与理论、园林植物与观赏园艺、风景园林规划与设计，以及风景园林工程与管理4个基本学科（图0-2）。

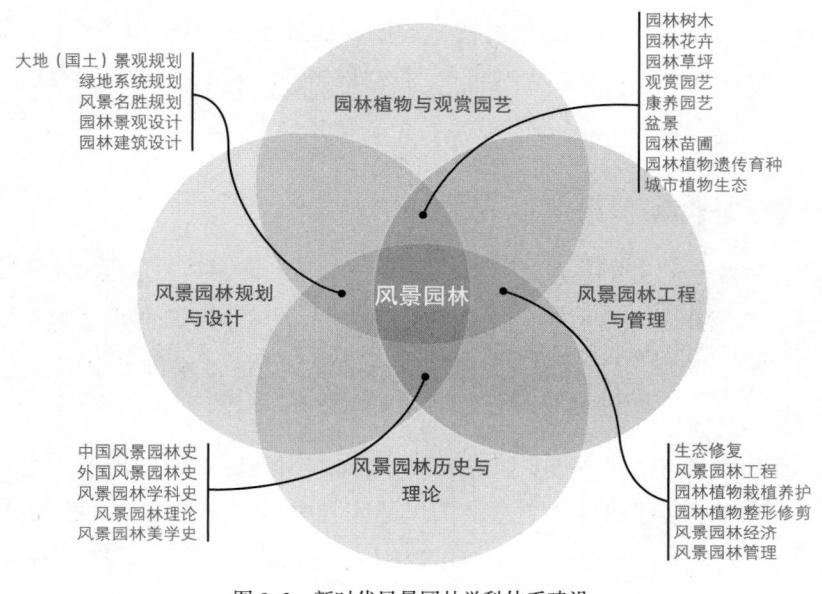

图0-2　新时代风景园林学科体系建设

风景园林历史与理论是研究风景园林的起源、发展过程、类型特征及其理论演进的基础性学科，包括中国风景园林史、外国风景园林史、风景园林学科史、风景园林理论、风景园林美学史等。

园林植物与观赏园艺是系统研究园林植物的分类、习性、繁殖、栽培管理和应用的学科，包括园林树木、园林花卉、园林草坪、观赏园艺、康养园艺、盆景、园林苗圃、园林植物遗传育种、城市植物生态等。

风景园林规划与设计是研究在不同类型、不同尺度的地域空间内进行风景园林规划或设计的理论、途径、方法和技术的学科，包括大地（国土）景观规划、绿地系统规划、风景名胜规划、园林景观设计、园林建筑设计等。

风景园林工程与管理是研究风景园林建设工程技术、造园技艺以及养护或运营管理的学科，包括生态修复、风景园林工程、园林植物栽植养护、园林植物整形修剪、风景园林经济、风景园林管理等。

第四节　风景园林学研究对象、任务和实践范畴

一、风景园林学研究对象

　　风景园林学主要研究对象是风景、园林、绿地三大系统。其中，风景是人们游览欣赏的真善美景，园林是大众游憩的情景趣园，绿地是城镇防护的绿化生境。风景、园林、绿地三大系统中，风景的宏观优势与长效特征十分突出，园林的核心价值与大众魅力深入人心，绿地的中观难题与功效特色随科技而变化。[①]

二、风景园林学时代重任

　　风景园林是传承的文化，亦是社会的事业。中国风景园林"景面文心"，犹如"中华文明之光"，散发出中华优秀传统文化的烁烁光华。不同历史时期，中国风景园林还作为"文化使节"，架起了中外文明交流互鉴的桥梁，更好地增进了中国人民和世界各国人民的友谊。

　　弘扬中国风景园林文化，彰显文化自信。秉承中国传统文化精髓，熔古铸今、传承创新，风景园林学科建设要树立系统的风景园林史学观、正确完善的风景园林科学观、崇高的风景园林时代价值观，坚持世界眼光、全球视野，切实提升中国风景园林艺术的国际竞争力和影响力。

　　中国风景园林发展历史长河中，极富中华文明特征的风景园林事业，形成了自强不息、追求真善美和谐发展的风景园林学科力量。作为一门科学、技术和艺术高度融合的综合性应用型学科，面对城镇化进程加快、环境恶化、生态文明建设形势严峻复杂等众多综合性问题，风景园林学需要找到系统解决问题的途径和方法，面向世界、面向未来，以不断满足人民群众对美好生活的向往为目标，承担起加快生态文明和美丽中国建设、共建人类美好家园的历史使命和时代重任。

三、风景园林学实践范畴

　　国家战略和重大项目建设为风景园林学科发展提供了更为广阔的空间和舞台。以社会发展需求为导向，满足国家、地方重大项目建设和社会发展需要，风景园林学的研究范围和实践范畴随着时代的进步、科技的创新和人民对美好生活的向往而不断扩展（图0-3）。

　　对应风景、园林、绿地三大系统学说，风景园林学主要包括了风景名胜、园林艺

---

① 张国强. 中国风景园林史纲 [J]. 中国园林，2017（7）.

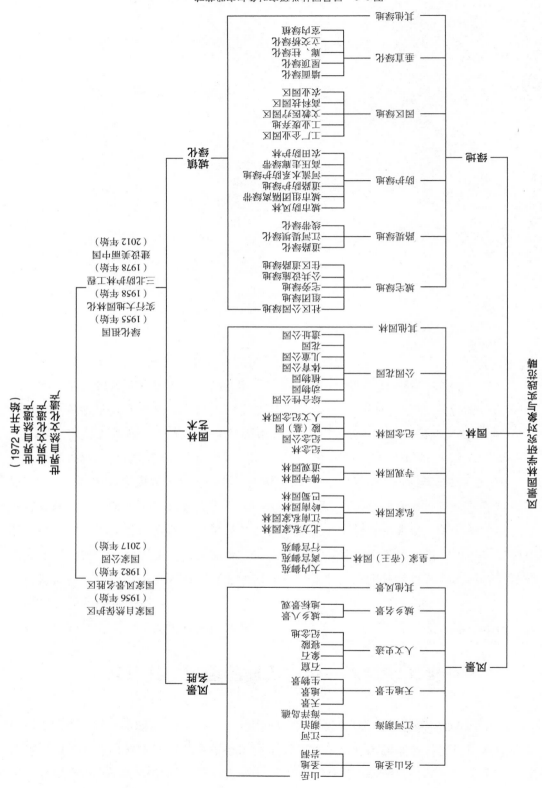

图 0-3　风景园林学研究对象与实践范畴

术、城镇绿化三大核心实践范畴。作为生态文明、美丽中国的践行者，风景园林学在绿化祖国、大地园林化，国家自然保护区、国家风景名胜区和国家公园，世界自然遗产和文化遗产的永续利用等不同层面贡献着专业力量，展现着风景园林师的多边活力。

第五节　风景园林学与相关学科的关系

风景园林学是人居学科群支柱性学科之一，是深入推进生态文明建设，实现人与自然和谐共生的主力军。

风景园林学是一个涉及多领域的应用科学。根据风景园林学科的研究对象、任务以及实践领域，风景园林学与天地生、理工农、文史哲等相关学科密不可分，互为补充。风景园林学的健康发展，将涉及天、地、生等自然科学的基础，文、史、哲等人文精神的导向，理、工、农等工程技术的措施，在经营管理中还有经、社、法的绩效管理，需要统筹科学精神、人文关爱、技术方法有机融合，构成异宜的新优成果。[1]

在学科发展与具体实践应用中，风景园林学广泛吸收了以下众多学科的相关知识：

天、地、生学科：天文、气候、气象、地理、地质、生态、植物、动物等；

文、史、哲学科：文学、美术、艺术、历史、考古、生理、心理、哲学等；

理、工、农学科：数理化、声光电、建筑城规、环境工程、园艺农林等；

经、社、法学科：经济、社会、法规、绩效管控等。

---

① 张国强 . 风景园林文汇 [M]，北京：中国建筑工业出版社，2014.

上篇　风景园林发展阶段特征

昆仑山，"万山之祖"，中华"龙脉之祖"，很多流传下来的神话传说多与昆仑山有关，被认为是中华民族的发源地。

第一章　远古序曲

（五帝以前氏族社会：约公元前 30 世纪初—约前 21 世纪初）

中国风景园林萌动于农耕与聚落形成的时代。在当时充满神秘色彩的文化中，神话仙话、传说故事，反映着古代人们对世界的早期认识，对超自然力量的信仰。其中："盘古开天辟地说"被古代史学者认可为"中国历史的起点"，进而衍及万物、人天、兼爱诸多意识；"梦魂与灵魂不死"的观念，被称为"哲学问题的史前内容"，延续后世的是厚葬、祭礼、祖圣纪念等习俗；"自然崇拜"中对生存生活有直接影响的事物，引发了对各种食物与生存条件的分布及其占有的观念；"图腾崇拜"的"龙凤呈祥"大旗，正是审美意识和艺术创造的萌芽。上述四项，反映着人对天地万物万象的敬畏、尊重和探索。

继而，东海"三岛仙境"，是先民面对海市蜃景，遐想出的仙境仙界和生活天堂，这种神话艺术创造被广泛运用在后来的园林设计中；昆仑"帝都玄圃"是由高大寒远的昆仑神话、民间信仰的"西王母"传说（图 1–1）、周穆王西征巡狩故事三者融聚而成的艺术境界。在"此山万物尽有"的三层帝都中，有"玄圃、凉风、樊桐、瑶池"，有"千年不死之树"，"我惟帝女"的"西王母"掌控着不死神药，可以用三千年结一次果的仙桃宴请诸仙。环昆仑还有赤、黑、青、洋诸河绕流四方，西膜还有"茂苑"可供休猎。这里虽非正史，却可能"是历史上突出片段的记录"[1]。其构景要素，恰似风景园林的远古序曲。

此外，"黄帝驯兽舜驯象"的记载说明当时的野生动物驯养水平，与甲骨文"圃"字出现，可以互为佐证。"河姆渡文化遗存"这个新石器时代遗址中，有可供数十人居住生活的干阑式建筑，有木构的水井供饮地下水，有群居式集体生活（渔猎、采集、耕作、驯养家畜），一派史前聚落家园风光。更有万年青五叶纹陶片、虾脊兰三叶纹陶片，有夜合花、旱莲木等 20 余种植物遗存，印证着先民已从事观赏植物栽培，结合出土陶盆陶钵，我国盆栽艺术当始于此时。

总之，风景园林序幕，充满对天地、万物、人生、人性的思维与进取，反映出富

---

① 翦伯赞. 中国史纲 [M]. 北京：三联书店，1950.

图 1-1　西王母，莫高窟第 249 窟窟顶北坡，西魏（535—556 年）

于情趣的立人、立己、立业的奋斗精神。

盘古传说

盘古为中国古代传说时期中的创世之神。盘古凭借着自己的神力把天地开辟出来，"阳清为天，阴浊为地"。开天辟地的盘古，临死的时候，将自己的整个身躯化生万物。《广博物志》中载："盘古之君，龙首蛇身，嘘为风雨，吹为雷电，开目为昼，闭目为夜。死后骨节为山林，体为江海，血为淮渎，毛发为草木。"

梦魂观念

远古时代，先民对自身活动的认识，经常以梦魂观念的形式表现出来。即先民借助原始思维，把梦和灵魂联系在一起，通过对梦的思考，形成了灵魂的观念，并用其解释梦境和梦象。梦魂观念是先民认识活动、知识积累在客观条件极其有限的情况下产生的，具有很大的片面性和局限性。但中国人的梦魂观念历史悠久，先秦时大量关于神魂之事的记载，体现了古人对梦魂观念的认知。

梦魂观念成为具有普遍意义的传统观念，是一个逐渐发展完善的过程。从先秦时代记录民间习俗和人们对灵魂的崇拜开始，随着历史的发展以及宗教的介入，中国古代的梦魂观念更加完善。梦魂观念逐渐成为原始宗教最重要的基础，秦、汉以后，神仙之说盛行就是梦魂观念衍化的结果。日趋完善的梦魂观念影响了后世宗教、绘画、建筑、风景园林等各个方面。

自然崇拜与图腾崇拜

古人类以渔猎、采集为生，或穴居，或巢居。"上古之世，人民少而禽兽众，人民不胜禽兽虫蛇，有圣人作，构木为巢，以避群害。"（《韩非子·五蠹》）这时期的人类，仅是栖身于大自然的一员。游动中的种群部落，处在为生存和温饱而争斗的状态，尚未形成独立于自然的人工环境。这种天人不分或人天难分的混沌状态，尚难以产生对自然美的有意识追求。

但随着人类社会的不断进步，远古社会进入了一个自然崇拜、图腾崇拜、万物有神灵的时代。先民们认为日月、星辰、山川、水火、风雨、雷电、土地、生物等自然物和自然现象都具有生命、意志、灵性和神奇的能力，并能影响人的命运，因而将其作为崇拜的对象，向其表示敬畏，祈求其佑护和降福。各部族或民族因其生存环境的差异而有不同的崇拜对象。

自然崇拜、图腾崇拜孕育着审美意识和艺术创造的萌芽。在自然崇拜中，近山者拜山（图1-2），傍水者拜水，多风地带则拜风，伴随着历史步伐进而孕育演绎出天地神灵与宗教、名山大川与领土、山水风光与审美等意识的萌芽。在图腾崇拜中，从旧石器渔猎阶段到新石器的农耕阶段、再到夏商早期奴隶制社会，高扬着的龙凤图腾旗帜，饱含着古人对自然的敬畏与精神上的寄托。

昆仑"帝之下都"与东海"三岛仙境"

东海仙山和昆仑山是我国两大神话系统的渊源。神话来源于原始社会时期，由于认识水平的局限，因此具有着浓郁神秘的色彩。两大古老神话传说中所描述的西北昆仑"帝之下都"与东部沿海"三岛仙境"是人们通过推理和想象以超自然的方式对自然现象的解释，反映着人们的美好愿望和对于美好生活环境的憧憬。

昆仑山自古以来在中国文化中就占有很重要的地位，道教文化中将其誉为"万山之祖"。周朝——周族是从昆仑山脉的横断山发端，继而从岐山周原兴起。西汉谶纬之书《鱼龙河图》就把昆仑称为"帝之下都"，"万神之所在"，"天中抵柱"。《淮南子·地形训》描述：

图1-2　1980年三星堆出土玉璋祭山图案反映公元前16世纪先民祭山情景

"昆仑山（虚）有增（层）城九重，其高万一千里……。上有木禾，其修五寻；珠树、玉树、琁树、不死树在其西；沙棠、琅玕在其东；绛树在其南；碧树、瑶树在其北。……倾宫、旋室、悬圃、凉风、樊桐在昆仑间阊阖之中，是其疏圃。疏圃之池，浸之潢水，潢水三周复其原（本），是谓丹水，饮之不死。

昆仑之丘，或上倍之，是谓凉风之山，登之不死；或上倍之，是谓悬圃，登之乃灵，能使风雨。或上倍之，乃维上天，登之乃神，是谓太帝之居。"

昆仑山传说有一至九重天，能上至九重天者，是大佛、大神、大圣。西王母、九天玄女均是九重天的大神。太帝之居、西王母居住的"瑶池"、黄帝在下界所建的行宫"悬圃"皆在昆仑山。典籍记载，西王母在昆仑山的宫阙十分富丽壮观，如"阆风巅""天墉城""碧玉堂""琼华宫""紫翠丹房""悬圃宫""昆仑宫"等。《山海经·西次三经》载："昆仑之丘，是实惟帝之下都。神陆吾司之。"陆吾是昆仑山神，天帝的大管家，掌管"帝之下都"还兼管"天之九部"，职责是管理天之九部和天帝园圃的时节。

高大寒远的昆仑（今海拔6973米）自然成为神话和艺术遐想的泉源。其中的台、都、圃、苑、囿、畤、山水、岩穴、生众、神圣诸字词，均显现着风景园林的萌芽与生发的动因。

三仙山的由来，《史记·封禅书》中记载："其传在渤海中，去人不远……盖尝有至者，诸仙人及不死之药皆在焉。其物禽兽尽白，而黄金银为宫阙。未至，望之如云；及到，三仙山反居水下，临之，风辄引去，终莫能至云。"据《史记》等典籍记载，东海之上有三座仙山，名曰"蓬莱、方丈、瀛洲"，山上有仙人居住，有灵丹妙药，人食之可长生不老，因而引出秦皇汉武东海访仙求药的故事，并流传至今。

河姆渡文化遗存

河姆渡遗址位于浙江省余姚县河姆渡镇，系我国长江下游新石器时代遗址。公元前5000年至前3500年的河姆渡文化遗存中，发现有最古的人工栽培稻谷、家畜猪和狗、独木舟和木制船桨、漆器、干阑式建筑、水井遗址等。其中，干阑式建筑遗迹，为我国目前考古发现最早的干阑式建筑实物，为后世楼阁式建筑的起源，代表了新石器时代的聚落营造水平。河姆渡木构浅水井是中国迄今发现的时代最早的水井实例之一。在水井的外围，还发现了一圈直径约6米呈圆形分布的栅栏桩，并有苇席的残片，由此可推断，水井上盖有简单的"井亭"，为后世园林中重要的点景建筑"亭"的源头（图1-3）。

图1-3　亭的源头：河姆渡木构浅水井遗迹平面复原图与设想图

另外，河姆渡遗址中还发掘出五叶纹陶片、三叶纹陶片、花卉与观赏植物遗存、陶盆与陶钵等，表明农耕、林牧、手工业发端于新石器时代，也象征着花卉文化、观赏植物栽培和盆栽艺术的开端，还印证着人类的早期审美活动（图1-4）。

黄帝驯兽

远古时期古华夏部落联盟首领、五帝之首、被尊为中华"人文初祖"的黄帝（公元前2717—前2599年），播百谷草木，进一步发展了原始农业，增强了部落的整体实力。据《史记·五帝本纪》，轩辕黄帝的功绩之一是"治五气，艺五种，抚万民，

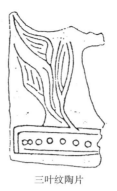

五叶纹陶片　　　　　　　　三叶纹陶片

图1-4　最早花卉盆景实物图志 [前者被认为是百合科多年生植物万年青，
后者被认为是兰花（虾脊兰）]

度四方"，"时播百谷草木，淳化鸟兽虫蛾"。"五种"，即指"黍、稷、菽、麦、稻"
五谷。另外，据《史记》载，黄帝是驯养和训练野生动物的代表人物。轩辕黄帝以武
力征服四方，所谓"轩辕乃修德振兵，……教熊罴貔貅貙虎，以与炎帝战于阪泉之
野。……与蚩尤战于涿鹿之野"。从上述记载中可以看出，在战争中使用了熊罴、貔貅
和貙虎等猛兽。将这些野兽驯练成作战的猛兽，而这些驯养场地，也正是在大自然环
境中建立人工"囿"的开端。

天地水生祖胜祭祀

随着农耕的兴起和发展，人类开始定居，建造简易房屋，进而形成了原始居民点
和聚落。"舜耕历山、历山之人皆让畔，……一年所居成聚，二年成邑，三年成都。"聚，
即村落。这时期的人类，开始从大自然环境中改造出了适于生存与居住的人工建筑环
境，有了一席立足之地。公元前3000年中叶，出现了城堡式聚落，充作部落或部落联
盟的基地，这可以视为"城"的原始雏型，大约相当于夏禹之父"鲧作城郭"的时代。
这种摆脱自然从而走向独立的活动，使人与自然有了分离，由此便开始了人类及其人
工环境同大自然的矛盾关系演化。

伴随着青铜器的使用、农业灌溉的发展和奴隶制的产生，公元前4000年至前2000
年出现了古代宗教，神的"天阶体系"（分掌不同职司的各级大小神灵），以及君权神授
的思想。公元前26世纪至前21世纪，出现了祭祀封禅活动（始于帝尧、禹尊之）。祭
天曰封，报天之功；祭地曰禅，报地之功。封禅是帝王或部族首领受命于天并与天相
通的仪式或标志。据《史记·五帝本纪》载，"轩辕之时……万国和，而鬼神山川封禅
与为多焉。"即万国和同，而鬼神山川封禅祭祀之事，自古以来帝皇之中，推许黄帝以
为多。"舜……遂类于上帝，禋于六宗，望于山川，辩于群神。"望者，即遥望而祭名
山大川、五岳四渎，遍祭于山川、丘陵坟衍、古之圣贤等群神。可见，山岳崇拜以及
原始的"山岳观"是山水风景形成的最早成因。

第二章　风景园林发端时期

（夏商周：公元前 21 世纪—前 11 世纪）

公元前 21 世纪，中国最早的奴隶制国家、中国历史上的第一个朝代夏王朝（约公元前 21 世纪—约公元前 16 世纪）建立。夏王朝诸侯国商部落首领商汤率诸侯国灭夏后在亳（今河南商丘）建立中国历史上的第二个朝代——商朝（约公元前 1600—前 1046 年）。之后，商朝历经 300 年五次迁都，公元前 13 世纪，盘庚继位后，决定迁都于殷（今河南安阳），并在殷建都达 273 年，故商朝又称为"殷"或"殷商"，是中国第一个有直接的同时期文字记载的王朝。

周（公元前 1046—前 249 年），周朝分为"西周"（公元前 1046—前 771 年）与"东周"（公元前 770—前 256 年）两个时期。其中东周时期又称"春秋战国"，分为"春秋"（公元前 770—前 476 年）及"战国"（公元前 475—前 221 年）两部分。

夏商周为中国风景园林发端时期。风景园林由五帝以前的萌芽状态，进入肇始时期。

风景：天文、历法、司南与鲁班发明等先秦科技发展，引导人们更加深入地观察自然、省悟人生，成为早期山水风景开发的科技基础；诸子百家的争鸣创新，既奠定了儒道互补而又协调的古代审美基础，也蕴含着后世山水风景发展的动因、思想和哲学基础。《礼记·王制》载："天子祭天下名山大川……诸侯祭其疆内名山大川。"

园林：周维权先生《中国古典园林史》及张国强先生《中国风景园林史纲》中将甲骨文的囿、圃，瑶台、鹿台、沙丘苑台，灵台、灵沼、灵囿三组并列为中国"园林"的源头。根据 21 世纪初开展的"中华文明探源工程"重大科研项目最新成果，推断认为夏王朝都城偃师二里头遗址祭祀场所"坛""墠"与前三组并列为中国"园林"的源头。即早期先民的祭祀活动场所亦为最早的园林雏形之一。

绿地：植物崇拜及夏商青铜神树、《诗经》及孔子用植物来比兴、比德以及管子的树人树木思想引发了人们植物审美意识和自然生态意识的觉醒；春秋时期出现的社坛植树、墓地植树、庭园植树、园圃植树、道路植树、河堤造林、边境造林、驿站植树八种植树模式则从制度和技术等层面规范了不同类型植树的树种选择和功能效果。

第一节　山水风景的早期开发

一、大禹治水是首次国土和大地山川景物规划及其综合治理

由于治水工程建设的需要，大禹最早在全国范围内确立了山川分布系统和众多山岳的名称，并完成了我国最早的国土和大地山川景物规划。《尚书·禹贡》中有"禹别九州，随山濬川，任土作贡。……禹敷土，奠高山大川"的论述和"随山川形便"对于天下国土进行的理想划分。这里的九州主要以高山大川作为主要地理标志来区分，州与州之间以高山和河流为分界线。九州，后成为古代华夏大地的代称。根据《尚书·禹贡》的记载，九州分别是：冀州、兖州、青州、徐州、扬州、荆州、豫州、梁州和雍州（图2-1）。这里的高山大川是指以五岳四渎为代表的九州山河，五岳原为四岳，即岱（泰）山、衡山、华山、恒山，后加嵩高为中岳，演变为五岳；四渎即江、河、淮、济，《尔雅·释水》："江、河、淮、济为四渎。四渎者，发源注海者也。"《史记·殷本记》："四渎已修，万民乃有居。"

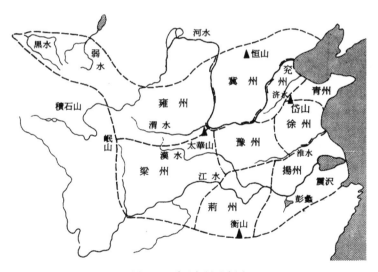

图2-1　禹贡九州示意图

此后成书于战国时代的《山海经》中《五藏山经》篇、战国末期的《尔雅》中的《释地》《释丘》和《释山》篇，都有对山岳大川的分布情况以及若干分类等的描写。

二、甲骨文和石鼓文最早的文字记载了山川风景开发历史

甲骨文中记载的"囿"和《诗经》记述的灵囿，均是在山水丰美地段，挖沼筑台，以形成观天通神、游憩娱乐、生产生活并与民同享的境域。

《石鼓文》首次记载了早期古秦汧水畤囿风景区的开发过程。据公元前 771 年—前 659 年春秋之初的十块秦刻石遗物《石鼓文》记载，在陕西凤翔县南，渭河以北，千河之东，有一片风光优美，兼有流水游鱼、杨柳栗柞之胜的低洼沼泽地。诸侯小国古秦，曾仿效周文王建灵台而在此建坛畤以敬天，建园囿"为所游优"。在这坛畤园囿结合的三十里内，还可以狩猎、习武、圈养驯马。张均成先生称其为"秦畤园囿"，"堪称我国春秋时期诸侯园囿的史诗"，是我国早期风景区开发建设过程及其功能活动的写照和例证（图 2-2）。

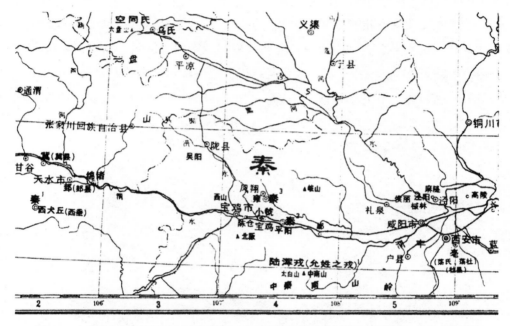

图 2-2　古秦汧水畤囿风景区位置图（图片来源：引自谭其骧《中国历史地图集·春秋·晋秦》）

三、山水比德思想与山水审美观的萌芽

观物比德的自然审美观最早发轫于《诗经》的比兴传统中，亦是先秦时代相当普遍的自然美学观念。这里的物，即审美客体多是山、水、草木等自然景物。

古人把审美客体的自然景物与审美主体的人"比德"，并反映出其内在品德之美。如《诗经·小雅·南山有台》：

南山有台，北山有莱。乐只君子，邦家之基。乐只君子，万寿无期。

南山有桑，北山有杨。乐只君子，邦家之光。乐只君子，万寿无疆。

南山有杞，北山有李。乐只君子，民之父母。乐只君子，德音不已。

南山有栲，北山有杻。乐只君子，遐不眉寿。乐只君子，德音是茂。

南山有枸，北山有楰。乐只君子，遐不黄耇。乐只君子，保艾尔后。

全诗五章，每章六句，每章开头均以南山、北山的草木起兴。文章借南山的台、桑、杞、栲、枸，北山的莱、杨、李、杻、楰等自然景物，兴中有比，极富象征性地比德各种高尚的君子贤人。

这无疑是我国最早的山水和草木审美意识的觉醒，昭示着古人开始把自然山水和植物当作独立审美对象。而较早认识自然山水和植物审美价值，并进一步发扬的是孔子（公元前551—前479年）和庄子（约公元前369—前286年）。

先秦儒家学说继承了《诗经》的比兴传统，其朴素的自然山水意识以及"人化自然"的哲理提升了人们对于山水草木的尊重。儒家君子比德思想、山水比德思想进一步促进了自然山水审美观的发展，成为中国山水艺术产生的重要思想源泉和动力之一。如孔子的"知水仁山"论，《论语·雍也》篇中"知者乐水，仁者乐山。知者动，仁者静。知者乐，仁者寿。"便是一种典型的山水比德观念，既包含着对自然山水之美的赞赏，又以山水比德知仁之乐与高尚品德。即智者之乐如流水一般，清澈、灵动、生生不息；仁者之乐如高山一样，稳重、崇高、亘古永恒。[①]

庄子继承发展了道家创始人老子"人法地，地法天，天法道，道法自然"的核心思想，《庄子·外篇·知北游》认为："天地有大美而不言，四时有明法而不议，万物有成理而不说。圣人者，原天地之美而达万物之理。"即天地自然之美是大美，无法用言语表达却有着显明的四时运行规律。而天地山水的朴素与完美是庄子所向往的，"山林与，皋壤与，使我欣欣然而乐与！"顺乎自然、返璞归真，庄子所推崇的是：澹然无极而众美从之。

总之先秦时期山水比德思想与山水审美观的萌芽，对后世山水诗、山水画的产生以及山水审美观影响深远。此后，"山水"也一度成为自然风景的代称。

四、燕乐射猎铜壶（鉴）：现存较早的风景园林实物图志

现存较早的风景园林实物图志见于战国铜器的装饰纹样中，以20世纪五六十年代出土的采桑宴乐射猎攻战纹铜壶和燕乐射猎图案刻纹铜鉴为代表。

铜壶（鉴）中装饰纹样以人们现实生活为题材，人物、建筑、园林、池沼、年兽、器乐、树木等景物清晰可见，生动形象地再现了战国时期贵族王公生活中的宴乐、舞蹈、习射、攻城、水战、采桑、弋鸟和狩猎等真实情景。[②]

---

① 朱熹注：智者达于事理而畅流无滞，有似于水，故乐水。仁者安于义理而厚重不迁，有似于山，故乐山。

② "燕乐"是古代宴饮而配的奏乐、舞曲，也称作"宴乐"，《周礼·春官·钟师》："凡祭祀飨食，奏燕乐。"《周礼·春官·磬师》："教缦乐燕乐之钟磬。""射猎"，是诸侯为即将举行的祭礼、朝觐、盟会等活动而开展的一种射猎活动。

（1）战国采桑宴乐射猎攻战纹铜壶

1965年，在成都百花潭中学校舍内发掘了一批墓葬，出土了一件宴乐渔猎攻战纹铜壶，该壶高40厘米，口径13.4厘米（图2-3）。

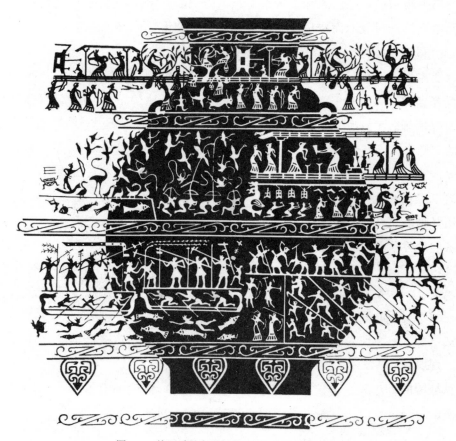

图2-3　战国采桑宴乐射猎攻战纹铜壶图像示意图

壶身以云纹为界带，分上、中、下三层图像：上层为采桑射猎图，中层为宴乐戈射图，下层为水陆攻战图。该铜壶画面反映了中国战国时代社会生活的诸多信息，每层图像的左右侧描绘的场景也各不相同。

上层右侧是一组采桑、欢跳劳动舞的画面，左侧是习射的场面。

中层的左侧是弋射及会射场景，右侧是盛大的"钟鸣鼎食"宴飨宾客场景。

下层刻画了激烈的战斗场面，左边是水战，右边是攻城战。

（2）燕乐射猎图案刻纹铜鉴

"燕乐射猎图案刻纹铜鉴"是1951年12月中国科学院考古研究所在赵固的战国时期魏国1号墓中发掘出土文物（图2-4）。该图案主要表现了战国时期贵族燕乐射猎的情景，半周属燕乐，半周属射猎。

该铜鉴为战国中期之物，器高约 13 厘米，口径 45.2 厘米，底径约 20.3 厘米，壁厚不足 0.1 厘米。在上下两垂花界间，为图案的主要部分，用白描手法精刻出燕乐射猎图三层，松树、仙鹤、人物等各具形态，内容丰富。

燕乐部分，以建筑物为中心，左边敲钟，右边击磬。明显可见者共有人物 28 个，鸟兽 8 只，各类乐器 43 件。左边以墙垣、房檐为界线，右边以墙垣、绳索纹为界线。另铜鉴上有一小船，是我国目前发现的最早的一幅龙舟图。

射猎部分，有人物 9 个，鸟兽 30 只，器物 23 件。左边是森林、河流，右边是禽圈、牧场、森林和沼泽地。左右两侧的林内各有 5 只飞禽，牧场有各种禽兽。①

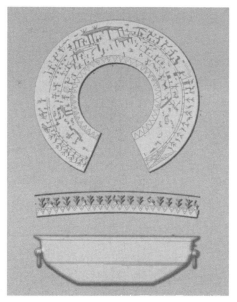

图 2-4　辉县出土的战国燕乐射猎
图案刻纹铜鉴

五、春秋战国时期典型的山川风景开发

公元前 17 世纪出现了保护自然资源、水与地是万物之本原的思想。春秋战国的城邑建设与礼俗节日，推动了邑郊行乐地的发展。品赏、游观山水自然风景为诸侯国君和寻常百姓所普遍接受。

春秋战国的天子或诸侯，都好营台榭宫室，在公元前 689—前 325 年留有名物者即数以十计，《吕氏春秋·重己》中提出："昔先圣王之为苑圃园池，是以观望劳形而已"（即游观娱志、劳形养生）。这些初始阶段大小贵族奴隶主所建的"贵族园林"，大都选在有自然山水的地段，呈点群状分布，因而成就了人工物融进自然山水的风景区初始形态。因离宫别馆和台榭苑囿建设而形成的山水风景地区中，其规模较大或知名度较高的有古云梦泽和太湖。古云梦泽和章华台是楚灵王率众游赏观玩和进行田猎活动的地方。古云梦泽位于现今武汉以西、沙市以东、长江以北的大片水网湖沼密布的低丘地带，自然风光无涯，神话传说浪漫。《战国策·宋策》记载"荆有云梦，犀、兕、麋鹿盈之，江汉鱼、鳖、鼋、鼍为天下饶"。章华台（宫）始建于公元前 535 年（楚灵王六年），位于古云梦泽内，西距楚郢都约 55 公里，历经六年完工，其遗址保留至今。而当年的太湖开发，主要分布在吴国国都至太湖沿岸的山水之地，著名的姑苏台、馆娃宫、洞庭西山消夏湾的吴天避暑宫、太湖北岸的长洲苑等宫苑组群，形成了太湖北岸

---

① 中国科学院考古研究所. 中国田野考古报告集第一号：辉县发掘报告 [M]. 北京：科学出版社，1956.

的景胜地带。

此外，战国中叶为开发巴蜀而开凿栈道，形成了千里栈道风景名胜走廊；李冰率众兴修水利形成了都江堰风景区。

千里栈道是在山岩峭壁凿石架木为路，或在平地铺木为路，《战国策·秦策三》称："栈道千里，通于蜀汉"。此后，入蜀栈道有七条之多。在这些因修栈道而形成的川陕交通孔道上，历代留下了众多的人文胜迹，形成了举世闻名的风景名胜走廊。栈道种植树种以翠云廊古柏（图 2-5）为代表，实现了道路长程植树，有"三百长程十万树"之称。历史上翠云廊上有过秦、蜀汉、东晋、北周、唐、北宋、明七次规模较大、影响深远的植树活动。

都江堰位于四川省成都市都江堰市城西岷江之上，由山谷河道进入冲积平原的地方。公元前 256—前 251 年，秦昭王在位后期，蜀郡守李冰率众兴建都江堰水利工程，包括引水、分洪、排沙相结合的渠首工程和排灌结合的渠道工程。都江堰历经唐、宋、元、明、清多次维修与完善，形成岷江山水、综合水利工程、古遗址、古建筑、古园景相结合的胜景（图 2-6）。

图 2-5　蜀道翠云廊实景

图 2-6　都江堰，世界迄今为止，年代最久
（距今 2270 多年历史）、唯一留存、仍在一直使用的水利工程

第二节　中国园林发展的源头

一、二里头遗址"坛""墠"

最早的造园活动之一来源于人类对神灵的膜拜和对祖先的祭祀。如公元前 1500 年前夏王朝都城偃师二里头的"坛"和"墠"、公元前 2600 年前古埃及神庙和圣林、古希腊的水神庙及其圣林等，都是当时最主要的祭祀活动场所，也是最早的园林雏形之一。

约公元前 1750—前 1500 年，相当于古代文献中的夏、商王朝时期，河南洛阳偃师二里头文化繁盛。中华文明探源工程首批重点六大都邑^①之一的二里头遗址是迄今可确认的中国最早的王朝都城遗址之一。

二里头遗址现存面积 300 万平方米，以宫城为核心，主要分为祭祀区、宫殿区和官营手工业作坊区三大区域，外围井字形道路把都邑分为"九宫格"式格局，开创了中国古代都邑规划制度的先河。二里头遗址宫殿区内，一号宫殿规模最大，其夯土台残高约 80 厘米，东西长约 108 米，南北宽约 100 米。夯土台上有面阔 8 间的殿堂一座，周围有回廊环绕，南面有门的遗址，反映了我国早期封闭庭院（廊院）的面貌。这处建筑遗址是至今发现的我国最早的规模较大的木架夯土建筑和庭院的实例。其中 5 号基址是目前所知年代最早、保存最好的多进院落大型夯土基址，是中国后世多院落宫室建筑的源头。^②

在二里头遗址宫城以北发现的圆形地面夯土"坛"以及长方形浅穴式"墠"，为当时的祭祀场所。其中"坛""墠"类祭祀遗迹占地东西长约 300 米，南北宽 200 米左右。《礼记·祭法》云："天下有王，分地建国，置都立邑，设庙祧坛墠而祭之，乃为亲疏多少之数。是故王立七庙，一坛一墠。"郑玄注："封土曰坛，除地曰墠。"从先秦文献中可知坛为圆形、墠为方形，分别具有祭祀天神和地祇功能。二里头遗址坛、墠、祭祀建筑设施及其环境场所，上承自新石器时代如龙山文化牛河梁遗址群中的"坛、庙、冢"和良渚文化遗址群莫角山、瑶山、汇观山等祭坛，是夏王朝都邑或早期国家的宗教和祭祀中心。"国之大事，在祀与戎"（《左传·成公十三年》），意思是国家的大事，重在祭祀和军事。因此，祭祀场所的选址也极为讲究，多选水系河畔的土丘山巅或堆筑的高台之上，且四周要有高耸参天的树丛。虽草木因年代久远在现代田野考古中难以发现，但古人认为，神灵喜欢凭依高大、茂密的树木，故祭祀天地神灵及祖先的场所必种大树。依树为坛、社之主而为神灵所依在夏商周三代较为普遍。而这些围绕坛、墠、社所植之树成为三代都邑、城邑的风水林、风景林或圣林神苑，可视为都邑、城邑植树理景的肇启之一。这也是为什么后世祭祀场所多参天古木的源流，实与先民们祭祀天地、植物崇拜一脉相承。

二、殷商甲骨文的囿、圃

关于我国造园活动最早见于文字记载的是殷末周初甲骨文中"囿"和"圃"等象

---

① 六大都邑是指中原地区六座规模大、等级高的中心城邑，即与黄帝有关的河南灵宝西坡遗址、与尧时代相吻合的山西襄汾陶寺遗址、禹都阳城的河南登封王城岗遗址、夏启之居的河南新密新砦遗址、夏代中晚期都城河南偃师二里头遗址以及郑州大师姑遗址。

② 赵海涛，许宏. 中华文明总进程的核心与引领者：二里头文化的历史位置 [J]. 南方文物，2019（2）.

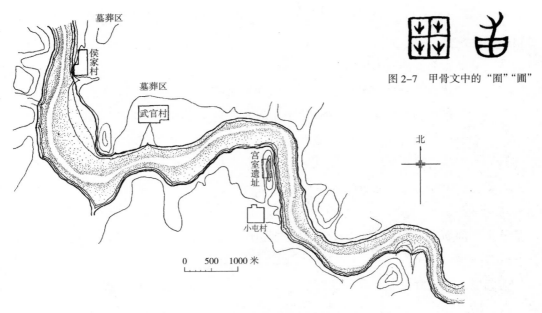

图 2-7 甲骨文中的 "囿" "圃"

图 2-8 "殷墟" 总平面图 (图片来源:引自刘敦桢主编《中国古代建筑史》)

形字 (图 2-7)。

殷商甲骨文的发现,揭开了人类社会的文明发展史。中国园林的早期形式 "囿" 出现在殷墟 (图 2-8) 出土的甲骨卜辞中,为寻找中国园林的发展源头提供了最为有据可查的线索。

囿起源于帝王的狩猎、围猎活动,最早可追溯到黄帝驯兽与舜训象,是豢养狩猎过程中捕获的野兽、禽鸟的场所 (图 2-9)。这种狩猎、豢养活动,以商王、商纣王为最。据岛邦男《殷墟卜辞综类》收录,商王狩猎过的地方有 130 多个,其狩猎中心地区为 "盂",甲骨学者称为 "沁阳狩猎区",其范围大致为:以沁阳为中心,北抵太行山南麓,南以黄河为界,东及原阳,西至垣曲县东。又据《吕氏春秋·古乐》载:"商人服象,以虐东夷",到了商纣王时期,出现专门训练的象队,用以征讨东夷。武丁时期甲骨文有以象为牺牲的卜辞,并有野象和家象的记载。这种狩猎、豢养活动必然要求一定的自然场地,从而进一步推动了 "囿" 的形成与发展。

《诗经》毛苌注:"囿,所以域养禽兽也。"《说文》释 "囿" 为 "苑有垣也"。甲骨文 "囿" 不仅是饲养禽兽、放牧狩猎的场所,还是被一定边界圈围的林地、动物、水草、花果及其他原生自然因素丰茂的地域。到了周代,据《周礼·地官·囿人》记载 "囿游,囿之离宫,小苑观处也"。从上述记述中可见 "囿" 的内容和功能有了进一步拓展,兼具栽培、圈养、狩猎、游观等功能。

殷墟出土的甲骨卜辞中有 𠷡 的字样,即 "圃" 字的前身;从字的象形看来,下半部为场地的整齐分畦,上半部是出土的幼苗,显然为人工栽植蔬菜的场地,并有界

图 2-9 有关狩猎的甲骨卜辞（图片来源：引自李圃编《甲骨文选读》）

定四至的范围。《说文解字》："种菜曰圃"。园，是种植树木（多为果树）的场地，《诗经·郑风·将仲子》："无逾我园。"毛传："园，所以树木也。"西周时，往往园、圃并称，其意亦互通；《周礼·地官》载设载师"掌任土之法"，"以场圃任园地"，还设置"场人"专门管理官家的这类园圃，隶大司徒属下。[①]

三、瑶台、鹿台、沙丘苑台

"囿"中有"台"，囿与台的结合构成了中国园林的基本雏型。

"台"四方高耸而独出，《吕氏春秋》中"积土四方而高曰台"。《说文解字》："台、观，四方而高者也"。早期的台是一种高耸的夯土建筑，其功能主要是祭祀、通神、观天象，并以作登眺、娱乐之用（图 2-10）。台上建有房屋，谓之"榭"，故可台榭并称。自周以后，高台上多兴建大量壮观华丽的宫室，即"高台榭""美宫室"成为天子、诸侯追求的风尚。

"台"来自于先民对于自然、山岳的崇奉，为山岳的象征。天子、诸侯多摹拟圣山，累土叠石筑台登高，以通达神明。尧、舜、夏启均曾筑高台，夏、商两代暴君夏桀王、商纣王，骄奢淫逸，生活腐化，曾

图 2-10 宋人想象中的台
（宋·刘宗古《瑶台步月图》）

① 周维权.中国古典园林史（第三版）[M].北京：清华大学出版社，2008.

图 2-11　沙丘苑台遗址
（图片来源：李金路，2016 年）

动用大量人力、财力建造瑶台、鹿台、沙丘苑台。

公元前 17 世纪初的夏代末，夏桀王"筑南单之台"（《竹书纪年》）；"筑倾宫、饰瑶台、作琼室、立玉门"（《文选·吴都赋》），据《通志》载："末嬉嬖言无不从，桀为之作象廊、玉床、倾宫、瑶台、琼室、肉山、脯林、酒池，可以运舡，糟提可以望十里，一鼓而牛饮者三千人。"又据《史记·孙子吴起列传》载，"夏桀之居，左河济，右华泰，伊阙在其南，羊肠在其北"，由此可以大概判知其宫室与瑶台的范围[①]。

商纣王是商朝末代君主，在位 30 年。纣王好大兴土木，兴师动众集各地名匠修建规模庞大的宫室，"南距朝歌，北据邯郸及沙丘，皆为离宫别馆"。殷商时期台的营造，最为著名的是商纣王的鹿台和沙丘苑台（图 2-11）。

鹿台位于朝歌城内（今河南安阳以南的淇县境内），其修建工期长、体量庞大"七年而成，其大三里，高千尺，临望云雨"。纣王在都城筑鹿台，一则固本积财，长期驾驭臣民；二则讨好妲己，游猎赏心，因此鹿台相当于"国库"存储财富钱财的同时，兼具望天通神、游赏的功能。约公元前 1046 年，周武王联合西方 11 个小国发起进攻，战于牧野，商军大败，攻至朝歌，商亡，商纣王登上鹿台"蒙衣其珠玉，自焚于火而死"，鹿台也随之化为灰烬。

沙丘在今安阳以北的河北广宗县境内。《史记·殷本纪》："（纣）厚赋税以实鹿台之钱，而盈钜桥之粟。益收狗马奇物，充仞宫室。益广沙丘苑台，多取野兽蜚鸟置其中。"沙丘苑台是苑和台的结合，这里的苑即囿，具有圈养、栽培、游猎、通神、望天、祭祀、游观、娱乐的功能。秦始皇驾崩于此，《史记·秦始皇本纪》记载："七月丙寅，始皇崩于沙丘平台。"

四、灵台、灵沼、灵囿

公元前 11 世纪，国势强盛的周王朝迁都沣河西岸的丰京，营建都城，并在城郊建成灵台、灵沼、灵囿（今陕西户县东及秦渡镇一带）。"文王以民力为台为沼，而民欢乐之，谓其台曰'灵台'，谓其沼曰'灵沼'"。据《三辅黄图》记载："周文王灵台在长安西北四十里"，"（灵囿）在长安县西四十二里"，"灵沼在长安西三十里"。三者鼎

---

① 张钧成.中国古代林业史·先秦篇 [M].台北：五南图书出版公司，1996.

足毗邻，构成规模甚大的略具雏型的"皇家（帝王）园林"。

《诗经·大雅·灵台》中详细地描述了这座园林营造、园居生活的盛况：

> 经始灵台，经之营之；庶民攻之，不日成之。
>
> 经始勿亟，庶民子来；王在灵囿，麀鹿攸伏。
>
> 麀鹿濯濯，白鸟翯翯；王在灵沼，于牣鱼跃。
>
> 虡业维枞，贲鼓维镛；于论鼓钟，于乐辟雍。
>
> 于论鼓钟，于乐辟雍；鼍鼓逢逢。矇瞍奏公。

这是一首"皇家（帝王）园林"发端史诗，共分五章，每章四句。第一章描写了这座园林的营建过程。第二三章描写了周文王游览灵囿、灵沼的情形。第四五章写文王在"辟雍"享园居生活、游憩赏乐、与民同乐的盛况。其中：灵台是利用天然山水、挖池筑台而成；灵囿的母鹿、白鸟，灵沼的池盈鱼跃，则是观赏动物；水绕壁环的辟雍演奏着钟鼓鸣乐，显示着寓教于乐的功能。周文王的灵台、灵囿、灵沼已具备园林四要素——山、水、生物、建筑。这些台沼苑囿是观天通神、狩猎驯养、游乐赏玩的场所，兼有繁育、栽植的生产功能。

春秋战国时期，周天子的地位下降，诸侯国君的权力和财富日增，竞相修建庞大、豪华的宫苑。战国时，诸侯国君兴建宫苑更盛，董说《七国考》辑录当时的秦、齐、楚、燕、韩、赵、魏七个大国的离宫别苑近50处，多半以台命名，宫、苑、囿、圃、馆等称谓次之。以台为中心、台与苑相结合、"高台榭，美宫室"是这一时期贵族宫苑的显著特征。

第三节　植物崇拜、植物比兴与八种植树类型

在植物给予人类生存提供最基本的物质保障的同时，也因其特有的生命现象成为先民们崇拜、敬畏的对象。从上古先民们的植物崇拜，到商周时期的植物比兴、比德，再到春秋的八种植树类型，人们对于自然（植物）的认识、利用经历了一个漫长的过程，蕴含着人类与自然（植物）交互作用，和谐共生的传统智慧。

一、植物崇拜与夏商青铜神树

"建木""若木""扶桑"是上古先民崇拜、敬畏的三种神树、圣树。先秦典籍中有关的记载多见于《山海经》《淮南子》和《吕氏春秋》之中。其中尤以《山海经》记载最为全面：

《山海经·海内南经》载"有木，其状如牛，引之有皮，若缨黄蛇。其叶如罗，其实如栾，其木若蓲，其名曰建木。"

图 2-12　青铜神树（收藏于四川三星堆博物馆）

《山海经·大荒北经》载："大荒之中，有衡石山、九阴山、洞野之山，上有赤树，青叶，赤华，名曰若木。"

《山海经·海外东经》载："汤谷上有扶桑，十日所浴，在黑齿北。居水中，有大木，九日居下枝，一日居上枝。"

1986 年出土于四川广汉三星堆遗址祭祀坑内的青铜神树（图 2-12）原型被认为来自上古"社树"，或是古代传说中"扶桑""建木""若木"等种种神树的化身，为"通天""通神（灵）"之树，具有连接天地，沟通人神的功能。人们祭拜这种神树，往往也饱含祭祀祈求上天之意。

三星堆是迄今我国西南地区发现的夏商时期古城、古国、古蜀文化遗迹，距今已有 5000 ～ 3000 年历史。出土的青铜神树共有 8 株，器形大小不一。在 1997 年三星堆博物馆开馆以前，最大的一株青铜神树修复完成。修复后的夏商青铜神树由底座、树干和龙三部分组成。底座似圆盘、树座呈穹窿似神山，构拟出三山相连的"神山"意象。座上为树身，造型奇美的神树高达 3.96 米，树干残高 3.84 米，树枝共分 3 层，每层 3 枝弯曲向下，共 9 枝。树枝的花果上翘或下垂，上翘树枝的花果上分别站立着鸟，共 9 只（即太阳神鸟）。神树的下部为蜿蜒盘桓的龙，呈倒垂游动之姿。青铜神树和神龙的完美结合，源自古老的图腾崇拜或植物崇拜，"通天龙树"也由此被赋予多重深厚的象征意义。

二、《诗经》里的植物比兴

《诗经》是我国最早的诗歌总集，收集了自西周初年至春秋中叶大约五百多年的诗歌作品（公元前 11 世纪—前 6 世纪）。因后来传世的版本中共记载有 311 首（其中有 6 首笙诗有目无诗），为叙述方便，又称作"诗三百"，先秦称为《诗》。西汉时被尊为儒家经典，始称《诗经》，并沿用至今。在内容上分《风》《雅》《颂》三个部分。

《诗经》是不朽的文学作品，更是一部博物志、百科全书。战国末年鲁国（今山东曲阜）人毛亨（生卒年不详）为《诗经》作注解所著《毛诗故训传》（简称《毛传》，共 30 卷），是最早研究《诗经》中动植物的著作。三国时期陆玑所著的《毛诗草木鸟兽虫鱼疏》专门针对《诗经》中提到的动植物进行了详细的注解，是"中国第一部有关动植物的专著"。全书共记载动植物 176 种，其中草本植物 80 种，木本植物 34 种、鸟兽鱼虫类 62 种。后世关于《诗经》中动植物学的研究如明代毛晋《毛诗草木鸟兽虫鱼疏广要》、清代徐鼎《毛诗名物图说》等皆多受陆玑著作影响。

比兴手法最早出现于《诗经》，多以先言自然景物以引起所咏之词，借以托物言志。《诗经》记载的桃、李、棠棣、木瓜、梅、桑、梓、檀、桐、榆、榛、杨、柳、荷花等皆是中国历代风景园林中常见的观赏花木。《诗经》通过赋、比、兴艺术手法，以花木喻人喻事，借花木抒情表意的描述多在《诗经·国风》的《豳风》《秦风》《周南》《召南》，以及《小雅》《大雅》诗篇中，提到的园林花木涉及乔灌木、藤本植物、水生植物等。

> 桃之夭夭，灼灼其华。之子于归，宜其室家。
> 桃之夭夭，有蕡其实。之子于归，宜其家室。
> 桃之夭夭，其叶蓁蓁。之子于归，宜其家人。
>
> ——《诗经·周南·桃夭》
>
> 蒹葭苍苍，白露为霜。所谓伊人，在水一方。
>
> ——《诗经·秦风·蒹葭》（葭即芦苇）
>
> 棠棣之华，鄂不韡韡，凡今之人，莫如兄弟。
>
> ——《诗经·小雅·棠棣》（棠棣即郁李）
>
> 树之榛栗，椅桐梓漆，爰伐琴瑟。
>
> ——《诗经·鄘风·定之方中》
>
> 瞻彼淇奥，绿竹猗猗。有匪君子，如切如磋，如琢如磨。
>
> ——《诗经·卫风·淇奥》

其后，儒家代表人物孔子（公元前 551 年 9 月 28 日—前 479 年 4 月 11 日）亦常常用植物来比兴、比德，将草木人格化，赋予其真、善、美的品性，再把它们比喻成贤德之人。如《论语·子罕》记载："子曰：'岁寒，然后知松柏之后凋'。"以岁寒比喻乱世、势衰，以松柏比君子坚贞的品德。孔子以审美客体（物）比兴审美主体的人（君子）美德，在山水、花木、鸟兽、鱼虫等欣赏审美中建立起"君子比德"观，借以培养高尚的道德情操，这种自然美学观对后世园林中植物造景影响深远。

三、管子的树木树人思想

管仲（约公元前 723—前 645 年）是我国古代重要的政治家、军事家、道法家。其思想集中体现于《管子》一书，大约成书于战国（公元前 475—前 221 年），原为 86 篇，至唐又亡佚 10 篇，今本存 76 篇。总览《管子》全书，内容较为庞杂，汇集了道、法、儒、名、兵、农、阴阳、轻重等百家之学。

《管子》一书，详尽阐述了古代有关树木、树人的思想。认为在天人关系中，既有"顺天""逆天"《形势》说，也有"与天壤争"《轻重乙》观，更有"人与天调，然后天地之美生"《五行》的精髓。

《度地》篇提出了"五害""五水"，水利"涵塞移控"和"树以荆棘，以固其地，杂之以柏杨，以备决水"的道理。

《地员》篇论述了"凡草土之道，各有谷造。或高或下，各有草土。叶下于荿，荿下于苋，苋下于蒲，蒲下于苇，苇下于藋，藋下于蒌，蒌下于荓，荓下于萧，萧下于薜，薜下于萑，萑下于茅。凡彼草物，有十二衰，各有所归"，提出了地水、土壤与植物的关系，实为"生态地植物学论文"（图 2-13）。

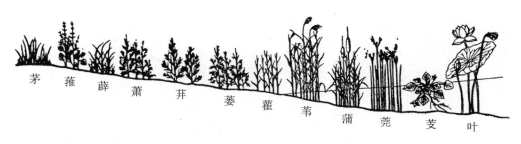

图 2-13　《管子》草土之道 12 种植物图示

《立政》篇中"夫财之所出，以时禁发焉"的原则影响深远，此后，"以时顺修"（公元前 298 年，《荀子》）、"以时植树"（公元前 139 年，《淮南子》）、"以时兴灭"（谢惠连《雪赋》）等说法延续不断。显然，"以时间决定禁止与发展"的思想，要比当下张扬的"以空间用地决定禁止或开发"的思路更具生命活力。

《权修》篇载："一年之计，莫如树谷，十年之计，莫如树木；终身之计，莫如树人。一树一获者，谷也。一树十获者，木也。一树百获者，人也。"人们常说的十年树木、百年树人，即源于此。

四、春秋战国的"八种植树"类型

当城邑建设首次出现在夏时，先圣即发出守林植树的论述；当西周、春秋战国城邑建设发展相继出现高潮时，植树已形成八种类型，并为后世所进一步传承发扬（表 2-1）。

春秋战国时期逐渐形成的八种植树类型分析表　　　　　　表 2-1

类型	文献记载	主要树种	主题功能	备注
社前植树	《周礼·地官司徒·大司徒》载："大司徒之职……设其社稷之壝而树之田主，各以其野之所宜木，遂以名其社与其野。"《周礼·地官司徒·封人/均人》载："封人设王之社壝。为畿，封而树之。"《论语·八佾》："哀公问社于宰我，宰我曰：'夏后氏以松，殷人以柏，周人以栗，曰使民战栗。'"《尚书·无逸》："大社（太社）惟松，东社惟柏，南社惟梓，西社惟栗，北社惟槐。天子社广五丈，诸侯半之。"	松、柏、梓、栗、槐等，此外还有栎、楸、榆等	具有神圣宗教观念意义的神树，常被作为国家、民族、部落、聚落的象征	"大司徒""封人"之职负责
墓地植树	汉班固《白虎通德论》称："天子坟高三仞，树以松；诸侯半之，树以柏；大夫八尺，树以栾；士四尺，树以槐；庶人无坟，树以杨柳。"	松、柏、栾、槐、杨等	地位和身份的象征	作为国家制度推行，并在民间相沿成习
庭院植树	《诗·鄘风·定之方中》："树之榛栗，椅桐梓漆，爰伐琴瑟。"《周礼·秋官司寇·士师/朝士》："左九棘，孤、卿、大夫位焉，群士在其后。右九棘，公、侯、伯、子、男位焉，群吏在其后。面三槐，三公位焉，州长、众庶在其后。"	槐、棘树、榛、栗、椅（楸木）、桐、梓、漆、桑等	除"三槐九棘"为三公九卿之代称外；均具有观赏、经济价值	"三槐九棘"为臣子朝见帝王时所居位置的标志，后泛指三公、九卿等官职
园圃植树	《周礼·地官司徒》有"场人"之职"场人掌国之场圃，而树之果蓏珍异之物，以时敛而藏之。"《诗·郑风·将仲子》："无踰我里，无折我树杞；……无踰我墙，无折我树桑，……无踰我园，无折我树檀。"	杞、桑、檀、桃、李、枣、瓜果蔬菜	观赏、经济价值	园圃制的形成，是封建制社会的基本经济形态
行道植树	《国语·周语中·单襄公论陈》："道无列树，垦田若艺"，"周制有之曰：'列树以表道，立鄙食以守路，国有郊牧，疆有寓望，薮有圃草，囿有林池，所以御灾也。'"	桃、李	列树表道	我国在道路旁植树的最早记载
河堤造林	《周礼·夏官司马》："掌修城郭、沟池、树渠之固，颁其士庶子，及其众庶之守……凡国、都之竟，有沟树之固。郊亦如之。"《管子·度地》："大者为之堤，小者为之防，夹水四道，禾稼不伤。岁埤增之，树以荆棘，以固其地，杂以柏杨，以备决水。"	荆棘灌木、柏、杨	固堤并保持水土	"掌固"之职负责
边境造林	《周礼·地官司徒》"遂人掌邦之野。以土地之图经田野，造县鄙形体之法。五家为邻，五邻为里，四里为酂，五酂为鄙，五鄙为县，五县为遂，皆有地域，沟树之，使各掌其政、令、刑、禁。"《荀子·疆国》："其在赵者，剡然有苓而据松柏之塞，负西海而固常山，是地遍天下也。"	松、柏	边境防护、标识划定邻、里、酂、鄙、县、遂边界	"遂人"之职负责；秦国与赵国之间有"松柏之塞"
驿站植树	《周礼·秋官司寇·野庐氏》："野庐氏掌达国道路至于四畿，比国郊及野之道路、宿、息、井、树。"	槐、榆	树为蔽荫，具有防御、遮荫等功能	"野庐氏"之职负责

资料来源：根据张钧成著《中国古代林业史·先秦篇》整理，本表有增补。

第三章　风景园林形成时期

（秦汉：公元前 221—220 年）

秦汉时期是中国秦汉两朝大一统时期的合称。秦汉时期是中国历史上第一个大统一时期，也是统一多民族国家的奠基时期。战国后期，秦国逐步吞并六国完成统一（公元前 221 年），建立了中国历史上第一个统一皇朝——秦朝（公元前 221—前 206 年）。汉朝（公元前 206—220 年）是中国历史上继秦朝后出现的朝代，具有承前启后的关键地位，中国自此进入了一个长期的繁荣时期。其中公元前 206—9 年是前汉朝，因建都长安，通称西汉；公元 25—220 年是后汉朝，因建都洛阳，通称东汉；合称两汉。

秦汉为封建社会早期。气候经历了寒冷（战国—西汉）、温暖（公元前 2 世纪—2 世纪）二期变化。经济呈农工商外贸并举的私有经济运作特征。人口有记载的是 5950 万（公元 2 年）、3410 万（公元 15 年）。秦汉帝国规模宏大，文化精神宏阔，"书同文""车同轨""度同制""以法为教""行同伦""地同域"，形成统一文明的多民族国家，并从东、南、西三个方向与外界交流。当时与其并立的世界性大国唯有罗马。

历时 400 余年的秦汉王朝是我国风景、园林、绿地三系形成时期并走向成熟的时期，也是中国风景园林发展史上第一个高峰期。在社会、经济、文化、气候等各种动因推动下，风景园林的各个领域均呈现出茁壮成长的态势，全国的山水胜地、宫苑园林、城宅路堤植树等三系特征已现雏形，显现出风景园林发展的元典性例证。

风景：频繁的封禅祭祀活动和笃信神仙之风，促使五岳四渎及五镇等名山大川景胜的建设、形成与发展，并确立了以五岳为首的中国名山景胜体系的形成。封禅、祭祀名山，则成为中国风景园林及名山大川发展史上独特的文化现象，持续数千年。秦皇刻石，作为"我国名山摩崖石刻的始篇和先导"[①]，对后世名山石刻文化与艺术产生了巨大影响。

园林：以"宫""苑"为代表的皇家园林类型出现，并奠定了"前殿后苑""一池三山"的营造模式。这一时期的皇家园林上林苑更是兼备了山水（风景）、宫苑（园林）、

---

① 谢凝高 . 名山·风景·遗产：谢凝高文集 [M]. 北京：中华书局，2011.

植树（绿化）三系的基本特征。此外，秦汉的皇家园林与私家园林并存，形成了我国风景园林发展史上双苞并放的格局。

绿地：城宅路堤植树已见规模成体系。"驰道列树"，秦朝出现了关于道路旁植树的最早记载。"树榆为塞"，秦汉相继出现了我国历史上最早的大规模植榆活动。汉都城长安植树（绿化）蔚为壮观，并颁布了最早的关于城市植树和保护鸟类的法规。

第一节 名山景胜体系形成

皇帝祭祀、帝王巡游、学者漫游、民间郊游等游优之风大盛，刺激着人们对山水自然美的体察和山水审美观的领悟，形成了五岳为首的名山景胜体系，促进了全国各地诸如秦皇岛、五台山、普陀山、武当山、桂林漓江、长江三峡等山水风景的开发。

一、五岳为首的名山景胜体系形成

"岳"在东周春秋前是掌管大山的官吏职称，后意即高峻的山。五岳的说法始见于《周礼·春官·大宗伯》："以血祭祭社稷、五祀、五岳。"五岳即东岳泰山（图3-1）、西岳华山（图3-2）、北岳恒山（图3-3）、中岳嵩山、南岳衡山。周代后期，随着人们地理知识和视野的丰富、拓展，山岳崇拜之风盛行。天子、诸侯祭祀名山的活动更为频繁，周天子的泰山封禅大典是最高规格的山岳祭祀之礼。秦始皇继位后的第三年（公元前219年），以皇帝的身份封禅泰山，自此，封禅便成为历代皇帝的祭祀大典。汉武帝即位后把封禅和名山祭祀活动推向高潮。唐、宋的封禅、祭祀活动较汉代有所减少，但唐代尊五岳为王，岳神有王者之尊；宋代尊五岳为帝，岳神相当于皇帝。由于帝王的封禅、祭祀活动而赋予五岳以浓郁的政治色彩和"万山之长"的崇高地位，使其成为封建帝王受命于天、定鼎中原的象征。

远古山神崇拜、五行观念，秦汉时期频繁的封禅祭祀活动和笃信神仙之风，促进五岳五镇和人工池沼等名山大川景胜的建设、形成与发展，进而确立了以五岳为首的中国名山景胜体系。五岳自此成为中国以山岳自然景观之美而兼具儒、释、道人文景物荟萃的名山景胜典范。

图3-1 泰山无字碑，传汉武帝封禅泰山所立

图 3-2　华山全景图

图 3-3　恒山全景图

二、山水文化发展促进山水审美的成熟

　　秦汉山水文化发展和审美与先秦时期儒家的山水比德、道家的人与自然山水合一不同，因帝王的推崇和方士的出现而被官方化、神仙化。秦皇汉武频繁巡游天下、祭祀名山大川、游赏射猎于宫苑景区；史学家司马迁 20 岁即南游江淮，后又奉旨出使、

陪驾巡幸，游踪遍及南北，为撰写史书而博览采集，游历已具有观赏江山、探求知识的科学考察意义。盛极一时的汉赋，对国土的广阔、都市的繁荣、水陆物产的丰盛、宫苑山水的华美，曾引起人们的热情关注并极尽描绘，不仅使一批山水胜地闻名，而且反映着山水审美观的发展走向成熟。这一时期著名的汉赋主要有司马相如的《天子游猎赋》，杨雄的《蜀都赋》《甘泉赋》，班彪的《游居赋》《冀洲赋》，杜笃的《首阳山赋》《祓禊赋》，班固的《两都赋》《终南山赋》，张衡的《两京赋》，杨修的《节游赋》等。另外，汉代民间修禊野游活动也更多地反映在文献中，西汉长安的灞、浐二水和东汉洛阳的伊、洛二河之滨，就是王公贵族、官僚士绅、平民百姓的春游胜地，杜笃《祓禊赋》即描写了洛阳士人在伊、洛水滨春游盛况。

秦汉时期，佛教道教开始进入名山，加之盛传的神仙思想的影响和对神仙境界的追求，人们特别关注山海洲岛景象并寻求园苑仙境，进一步促进了全国各地山水风景的开发：佛教先在洛阳建白马寺，后在五台山建"大孚寺"；道教形成于东汉中叶，把秀美的山海洲岛幻想成超世脱俗的仙境，多选名山结庐、修身养性，开展度世救人、长生求仙的宗教活动。

因祭祀和宗教活动而形成的风景区有五台山、普陀山、武当山、三清山、龙虎山、崆峒山、恒山、天柱山、黄帝陵等。其中始建于东汉明帝永平年间（公元58—75年）五台山显通寺（大孚灵鹫寺），是与山岳风景相融合发展的最早的寺庙。

因建设活动而形成的风景区有桂林漓江、长江三峡、都江堰、剑门、蜀岗、瘦西湖、西湖与钱塘江、滇池、花山、云龙山、古上林苑、古曲江池等。比较典型的如桂林山水的早期开发，公元前223—前214年，秦始皇为统一岭南的军需运粮要求，特开凿可以行船的灵渠，即湘漓运河，沿灵渠设铧嘴、泄水天平、路桥祠馆等设施。再如，汉代华信开始修筑钱塘后，杭州西湖开始与钱塘江分开，使西湖风景进入了新的发展阶段。

因游憩发展而形成的风景区则有秦皇岛、云台山、胶东半岛、岳麓山、白云山、巢湖等。

此外，秦汉的商贸发展和城市繁荣既使得远游盛行，也引发了隐逸岩栖，进而出现山居文化、山水文学。这些隐士大多是风景区早期开发的先行者和山水审美者。较早的隐士有嵩山颍水的巢父和箕山的许由，还有宜兴善卷洞的隐士；秦末汉初著名隐者有商山"四皓"，东汉初有著名隐者严光，其在富春江留有严子陵钓台；东汉的向长潜隐在家，与同好北海禽庆俱游五岳名山，竟不知所终。

三、秦皇刻石：名山摩崖石刻的先导

秦始皇统一六国后巡幸各地时，臣下为歌颂其功德，镌刻颂诗文字于山石之上，

图3-4　秦琅琊台刻石

这些立碑刻石和碑志文作品，是最古的碑文，对后世的碑志文有一定影响，也成为各个风景名胜区的重要史迹景源。

据《史记·秦始皇本纪》载，有泽山、泰山、琅琊台、之罘、东观、碣石、会稽七处刻石。原石大都湮没不存，琅琊台刻石现存中国国家博物馆，文辞已残，仅存二世诏书一段（图3-4）；泰山刻石仅存数字；会稽刻石至少在南朝时尚存，《南史》中有记载。这七篇刻石文，有六篇见于《史记·秦始皇本纪》，泽山刻石文《史记》未载，但有五代时南唐徐铉的摹本传世，《古文苑》载有此文。其余刻石文大多亦有摹拓本传世。

秦刻石虽多溢美之词，但也可以看到秦王朝统一中国之后，整个社会发生的巨大变革。例如：秦始皇二十八年（公元前219年）的泰山刻石文辞中有"治道运行，诸产得宜，皆有法式"；琅琊台刻石文辞中有"端平法度，万物之纪。……上农除末，黔首是富。……器械一量，同书文字"；秦始皇二十九年登之罘刻石文辞有"普施明法，经纬天下，永为仪则。"秦始皇三十二年刻碣石门（盟），其文辞有"堕坏城郭，决通川防，夷去险阻。"秦始皇三十七年（公元前210年）上会稽，祭大禹，立石刻，其文辞有"秦圣临国，始定刑名，显陈旧章。初平法式，审别职任，以立恒常。"这些叙述，可以与史籍相印证，反映了统一封建帝国的新气象。

第二节　皇家、私家园林双苞并放

一、秦汉皇家园林

（1）秦皇家园林

公元前350年，秦孝公自栎阳迁都咸阳（今陕西咸阳东北），公元前338年，秦惠王即位，开始实施以咸阳为中心的大规模的城市、宫苑建设，其经营的离宫别馆达三百多处。

秦始皇二十六年（公元前221年）灭六国，统一天下，建立中央集权的封建大帝国后，园林的发展也如同大秦帝国的政治体制相适应，开始出现真正意义上的"皇家园林"。此后，秦始皇在秦惠王经营的咸阳基础上，构建"大咸阳规划"蓝图，开始了史无前例的大规模宫苑——皇家园林建设。秦始皇策划建造的项目有万里长城、驰道、骊山墓、上林苑、咸阳宫及阿房宫等。据《史记·秦始皇本纪》记载：秦国有"关中计宫三百，关外四百余"，另外，"咸阳之旁二百里内"还有"宫观二百七十"（图3-5）。

图3-5　秦咸阳主要宫苑分布图
（图片来源：引自周维权著《中国古典园林史》）

秦朝宫苑宏伟浩大、尽显皇家气派，先秦以来的"高台榭、美宫室"之风气在秦始皇统治时期达到了发展巅峰。秦始皇策划新建、修建的数百座宫苑中，已不能一一考证，但根据相关史料记载，其中最著称的"宫""苑"，即咸阳宫、阿房宫、兰池宫及上林苑。

1）咸阳宫、阿房宫："高台榭、美宫室"之典范

咸阳宫，位于当初秦都咸阳城的北部阶地上。公元前350年秦孝公迁都咸阳，开始营建宫室，至秦昭王时，咸阳宫已建成。在秦始皇统一六国过程中，该宫又经扩建，整座建筑结构紧凑，布局高下错落，主次分明，是秦代建筑的典范之作。据记载，该宫"因北陵营殿"，为秦始皇执政"听事"的地方。晚唐朝诗人李商隐诗人看到被项羽焚烧的秦咸阳宫殿遗迹后有感而发：

咸阳宫阙郁嵯峨，六国楼台艳绮罗。

自是当时天帝醉，不关秦地有山河。

与咸阳宫相比，阿房宫规模更大，离宫别馆，弥山跨台，气势宏伟，蔚为壮观。公元前 212 年，秦始皇嫌先王所建的宫廷太小，因而征发几十万人在渭水南岸修建规模更大的朝宫，即历史上著名的阿房宫。传说阿旁宫大小殿宇 700 余所，秦始皇生前，将从六国掠夺来的珠宝、美女深藏宫中。唐代著名诗人杜牧在其《阿房宫赋》中，生动形象地描写了阿房宫的兴建及恢弘壮丽。杜牧在这篇赋中艺术地再造了阿房宫，然而这些想象不足以成为阿房宫存在的有力证据，《史记·秦始皇本纪》的记载也不详细。20 世纪 70 年代，由中国社会科学院考古研究所和西安市文物保护考古所联合组成的阿房宫考古队，对阿房宫遗址进行的考古工作发现，阿房宫本来就没有建成，秦朝此宫殿仅完成地基而已。

2）兰池宫：筑山理水艺术之先河

兰池，或称兰池陂，池北侧营造宫殿名曰"兰池宫"。关于兰池及兰池宫地望，秦咸阳城遗址范围内考古勘探发现，主要集中在秦咸阳宫东部，即今咸阳市东北杨家湾、山家沟一带。

《史记·秦始皇本纪》《正义》引《括地志》载："兰池陂即古之兰池，在咸阳界。《秦记》云：'始皇都长安，引渭水为池，筑为蓬、瀛，刻石为鲸，长二百丈，逢盗处也。'"始皇帝在公元前 219 年东巡郡县后，受神仙方术及"东海三仙山"思想影响，在秦宫殿区东部修建兰池，引渭水为"海"，并筑岛蓬莱山摹拟海上仙山。自兰池宫苑始，后世历代多在都城中凿池堆山，摹拟"海"及"海上仙山"。兰池之名亦有汉建章宫、唐大明宫的太液池（蓬莱池）、元都城太液池和明清都城太液池（北海、中海、南海三海）的发展衍变。

（2）两汉时期的皇家园林

两汉时期包括西汉（公元前 206—8 年）和东汉（公元 25—220 年），都城分别在长安和洛阳，其皇家园林建设主要集中在这两大都城。

经过汉初的休养生息，西汉经济发展，国力增强，汉武帝时期（公元前 156—前 87 年），皇家园林的建设活动空前繁荣。西汉皇家园林主要分布在长安城的郊区以及关中、关陇地区（图 3-6）。代表性宫苑主要有：上林苑、未央宫、建章宫、甘泉宫、兔园五处，晋代葛洪《西京杂记》、南朝人编著的《三辅黄图》、清代顾炎武《历代宅京记》等多有记载。

东汉立朝初期，崇尚俭约，鲜有宫苑建设。东汉末期桓、灵二帝时，皇家造园活动达到高潮，扩建旧宫苑的同时，开始兴建新宫苑。洛阳城内宫苑主要有濯龙园、永安宫、西园、南园；城郊宫苑远不及城内宫苑数量多，规模大，主要有上林苑、广成苑、光风园（图 3-7）。

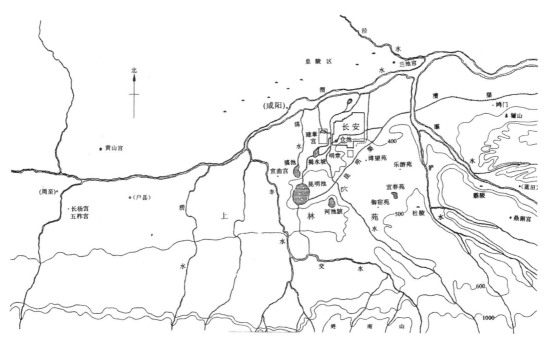

图 3-6 西汉长安及其附近主要宫苑分布图
（图片来源：引自周维权著《中国古典园林史》）

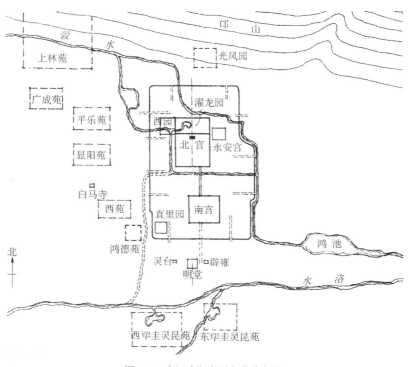

图 3-7 东汉洛阳主要宫苑分布图
（图片来源：引自汪菊渊著《中国古代园林史》）

1）上林苑：风景、园林、绿化三系兼备的旷世杰作

兴于秦、盛于汉的上林苑，地跨五个县境，"广长三百里"，"缭以周墙四百余里"，其"皇家气派"可谓空前绝后。这里南有秦岭北坡蜿蜒，中有"八川分流"谷川台原，优良地貌使得此处生物品种繁多。在得天独厚的天、地、水、生等自然景源中，人工整理出百余公顷的"昆明池"（兼供水游乐军训），增植"名果异树"二千余种，设猎区、兽圈和斗兽场，"上林苑门二十，中有苑三十六。"有宫殿12处和特定功能高大建筑21个，还是"种、养、加"齐全的生产基地，有庞大的管理机构和不定期有条件的开放。自公元前138年扩建秦旧苑始，到西汉末年（23年）上林苑名存实亡。对这个延续了160年的事物该作如何称谓，一说"上林苑类似一座庞大的皇家庄园"（周维权），二说"是一个包罗着多种多样生活内容的园林总体"（汪菊渊），三说"是一种山水（风景）宫苑（园林）植树（绿化）三系兼备的风景园林区域"（张国强）。上林苑的超大、综合、初创盛时特征，有其社会发展的历史需求和优势。

2）建章宫：历史上首座"一池三山"模式的皇家园林

汉武帝刘彻于太初元年（公元前104年）建造的宫苑，《三辅黄图》载："周二十余里，千门万户，在未央宫西、长安城外。"建章宫为西汉三大宫苑之一，也是上林苑内十二宫之首。另两座分别是公元前202年汉高祖在秦朝兴乐宫的基础上建成的长乐宫和公元前200年在秦章台基础上修建的未央宫。建章宫与未央宫相邻，为了往来方便，两宫间筑有飞阁辇道（图3-8、图3-9）。

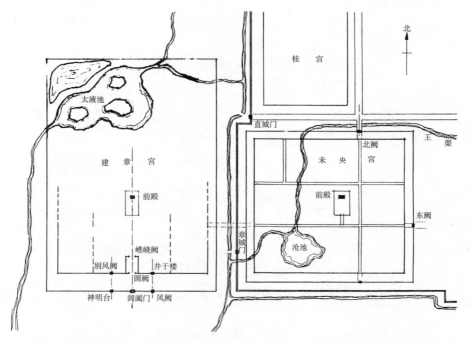

图3-8　未央宫、建章宫平面设想图（图片来源：引自周维权著《中国古典园林史》）

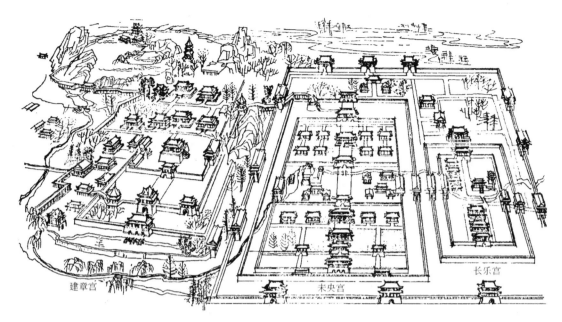

图 3-9　汉三宫建筑分布图

建章宫在历史上仅存在了 117 年，王莽篡位立新朝后不久将其拆毁。二千一百多年后，建章宫部分遗址仍有迹可循，今地面尚存并可确认的有前殿、双凤阙、神明台和太液池等遗址。

建章宫整体布局"前殿后苑"，南部为宫殿区，北部为园林区。宫殿区以建在高台上的建章前殿为最高建筑统领全部，从正门圆阙、玉堂、建章前殿和天梁宫形成一条中轴线，其他宫室分布在左右，全部围以阁道。园林区则以太液池为核心，仿效始皇帝在太液池中堆筑瀛洲、蓬莱、方丈三仙山，构建了历史上第一座具有"一池三山"模式的皇家园林（图 3-10）。"前殿后苑"和"一池三山"模式开启了中国传统园林布局的先河，这一模式备受历代帝王推崇，成为后世皇家园林主要营造模式。

二、两汉私家园林

西汉汉武帝以后，私家园林营建屡见于文献记载，多为"宅""第""园""园池"等称谓。一方面贵族、官僚建设的宅第园池营造风格多规模宏大、奢华成风，曲阳侯王根、成都候王商兄弟的宅园更是"骄奢僭上"，其骄横奢侈程度超越纲常。另一方面私家园林营造已不局限于贵族、官僚阶层，新型的大地主、大商人等地方豪富开始营造园林，其规模和内容不逊于皇家园林。

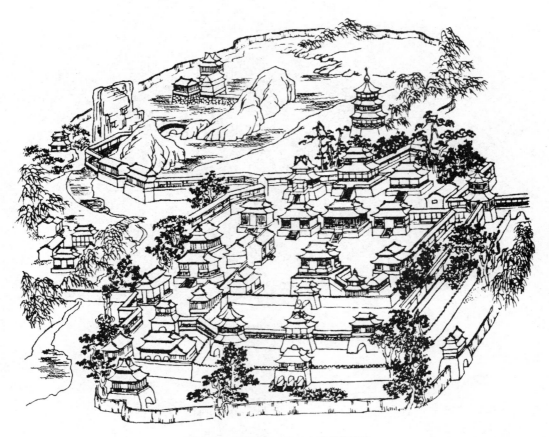

图 3-10　建章宫与一池三山示意鸟瞰图

第三节　城宅路堤植树已见规模成体系

一、城宅植树

　　长安城坐落在"八百里秦川"上，"黄壤千里，沃野弥望"的关中盆地土壤肥沃、水资源非常丰富，更有"八水绕长安"[①]的记载。得益于优越的自然环境因素，汉长安城"嘉木树庭，芳草如积"（东汉·张衡《西京赋》），植被生长繁茂，处处绿荫，环境十分优美。

　　按照先秦传下来的习俗，汉长安城内居民庭院中必须有种植，否则就要受罚，这是关于城市植树最早的法规。除城市植树有法规规定外，还有诏令保护鸟类。《汉书·朱博传》中说道，当时城内御史府内有大柏树，"常有野鸟数千，栖宿其上，晨去暮来，号曰朝夕鸟"。城市宅院内人与自然和谐共生，人与鸟类和睦相处可见一斑。

---

　　① 八水即"渭、泾、灞、浐、潏、滈、沣、涝（潦）"。

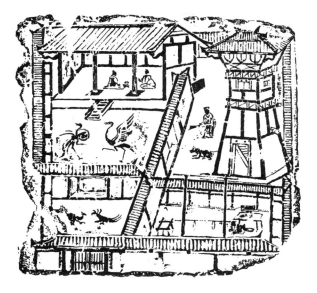

图 3-11 汉朝的庭院植树

在汉代，城市道路、皇宫、贵族府邸、居民庭院植树已见规模并成体系。整个长安城就像绿意盎然、直冲云天的树木一样，充满着勃勃生机与繁荣。

《三辅黄图》中说汉长安城中"树宜槐与榆，松柏茂盛焉"，槐树、榆树是当时常用树种，城中种植有大量的松树、柏树，其行道树树种主要有槐、榆、松、杨等。汉代长安城中开始出现以树木命名的地名和宫观仓市，如长安的御沟，因沟边种植有高大的杨树，又称作"杨沟"；宫如五柞宫、长杨宫、葡萄宫、枌诣宫等；台观有白杨观、细柳观、柘观、青梧观等；仓、市有细柳仓、槐市等[①]。此外，东汉都城洛阳除宫苑、官署外，有里闾及二十四街，街的两侧分别植栗、漆、梓、桐四种行道树。

从墓葬出土的汉画像石、砖和汉赋文字记载来看，宅院植树在两汉时期已相当普遍（图 3-11）。如河南郑州出土的汉墓空心砖及四川德阳出土的画像砖上，其住宅内所种植花木清晰可见。西汉文学家孔臧（约公元前 201 年—约公元前 123 年）的《杨柳赋》更是生动形象地记载了城市宅院内植柳、赏柳并享庭院园居之乐的情形，被称为千古咏柳第一篇。由赋中可见，蒲柳的种植占据整个庭院园林布局的核心，生命力

① 徐卫民，方原.汉长安城植被研究 [J].西北大学学报（自然科学版），2009（5）.

顽强，随地生长却发挥了其巨大的庭院遮荫功效。在这里，"南垂大阳，北被宏阴，西奄梓园，东覆果林。规方冒乎，半顷清室，莫与比深"，文人写意园林也由此滥觞。柳荫树下正是好朋挚友结交游乐的场所，饮酒宴乐，赋诗断章，畅谈志向……自然美景同园居之乐相映成趣。柳荫树下的交游畅怀则足足比东晋王羲之（303—361 年，一作321—379 年）等文人雅士于 353 年在兰亭浮觞游乐早了 500 年。

二、驰道列树

秦汉在周代道路种植树木的基础上又有了长足发展。秦始皇统一全国后第二年（公元前 220 年），便下令在原有周道路基上修筑以咸阳为中心的、通往全国各地的驰道，这就是中国历史上最早的"国道"。《史记·秦始皇本纪》载："始皇二十七年（公元前 220 年）治驰道"。《前汉书·贾谊传》里记载："道广五十步，三丈而树，厚筑其外，隐以金椎，树以青松，为驰道之丽至于此。""道广五十步"驰道宽 50 步，约隔 3 丈。"三丈而树"就是指在中道两边种树。"树以青松"，即中道两边种植青松，以标明中道的路线（图 3-12）。

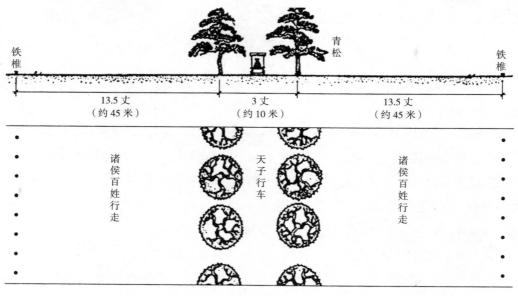

图 3-12　两千多年前中国国道上的绿道断面
（图片来源：俞孔坚等，2006 年，转引自戴菲、胡剑双著《绿道研究与规划设计》）

到了汉代，列树种植范围进一步拓展，并有了官方的明文规定。《后汉书·百官志》记载："将作大匠掌修作宗庙、路寝、宫室、陵园、土木之功，并树桐梓之类，列于道侧。"这里的将作大匠承秦将作少府，汉景帝改为将作大匠，其职责是负责修建宗庙、皇宫、陵墓、园林，并在通往这些建筑物的道路旁种植桐木（梧桐树）和梓木（梓树）。

三、树榆为塞

榆树在我国有着悠久的栽植历史，由于其根系发达、适应性强、易活、耐旱、易成林等特性，战国末年开始出现沿长城规模栽种榆树以防御外敌。

真正用种植榆树来构筑军事防御体系，抵御北方游牧民族的骑兵则始于秦。秦统一六国后，疆域面积扩大，秦始皇三十三年（公元前214年）"西北斥逐匈奴"，并在原来的秦、赵、燕三国长城基础上，连接修筑万里长城防御北方匈奴南下入侵（图3-13）。除此之外还沿长城广种榆树，成林、成带，形成绿色屏障阻挡匈奴骑兵。《汉书》卷五十二《窦田灌韩列传·韩安国》载："蒙恬为秦侵胡，辟数千里，以河为竟。累石为城，树榆为塞，匈奴不敢饮马于河"。意思是秦朝名将蒙恬在秦统一六国后，率兵30万人击退匈奴，把黄河当作北方边境，在黄河一带垒石构筑城塞，同时在外面栽种大量的榆树，构成了另一层关塞，即我国历史上最早的绿色长城。如此大规模植榆活动在我国历史上尚属首次。今甘肃省兰州市榆中县，因秦筑长城，树榆为塞，处榆塞之中而得名。后世"榆塞"亦泛称边关、边塞。

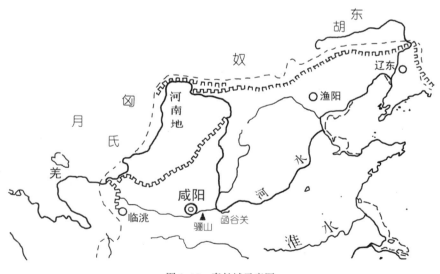

图 3-13　秦长城示意图

到了汉代，朝廷与匈奴矛盾更加激化，在秦军事边防榆林带的基础上，"广长榆，开朔方，匈奴折伤"，形成了更加纵横宽广宛如绿色长城般的防御林带，给了匈奴更加沉重的打击。

　　此后，历代多有边塞植榆防风固沙、保持水土、防御外敌的做法。此外，榆树在灾荒的年代，尤其在青黄不接的春荒之际，因榆树的皮、根、叶、花均可食用，可当粮吃，故又有救荒功能，被百姓称为"救命树"。总之，古人在长期的种植榆树过程中，亦形成了独特的榆树文化，赋予了榆树庭院观赏、辟邪、救荒、防护、地域命名、火崇拜、社树等功能与情感寄托（图 3-14）。

图 3-14　今咸阳市境内古豹榆木树，树高近 20 米，胸径 6 米，距今已有约 1600 多年的历史
（图片来源：申威隆，2021 年）

第四章　风景园林快速发展时期

（魏晋南北朝：220—589年）

189年，震惊朝野的董卓之乱爆发，东汉王朝名存实亡。随着军阀、豪强割据势力的相互兼并，220年东汉灭亡，形成魏、蜀、吴三国鼎立的局面，也由此开启了中国历史上政权更迭最频繁、并有多国并存的魏晋南北朝（220—589年）时代。这个时期可分为三国时期、西晋时期、东晋时期、十六国时期、南北朝时期（南朝与北朝对立时期）。南朝梁人口2100万（539年），都城建康人口达到140万，成为世界首座过百万人口的城市，也是当时世界上最大的城市。

魏晋南北朝是社会动荡与混乱时期，也是我国历史上的民族大融合时期，各族之间相互往来，经济文化相互交融。文化因多元走向、多向度发展与深化而放出异彩，山水文学、田园诗、山水画、山水园林、风景建筑等山水文化的各门类发展势头强劲。当然，也在《魏书》中出现了"表减公园之地，以给无业贫口"的纠偏文语。

魏晋南北朝是我国风景、园林、绿地快速发展时期。

风景：风景游览欣赏活动、山川景胜和宗教圣地快速发展，还出现了写实的自然山水园和实用的庄园别业山墅。山水文化的繁盛、庄园经济的发展成熟以及寺观建设与石窟开发推动了风景圣地快速发展，出现了山水文化艺术与山水风景开发交融发展的格局。

园林：皇家园林与私家园林上承秦汉，踵继前盛；下启唐宋，伏脉悠长。以南北并峙的两大都城建康、洛阳和会稽地区等为代表的园林营造开启了"经始山川""有若自然"的序章，为其以后辉煌巅峰时代的到来奠定了坚实的发展基础。寺观园林这一新的园林类型出现，与皇家、私家园林三苞竞艳。江南园林崛起，风格迥异的南北方两大园林系统齐轨连辔，珠璧交辉。皇家园林受私家园林影响，创作写实向写意转化；权贵庄园及其经济带动别墅、山园、山宅、岩居发展，并促进了山水风景开发。

绿地：植树实践活动与经验总结并举，植树技术提高首见文献，多部农林专著面世；植物及景象描述出现在了众多文化典籍中，名果异树现园林记载；南朝都城建康橘树绕城、竹篱围郭、绿树如帷，俨然一座"绿色之城""生态之城"；城（村）宅路堤植树成熟完善，"树榆为篱、益树五果"为村庄植树（绿化）的最早记载。

第一节　风景圣地快速发展

一、人文新风影响，山水文化繁盛

整个魏晋南北朝时期，儒、道、释诸家思想争鸣，十分活跃。著名美学家宗白华先生在《美学散步》指出："汉末魏晋六朝是中国政治上最混乱、社会上最苦痛的时代，然而却是精神史上极自由、极解放，最富于智慧、最浓于热情的一个时代，因此也是最富有艺术精神的一个时代。"[①]

正是在这样一个极富有艺术精神的时代，"有晋中兴，玄风独振"，玄学的兴盛，文士对清淡生活的追求，对当时的社会文化氛围起了很大的推动作用。历史上的"魏晋风流"便产生于这样的时代文化背景下，即表现为把寄情山水和崇尚隐逸作为社会风尚。"山水质有而趣灵""山水以形媚道"，"玄对山水"与"佛对山水"的自然山水体察与审美深入人心。自然山水也一度成为这一时期社会名士才情风骨的象征。山水文化、艺术的兴盛和山水风景开发形成了两者相互促进、同步发展的局面。雁荡山、天台山、楠溪江、富春江、新安江、桃花源、武夷山、钟山等山水景区都在这一时期得以培育形成。

特定的文化社会环境造就了大批名士和名士文学家，他们身逢乱世，林泉之隐、田园山水之乐成了他们生活的全部和感情的寄托。自然山水园、山水田园诗、自然山水画都在这一时期兴起，其快速发展带动了山水园林的兴盛，促使山水田园资源游览欣赏审美功能发展。这一时期代表典型为悠游山水的竹林七贤（图4-1）、公共景点发端的兰亭雅集（图4-2）、陶渊明笔下的桃花源。

魏正始年间（240—249年），嵇康、阮籍、山涛、向秀、刘伶、王戎及阮咸七人常聚在当时的山阳县（今河南辉县、修武一带）竹

图4-1 《竹林七贤与荣启期》（南朝墓葬出土的砖印壁画）

---

① 宗白华.美学散步[M].上海：上海人民出版社，1999.

图 4-2 《兰亭修禊图》(北宋·李公麟)

林之下，肆意酣畅，世谓"竹林七贤"。竹林七贤多才多艺，在音乐、书法和绘画等方面各有擅长，成就斐然，成为那个时代的文化符号。竹林七贤是当时玄学的代表人物，他们凭借脱俗之举和非凡之作，启迪了魏晋士人山水情结发轫，代表了魏晋士人山水情结的先声，深深影响着中国文化和传统文人。在竹林七贤悠游竹林一个世纪以后，以兰亭雅集为标志事件的公共景点开始产生。东晋永和九年（353 年）农历三月三日，王羲之同谢安、孙绰等 42 人在绍兴兰亭修禊时，于会稽山阴之兰亭（今浙江省绍兴市西南十许公里处）举办了首次兰亭雅集。在这次集会中，众人饮酒赋诗，汇诗成集，共得诗 37 首。兰亭修禊，曲水流觞使王羲之触悟山水之美、宇宙之玄和人生的真谛，在物我两忘的境界中，一气呵成，挥写下千古杰作《兰亭集序》。《兰亭集序》记述了当时文人雅集的情景：高峻的山岭，茂盛的树林，修长的竹子，澄清的急流……在惠风和畅、茂林修竹之间，文人雅士或袒胸露臂，或醉意朦胧，魏晋名士洒笑山林，旷达萧散的神情发挥得淋漓尽致。"曲水流觞"这种饮酒咏诗的雅集历经千年盛传不衰，在中国古典园林中经历了长期的发展演变，作为园林景点在中国古典园林中频频出现，其表现形式愈加丰富多样，成为中国古典园林的代表景点之一。

之后的陶渊明（365—427 年）在诗词和人格上承继了阮籍、嵇康等人的传统，将隐逸思想发挥得更加淋漓尽致，被推为"古今隐逸诗人之宗"。"三千年读史，不外功名利禄；九万里悟道，终归诗酒田园"（《南怀瑾先生答问集》），陶渊明以自己的实际行动开创了以道家思想为其哲学基础的归隐田园、忘情山水，不与统治者合作的退隐式的人生道路，构建了传统文人士大夫的归隐田园人生模式。"诚谬会以取拙，且欣然而归"，在他的躬耕隐居生活中，融自己的切身体会于诗中，平淡、自然、真淳、质朴，开创了中国田园诗的先河，其人格魅力为以后文人墨客所推崇。弹琴、赋诗、饮酒、耕耘，深刻体现了陶渊明及文人士大夫的率真和亲近自然，热爱自然的本性；山丘、林泉、池鱼、狗吠、鸡鸣，则构筑了他们的生命之韵。陶渊明借田园生活的适意来表达隐居不仕的高致，淳朴宁静中反衬出对老庄哲学崇尚自然的追求。《桃花源记》是陶渊明的代表之作，表达了作者及后世文人士大夫对理想的桃花源生活的向往：

　　"晋太元中，武陵人捕鱼为业，缘溪行，忘路之远近。忽逢桃花林，夹岸数百步，中无杂树，芳草鲜美，落英缤纷，渔人甚异之；复前行，欲穷其林。林尽水源，便得一山……有良田美池桑竹之属，阡陌交通，鸡犬相闻。其中往来种作，男女衣著，悉如外人；黄发垂髫，并怡然自乐。见渔人，乃大惊，问所从来，具答之，便要还家，设酒杀鸡作食，村中闻有此人，咸来问讯。自云先世避秦时乱，率妻子邑人，来此绝境，不复出焉；遂与外人间隔。问今是何世，乃不知有汉，无论魏、晋。……"

　　《桃花源记》构思精妙，具有独特的艺术风格和引人入胜的艺术魅力，其语言平淡自然，优美洗练，为我们的审美观提供了一个平淡、恬静的田园境界，也为后世的哲学思想、文化艺术、审美情趣以及园林立意、园景营造等产生了很大的影响。

二、佛道发展与名山风景区的形成

　　魏晋南北朝时期，佛、道盛行，使山水景胜和宗教圣地快速发展，寺观建设促进杭州西湖、九华山、缙云山、苍岩山、雪窦山、罗浮山、邛崃山、天台山等山水风景开发。"千里莺啼绿映红，水村山郭酒旗风。南朝四百八十寺，多少楼台烟雨中。"唐代诗人杜牧在《江南春》以极具概括性的语言描绘了一幅生动形象的南朝寺庙与江南风景相融合的画卷。

　　佛寺、道观大量出现在城市、近郊以及山水风景形胜之地。山岳寺、观建设推动了山水风景的开发，寺、观与周围优美的环境相融合，对名山风景区的开发起到了主导性的作用。如恒山悬空寺，为佛、道、儒三教合一的独特寺庙，以奇、险、巧著称于世（图4-3）。它建成于北魏太和十五年（491年），因"悬挂"于崖壁之上，始称"玄空阁"，后改名为"悬空寺"。悬空寺在天峰岭、翠屏峰、唐峪河的山水之间营造出"空中楼阁""仙境福地"的壮观景色，为恒山十八景中"第一胜景"。

　　魏晋南北朝时期，庐山成为儒释道共尊和文人名士聚集的风景区。庐山是寺、观建设与名山风景早期开发相结合最典型的例子。384年，东晋佛教高僧慧远驻足庐山，开始经营东林禅寺，并在此住了30年，写下了众多关于庐山优美风景的诗篇。461年，

图 4-3　悬空寺建筑群，后经多次维修重建，现为明清时期建筑式样

南朝著名道士陆修静慕名来到庐山，营建简寂观。之后，陆续建成的佛寺和道观布满山南山北，形成了"佛道共尊"的局面。

南北朝时代，除了寺、观建设外，开山凿窟建立石窟寺之风遍及全国。这些石窟多位于山川胜地，是重要的宗教活动场所，除朝拜外，也是老百姓游览之地。开凿山岩石窟使莫高窟、麦积山、云冈、龙门等得以发展（表 4-1、图 4-4）。

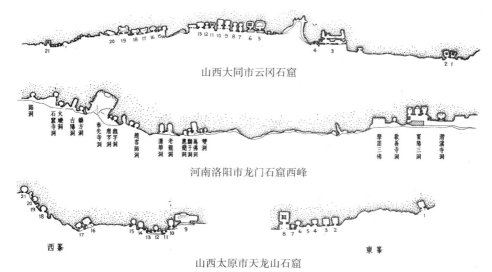

山西大同市云冈石窟

河南洛阳市龙门石窟西峰

西峰　　　　　　　　　　　东峰

山西太原市天龙山石窟

图 4-4　云冈、龙门、天龙山石窟总平面示意图（图片来源：引自刘敦桢主编《中国古代建筑史》）

南北朝时期最重要的石窟   表 4-1

名称	地点	开凿时期	代表作品	特点
云冈石窟	山西省大同市	460—470 年	第 16~20 窟，因系著名高僧昙曜主持营建，故称"昙曜五窟"	平面为马蹄形，穹隆顶，外壁满雕千佛。主要造像为三世佛，风格劲健、浑厚、质朴。雕刻技艺在继承并发展汉代的传统同时，吸收并融合了古印度犍陀罗、秣菟罗艺术的精华
		471—494 年，北魏最稳定、最兴盛的时期	第 1、2 窟，第 5、6 窟，第 7~13 窟以及未完工的第 3 窟	洞窟平面多呈方形或长方形，洞窟或雕中心塔柱，或具前后室，壁面布局上下重层，左右分段，窟顶多有平基藻井。佛教石窟艺术中国化进程加快，汉化趋势发展迅速。雕刻造型追求工整华丽、富丽堂皇，雕刻内容繁复、造像题材多样
		北魏迁都洛阳后，494—524 年	主要分布在第 20 窟以西，还包括第 4、14、15 窟和第 11 窟以西崖面上的小龛，约有 200 余座中小型洞窟	大规模的开凿活动停止，大窟减少。凿窟造像之风世俗化，大量中小型洞窟涌现，从东往西布满崖面。洞窟大多以单窟形式出现，不再成组。秀骨清像
麦积山石窟	甘肃省天水市麦积区	北魏（386—534 年）	共 88 个洞窟，占全部洞窟的近半数。以第 76、80、115、128、133 窟等为代表	秀骨清像。早期以平面方形平顶中小型窟为主，窟壁出现上下分层开小龛或影塑造像的形式。晚期为平面方形或近方形的殿堂式窟，多有壁龛。造像题材仍以三佛为主，但同时出现一佛二菩萨二弟子的组合
		西魏（535—556 年）	洞窟现存 12 个，以第 43、102、123 窟为代表	以中小型窟为主，出现了崖阁式窟。出现一佛二菩萨二弟子二力士的组合
		北周（557—581 年）	44 个窟龛，以第 3、4、26、62 窟为代表	第 4 窟（又名上七佛阁、散花楼）为麦积山规模最大、位置最高的石窟，是七梁八柱、平棋藻井、宽 31.7 米、高 15 米的单檐庑殿式洞窟，是现存规模最大的崖阁建筑。造像以七佛为主，风格珠圆玉润、面短而艳，开启了唐代造像丰满圆润的先河
莫高窟	甘肃省敦煌市	北魏（386—534 年）西魏（535—556 年）北周（557—581 年）	北朝时期的洞窟共有 36 个，典型洞窟有第 249、259、285、428 窟等	洞窟建筑、彩塑、绘画三位一体。窟形主要是禅窟、中心塔柱窟和殿堂窟，彩塑有圆塑和影塑两种，壁画内容有佛像、佛经故事、神怪、供养人等。影塑以飞天、供养菩萨和千佛为主，圆塑最初多为一佛二菩萨组合，后来又加上了二弟子
龙门石窟	河南省洛阳市洛龙区龙门镇	开凿于北魏孝文帝迁都洛阳（493 年）前后	以北魏和唐代的开凿活动规模最大，长达 150 年之久。北魏洞窟约占 30%，唐代占 60%，其他朝代仅占 10% 左右	为北魏、唐代皇家贵族发愿造像最集中之地，两朝造像反映出迥然不同的时代风格，北魏时期崇尚以瘦为美，佛像呈现秀骨清像式的艺术特征，以古阳洞、宾阳中洞等为代表；而唐代以胖为美，故佛像有脸部浑圆，双肩宽厚的特点，以依据《华严经》雕凿的大卢舍那像龛群雕最为著名

资料来源：根据宿白著《中国石窟寺研究》、潘谷西主编《中国建筑史》等整理。

第二节　皇家、私家、寺观园林三大体系并行发展

一、皇家园林

魏晋南北朝时期大小政权都在各自的都城进行宫苑建置，其中邺城、洛阳、建康三大都城有关皇家园林建设情况的文献记载较多。

邺城（今河北省临漳县）先后有曹魏、后赵、冉魏、前燕、东魏、北齐六朝在此建都，富庶繁盛了长达 4 个世纪之久。见于文献的邺城皇家园林有铜爵园、芳林园（华林园）、灵芝园（灵芝池）、玄武苑、桑梓苑、龙腾苑、仙都苑、游豫园、清风园、东山池以及西林园等。

洛阳，黄河流域与长安齐名的都城。220 年，曹丕建魏，定都洛阳，后西晋、北魏皆以洛阳为都城。曹魏的洛阳有华林园等 11 个园池；北魏洛阳有三名园，其中仙都苑有象征五岳四渎四海，首创"移山缩地在君怀"的寓意象征手法；南湖都城的宫苑众多，其中华林园占地两千亩，上林苑周回五里，芳乐苑是"当暑种树，大树合抱亦移掘，山石皆涂以彩色"。见于文献记载的皇家园林有九华台、芳林园（华林园）、春王园、洪德苑、灵昆苑、平乐苑、西游园等。

建康（今南京），是继黄河流域古代中国的政治文化中心长安、洛阳之后，在长江下游诞生的南方政治、文化、经济中心。自三国以降，东吴、东晋、宋、齐、梁、陈六朝先后在此建都，共历时 321 年。苑囿主要分布于都城东北处，在萧梁一朝达到鼎盛。见于文献记载的皇家园林主要有太初宫、华林园、芳乐苑、乐游苑、上林苑、博望苑、江潭苑、建新苑、青溪宫、兰亭苑等（图 4-5）。

魏晋南北朝时期的皇家园林在规模上不如秦汉宫苑，罕见生产经济活动。但在继承发展的基础上，名称、整体布局、建筑风格、造园风格、功能等方面形成了自己的时代特点。

名称：除沿袭前朝的"宫""苑"外，"园"的称谓开始增多。

整体布局："西北筑山，东南理水"的山形水系布局手法影响了后世皇家园林的营造；御苑—宫城—御街构成了都城中轴线空间序列，对后世都城的城市规划影响深远。

建筑风格：园林建筑屏弃了台，楼、阁、观等建筑从秦汉的古朴凝重，转向为成熟、精丽、圆润。自汉代以来的驿站建筑——亭，引入宫苑成为点缀园景的园林建筑，并在两晋时演变为一种风景建筑。

造园风格："错彩镂金"的皇家气派仍为皇家园林的主流风格，但造园风格受到"初发芙蓉"的时代美学理想影响，表现出人工建置与自然山水相融合之美。造园要素的综合重点已从摹拟神仙境界转向世间题材，造景主流虽求皇家气派，但已受民间私园影

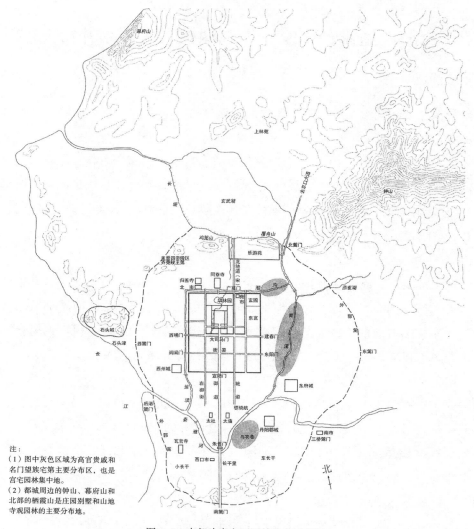

注：
（1）图中灰色区域为高官贵戚和名门望族宅第主要分布区，也是宫宅园林集中地。
（2）都城周边的钟山、幕府山和北部的栖霞山是庄园别墅和山地寺观园林的主要分布地。

图4-5　南朝建康主要园林分布示意图
（图片来源：引自成玉宁等著《中国园林史》）

响，透出人文新风、民间游憩、天然林涧之美。皇家园林与私家园林开始相互渗透影响，著名文人开始参与营建皇家御苑，其筑山、理水等造景手法开始注重由写实向写意转化、写意与写实相结合。东晋简文帝入华林园曰"会心处不必在远，翳然林水，便自有濠濮间想也，觉鸟兽禽鱼自来亲人"，成为皇家园林追求写意风格的真实写照。

营造技术：随着规划设计趋细，筑山理水、机枢水石景、建筑雕饰工程、植物配置、动物放养等园林工程技术明显提升。

使用功能："宫、苑、园"三者功能明显分置，皇家园林的狩猎、求仙、通神的功能逐渐淡化，游乐、休憩、观赏等功用成为主导。

这一时期皇家园林以铜雀园、华林园最典型。

铜雀园　又名铜爵园，位于邺北城内西北部，曹操计划"铜雀春深锁二乔"的宫苑。据《魏都赋》李善注："文昌殿西有铜爵园"，"铜爵园西有三台"，三台即铜雀台、金虎台、冰井台。

铜雀园与宫殿区相邻，已初具大内御苑的功能。园内曲池疏圃，林木丰茂，高台楼榭，殿宇恢弘。东汉末年，曹操在铜雀园中宴飨宾客，刘桢在《公宴诗》中描述了当时的盛况："辇车飞素盖，从者盈路旁。月出照园中，珍木郁苍苍。清川过石渠，流波为鱼防。芙蓉期其花，菡萏溢金塘。"后世文人雅士游宴赋诗多仿效于此。铜雀园作为建安文学重要的发源地之一，激发了曹氏父子与建安七子的创作灵感，如曹植的《公宴诗》《登台赋》《赠徐干》，曹丕的五言诗《芙蓉池作》等文学作品皆对铜雀园及其周边景物做过详细的记述。最为出色的当属《芙蓉池作》，一改当时诗风，开始着力描绘景物、景色：

> 乘辇夜行游，逍遥步西园。双渠相溉灌，嘉木绕通川。
> 卑枝拂羽盖，修条摩苍天。惊风扶轮毂，飞鸟翔我前。
> 丹霞夹明月，华星出云间。上天垂光采，五色一何鲜。
> 寿命非松乔，谁能得神仙。遨游快心意，保己终百年。

后赵时期，石虎在铜雀园的铜雀台东北之中修建九华宫。后毁。

洛阳华林园　魏晋南北朝时期，邺城、洛阳、建康均建有以"华林园"为名的皇家园林，在整体布局和营造风格上相近，具有一定的延续性和传承性。"华林园"在历史上先后存在了360余年，历经10余个政权更迭、数十位君主营造，成为魏晋南北朝时期历史文化、都城建设的缩影（表4-2）。

魏晋南北朝时期邺城、洛阳、建康三地华林园比较　　　　表4-2

都城	时期	区位	山形水系格局	主要景物	文献记载
邺城	后赵石虎时期修建，后毁	城北郊，属离宫御苑	西北筑山，东南凿池。引漳水入园，开凿天泉池，并与宫城内水系联通	前金堤，院墙长数十里	《晋书·石季龙载记》《邺中记》
洛阳	曹魏芳林园由魏明帝所建，后讳齐王曹芳名，改名华林园。历经二百余年的不断建设，西晋华林园较之曹魏时规模更为宏大	华林园—宫城—铜驼大街共同构成城市中轴线序列。由此确立了皇都规划的格局模式	西北筑山，东南凿池。引榖水入园，东南面为天渊池，池中建九华台和清凉殿，西北面堆筑景阳山	景阳山、天渊池；崇光、华光、疏圃、华延、九华五殿；繁昌、建康、显昌、延祚、寿安、千禄六馆；桃花堂、杏间堂、百果林等	《三国志·魏书》《洛阳伽蓝记》《水经注》
建康	始建于吴，经东晋、宋、齐、梁、陈等时期建设，梁代为鼎盛时期	台城北部，华林园—宫城—御街共同构成城市中轴线序列	西北筑山，东南凿池。引北侧玄武湖水入园，与南侧宫城水系贯通。园中凿天渊池、堆筑景阳山	天渊池、景阳山、景阳楼、流杯渠	《世说新语》《南齐书·高帝》《六朝事迹编类》

二、私家园林与庄园

魏晋南北朝时期，财产私有制化更为严重，统治阶级内部财富不均，氏族豪强能够与皇室分庭抗礼，朝廷上下敛聚财富，荒淫奢靡之情形蔚然成风。这一时期城市型私家园林营造趋于小型化和精致化，园主人园林审美情趣增强，物质享用升华为精神层面的追求。"十亩之宅，山池居半"，宅与园分开、精巧华美，注重筑山理水是私家园林的主要特点，如晋会稽王司马道子东第"穿池筑山，列树竹木"，梁朝裴之平宅"筑山穿池，植以卉木"，宋世刘勔宅"聚石蓄水，仿佛丘中"，齐文惠太子萧长懋玄圃园"多聚奇石，妙极山水"，等等。其中，"聚石蓄水"为最早见于文献记载的用山石砌筑水池驳岸的做法①。

当时，人们称城市内居住的园林和屋宇为"园池宅第"，又称"宅园"，多为官僚显贵所营造。城市型私家园林发展以北方北魏首都洛阳和南方南朝建康、会稽、广州为代表，宅园华丽、靡靡之风尤甚，为六朝政治积弊、财富垄断、争奇斗富所致。

北魏人杨衒之《洛阳伽蓝记》②中生动描写了北魏首都洛阳私家园林盛况：

"当时四海晏清，八荒率职……于是帝族王侯、外戚公主，擅山海之富，居川林之饶，争修园宅，互相夸竞。崇门丰室，洞户连房；飞馆生风，重楼起雾。高台芳榭，家家而筑；花林曲池，园园而有。莫不桃李夏绿，竹柏冬青。"

南方的私家园林也多见于文献记载。王公贵族多在建康城东、城北摹仿自然山林建造宅园，尤以秦淮河、青溪沿岸、潮沟北侧以及钟山地区为盛。这些宅园亭台楼阁华丽，绿树掩映，装点了建康都城风景，据《钟山飞流寺碑》云："同符上陇，望长安城阙；有偃师，瞻洛阳之台殿；瞰连甍而如绮，杂卉木而成帷"。

此外，东汉时期发展起来的庄园经济在这一时期也已经完全成熟。权贵士族们经营庄园或风景式园林，供己享用（图4-6），造园活动日益兴盛起来。魏晋时期，"庄园"常在城郊有四项内容：园主家庭居所、农耕田园、农副生产设施、庄客住地。由庄园经济供养的士族子弟把自身较高的文化素养和审美情趣融入庄园营建之中，人文与大自然山水风景之美相互融合，庄园营造更加突出"天人谐和"的人居环境特征。大量占领川泽而有山有水的庄园，当时有"别墅""山墅""山园""山宅""岩居"多种别称。庄园也成为士族权贵权力和财富的象征，甚至成为他们彼此争强斗富的资本。

这个时期最著名的庄园有西晋石崇的金谷园和东晋南朝刘宋时期谢灵运祖孙的始

---

① 周维权．中国古典园林史（第三版）[M].北京：清华大学出版社，2008.
② 伽蓝，梵文音译，僧伽蓝摩之略称，意译为"众园"或"僧院"，为佛教寺院之统称。

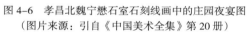

图4-6　孝昌北魏宁懋石室石刻线画中的庄园夜宴图
（图片来源：引自《中国美术全集》第20册）

图4-7　金谷园（局部）（明·仇英）

宁园，分别代表了魏晋以来"错采镂金"和"初发芙蓉"两种迥异的美学风格和审美情趣。石崇的金谷园是当时北方著名的庄园别墅，石崇晚年辞官后，以金谷园作为居住之所，安享山林之趣。金谷园大约在今洛阳市东北10公里，孟津县境内的马村、左坡、刘坡一带。金谷园随地势高低筑台凿池，筑园建馆。园内金谷水萦绕穿流其间，水声潺潺，宛然一座天然水景园。园中楼榭亭阁，错落有致，清泉茂树，鸟鸣清幽（图4-7）。"金谷春晴"被誉为洛阳八大景之一。始宁园位于会稽始宁县（今浙江上虞），是谢玄、谢灵运祖孙所经营的山居别业，主要为谢玄、谢灵运祖孙二人所营造。《宋书·谢灵运传》："（谢）灵运父祖并葬始宁县，并有故宅及墅，遂移籍会稽，修营别业，傍山带江，尽幽居之美。""谢家""始宁墅"便成为常见于后世文学诗词中的典故，具有归隐之所和幽居之美的寓意。谢灵运大约比陶渊明小20岁，是中国文学史上山水诗派的开创者，其《山居赋》是当时山水诗文的代表作之一，既描述谢家大型别墅，也提及附近其他别墅，还反映着士人崇尚隐逸、寄情山水的精神面貌，也促成着后世文坛和文人园林发展。《山居赋》这篇近4000字的韵文中，他对始宁别墅一带的自然环境作了综合性的描述，除了山川地形和季节变化等写得十分细致外，描述的动植物亦种类繁多，仅文中出现具体名称的植物就达百余种，动物五十余种。

三、寺观园林

魏晋南北朝时期，佛教信仰极为兴盛，宣武帝时期全国僧众 200 余万人，单在洛阳的西域僧人就达 3000 多名。各地大量兴建寺、观，根据唐代僧人法琳记载，东晋南北朝时期寺院数量为：东晋（1788 所），宋（1913 所），齐（2015 所），梁（2846 所），陈（1232 所）。而城市寺院数量又以洛阳为冠，市内与城郊共达 1367 所。受人文风尚和审美思潮影响，寺观园林这一新的园林类型开始出现，并走向繁盛。如洛阳"宝光寺"园地平衍，园中有一海，青松翠竹，罗生其旁；"景明寺"房檐之外皆是山池，寺有三池，水物生焉，皆用水功；建康的"同泰寺"筑山构陇，柏殿在其中，殿外积石种树为山。寺观园林的出现增加了宗教节日、法会、斋会的社会吸引力，也提供了群众游览、集会观看各种表演的游园场所。

洛阳和建康为这时期北方和南方政权分庭抗礼的中心，同又为各自区域的佛教中心。

北朝的城市佛寺园林发展以洛阳为代表，佛塔和园林相得益彰是洛阳寺院最显著的特点。关于洛阳的寺院建筑和园林，《洛阳伽蓝记》载："招提栉比，宝塔骈罗，争写天上之姿，竞模山中之影。金刹与灵台比高，广殿共阿房等壮"。在这里，梵宇连接、佛塔宝刹相望，构成了壮观的都城天际线。《洛阳伽蓝记》为北魏洛阳佛寺及园林建筑志，全书所举 66 所佛寺大部分都有园林的记载。该书按地域分卷，其体例为先写立寺人、寺庙防卫及建筑风格，再写相关人物、事件、传说、逸闻等，是一部重要的佛教典籍，也保存了许多洛阳地区的掌故、风土人情和中外交流诸事。此外，其文笔生动优美，"秾丽秀逸，烦而不厌"，兼用骈俪，风格与《世说新语》相类，亦是上品文章。

南朝城市寺观园林以建康为典型。据统计，当时建康城内外有佛寺七百余所，其中城内约 500 所，仅钟山一带就达 70 余所，整个建康城内僧尼达十余万人，占总人口数量的近十分之一。与洛阳寺院相比，受空间狭小等影响，建康寺院多树立木刹，以表建寺，园林也不及洛阳寺观园林丰富。树刹建寺，不建佛塔是健康城寺院的主要表征，故其城市天际线远不及洛阳城之变化丰富。

"舍宅为寺"是魏晋南北朝时期主要风尚，皇亲国戚、王公贵族不但出资修建庙宇，更贡献所居住的宅第为寺。《魏书》载洛阳都城内的一千多座寺院"占夺民居，三分且一"。这一时期，寺观内部和外部环境园林化较为普遍，山池花木配置深受时代美学的影响，寺观园林经营与世俗别墅庄园、城市宅园颇有异曲同工之处。常见在寺观殿堂庭院内，配置独特的山水树木诸园林要素，有些是在寺观毗邻地段单设附属园林。

位于城郊及风景圣地的寺观则十分注重外围培育山水风景要素，并作重点造景处理。例如庐山"东林禅寺"地处匡庐胜境，寺前明堂开阔，香炉峰呈趋拜之势，寺前临溪，寺内建筑恢宏，古木葱茏，堪称世外桃源、人间净土。在高僧慧远主持建寺营居中，其相地选址、就地取材、聚徒讲学、鉴赏自然的能力，对民间造园艺术水平提高起到促进作用。

第三节　植树实践与理论并举，城（村）宅路堤植树成熟

一、植树技术提高首见记载，多部农林专著面世

魏晋南北朝时期，林木种苗培育、植树、园艺栽培等技术得以不断提高。大概在东晋十六国时期，已掌握大树移植的技术。晋陆翙撰《邺中记》载："虎（后赵石虎）于园（华林苑）中种众果。民间有名果，虎作虾蟆车箱，阔一丈，深一丈四，四搏掘根，面去一丈，合土栽之，植之无不生。"这当属最早的关于大树移植技术的记载，与现代移植大树的方法几无差别。

此外，重农思想推动农耕经济社会的发展，这一时期产生了诸如《竹谱》《魏王花木志》《齐民要术》等多部农林文献典籍。

晋戴凯之撰写《竹谱》（5 世纪中叶）是我国最早的竹类植物专著。

成书于北魏初期的《魏王花木志》是中国最早的花木专著，记载了当时园林中常见的十几种花木。

约成书于北魏末年（533—544 年）的《齐民要术》为贾思勰所著，是世界农学史上最早的专著之一，是中国现存最早的一部完整农书。书中关于林木、植物种植和用途的内容分别在卷四、卷五、卷十中，共约占全书的四分之一内容。其中卷四：园篱、栽树（园艺）各 1 篇，枣、桃、李等果树栽培 12 篇。卷五：栽桑养蚕 1 篇，榆、白杨、竹以及染料作物 10 篇、伐木 1 篇。卷十：物产者 1 篇，记热带、亚热带植物 100 余种，野生可食植物 60 余种。《齐民要术》还详细地总结了林木种苗培育技术、农林间作防范、造林方法等，认为"凡栽树，正月为上时，二月为中时，三月为下时"；按具体树种分"正月植槐树、梓树，二月植榆树、楮树，正月、二月插白杨、埋柳条，二月、三月植椒大苗，三月移植青桐，五月至七月末雨后插杨柳。"[①]

二、名果异树现园林记载

各种文化典籍中对植物及其景象的热爱、崇尚、描绘和艺术想象，达到了前所未

---

① 李莉. 中国林业史 [M]. 北京：中国林业出版社，2017.

有的程度。记载的名果异树更多地出现在了以华林园、上林苑为代表的皇家园林中。

据记载，华林园中名果多种，"有春李，冬华春熟""有西王母枣，冬夏有叶，九月生花，十二月乃熟""有勾鼻桃，重二斤""有安石榴，子大如碗盏，其味不酸""种双生树，根生于屋下，树叶交于栋上，先种树后立屋，安玉盘容十斛于二树之间"。晋代葛洪《西京杂记》中记载："初修上林苑，群臣远方，各献名果异树，亦有制为美名以标奇丽者……余就上林令虞渊得朝臣所上草木名二千余种"，后名录借给邻人传阅时遗失，作者凭借记忆列"上林草木两千种"中近四十种"上林名果异树"的上百个品种，如种梨 10 个品种、枣 7 个品种、栗 4 个品种、桃 10 个品种、李 15 个品种、柰 3 个品种、查 3 个品种、椑 3 个品种、棠 4 个品种、梅 7 个品种、杏 2 个品种、桐 3 个品种，林檎、枇杷、橙、安石榴、栟、白银树、黄银树、槐、千年长生树、万年长生树、扶老木、守宫槐、金明树、摇风树、鸣风树、琉璃树、池离树、离娄树、白俞、梅杜、梅桂、蜀漆树、栝、枞、楠、樱、枫等。

三、橘树绕城、竹篱围郭：南朝建康城宅植树

洛阳、建康对城内植树皆十分重视。其中，南朝建康南拥秦淮、北倚后湖、西临长江，环境优美，雨水充沛，植树种类丰富，橘树、石榴、槐树为都城常见种植果木，城市宅院中多遍栽桃、李、梨、枣、梅等果树佳木，还种植有桐、榆、枫、柳、杨、松、柏、竹等其他树种。

从史料文献分析，橘树绕城、竹篱围郭是南朝建康城宅植树的主要特点，绿树如帷是其城邑整体景观风貌。

咸和五年（330年）九月，成帝命丞相王导主持修造建康的宫城和都城，开启了建康城营建史上最为重要的时期。成帝时期规划的建康城，对宫城至外郭所种之树都作了严格的规定，篱门外植桐柏，自宫城而外分别是石榴、槐树、垂杨、橘树[①]。《建康实录》载："城外堑内并种橘树，其宫墙内则种石榴，其殿庭及三台、三省悉列种槐树，其宫南夹路出朱雀门，悉垂杨与槐也"。自东晋以后，历代皆遵此规。橘树绕城也成为建康城一大奇观，尤其秋冬之际，橙黄果实挂满绕城橘树枝头，别有一番景致。而历代帝王也常以这绕城的橘树果实颁赐臣民，一时传为佳话。

建康植树的另一大特色是竹篱围郭，即自晋朝以来都城城垣、城门全为竹篱环绕。《资治通鉴》多有记载：

卷九三《晋纪十五·明帝太宁二年（324）》："晋都建康，外城环之以篱，诸门皆用洛城门名；宣阳门在城南面。"

---

① 刘淑芬. 六朝的城市与社会 [M]. 南京：南京大学出版社，2021.

卷一三五《齐纪一·高帝建元二年（480）》："自晋以来，建康宫之外城惟设竹篱，而是六门。"

自晋迄齐，建康宫室的外城（郭）只是用竹篱环绕。当时的建康相当长时期内（约160余年，占了整个南朝的一半时间）都城外郭并未设城墙，而是以岗丘、水域及竹篱为界，极为"自然、生态"。都城外郭的标志是数量众多的篱门，或称郊门、郭门，起简单防御、标示城郊分野的作用。据《南朝宫苑记》云："建康篱门：旧南北两岸篱门五十六所，盖京邑之郊门也。"篱门外还种植桐柏。《南史》卷五八《裴邃传附裴之礼》载："大同初，都下旱蝗，四篱门外桐柏凋尽。"齐高帝萧道成即位后，建元二年（480年）改建都城城垣，用砖、土砌筑。

建康城六门、朱雀门及众多篱门的修建更好地促进了城市的繁荣与城郊的发展融合，尤其是东北郊钟山地区和城南秦淮河及御道两侧。宣阳门南对朱雀门，"相去五里余"，名为御道，为全城中轴线的延长，两侧槐柳成荫，十分壮观。《建康实录》卷七注引《舆地志》载："南对朱雀门，相去五里余，名为御道，开御沟，植槐柳。"而对于东北郊钟山地区，朝廷更是颁布诏令进行大规模植树，《金陵地记》云："蒋山本少林木，东晋令刺史罢还都，种松百株，郡守五十株。"自东晋至梁，经年累月的植树造林，原本草木稀疏的钟山郁郁葱葱，梵宇林立，形成了建康城与钟山一带山、水、林、寺宇、学馆、宅园浑然一体的壮观景象。建康的文化中心也随之由秦淮河南岸的乌衣巷、长干寺、瓦官寺转移到钟山、鸡笼山一带。

另外，雄踞北方的都城洛阳植树也有长足发展，种植果木主要有桃、李、杏、石榴、梨；其他树种主要有槐、竹子、柏、松、桑、榆等，加之花草灌木，洛阳城可谓"四季常青、三季有花"。据《洛阳伽蓝记》记载，北魏洛阳城"桃李夏绿，竹柏冬青""青槐荫陌，绿树垂庭"。皇家宫苑、私家宅院、寺观园林及路堤植树共同构成了整座都城绿树庭荫、宝刹林立、楼阁巍峨的整体景观风貌。

四、列树表道、行旅庇荫：路堤植树

魏晋南北朝时期，路堤植树典范为前秦时期政治家、军事家王猛（325—375年）和西魏、北周时期名将韦孝宽（509—580年）。

秦主苻坚重用王猛，整饬吏治，引泾水修渠溉田，推广区田法，前秦关陇地区"田畴修辟，仓库充实"。据《晋书·苻坚载记》称："关陇清晏，百姓丰乐。自长安至于诸州，皆夹路树槐柳，二十里一亭，四十里一驿，旅行者取给于路，工商贸贩于道。"在王猛的治理下，秦境安定，兵强国富，百姓丰足，从长安至各个州县普遍种植槐树、柳树，长安大街更是杨槐葱茏，生机盎然。

韦孝宽道路植树开启了官道标志里程的新创举，并兼有"行旅庇阴"的功效。关于韦孝宽植树的事迹见《周书·韦孝宽传》载："废帝二年，为雍州刺史。先是，路侧一里置一土堠，经雨颓毁，每须修之。自孝宽临州，乃勒部内，当堠处植槐树代之。既免修复，行旅又得庇阴。周文后见，怪问知之，曰：'岂得一州独尔，当令天下同之。'于是令诸州夹道一里种一树，十里种三树，百里种五树焉。"。西魏废帝二年（552年），韦孝宽因军功被授予雍州刺史。韦孝宽上任后，发现道路两侧用土台标记道路里程存在易遭风吹日晒、雨水冲刷，重复维修浪费国家人力物力，便下令雍州境内所有的官道上设置土台的地方一律改种一棵槐树，用以取代土台。朝廷闻知此事，皇帝对此大加赞赏，令向全国各地推广和规范这一做法，于是各地出现了大道两旁"一里种一树，十里种三树，百里种五树"的景象。从而一举变革了官道里程碑建设制度。

五、树榆为篱、益树五果：村庄规模植树

"村"字最早出现于《三国志》中。大约西晋时期，"村"字开始被使用。魏晋南北朝时期，"村"字逐渐普及，并被广泛应用于乡野聚落的命名。"村"成为当时朝廷和地方政府对于民间聚落的习惯性称呼，并开始进入朝廷管理的视野①。这一时期，以血缘和地缘为核心的宗族观念与乡里观念初步形成，表现在祭祀上，村社取代里社，里之社树成为村之社树。"树榆为篱、益树五果"，出现了最早见于文字记载的以整个村落为单位成规模的植树（绿化）。《三国志》中《任苏杜郑仓列传》记载：

> "（郑浑）转为山阳、魏郡太守，其治放此。又以郡下百姓，苦乏材木，乃课树榆为篱，并益树五果；榆皆成藩，五果丰实。入魏郡界，村落齐整如一，民得财足用饶。明帝闻之，下诏称述，布告天下，迁将作大匠。浑清素在公，妻子不免于饥寒。及卒，以子崇为郎中。"

郑浑，汉末及三国时曹魏名守，任山阳和魏郡太守，为官清廉朴素，政绩突出，为最早以村落为单位进行成规模、成体系植树的楷模。在其任职管辖的区域内，他督促辖地百姓在村落外围种植榆树作为篱笆，村落内则种植以枣、李、杏、栗、桃等五果为代表的各种果木。在他的治理下，魏郡界内村落"榆皆成藩，五果丰实"，营造出了美观整洁、春华秋实的村落景观风貌。在这里，民康物阜，百姓安居乐业，一派政通人和、欣欣向荣的美好景象。魏明帝曹睿听闻郑浑的事迹之后，下诏将其政绩布告天下，大力推广。

① 东汉之前，今天意义上的村落，常以"聚""里""格"或"庐"等来命名。其中，"聚"最为常见，与"落"连用，称为"聚落"。到唐代，村最终成为国家管理体系中的基层行政单位。

第五章　风景园林全面发展时期

（隋唐宋：581—1279 年）

公元 581 年杨坚建立隋朝，西晋末年以来的分裂局面复归一统，618 年隋亡。唐高祖李渊渐次削平隋末的割据群雄，至太宗贞观二年（628 年）完成统一。总章元年（668 年），唐版图臻于极盛。907 年唐亡，960 年赵匡胤建立宋朝，982 年完成统一。

隋、唐、宋是封建社会上升和全盛期。隋统一、唐强盛、宋成熟。城镇体系形成，长安、开封、杭州、泉州、广州等均是闻名世界的大城市。人口记载有 1630 万（1006年）～ 7390 万（1190 年）。气候经历了温暖（6—8 世纪）、寒冷（8—9 世纪）、温暖（10—13 世纪）三期。经济由农业的多种经营、手工业的商品性生产、商品货币繁荣等构成，呈现整体上升趋向。宋朝是中国古代历史上商品经济、文化教育、科学创新高度繁荣的时代，北宋咸平三年（1000 年）中国国内生产总值（GDP）总量为 265.5 亿美元，占世界经济总量的 22.7%。隋唐隆盛的文化气派和艺术成就，两宋的理学精神、市民文化、科技教育，均显示着华夏文化的造极时代。

隋唐宋三代为我国风景、园林、绿地全面发展时期。

风景：风景区的全面发展期，山水画、诗文、园林三门艺术融渗。风景区数量、类型及分布范围大增，名山大川景胜快速发展中充实提高，邑郊游憩地风气形成。四大佛教名山出现、五岳五镇名山及 118 处洞天福地确定，且"洞天福地"之说逐渐完善。城乡"八景"活动兴起并成习俗。此外，文人雅士经常写作山水诗文，对山水风景的鉴赏必然都具备一定的能力和水平。许多著名文人担任地方官职，出于对当地山水风景向往之情，利用他们的职权对风景的开发多有建树。

园林：皇家园林气派形成，私家园林艺术升华，寺观园林普及并世俗化；表现山水真情和诗画境界的写意山水园林出现并逐渐发展完善；中国园林开始第一次走出国门，影响了日本、朝鲜等国家的园林建设。

绿地：长安城宅路堤植树，郊野山水林木交织，形成近远郊田园与秦岭北坡山林浑然一体的景色。长安、洛阳、开封、临安等花市、花城繁荣。

第一节　名山大川与城乡"八景"

在名山大川体系形成中，唐宋时期全国性风景区已达百个，其中三分之一进入盛期。城郊游憩地形成风尚，城乡"八景"活动兴起并成习俗，大量中小型和地方性的景区、景点也在这个历史时期涌现并发展形成。

一、名山大川景胜快速发展中充实提高

隋、唐、宋三代是历史上佛教和道教的鼎盛时代，加上社会经济、山水文化的发展（图5-1）和各阶层休闲游览活动普及，进一步促进了名山大川景区、景点的发展成熟，全国各地的风景区也由此进入全面发展和全盛时期。现在我国百座国家级风景名胜区和大多数省市级风景区，在唐宋时期已成名。这一时期佛寺丛林制度与四大佛教名山出现，道教宫观制度与五岳五镇名山及118处洞天福地确定，石窟造像更盛，著名者达30多处。"洞天福地"之说逐渐完善，两晋南北朝的道书中已有"七十二福地"的记载，唐代道士司马承祯《天地宫府图》和杜光庭《洞天福地岳渎名山记》把它们分别定义为："十大洞天者，处大地名山之间，是上天遣群仙统治之所。""三十六小洞天，在诸名山之中，亦上仙所统治之处也。""七十二福地，在大地名山之间，上帝命真人治之，其间多得道之所。"宋代张君房辑、明代张萱订的《云笈七籤》详细记述了它们的排列顺序、名称和所在地。其中洞天福地总共118处，除不详的8处外，计有：浙江29处，湖南18处，江西17处，江苏10处，四川6处，福建6处，陕西6处，河南5处，广西4处，广东3处，安徽3处，山东、河北、湖北各1处。

纵观隋、唐、宋三代名山大川风景区，其内容进一步充实完善，质量水平提高，人文因素与自然景源更加紧密结合并相互辉映，协同发展。这一时期，名山大川景胜在快速发展中充实提高，主要特点为：发展动因多样并强劲持久；风景区数量、类型及分布范围大增；风景区内容充实完善，成为保护利用自然、游览寄情山水、欣赏创造美景的胜地。其中：

因佛道鼎盛而新发展的风景区有千山、盘山、鼎湖山、雅砻河、百泉、清源山、鼓浪屿等地；

因游览游历和山水文化发展而新形成的风景区有黄山、方岩、琅琊山、太姥山、五老峰、双龙洞、石花洞、仙都、鼓山、江郎山、玉华洞、太极洞、青州、惠州西湖等；

因开发建设和生态因素而形成的新风景区有镜泊湖、凤凰山、舞阳河、青海湖等；

因陵墓而形成的新风景区有西夏王陵、唐十八帝陵形成的绵延200里的壮观陵群。

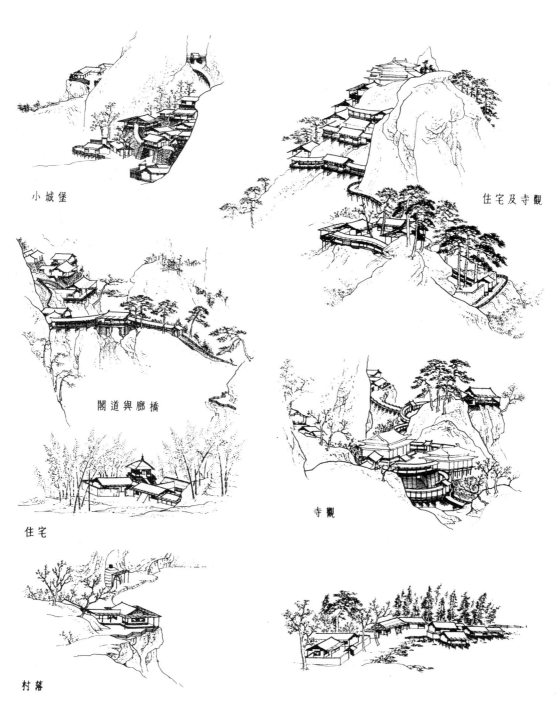

小城堡

住宅及寺观

阁道舆廊桥

住宅

寺观

村落

图5-1　南宋赵伯驹《江山秋色图卷》中之建筑与风景
（图片来源：引自刘敦桢主编《中国古代建筑史》）

二、城乡"八景"活动兴起并成习俗

"八景"文化萌芽于魏晋南北朝，其名盖起于北宋。宋迪于嘉祐年间（1056—1063 年）被贬至潇湘之地，任转运判官和度支员外郎期间，创作出《潇湘八景图》，为最早的八景诗画题材。"潇湘八景"的出处以北宋沈括著《梦溪笔谈》卷十七记载最为权威：

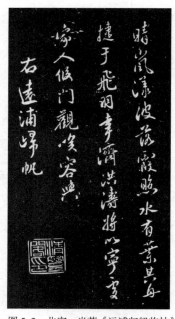

图 5-2　北宋·米芾《远浦归帆临帖》

"度支员外郎宋迪，工画，尤善为平远山水。其得意者，有平沙雁落、远浦帆归、山市晴岚、江天暮雪、洞庭秋月、潇湘夜雨、烟寺晚钟、渔村落照，谓之八景。好事者多传之。"[1]

著名书法家米芾在观画后为每幅画题诗写序，称为"潇湘八景图诗"（图 5-2）。据传南宋宁宗皇帝赵扩也曾为其御书八景组诗。南宋王洪、牧溪、玉涧、夏圭等人皆有《潇湘八景图》传世（图 5-3），其中牧溪所画《潇湘八景图》更是被日本幕府将军所珍藏并一分为八奉为国宝而世代流传（图 5-4）。可见，潇湘八景在宋朝即名声大噪，并被广为流传。文人画师纷纷为其吟诵绘画，以潇湘八景为代表的八景文化发展繁荣，并走向成熟。

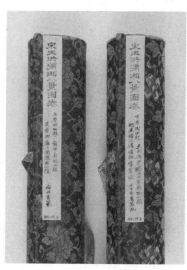

图 5-3　南宋·王洪《潇湘八景图》
（现存美国普林斯顿大学美术馆）

受潇湘八景文化的影响，宋代广州形成了当时的羊城八景，为扶胥浴日、石门返照、海山晓雾、珠江秋月、菊湖云影、蒲涧帘泉、光孝菩提、大通烟雨。在这八景中，除光孝菩提外，皆与水有关，其中扶胥浴日、石门返照、珠江秋月、光孝菩提四景仍存在，其余四景则已荡然无存。

与宋迪、沈括同时代的苏轼亦有《虔州八境图八首并序》传世。其八景诗创作时间大约在 1077 年，即赣江八境台建成时。因登上此台，赣州八景一览无余，故取名八境台。主持建造此台的地方官孔宗瀚曾将登台所见绘成《虔州八境图》，并请苏东坡按图所题诗作八首。可见在当时八景诗画图文产生之前各地八景提法即已相当普遍。

---

① 后人将平沙雁落、远浦帆归、渔村落照分别改为平沙落雁、远浦归帆、渔村夕照，形成了现今固定的八景称谓。

图 5-4　南宋·牧溪《潇湘八景之渔村夕照》

　　除潇湘八景、羊城八景、赣州八景外，宋金时期还形成了历史上最为著名的燕京八景和西湖十景。

　　燕京八景又称燕山八景或燕台八景（图 5-5），始于金章宗年间（1189—1208 年），最早见于金朝的《明昌遗事》中，所记名目为燕山八景，即为琼岛春荫、太液秋风、玉泉垂虹、西山积雪、蓟门飞雨、金台夕照、卢沟晓月、居庸叠翠。[①]

| 琼岛春荫 | 太液秋风 | 玉泉趵突 | 西山晴雪 |
| 蓟门烟树 | 金台夕照 | 卢沟晓月 | 居庸叠翠 |

图 5-5　清·张若澄（1721—1770 年）乾隆年间的《燕京八景图》（对幅均有乾隆帝题诗）

　　南宋时期，则形成了著名的西湖十景（图 5-6、图 5-7），即西湖上的十处各擅其胜的特色风景，基本围绕西湖分布或位于湖上。西湖十景以诗情画意的命名诠释自然山水之美，点题西湖胜景精华，分别为苏堤春晓、曲苑荷风（风荷）、平湖秋月、断桥残雪、柳浪闻莺、花港观鱼、雷峰夕照、两（双）峰插云、南屏晚钟、三潭映（印）月。

---

　　① 燕京八景后世提法略有不同，乾隆十六年（1751 年），乾隆皇帝亲自主持更订了名目，御定八景为：琼岛春荫、太液秋风、玉泉趵突、西山晴雪、蓟门烟树、金台夕照、卢沟晓月、居庸叠翠。后代史料中多以乾隆钦定燕京八景景名为依据。

图 5-6　西湖十景分布图

图 5-7　南宋·叶肖岩《西湖十景图册》(对幅有乾隆御笔诗书, 现藏于台北故宫博物院)

燕京八景和西湖十景是现存最完整、最有代表性的八景作品。如今除燕京八景中金台夕照已被历史湮灭外（为怀念此景，北京地铁站 10 号线设金台夕照站），其余均保存至今，已有一千多年历史。

第二节 皇家、私家、寺观园林三大体系发展成熟

一、皇家园林

随着隋唐时期以皇权为核心的集权政治体制进一步巩固完善和经济文化的空前繁荣，皇家园林在建设数量、规模程度等方面都远远超过了魏晋南北朝时期，"皇家气派"完全形成，并显示出"九天阊阖开宫殿，万国衣冠拜冕旒"的大国气概。

隋唐时期皇家园林多集中建置在两京——长安（图 5-8）和洛阳（图 5-9），隋代、初唐和盛唐造园活动最为兴盛。皇家园林建设趋于规范化，园居生活更加多样化，相应地形成了大内御苑、行宫御苑、离宫御苑三种类型，并在总体布局、局部设计处理上都呈现出各自特征。隋唐皇家园林具有划时代意义的作品有大兴苑、大明宫、洛阳宫、禁苑、兴庆宫、西苑、翠微宫、华清宫、九成宫、曲江池等。其中隋"大兴苑"，地大林密、有兽马果蔬禽鱼场地、是拱卫京师防区；隋"九成宫"，山水谷地、是避暑游赏、军事要地；隋洛阳"西苑"，为快速营建的人工山水园，造山为海有 16 个苑中院；唐长安"曲江池"则为游乐胜景；唐长安"终南山"为郊坰胜地；"骊山华清宫"，自周、秦、汉、隋、唐均是离宫胜地。

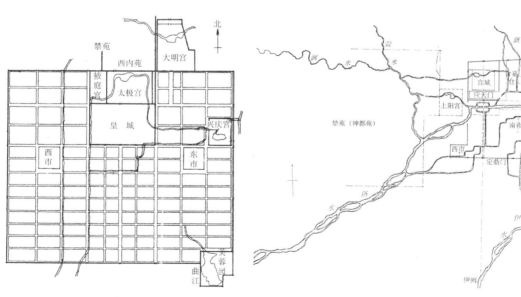

图 5-8 隋唐长安城平面图
（图片来源：引自周维权著《中国古典园林史》）

图 5-9 隋唐洛阳平面图
（图片来源：引自周维权著《中国古典园林史》）

　　在皇家园林发展中，隋唐的规模宏大、位居京城要地，并与其内容、功能、景象综合构成皇家气派；宋代皇家园林多受市民文化和人文风尚影响，禁苑中游娱成分和文人园景增多。宋代一定程度的封建政治开明性和文化政策宽容性，影响了皇家园林的建设，其规模和气派远逊于隋唐，写意、简约、精致的营造风格更为突出。

　　宋代的皇家园林集中在北宋东京、南宋临安两地，类型均为大内御苑和行宫御苑。北宋东京的大内御苑有后苑、延福宫、艮岳三处；城外行宫御苑有"东京四苑"：琼林苑、玉津园、金明池、宜春苑。南宋临安大内御苑只有宫城的苑林区——后苑。行宫御苑较多，主要分布在西湖风景优美的地段（有集芳园、玉壶园、聚景园、屏山园、南园、延祥园、琼华园等）以及城南郊钱塘江畔和东郊的风景地带（玉津园、富景园）。其中"艮岳"为快速兴灭的皇家山水园，代表着宋代园林艺术新水平而载入史册；"金明池"与"琼林苑"，以御苑兼游乐胜景而闻名于世。

　　在长安、洛阳、东京、临安四地的30多座皇家园林中，隋唐宋相继出现了大明宫、西苑、金明池、艮岳等创时代意义成果。

　　大明宫　大明宫位于长安禁苑东南之龙首原高地上，与长安宫城之"西内"（太极宫）相对应，又称"东内"，唐高宗以后即代替太极宫作为朝宫（图5-10～图5-13）。大明宫面积约32公顷，整体呈典型的宫苑结合的格局，分为南北两部分，南半部为宫廷区，北半部为苑林区。宫廷区南面正门为丹凤门，向比依次为含元殿、宣政殿、朝区正殿紫宸殿、寝区正殿蓬莱殿。这些殿堂、丹凤门与南部慈恩寺内的大雁塔均位于同一条南北中轴线上。苑林区中央为大水池"太液池"，其遗址面积约1.6公顷。池中耸立蓬莱山，山顶建亭，山上以桃花为主，遍植花木。苑林区建筑丰富，数量众多、功能多样，仅沿太液池岸所建回廊就达四百余间，佛寺、道观、学舍等俱全。其中位

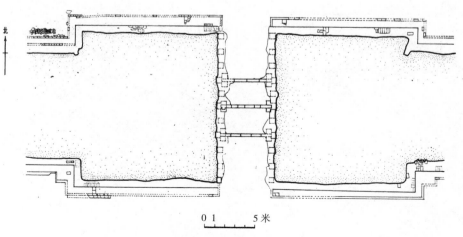

0　1　　　5 米

图5-10　陕西西安市唐大明宫重玄门发掘平面图
（图片来源：引自刘敦桢主编《中国古代建筑史》）

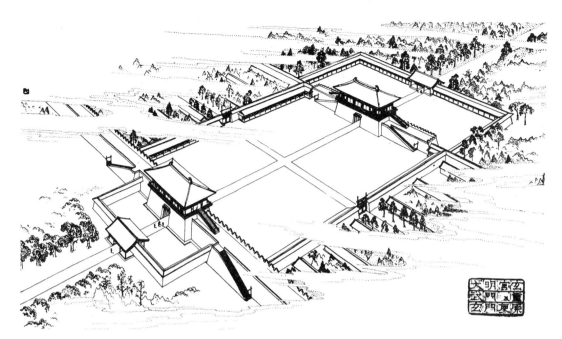

图 5-11　唐大明宫玄武门及重玄门复原图
（图片来源：引自刘敦桢主编《中国古代建筑史》）

于苑西北之高地上的麟德殿规模宏大，是皇帝饮宴群臣、歌舞朝欢之地。

西苑　西苑因地处洛阳宫城之西而得名，又名会通苑、神都苑、芳华苑等。隋大业元年（605 年）与洛阳城同时兴建。隋唐时期洛阳著名的皇家园林，《资治通鉴》记载，西苑"周二百里，其内为海，周十余里，为方丈、蓬莱、瀛洲诸山，高出水百余尺"，其规模仅次于西汉上林苑。西苑沿袭秦汉以来"一池三山"的皇家园林营造模式，宫、苑、园相融合，是风景园林绿地三系兼备的风景园林区。总体布局以河、湖、山为骨架，龙鳞渠贯通全园，各具特色的十六宫院沿渠而建，属典型的人工山水园。据记载洛阳牡丹栽培始于西苑。

金明池　北宋著名别苑，又名西池、教池，位于宋代东京汴梁城顺天门外。金明池始凿于五代后周时期，后经北宋王朝多次营建，文献记载金明池周长九里三十步，据 2005 年考古实测，金明池东西长约 1240 米，南北宽 1230 米，周长 4940 米。池形方整，四周设有围墙和门多座，其中，正南门为棂星门，南与琼林苑的宝津楼相对，门内彩楼对峙。政和年间，宋徽宗于池内建殿宇，至北宋末期达到鼎盛，成为当时东京的一大胜景。张择端《金明池夺标图》描绘了金明池的全部景色和皇帝带领近臣观水战、赛船夺标的场景（图 5-14）。北宋诗人梅尧臣、王安石和司马光等均有咏赞金明池的诗篇。靖康年间，随着东京被金人攻陷，池内建筑破坏殆尽。现部分景致已恢复（图 5-15）。

图 5-12　大明宫遗址公园
（图片来源：王富贵，星球研究所）

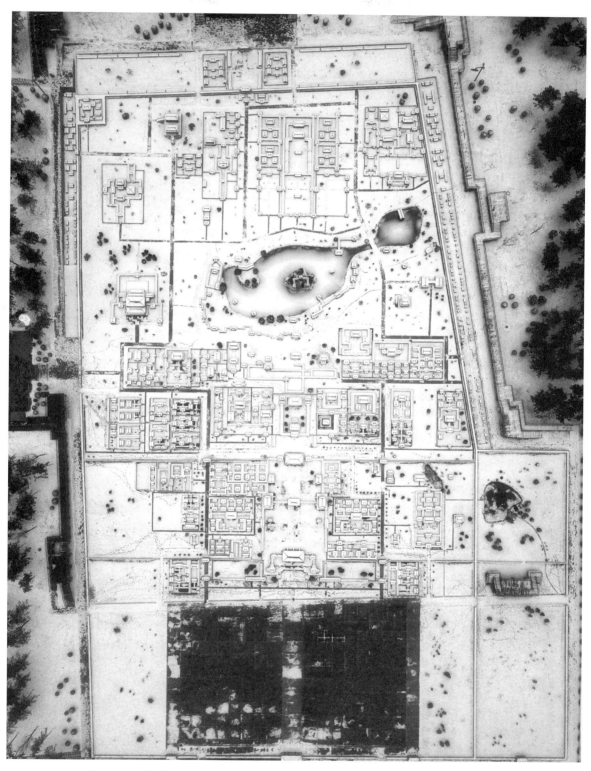

图 5-13　大明宫微缩景观，位于大明宫遗址博物馆东侧，以 1：15 比例还原了全盛时期的整
个唐大明宫宫殿群（图片来源：引自星球研究所、青藏高原研究会著《这里是中国》）

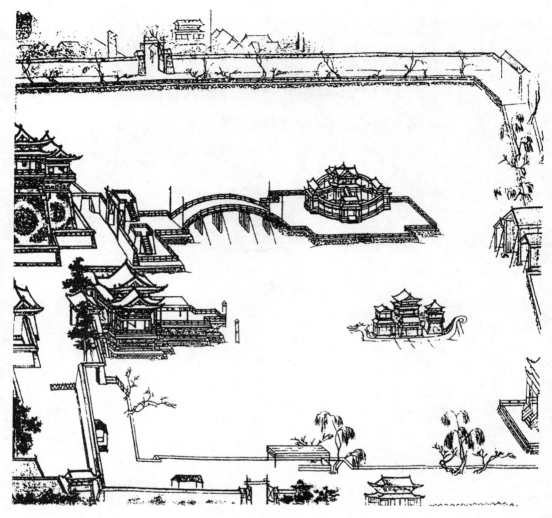

图 5-14　宋·张择端《金明池夺标图》

　　艮岳　艮岳从政和七年（1117 年）开始建设，历经六年不断营造，到宣和四年（1127 年）竣工。初名万岁山，后因其建在东北，八卦中东北为艮，故改名艮岳园（图 5-16），亦号华阳宫。建成的艮岳位于汴京（今河南开封）宫城东北，周长约 6 里，面积约为 750 亩。

　　宋徽宗亲自主持设计，带领宫廷画院的画师参与，画成图纸。图纸画成后，命精于修建工程的宦官梁师成"尔乃按图度地，庀徒僝工，累土积石"负责整体工程建设。全园总体呈"左山右水"格局，山体从东、南、北三面包围着水体，形成山嵌水抱的态势。艮岳园打破了传统皇家园林宫苑合一的营造模式，少皇家气派而多诗情画意，以浓缩概括、写意山水仿创华夏秀美的大地山川，完成了皇家园林造园风格由写实至写意的转变，宫室建筑、山水风景、园林花木完美融合，为典型的山水风景园林。

图 5-15　开封金明池，模仿金明夺标图（图片来源：李金路，2012 年）

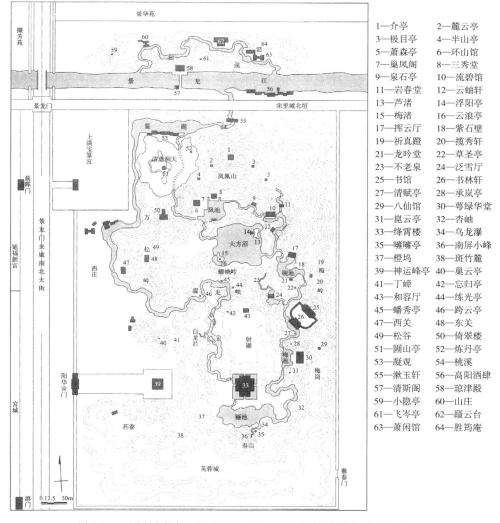

1—介亭　　　　2—麓云亭
3—极目亭　　　4—半山亭
5—萧森亭　　　6—环山馆
7—巢凤阁　　　8—三秀堂
9—泉石亭　　　10—流碧馆
11—岩春堂　　　12—云岫轩
13—芦渚　　　　14—浮阳亭
15—梅渚　　　　16—云浪亭
17—挥云厅　　　18—紫石壁
19—祈真蹬　　　20—揽秀轩
21—龙吟堂　　　22—草圣亭
23—不老泉　　　24—泛雪厅
25—书馆　　　　26—书林轩
27—清赋亭　　　28—承岚亭
29—八仙馆　　　30—尊绿华堂
31—崐云亭　　　32—杏岫
33—绛霄楼　　　34—乌龙瀑
35—嶰噰亭　　　36—南屏小峰
37—橙坞　　　　38—斑竹麓
39—神运峰亭　　40—巢云亭
41—丁嶂　　　　42—忘归亭
43—和容厅　　　44—练光亭
45—蟠秀亭　　　46—跨云亭
47—西关　　　　48—东关
49—松谷　　　　50—倚翠楼
51—圆山亭　　　52—炼丹亭
53—凝观　　　　54—桃溪
55—漱玉轩　　　56—高阳酒肆
57—清斯阁　　　58—琼津殿
59—小隐亭　　　60—山庄
61—飞岑亭　　　62—蹑云台
63—萧闲馆　　　64—胜筠庵

图 5-16　艮岳景象想象示意图（图片来源：引自成玉宁等著《中国园林史》）

艮岳建成后，酷爱艺术的宋徽宗赵佶写《御制艮岳记》赞美艮岳的雄奇壮美。李质、曹组的《艮岳百咏诗》更是对艮岳的 100 组景点进行了描写。遗憾的是，艮岳这座皇家园林在中国历史的长河中犹如昙花一现，仅存世 5 年，便随着北宋的灭亡于 1127 年而毁于一旦。艮岳之中的大部分奇石用于修建今北京北海琼华岛。遗留至今的"江南四大名石"中的冠云峰、瑞云峰、玉玲珑（图 5-17）均为当年"花石纲"遗物。

图 5-17　艮岳遗石：上海豫园玉玲珑

二、私家园林

隋唐宋时期，私家园林发展隆盛，人文动因扩展，造园技艺提高，山水文化与园林交融，艺术情趣升华。官僚阶层的发展壮大催生了士流园林这一特殊风格的形成，文人参与造园，使士流园林更加文人化，并促成了文人园林的兴起。

隋唐私家园林建设北方地区以首都长安、东都洛阳两地为最；江南地区以扬州、西南地区以成都为盛。中原的洛阳和江南的临安、吴兴（今湖州）、平江（今苏州）是两宋时期经济、文化发达地区，私家园林荟萃（表 5-1）。

两宋私家园林统计分析　　　　　　　　　　　　　　　　　　　　　　　　表 5-1

代表城市（地区）	时期	园林代表作品	记载文献	备注
洛阳	北宋	富郑公园、环溪、湖园、苗帅园，赵韩王园、大字寺院；董氏西园、董氏东园、独乐园、刘氏园、丛春园、松岛、水北胡氏园、东园、紫金台张氏园、吕文穆园；归仁园、李氏仁丰园等	《洛阳名园记》	类型多为城市宅园、风景游憩园和花卉栽培为主的花园
临安	南宋	南园、水乐洞园、水竹院落、后乐园、廖药洲园、云洞园、水月园、环碧园、湖曲园、裴园等	《梦粱录》《武林旧事》《淳祐临安志》	类型多为城市宅园、私家别墅园
吴兴	南宋	南北沈尚书园、俞氏园、叶氏石林、韩氏园、莲花庄、丁氏园、赵氏南园、王氏园、赵氏绣谷园、钱氏园等	《吴兴园林记》	类型多为城市宅园、私家别墅园；无石不园，无园不石，叠石艺术兴盛
平江	南宋	沧浪亭、乐圃、南园、隐园、梅都官园、范家园、张氏宅园、西园、郭氏园、千株园、五亩园、何仔园亭等	《沧浪亭记》《乐圃记》	类型多为城市宅园、游憩园、私家别墅园；无石不园，无园不石，叠石艺术兴盛

　　北宋以洛阳为西京，中原的私家园林以其为代表，有着"洛阳名公卿园林，为天下第一""贵家巨室，园圃亭观之盛，实甲天下"的说法（图 5-18）。1093 年，宋朝著名词人李清照的父亲李格非著述《洛阳名园记》，记述了当时洛阳最为知名的 19 处名园，内容涵盖诸园的总体布局、山池、花木、建筑等，为我国园林史留下了丰富的资料。

　　南宋以临安为都城，私家园林建设繁盛，有名字记载的达上百处，主要分布在西湖一带。吴兴（今湖州）毗邻富饶的太湖，"好事者多园池之盛"，有名字记载的达 36 处。平江（今苏州）坐落在太湖之畔，江南平原上，水路交通方便，社会经济发达，私家园林营造兴盛，多分布在城市市内、洞庭东西山一带。江南其他发达城市园林代表作品也较为典型，如润州（今镇江）砚山园、梦溪园、浙江绍兴的沈园等均建成于这一时期。

　　唐宋宅园大都是以山水为主题的生活境域，依据作者对山水艺术和生活要求，因地制宜去体现山水真情、诗画境界，称"唐宋写意山水园。"著名文人造园家、风景园林师及其所营造的私家园林有：洛阳履道坊宅园（白居易），洛阳城南平泉庄（李德裕），成都浣花溪草堂（杜甫），庐山草堂（白居易），辋川别业（王维），八愚园林（柳宗元），嵩山别业（卢鸿），平江沧浪亭（苏舜钦），平江乐圃（朱长文），梦溪园（沈括）。其中王维、白居易、柳宗元、苏舜钦等，他们都对山水风景或自己营造的宅园作了详细的记录，对后世风景园林发展影响深远。

（1）王维：山水诗、山水画、山水园林的集大成者

　　辞官后的王维在陕西蓝田辋谷宋之问辋川山庄的基础上营建园林。建成后辋川别业不仅是王维园居生活的山水庄园，而且是王维晚年生活的精神家园。王维在其 61 年

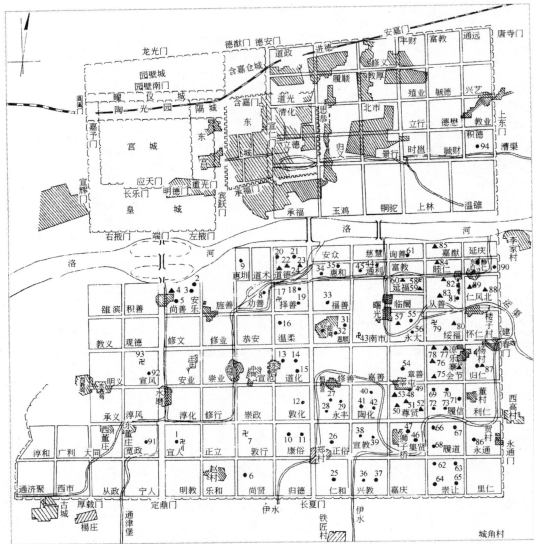

图例: ● 唐园　　▲ 宋园　　／ 河渠　　▨ 现村庄

图 5-18　唐宋洛阳私家名园位置图（图片来源：引自汪菊渊著《中国古代园林史》）

宜人坊
1—唐太守药园
尚善坊
2—唐相武三思宅园
3—唐太平公主宅园
4—宋门下侍郎安焘"丛春园"
正平坊
5—唐兵部尚书李迥秀宅园
6—唐御史大夫狄仁杰宅园
敦行坊
7—司农寺竹园
劝善坊
8—唐太子师魏征宅园
惠训坊
9—唐中宗四女长宁公主宅园

康俗坊
10—唐左丞相燕国公张说宅园
11—唐尚书右丞工部尚书东都留守刘知柔
　　宅园
敦化坊
12—唐桂州观察使李勃宅园
道化坊
13—唐中宗第三女安定公主宅园
14—唐益州大都督府长史赠礼部尚书皇甫无逸宅园
15—唐中书令崔湜宅园
温柔坊
16—唐阁门使薛贻简园
择善坊
17—率更寺
18—唐太尉英国公李勣宅园

19—唐宪宗第五女宣城公主宅园
道德坊
20—唐长宁公主宅园
21—唐枢密使郭崇韬园
22—宋相富弼富郑公园
23—朱宣微南院史王拱辰环溪园
24—宋理学家邹雍园
仁和坊
25—唐兵部侍郎许钦明宅园
正俗坊
26—唐太子傅分司东都李固言宅园
永丰坊
27—唐尚书右仆射杨再思宅园
28—唐户部尚书崔泰之宅园
29—唐吴师道宅园

思顺坊
30—唐户部尚书长平公杨纂宅园
31—唐中书令张嘉贞园
32—唐枢密使同中书门下平章事王晦叔宅园
福善坊
33—梁刑部尚书致仕张第宅园
惠和坊
34—唐工部尚书尹思贞宅园
35—唐尚书右仆射燕国公于志宁宅园
兴教坊
36—唐秘书少监赵云卿宅园
37—唐李师道留后院
38—唐太子少师皇甫镛宅园
39—唐淮南节度使赵国公李绅宅园
陶化坊
40—唐礼部尚书苏颋园
41—唐太仆卿华容县男王希隽宅
42—唐工部尚书东都留守廬从愿宅园
南市
43—长寿寺园
通利坊
44—唐太尉英国公李勣宅园
慈善坊
45—唐紫微令姚崇宅园
嘉庆坊
集贤坊
46—唐刑部尚书魏国公杨元琰宅园
47—唐中书令裴度宅园
尊贤坊
48—唐成德军节度使兼侍中田宏正宅园
49—宋尊贤园
50—宋官园
51—宋观文殿学士张观园
52—宋龙阁、阁直学士郭积园

53—宋神宗、翰林学士司马光"独乐园"
章善坊
54—唐太子少傅酅国公窦希瑊宅园
永太坊
55—唐鸿胪少卿张敬诜宅园
56—唐尚书工部侍郎致士张玄华宅园
57—宋相吕蒙正宅园
延福坊
58—唐福先寺
59—宋莱国公寇准宅园
60—宋太子太保吕端宅园
询善坊
61—唐郭广敬宅园
崇銀坊
62—唐礼部尚书苏颋竹园
63—唐兵部尚书顾少连宅园
64—唐河阳节度使王茂元宅园
65—唐太仆卿分司东都韦瓒宅园
履道坊
66—唐长寿寺果园
67—唐刑部尚书白居易宅园
68—唐吏部尚书崔群园
履信坊
69—唐高祖第十七女馆陶公主宅园
70—唐太子少保韦夏卿宅园
71—唐武昌节度使元稹宅园
72—唐太子宾客李仍淑宅园
73—唐将军刘当宅园
会节坊
74—宋节度使苗授的"庙帅园"
75—宋相魏仁浦园
76—宋太子太师王溥宅园
77—宋司空致仕张齐贤宅园
78—宋吏部尚书温仲舒园
绥福坊

79—道冲女道士观
80—宋礼部尚书范雍宅园
从善坊
81—唐孝子郭思谟宅园
82—宋太师赵普台园
83—宋太子太保杨凝式宅园
睦仁坊
84—宋松岛园
嘉猷坊
85—宋紫金台张氏园
永通坊
86—唐虢州（今河南庐氏县）刺史崔元亮宅园
归仁坊
87—唐宰相太子傅留守东都牛僧儒宅园
仁风坊
88—朱李氏仁丰园
89—宋太师赵普园
静仁坊
90—唐观菜园
宽政坊
91—唐榆柳园
宣风坊
92—唐中书令苏味道宅园
93—唐安国寺
积德坊
94—唐太平公主园
城郊
95—宋"水北胡氏园"
96—唐相李德裕平泉别墅
97—唐相裴度午桥庄别墅
里坊待考
98—董氏西苑
99—董氏东园
100—刘氏园

注：序号95~100本图中未体现。

的生活历程中，仅在蓝田辋川，就生活了近20年，并终老辋川。

　　王维在这里与好友裴迪弹琴、赋诗、学佛、绘画，各写成20首诗，结集为《辋川集》，分别描述了辋川别业孟城坳、华子冈、文杏馆等20个景点的情况。王维还画了一副《辋川图》长卷，对辋川的20个景点作了生动细致的描绘。辋川别业、《辋川集》《辋川图》的问世，充分显示出了在我国唐朝时期山水园林、山水诗、山水画的相互交融（图5-19、图5-20）。

　　（2）白居易：中唐文人造园家和园林美学思想家

　　白居易（772—846年）不仅在文学史上有着伟大的贡献，在造园理论和实践方面也有着卓越成就。白居易在造园思想、园林美学思想上的建树，多见于他的《草堂记》《池上篇序》《冷泉亭记》《太湖石记》等散文以及一些诗作。此外，白居易一生先后主持营建了渭上别墅、庐山草堂、忠州东坡风景林、长安新昌坊宅园和洛阳履道坊宅院五处园林。

　　白居易的诗歌和造园思想，不仅对我国后世文学艺术和园林影响巨大，而且也影响了日本文学和造园艺术的发展。白居易描写西湖、庐山等的山水诗作在日本被广为

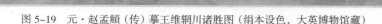

图 5-19　元·赵孟頫（传）摹王维辋川诸胜图（绢本设色，大英博物馆藏）

图 5-20　辋川图

图 5-21　日本京都银阁寺始建于 1482 年，1490 年改为寺院

图 5-22　桂离宫总体布局依据白居易的《池上篇并序》，始建于
1620 年，1683 年改称桂离宫，"日本之美"即以桂离宫为代表

流传，西湖与庐山之美景也被作为造园的立意或景致再现在了众多的园林庭院中。早在室町时代，日本人就开始在园林中拟造西湖，著名的银阁寺园林中铺满白沙的广场"银沙滩"就是西湖的缩景，银沙滩旁的阁楼和白沙堆成"向月台"都是模拟西湖边阁楼山峦而建（图 5-21）。

白居易对日本文化和园林影响最大的是其《池上篇并序》和《草堂记》。日本三大皇家园林之首的桂离宫，造园时总体布局和审美的依据就是白居易的《池上篇并序》（图 5-22）。

（3）柳宗元：唐代园林绿化理论家与风景园林师

柳宗元（773—819 年）一生写下了《永州八记》等六百多篇文

章，经后人辑为三十卷，名为《柳河东集》。柳宗元在园林美学、园林绿化、山水游记等方面的理论与实践主要体现在如下几方面：

1）在中国园林美学史上，柳宗元最早在《永州龙兴寺东丘记》中提出"奥如""旷如"概念。"奥""旷"一度成为风景审美和园林艺术营造的美学标准。

2）柳宗元的山水游记和园林诗，语言清丽，构思巧妙，情景相生，意趣无穷，具有高度艺术概括性和艺术独创性，并发展成为一种独立的文学体裁。《永州八记》是柳宗元山水游记文中的代表作，展现了湘桂之交的山水胜景，把身世际遇、思想感情、观察体验和营造实践都融合于自然风景的描绘中。

3）柳宗元在柳州积极倡导"植柑种柳"，开城市绿化美化并结合生产之先河。他对柳州的城市建设、园林绿化、风景名胜修复贡献卓著，为世人所称颂。

4）为梓人（建筑工匠）杨潜和种树人郭橐写传，分别讲述了梓人"善度材"，"善用众工"指挥木作修缮官署建筑和农民郭橐种树技艺的故事，论述了古代社会底层普通劳动者在建筑工程、园林绿化中的专业贡献和历史作用。

5）柳宗元利用永州钴鉧潭优美的自然山水构建寓意深远的愚堂宅园，命名为八愚，以"愚"为主题营造景观，园林创作风格转向以自然山水为主体，宋文人写意园林初见端倪。

（4）沧浪亭：现存历史最悠久的园林

苏舜钦北宋庆历四年（1044年）在汴京遭贬谪，翌年流寓吴中，花四万钱买下孙氏弃地，加以修葺，在水旁筑亭，取《楚辞·渔父》中"沧浪之水清兮，可以濯吾缨；沧浪之水浊兮，可以濯吾足"之意，将此园命名为"沧浪亭"，并自号"沧浪翁"，亲自撰写了《沧浪亭记》。沧浪亭现位于现苏州市城南三元坊附近，其占地面积1.08公顷，是苏州现存诸园中历史最为悠久的古代园林（图5-23）。

沧浪亭全园整体布局构思巧妙，风格简洁古朴。外临清池，一泓清水绕园而过，三面临水，竹林环绕，可谓景色优美。今天的沧浪亭虽经过多次修葺，但其基本格局仍保持当时的韵味，具有宋代写意山水园的造园风格。

从北宋开始，沧浪亭及其文化寓意为后世一再仿效，以"沧浪"为主题的园林创作频繁出现在皇家园林、私家园林、公共园林等类型中，著名的园林景点如承德避暑

图 5-23　沧浪亭总平面图（图片来源：引自刘敦桢著《苏州古典园林》）

山庄的沧浪屿、济南大明湖的小沧浪、苏州拙政园的小沧浪和网师园的濯缨水阁，以及扬州西园曲水的濯清楼等；甚至还影响到日本庭院营造，在桃山时代，京都的西本愿寺滴翠园的飞云阁前池名为沧浪池。

三、寺观园林

佛教和道教在唐代普遍繁荣，寺、观等的建筑制度趋于完善，国家和民间都投入了大量的人力、物力兴建寺、观、塔和石窟等。寺观遍布全国，寺观不仅在城市兴建，而且遍及于风景优美的郊野，且拥有大量田产，庄园经济发达，有"凡京畿上田美产，多归浮屠""十分天下之财而佛有七八"之说。到唐代，全国各地以寺观为主体的山岳风景区陆续形成，佛教的大小名山，道教的洞天、福地、五岳、五镇等，既是宗教活动中心，又是风景游览的胜地。

宋代，僧道们的文人化素养和自然审美能力增强，加之文人园林营造风格对寺观园林的广泛渗透影响，寺观园林在世俗化过程中进一步文人化，完全融入了更多私家园林营造风格。

总之，这一时期，寺观园林进入普及并世俗化发展阶段，表现为儒道释三教并尊的格局。寺观田产庄园经济相应发展，大的寺观拥有大量庄园，出现殿堂、寝膳、客房、园林等分区。随着寺观的对外开放，寺观环境处理和园林营造加强，寺观节日、法会、斋会及群众性文化活动和社会习俗活动并行。

第三节　城宅植树和花市、花城繁荣

一、唐长安城宅路堤植树与京畿"大地园林化"

隋唐时期开始了大规模的河堤植柳和行道树种植建设。《开河记》中有"大业中，开汴渠，两堤上栽垂柳。诏民间有柳一株，赏一缣，百姓竞植之"，隋大业中（605—618年）隋炀帝开凿汴扬大运河，在河堤两岸种植柳树，并亲自栽植，御书赐柳树姓杨，享受与帝王同姓之殊荣，从此柳树便有了"杨柳"之美称。白居易的诗句"大业年中炀天子，种柳成行夹流水；西至黄河东至淮，绿荫一千三百里"就是河堤植柳的壮观写照。

唐代长安作为当时世界上规模最大的城市，规模宏伟，布局严整，棋盘式的街道宽阔笔直。政府十分重视长安城的街道植树（图5-24），"下视十二街，绿树间红尘""行行避叶，步步看花"，整个城市绿树成荫、十分壮观。长安贯穿东西、南北各有3条主街宽在百米，其他街宽也有几十米，街两侧均有水沟，栽种整齐的行道树，称为"紫陌"。行道树以槐树、榆、柳、杨为主，还可以栽种桃树、李树等果树。关中盛产的槐树相当于唐长安的"市树"，叶多冠大，遮荫效果好。城市内几条主要中轴线道路如朱雀大街等，官方有明确规定一律栽种槐树。唐诗中多有咏街道槐树的诗句，如骆宾王《久戍边城有怀京邑》中"杨沟连凤阙，槐路拟鸿都"，白居易《寄张十八》中"迢迢青槐街，相去八九坊"，岑参《与高适薛据同登慈恩寺浮图》中"青槐夹驰道，宫馆何玲珑"，王维的《登楼歌》中"俯十二兮通衢，绿槐参差兮车马"等。

与汉长安城管理一样，政府明令禁止任意侵占、破坏街道树木的行为，并在工部

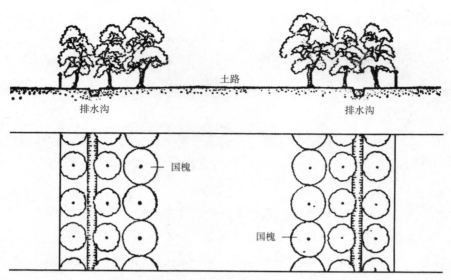

图 5-24 唐朝时期首都长安种满植被的绿道断面
（图片来源：俞孔坚等，2006，转引自戴菲、胡剑双著《绿道研究与规划设计》）

之下设置"虞部"掌管京城街巷种植、山泽苑囿、草木薪炭、供顿田猎之事。在《唐律疏议》当中有明确破坏树木的处罚规定"伐毁树木，稼穑者，准盗论"。

隋唐行道树种植不仅城市街巷内，还在连接长安与洛阳等其他城市的道路上列植"官槐"，村庄阡陌也遍植杨柳。这些绿荫纵横的行道树网络系统与唐京畿地区皇家宫苑、私家宅园、陵寝墓园、寺院道观、原谷漕河、乡村聚落、庄园别业乃至关中平原的绿色田园和终南山的自然山水环境融为一体，形成风景、园林、绿地三系特征互融、浑然一体的宏大壮观景色。

二、北宋东京汴梁城植树

同唐代的长安一样，北宋东京汴梁不仅是国内经济、政治、文化中心，亦是"万国咸通"的国际大都市。作为当时世界上最大、最繁华的都市之一，根据考证，北宋汴梁城人口最高达到 120 万～150 万人，其数量大大超过了盛唐时期的长安人口（约80 万～100 万人）。与唐长安城植树相比，其都城植树更是有过之而无不及。北宋时期的汴梁很好的继承了汉唐以来都城植树传统，其城宅路堤植树十分发达，且成就斐然（图 5-25、图 5-26）。

东京市中心"天街"宽二百余步，中间"街道"与两旁行道以"御沟"分隔，据《东京梦华录》卷二《御街》记载："宣和间尽植莲荷，近岸植桃、李、梨、杏，杂花相间，春夏之间，望之如绣。"御沟两旁原主要栽植杨柳，宋徽宗后更加注重美观效果，开始在水中种植莲荷，并考虑三季有花果的观赏需求，分层次种植桃、李、梨、

图 5-25　《清明上河图》中的城宅植树

图 5-26　《清明上河图》中的河堤植树

杏等果树和其他观赏花木。其他街道一律种路树，"连骑方轨、青槐夏荫""城里牙道，各植榆柳成荫"，两旁多为柳、榆、槐、椿等树种。

　　政府明令规定了护城河和城内河道的两岸均进行绿化，汴河堤岸的植树成为重点。张择端《清明上河图》，所绘汴河两岸及沿街的行道树以柳树为主，其次是榆树和椿树，间以少量其他树种。

　　此外，政府还出资在城内外池沼中植菰、蒲、荷花，沿岸植柳树，并在池畔建置亭桥台榭等公共建筑，使其成为东京居民的游览胜地。北宋开封的园林、街道、河堤，加上遍布全城的住户及官府机构、寺庙等所植树木花草，使北宋开封成为一座"绿色"之城。

三、唐宋花市、花城发展繁荣

　　我国的花卉文化肇始于原始社会时代，到隋唐宋时期，进入全面发展时期，爱花、种花、养花、赏花、买花蔚然成风（图 5-27、图 5-28）。

图 5-27　《清明上河图》中"孙羊正店"门口的鲜花摊

(a)《春花篮图》

(b)《夏花篮图》

(c)《冬花篮图》

图5-28　南宋李嵩《花篮图》，分春夏秋冬四幅，目前仅春夏冬三幅现世。图中"隆盛篮"所插的是春夏冬三季的各五种应时花材。其中，《春花篮图》中为连翘、海棠、白碧桃、黄刺玫、林檎；《夏花篮图》中为重瓣栀子、大花萱草、百合、木槿（一说蜀葵）、石榴；《冬花篮图》中为水仙、绿萼梅、单瓣山茶、腊梅、瑞香

花卉丰富了绘画、园林、盆景、诗词歌赋的创作内容，并与之相互交融，形成了灿烂的花卉文化。

这一时期众多的花卉著作问世，如贾耽的《百花谱》、周师厚的《洛阳花木记》、范成大的《范村菊谱》和《范村梅谱》、欧阳修的《洛阳牡丹记》、王观的《扬州芍药谱》、王贵学的《兰谱》、刘蒙的《菊谱》等，共有十余部。所记载花木品种众多，仅《洛阳花木记》记述花木达200多种，牡丹与芍药品种近150余个。

隋唐时期，城市里专门集中售花和供人赏花的市肆兴起，并发展繁荣。全国各大城市花市涌现，从业者甚多，尤以长安、成都为盛。韦庄有诗曰："才喜新春已暮春，夕阳吟杀倚楼人。锦江风散霏霏雨，花市香飘漠漠尘。"说的就是唐时期长安城花市景象。当然，最为繁华热闹的要数京城长安的牡丹花市。白居易《买花》诗记录了牡丹花市情景：

"帝城春欲暮，喧喧车马度；共道牡丹时，相随买花去。贵贱无常价，酬直看花数；灼灼百朵红，戋戋五束素。上张幄幕庇，旁织笆篱护。水洒复泥封，移来色如故。家家习为俗，人人迷不悟。有一田舍翁，偶来买花处。低头独长叹，此叹无人喻。一丛深色花，十户中人赋。"

到了宋代，还相继出现了著名的五大花城，其中洛阳牡丹称冠，扬州以芍药闻名，开封和临安以灯会与花市并举，成都则蔚为香国。关于成都花市的繁盛，北宋名臣赵抃在《成都古今集记》记载："成都二月花市，各地花农辟圃卖花，陈列百卉，蔚为香国。"

第六章　风景园林深化发展时期

（元明清：1271—1911 年）

元、明、清是封建社会后期。气候经历着寒冷期（14—19 世纪）。人口增速加快，即从 1741 年的 1.43 亿人增加到 1840 年的 4.13 亿人。城市体系走向成熟。社会内部结构发生着缓慢而重大变化，自耕农发展，屯田向私有和民田转化，地权占有形式变更；自由租佃、自由雇工出现，新的生产关系萌芽在封建制度内。明清的君主专制和文化专制空前严酷，游牧、游耕文化与定居的农业文明在冲突中融合，呈现出多元的民族文化特征。进入中国古典文化的汇总时期，对古代文献展开了空前规模的整理和考据，编纂了大型类书、大型字典、大型丛书，出现了一批科学技术巨著，如《本草纲目》《农政全书》《河防一览》《天工开物》《徐霞客游记》《物理小识》等。

风景、园林、绿地步入多元与深化发展阶段。

风景：山水文化和游览欣赏成为风景区发展的主导因素。全国性风景区已达 120 个，各省府县景胜成系统；山志、游记等各级各类志书繁盛并成体系。

园林："中国山水园"形成，皇家园林宏大气派中吸取私家园林情趣，形成传世精品；私家园林、寺观园林普遍发展，产生了衙署、书院、乡土等各种园林，形成百花争艳局面。各类理论、专著大量出版，专著图册涌现；造园家、理论家人才辈出，并出现了从事建筑及造园的职业世家，如北京样式雷家族、江南张南垣家族；17—18 世纪，中国园林第二次走出国门，并风靡欧洲，深深影响了世界造园史发展。

绿地：元明清城宅路堤植树的典型代表为都城北京，全城绿荫覆盖，城内水系均成绿柳长廊；河堤、路堤及行道植树渐成体系，黄河、运河、永定河及全国各级河流道路大规模植树造林相继展开；蜀中奇景"翠云廊"成为绵延数百里的风景走廊；左宗棠"新栽杨柳三千里"的西北植树造林与东北柳条边防护林建设盛况空前。

第一节　风景名胜体系完善成熟

一、风景名胜体系形成并完善

　　元明清是中国风景名胜进一步发展成熟时期。期间，山水文化与自然、人文、技术诸学科交相辉映；以"天地与造化为师"，"读万卷书、行万里路"成为时尚与信条；"问奇于名山大川"的旅行考察和科学实践成果卓著；"天然景物对精神文明的影响很大"，"美育是世界观教育的津梁"……众多思想智慧，促使风景游赏成为风景区发展的主导因素。

　　同时，风景区的勘测、规划、设计、建设施工、经营组织管理都已形成体系，并有明确的文图记载和成功实例。例如武当山早有"七十二峰、三十六岩、二十四涧"之说。明朝永乐年间，明成祖朱棣启动"北建故宫，南修武当"两项朝廷重点工程。募集30万工匠和官兵，在武当山共敕建净乐、遇真、玉虚、紫霄、五龙、南岩、朝

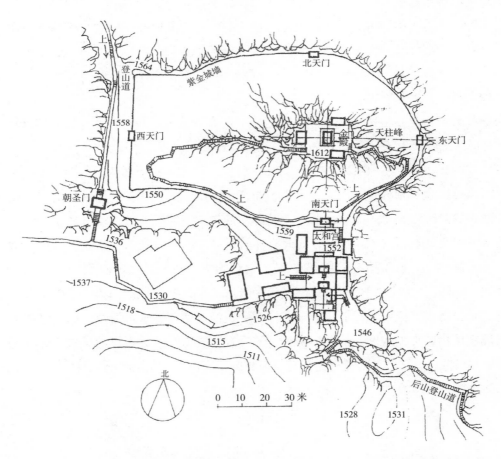

图 6-1　武当山天柱峰"紫金城"平面示意图（图片来源：引自潘谷西主编《中国建筑史》）

图 6-2　武当山金顶

天、清微、太和等九宫，元和、回龙、太玄、复真、八仙、仁威、威烈、龙泉等八观，共三十三处宫观祠庙，殿宇房屋约 8000 间，工期历时十余年，使武当山成为集圣山、宗教、文化于一体的"天下第一名山"（图 6-1、图 6-2）。为了更好地管理这座皇权与神权完美融合的名山，明朝还设有参议提督、中贵提督、宫观提点、府州县官、守御千户所等对武当山实施全面管理。

　　元明清，中国风景名胜区的自然科学、人文社会、技术工程三结合的独特性进一步显现，并为现代风景区的评价、规划、建设和管理提供了实践经验和理论基础。这是风景区成熟的标志。这一时期，全国性风景区已达 120 个，各地方性风景区和省府县景胜也都形成，山水文化和游览欣赏成为风景区发展的主导因素。

　　因游览游历和开发建设而形成的新风景区有避暑山庄外八庙、鸡公山、兴城海滨、蜀南竹海、金佛山、嶂石岩、北武当山、金湖、石林、天池等 16 个之多。

　　因文化和纪念因素而形成的新风景区有西樵山、旅大海滨、十三陵、大洪山等7 个。

二、各类山志、游记涌现

　　我国历朝历代都有收集、编撰、修订前朝和当朝风俗志，编修地方志等的惯例。宋代印刷术的发展为地方志编纂创造了物质基础，两宋一直到明清，地方士绅的壮大以及各地经济文化发展，使明清时期方志编纂迅速发展乃至达到全盛时期。

　　各级各类志书，经过几千年的发展，体例、内容逐渐完备，积累的数量极多并成体系。元大德七年（1303 年），我国历史上第一部全国一统志《大元一统志》修成，共 1300 卷。明代志书约有 1500 余种，现存 400 余种。清代为修志极盛时期，乾嘉两朝三修《大清一统志》，从而也掀起了全国各地修辑方志的高潮。清代各地都设有专门的修志机构，政府还明确规定各省、府、州、县 60 年修一次，目前保存下来的达5500 种之多。此外，著名的乡镇、寺观、山川也多有志，如《南浔志》《灵隐寺志》，数量之多，不胜枚举 ①。

在卷帙浩荡的志书中，山志、游记和游山图记倍增，丰富、充实了各类志书，更使中国的山水风景、人文名胜跃然纸上，大放异彩。著名的有明田汝成辑著《西湖游览志》（1547 年）、明《名山图》、明末刘侗（约 1593—约 1636 年）《帝京景物略》、明末徐霞客（1586—1641 年）《徐霞客游记》、明末清初顾炎武（1613—1682 年）《历代宅京记》、明末清初黄宗羲《四明山志》、明末清初黄宗昌《崂山志》、清李斗（1749—1817年）《扬州画舫录》、清蒋超《峨眉山志》、任自垣《武当山志》、清金棨《泰山志》、清高奣映《鸡足山志》、清《天下名山图咏》等。这些类型丰富的山志、游记和游山图记，将史料融入其中，并通过人物、风景、胜迹、诗文贯穿，为风景园林研究提供了翔实的图文资料。其中任自垣《武当山志》、徐霞客《徐霞客游记》、明《名山图》及清《天下名山图咏》为山志、游记中的集大成之作。

任自垣（?—1431 年）撰《敕建大岳太和山志》十五卷于宣德六年（1431 年）成书，为明代第一部山志。《敕建大岳太和山志》汇集的史料翔实，不仅可以校正辞书与正史的不足，而且为中国风景区发展保留了珍贵的典型实例。书中还记录了永乐年间武当山发展中的规划设计原则、建设施工组织、维护与运营管理。

徐霞客，明末旅行客、散文家。名弘祖、字振之，别号霞客。他自幼好学，爱奇出，博览史籍和图经地志，以"问奇于天下名山大川"为志，自 21 岁起出游，30 多年间历尽艰险，将实地观察所得，按日记载。经后人整理，现存日记 1050 天，包括名山游记、西南游记、专题论文和诗文，共 60 多万字。徐霞客的毕生旅行考察和科学实践成果十分丰富，当之无愧的为中国风景名胜欣赏、系统开发与研究的先驱。他还是中国和世界研究岩溶地貌（喀斯特）的卓越地理学家，仅在湖南、广西、贵州、云南探查过的石灰岩溶洞就有 270 多个，对岩洞景观、成因、方位、结构等记述的准确性和现代测量结果十分相近。他指出，有些岩洞是因水的机械侵蚀造成，钟乳石是含钙质的水滴蒸发凝聚而成；并对石灰岩石山、峰林、洼地、落水洞、伏流现象有生动记述。他对云南腾冲的火山遗迹和地热现象的描述也是中国最早。《徐霞客游记》既有重大的科学价值，也是优美的游记文学作品。他写景记事，皆从真实中来；写景状物，力求精细；写景时，重抒情，注意表现人的主观感受。例如：当人爬进洞口时，"蛇伏以

---

① 据《中国地方志联合目录》的统计有 8500 多种，这个数字，几乎相当于现存全部古籍的十分之一。其中以北京图书馆最多，约 6000 部，上海图书馆次之，约 5000 部，南京图书馆居第三，约4000 部。

进，背磨腰贴。"……出洞时，"穿窍而出，恍若脱胎易世。"写雁宕诸峰是"危峰乱叠，如削如攒，如笔如卓"。还有"人意山光，皆有喜态""岚光掩映，石色欲飞""岭上乱石森立，如云涌出"等。《徐霞客游记》丰富的描绘手段，具有恒久的审美价值，被后人誉为"世间真文字、大文字、奇文字"。

燕山

盘山

钟山

燕磯（矶）

茅山

九华

图6-3　《名山图》图选

　　明《名山图》和清《天下名山图咏》分别刊印于明崇祯六年（1633 年）和清光绪二年（1876 年）。《名山图》仿自地方志而绘出山水名景图 55 幅，图中的岗岭岩壑、烟云飞瀑、亭台园榭形神兼备，为明末山川版画的巅峰，是早期描绘风景园林的佳作和刻刊本（图 6-3）。《天下名山图咏》则按地域编排，辑直隶、盛京、山东、河南等十六省的山水景胜 112 处，每处均有情景逼真的图绘、简介和名家诗咏（图 6-4），可与《名山图》对照研析。

图 6-4　《天下名山图咏》图选，清光绪二年（1876 年）山谷书屋石印本

第二节 皇家、私家、寺观及其他各种园林百花竞艳

一、皇家园林

元代、明初由于民族矛盾和战乱等因素，造园活动处于迟滞、低潮阶段。明永乐年间（1403年后），自南京迁都北京，造园活动开始活跃。

元、明两代皇家园林建设集中在北京，类型为大内御苑。元代的大内御苑主要在金代大宁宫的基址上拓展建成，沿袭了历代皇家园林的"一池三山"模式。明代大内御园主要有御花园、西苑、兔园、东苑、万岁山、慈宁宫花园六处（图6-5）。

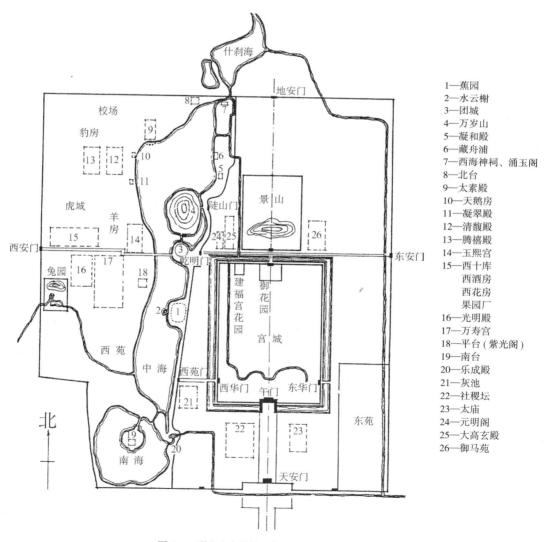

1—蕉园
2—水云榭
3—团城
4—万岁山
5—凝和殿
6—藏舟浦
7—西海神祠、涌玉阁
8—北台
9—太素殿
10—天鹅房
11—凝翠殿
12—清馥殿
13—腾禧殿
14—玉熙宫
15—西十库
　　西酒房
　　西花房
　　果园厂
16—光明殿
17—万寿宫
18—平台（紫光阁）
19—南台
20—乐成殿
21—灰池
22—社稷坛
23—太庙
24—元明阁
25—大高玄殿
26—御马苑

图6-5 明北京皇城的西苑及其他大内御苑分布图
（图片来源：引自周维权著《中国古典园林史》）

明清改朝换代并未破坏北京城，清王朝入关定都北京，全部沿用了明代的宫殿、坛庙和园林等。但是清王朝的统治者却很不习惯于紫禁城内的酷热夏暑，加上深受祖先骑射游猎传统的影响，其皇帝不喜久居宫城，于是，行宫御苑和离宫御苑的建设备受推崇。这一时期的皇家园林在规模上不如秦汉宫苑，但在继承发展的基础上，名称、建筑风格、造园风格、功能等方面形成了自己的时代特点。清代大内御园四处：西苑、慈宁宫花园、建福宫花园、宁寿宫花园；行宫御苑三处：静宜园、静明园、南苑；离宫御苑四处：畅春园（已毁）、圆明三园、避暑山庄、清漪园（颐和园）等。其中，以"三山五园"风景园林群等为骨干，兼善周边的天、地、水、生、人五大要素，构成了北京西北部壮观的大美风光。

中国历史上皇家园林建设的最大、最后的高潮期从明末和清初拉开了帷幕。这个高潮期始于康熙年间，完成于乾隆、嘉庆年间，在整个康乾盛世达到了史无前例的辉煌与繁荣。

（1）康熙皇帝的皇家园林成就与贡献

康熙（1654—1722年），清入关后的第二位皇帝，是清代皇家园林建设活动的奠基者和实践者。他开启了中国古典园林最后一个高潮建设的序幕，对于皇家园林建设的成就与贡献主要有以下几方面。

1）主持兴建了香山静宜园、玉泉山静明园、圆明园、畅春园和承德避暑山庄等皇家园林。

2）启迪了后世子孙皇家造园艺术思想，奠定了乾嘉皇家园林造园活动达到辉煌巅峰的基础。

3）开创了皇家园林建设勤俭节约之先河。康熙本人重农治河，体恤民情，皇家园林建造过程中一直崇尚节俭，追求朴实无华，反对利用皇家园林去显耀天下一统的皇权，更反对秦始皇、汉武帝等迷信方术思想及隋炀帝、宋徽宗等为一己之欲而忘国的造园思想。康熙五十年（1711年）御制《避暑山庄记》道出了康熙造园的思想意图："因而度高平远近之差，开自然峰岚之势。依松为斋，则窍崖润色；引水在亭，则榛烟出谷，皆非人力之所能。借芳甸而为助；无刻桷丹楹之费，喜泉林抱素之怀"。

4）彻底改变了周朝以来历代沿袭的工官制度，内务府设营造司，负责宫殿和园囿的营造。营造司下设样式房和销算房分别负责规划设计和工程预算。从康熙年间起，皇家工程施工已从政府运作逐渐转变为商业运作。

5）加强了江南造园艺术和皇家造园艺术的相互融合。畅春园分别由江南籍山水画家和江南叠山石名家参与园林的规划和主持叠山，造园风格融合了江南园林和北方皇家园林的特点，是明清以来首次将江南造园艺术融入皇家园林建设中的实例。

6）拓展了皇家园林的政治功能，使其更加兼具了"园苑"与"宫廷"的双重功能。

畅春园

康熙二十三年（1684 年），康熙首次南巡，为江南山水和园林所感染，返京后命宫廷画师吴人叶洮和叠山名家张然在明代清华园基址上仿江南园林建造皇家"御园"，以作"避喧听政"之用。康熙帝亲自命名为"畅春园"，寓意"四时皆春""八风来朝""六气通达"。康熙二十九年（1690 年）起，畅春园成为大清帝国康熙朝实际的政治决策和施政中心。从园林使用功能来看，畅春园既可以处理朝政，又可游乐，兼有"宫廷"和"园苑"双重功能，是明清第一座离宫御园（图 6-6）。据后人统计，36 年间康熙累计居住畅春园 257 次 3800 余天，年均驻园 7 次 107 天。最短者为 29 天，最长者为 202 天。

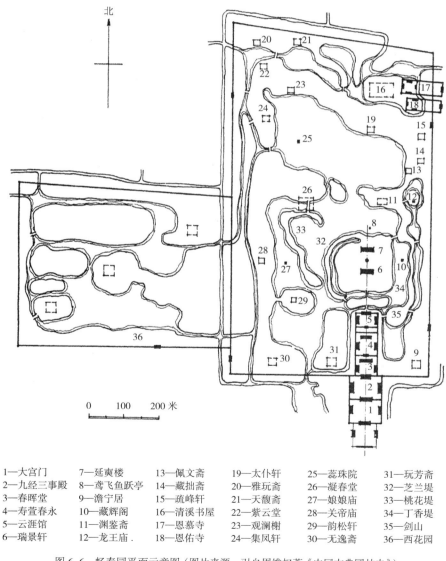

1—大宫门	7—延爽楼	13—佩文斋	19—太仆轩	25—蕊珠院	31—玩芳斋
2—九经三事殿	8—鸢飞鱼跃亭	14—藏拙斋	20—雅玩斋	26—凝春堂	32—芝兰堤
3—春晖堂	9—澹宁居	15—疏峰轩	21—天馥斋	27—娘娘庙	33—桃花堤
4—寿萱春永	10—藏辉阁	16—清溪书屋	22—紫云堂	28—关帝庙	34—丁香堤
5—云涯馆	11—渊鉴斋	17—恩慕寺	23—观澜榭	29—韵松轩	35—剑山
6—瑞景轩	12—龙王庙	18—恩佑寺	24—集凤轩	30—无逸斋	36—西花园

图 6-6　畅春园平面示意图（图片来源：引自周维权著《中国古典园林史》）

历史上的畅春园规模比清华园略小，坐北朝南，整体布局前殿后园，南部为议政和居住用的宫殿部分，北部是以水景为主的园林部分。畅春园开清代的园林之先河，并深深影响了其后的承德避暑山庄、圆明园、颐和园等园林。康熙五十二年（1713年），康熙帝 60 岁生日的第一次"千叟宴"就在此处举行，参宴人数累计上万，盛况空前。咸丰十年（1860 年），英法联军入侵北京，在焚毁圆明园后，畅春园也未能幸免，毁于战火。现仅存北京大学西侧门外的恩佑寺和恩慕寺山门遗址。

避暑山庄：塞外宫城

承德避暑山庄，位于河北省承德市北部。避暑山庄由皇帝宫室、皇家园林和宏伟壮观的寺庙群所组成，是避暑和处理政务的场所。避暑山庄始建于 1703 年，历经清康熙、雍正、乾隆三朝，山庄建设可分为康熙朝和乾隆朝两个时期。

第一阶段：康熙四十二年（1703 年）至康熙五十二年（1713 年），这一阶段建设的重点集中在选址、湖区，筑洲岛、修堤岸、营建宫殿等。康熙五十年（1711 年）御制《避暑山庄记》中指出了避暑山庄的建设应保持天然风貌，突显自然山水之美。

第二阶段：从乾隆十六年（1751 年）至乾隆五十五年（1790 年），历时 39 年。这一阶段对避暑山庄进行了大规模扩建，把宫和苑分开，增建宫殿和多处精巧的大型园林建筑。乾隆仿其祖父康熙，以三字为名又题了"三十六景"，后合称为避暑山庄七十二景。扩建后的避暑山庄虽保持了康熙朝时的总体格局和风貌，但建筑体量增加，"塞外宫城"的皇家气派更加突显（图 6-7）。

历经康熙朝和乾隆朝两个建设时期后，山庄山中有园，园中有山，成为清朝皇家园林中规模最大的一座。总体布局呈"前宫后苑"规制，分为宫殿区和苑景区两大部分。宫殿区包括正宫、松鹤斋三座平行的院落建筑群；苑景区又分成湖泊景区、平原景区和山岳景区三部分。山庄内拥有殿、堂、楼、馆、亭、榭、阁、轩、斋、寺等建筑一百余处。

（2）乾隆时期的皇家园林成就与贡献

乾隆（1711—1799 年），清代入关后的第四任皇帝。乾隆皇帝克绍箕裘，踵武赓续，一生文韬武略，不仅继承了祖先的骑射传统，还兼具诗人、艺术家气质，在诗词曲赋、书法绘画、造园艺术等方面都有很深的造诣。

乾隆三年（1738 年）直到三十九年（1774 年）的 36 年间，皇家园林建设工程几乎没间断过，新建、扩建的园林面积大约有上千公顷之多（表 6-1）。到乾隆中期，北京的西北郊已经形成以"三山五园"为主格局的庞大的皇家园林集群（图 6-8 ～ 图 6-10）。三山是指香山、玉泉山、万寿山，五园是指规模最宏大的五座园林——圆明园、畅春园、香山静宜园、玉泉山静明园、万寿山清漪园。

图 6-7 乾隆时期避暑山庄及外八庙平面图（图片来源：引自周维权著《中国古典园林史》）

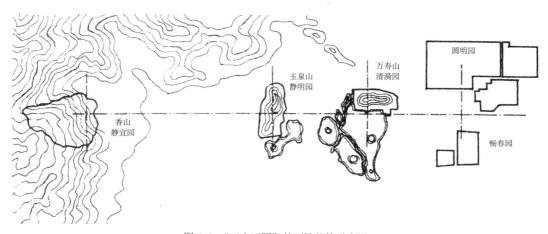

图 6-8 "三山五园"的环境整体示意图

（图片来源：引自周维权著《中国古典园林史》）

　　乾隆是中国历史上最出名的皇帝旅行家，他自诩"山水之乐，不能忘于怀"，曾先后六次到江南巡幸，足迹遍及扬州、无锡、苏州、杭州等地，还有无数次其他巡幸，饱览祖国大地上各处风景名胜和江南私家园林。但凡他所看上的风景园林景致，均命随行画师摹绘成册携其而归，作为皇家造园的参考，从而加强了北方皇家园林和

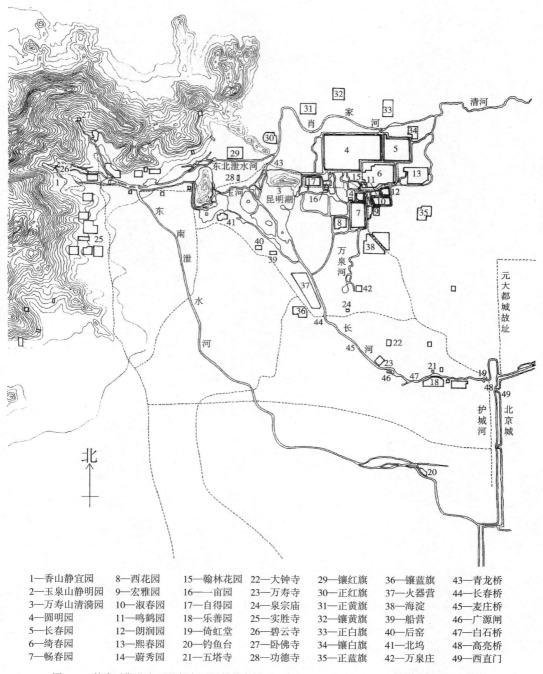

1—香山静宜园	8—西花园	15—翰林花园	22—大钟寺	29—镶红旗	36—镶蓝旗	43—青龙桥
2—玉泉山静明园	9—宏雅园	16——亩园	23—万寿寺	30—正红旗	37—火器营	44—长春桥
3—万寿山清漪园	10—淑春园	17—自得园	24—泉宗庙	31—正黄旗	38—海淀	45—麦庄桥
4—圆明园	11—鸣鹤园	18—乐善园	25—实胜寺	32—镶黄旗	39—船营	46—广源闸
5—长春园	12—朗润园	19—倚虹堂	26—碧云寺	33—正白旗	40—后窑	47—白石桥
6—绮春园	13—熙春园	20—钓鱼台	27—卧佛寺	34—镶白旗	41—北坞	48—高亮桥
7—畅春园	14—蔚秀园	21—五塔寺	28—功德寺	35—正蓝旗	42—万泉庄	49—西直门

图6-9　乾隆时期北京西北郊主要园林分布图（图片来源：清华大学建筑学院《颐和园》，2000）

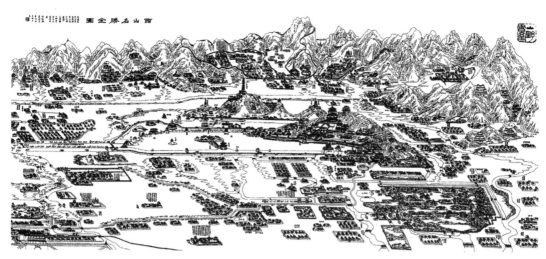

图 6-10　北京西山名胜全图（清·熊涛老人绘）

乾隆时期营建的皇家园林略表　　　　　　　表 6-1

年份		营建事项
乾隆三年	1738 年	扩建北京南郊的南苑，增设宫门九座，苑内新建团河行宫以及衙署、寺庙若干处
乾隆六年	1741 年	再度营建避暑山庄
乾隆七年	1742 年	建钓鱼台行宫
乾隆九年	1744 年	圆明园四十景成，御题《圆明园四十景图咏》，御书四十景名额
乾隆十年	1745 年	扩建香山行宫，建静明园
乾隆十二年	1747 年	改建康亲王赐园废止为乐善园，更名香山行宫为静宜园。圆明园中建海晏堂等西洋建筑
乾隆十五年	1750 年	扩建静明园，命名瓮山为万寿山，改西湖为昆明湖。建瓮山行宫，重修苏州行宫
乾隆十六年	1751 年	瓮山行宫改名为清漪园，建成长春园、绮春园。第一次南巡，重建西湖行宫。开始扩建避暑山庄
乾隆十九年	1754 年	御题避暑山庄后三十六景名，建成蓟县静寄山庄
乾隆二十一年	1756 年	意大利人朗世宁（1679—1764 年）为长春园东边新建西洋楼式花园起地盘样稿呈览，御旨照样准造
乾隆二十二年	1757 年	第二次南巡，游天平山，赐高义园名；御题瞻园额，仿江南名园于长春园中
乾隆二十七年	1762 年	第三次南巡，游幸浙江安澜园，赐园名；圆明园内仿建安澜园
乾隆二十九年	1764 年	避暑山庄永佑寺塔成
乾隆三十年	1765 年	第四次南巡，驻跸安澜园
乾隆三十五年	1770 年	圆明园全部完工
乾隆三十七年	1772 年	始建大内乾隆花园
乾隆四十五年	1780 年	第五次南巡
乾隆四十九年	1784 年	第六次南巡
乾隆五十五年	1790 年	避暑山庄竣工

南方私家造园艺术的相互融汇，使皇家园林建设全面吸取了江南园林的诗情画意，提升了皇家园林艺术建造水平。正如晚清大才子王闿运在《圆明园词》所说："谁道江南风景佳，移天缩地在君怀"，并在自注中称乾隆下江南"乾隆六十年中，园中日日有修饰之事，图史珍玩充牣其中，行幸所经，写其风景，归而作之，若西湖苏堤曲院之类，无不仿建。而海宁安澜园、江宁瞻园、钱塘小有天园、吴县狮子林，则全写其制。"

乾隆皇帝的造园思想并未停留在对江南园林的模仿和抄袭上，其造园手法更加大气、境界愈加高远、规模更加恢宏，这是南方私家园林所望尘莫及、无法比拟的。乾隆在《避暑山庄后序》中自诩："若夫崇山峻岭，水态林姿，鹤鹿之游，鸢鱼之乐；加之岩斋溪阁，芳草古木，物有天然之趣，人忘尘世之怀。较之汉唐离宫别苑，有过之而无不及也。"

圆明园：万园之园

圆明园始建于康熙四十六年（1709年），最初由康熙题名。雍正三年（1725年），雍正把圆明园改为离宫御苑，在圆明园南面增建宫殿衙署，圆明园占地面积由原来的六百余亩扩大到三千余亩。

乾隆帝继位后，除对圆明园进行局部增建、改建之外，并在圆明园的东邻和东南邻兴建了长春园和绮春园（同治时改名万春园），故又称圆明三园。至乾隆三十五年（1770年），圆明三园的格局基本形成（图6-11）。

全盛时期的圆明园比颐和园的整个范围还要大出近千亩，它是清代帝王在150余年间，所创建和经营的一座大型皇家宫苑。圆明园共有百余座各种类型的木、石桥、梁，有园林风景群一百余处，楼台殿阁、榭亭等建筑面积达16万平方米，比故宫的建筑面积还多一万平方米。圆明园不仅成为清王朝历代皇帝避暑、游憩和长久居住的地方，也是皇帝"避喧听政"进行各种政治活动的场所。雍正、乾隆、嘉庆、道光、咸丰五朝皇帝，都曾长年居住在圆明园，并于此举行朝会、处理政事。圆明园与紫禁城（故宫）同为当时的全国政治中心。

圆明园中倚借地势挖湖堆山构成骨架，引水浚池成其脉络，即体现着皇家园林的恢宏大气，又有江南园林的秀丽雅致，也曾数次被传教士传播至西方，有"万园之园"的美誉。其中1760年完工的圆明园西洋楼，是我国建造的第一个具备群组规模的西方园林作品。

经过1860年英法联军和1900年八国联军两次洗劫，圆明园景致荡然无存……中华人民共和国成立后，圆明园遗址先后被列为公园用地和全国重点文物保护单位，保护了整个园子的水系山形和万园之园的园林格局，但已无法与昔日的繁荣似锦相提并论。

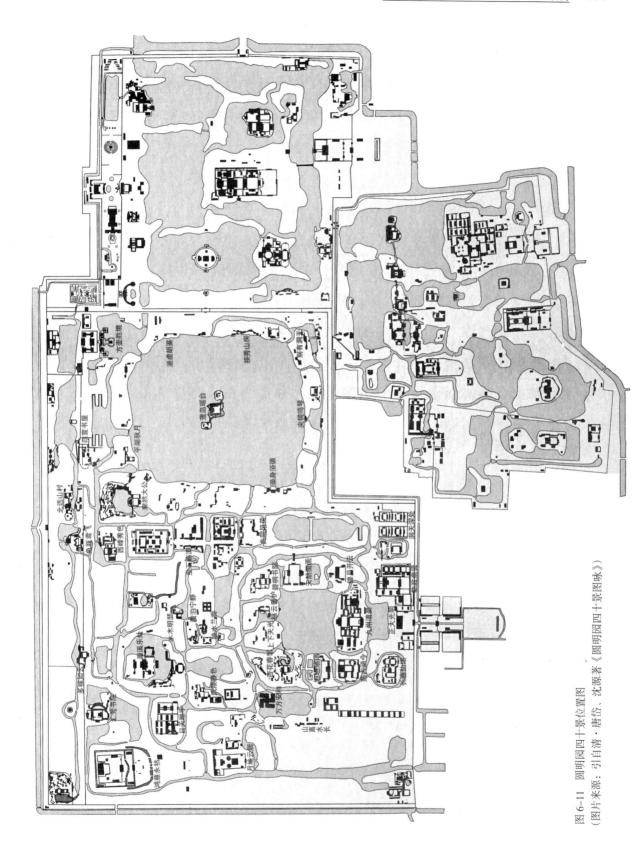

图 6-11　圆明园四十景位置图
（图片来源：引自清·唐岱、沈源著《圆明园四十景图咏》）

现有清雍正时期（1723 年）的《圆明园图咏》和乾隆元年（1736 年）的《圆明园四十景图咏》两本书存世，分别将圆明园四十处名景详尽绘制并赋诗作注，是研究圆明园的珍贵资料。其中《圆明园图咏》内有雍正帝的《圆明园记》和乾隆帝的《圆明园后记》（该书由河北美术出版社于 1987 年印刷）。《圆明园四十景图咏》由宫廷画师沈源、唐岱绘制，于乾隆十一年（1746 年）终裱呈进，安设于圆明园呈览，咸丰十年（1860 年）遭"八国联军"劫掠，现藏于法国巴黎国家图书馆。民国 16 年（1927 年），程演生从巴黎拍摄携回照片，中华书局出版（圆明园四十景图见封三）。因篇幅所限，本书仅各录其中"正大光明"一景图咏并列参考（图 6-12）。

正大光明

园南出入贤良门内为正衙不雕不绘得松轩茅殿意屋后峭石壁立玉笋嶙峋前庭虚敞四望墙外林木阴湛花时霏红叠紫层映无际。

《圆明园图咏》清·雍正
（1723—1735 年）

正大光明

胜地同灵囿，遗规继畅春。
当年成不日，奕代永居辰。
义府庭萝壁，恩波水泻银。
草青思示俭，山静体依仁。
只可方衢室，何须道玉津。
经营惩峻宇，出入引良臣。
洞达心常豁，清凉境绝尘。
每移云馆跸，未费地官缗。
生意荣芳树，天机跃锦鳞。
肯堂弥厪念，俯仰惕心频。

《圆明园四十景图咏》清·乾隆
（1736—1746 年）

图 6-12　圆明园四十景之"正大光明"一景图咏

清漪园（颐和园）

清漪园，位于北京城西北，圆明园之西，玉泉山之东，是颐和园的前身（图6-13），始建于乾隆十五年（1750年），至乾隆二十九年（1764年）完工。咸丰十年（1860年），清漪园被英法联军全部破坏。光绪中叶，慈禧太后叶赫那拉氏挪用海军建设费二千万两白银修复此园，光绪十四年（1888年）完成，基本上保持了原清漪园的格局，至此更名为颐和园。

乾隆为庆贺生母皇太后钮钴禄氏60岁大寿（1751年），于乾隆十五年（1750年）在瓮山圆静寺的废址上兴建清漪园园中主体建筑"大报恩延寿寺"（1888年慈禧重建时改为排云殿），同年发布上谕改瓮山为"万寿山"，改山前西湖为"昆明湖"。在昆明湖中堆筑两大岛治镜阁和藻鉴堂，与保留下来的南湖岛成三足鼎立布局，形成了皇家园林的"一池三山"模式。清漪园也是从2000年前西汉的建章宫开始到目前为止，我国皇家园林建设史上幸存的唯一一座保持着"一池三山"传统模式的皇家园林。

清漪园的总体规划建设和众多景观景点设计以杭州西湖和江南景致作为蓝本，总体布局仿杭州西湖，西堤仿苏堤，景明楼仿岳阳楼，凤凰墩仿无锡黄埠墩，惠山园（嘉庆十六年，即1811年改为谐趣园）仿无锡寄畅园等。

乾隆花园

乾隆花园（宁寿宫花园）在故宫外东路宁寿宫西侧。建于乾隆三十六年到四十一年（1771—1776年），是乾隆帝兴建太上皇宫宁寿宫时在近旁营建的花园，以供他养老休憩。

园西靠宫墙，东临宫殿，南北长160米，东西宽37米，占地5920平方米，布局精巧，组合得体，是宫廷花园的典范之作。花园分为四进院落，按南北两段轴线布置，衍祺门经古华轩、遂初堂至耸秀亭是南部轴线，萃赏楼经碧螺亭至符望阁为北部轴线。全园结构紧凑、灵活，空间转换有序，曲直相间，景致各异。著名的建筑有古华轩、禊赏亭、旭辉庭、遂初堂、萃赏楼、延趣楼、符望阁、竹香馆、倦勤斋等，分布错综有致，间以透迤的山石和曲折回转的游廊，使建筑物与花木山石交互融合，意境谐适，是故宫中著名的园林。

二、私家园林

元明清私家园林兴旺发达，士流或文人园涵盖了民间造园，促使私园艺术成就达到高峰；由于工商业繁荣，市民文化及其园林也随之兴盛；还因各地自然和人文条件不同，在民间造园普遍发展中，也产生了具有当地特点的乡土园林。在人文、经济、自然条件差异中，形成北方、江南、岭南、巴蜀四大主要园林风格。

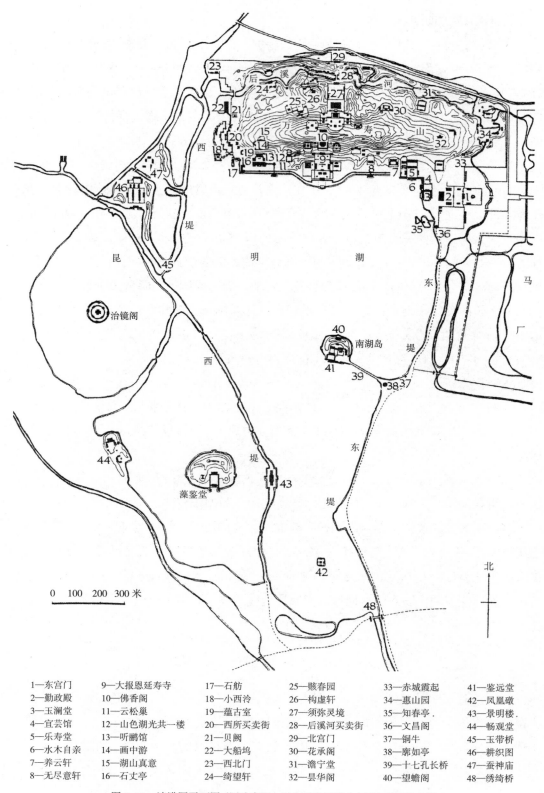

1—东宫门　　9—大报恩延寿寺　　17—石舫　　　25—赅春园　　　33—赤城霞起　　　41—鉴远堂
2—勤政殿　　10—佛香阁　　　　18—小西泠　　26—构虚轩　　　34—惠山园　　　42—凤凰礅
3—玉澜堂　　11—云松巢　　　　19—蕴古室　　27—须弥灵境　　35—知春亭　　　43—景明楼
4—宜芸馆　　12—山色湖光共一楼　20—西所买卖街　28—后溪河买卖街　36—文昌阁　　　44—畅观堂
5—乐寿堂　　13—听鹂馆　　　　21—贝阙　　　29—北宫门　　　37—铜牛　　　　45—玉带桥
6—水木自亲　14—画中游　　　　22—大船坞　　30—花承阁　　　38—廓如亭　　　46—耕织图
7—养云轩　　15—湖山真意　　　23—西北门　　31—澹宁堂　　　39—十七孔长桥　47—蚕神庙
8—无尽意轩　16—石丈亭　　　　24—绮望轩　　32—昙华阁　　　40—望蟾阁　　　48—绣绮桥

图 6-13　清漪园平面图（图片来源：引自周维权著《中国古典园林史》）

（1）北方私家园林

北京是私家园林荟萃地，足以作为北方私园的典型。北京有各种官贵王府、名人会馆的宅园、附园 345 处，保存到 1950 年代尚有 60 处。著名者如米氏三园、恭王府花园、可园、醇亲王园、淑春园、熙春园、半亩园、萃锦园等。

米万钟与米氏三园

米万钟居燕京（今北京），米芾后裔，明朝著名画家，曾在京城营造德胜门积水潭漫园、皇城西墙根湛园、海淀勺园三座宅邸园林。三园选址均临水而建，因借远山近水，有着山水园、山水诗、山水画的意境，代表了明代北方私家园林造园水平，为明代北方私人宅邸园林的经典之作。

米氏三园中又以勺园为盛。勺园，位于北海淀之滨，约建于明万历（1611—1613年）。取"海淀一勺"之意，名为勺园，又名"风烟里"，占地百余亩。勺园与清华园齐名，为京师最著名的私家园林，有"京国园林趋海淀，游人多集米家园"之誉。

图 6-14　米万钟《勺园修禊图》(北京大学图书馆藏)

勺园的营造充分考虑到海淀沼泽地带的特点，因地制宜，巧借西山之景，利用水的有利条件，融汇到造园布局之中。米万钟晚年曾绘《勺园修禊图》传世（图 6-14）。勺园继承了唐宋以来写意山水园的传统，构思巧妙，精致优雅，并融入了浓郁的文人意趣（图 6-15、图 6-16）。勺园于明末逐渐荒废，清代经多次易主。后被燕京大学购买作为校址，现为北京大学校园的一部分。

图 6-15　勺园局部布置想象图（王世仁，1957 年）

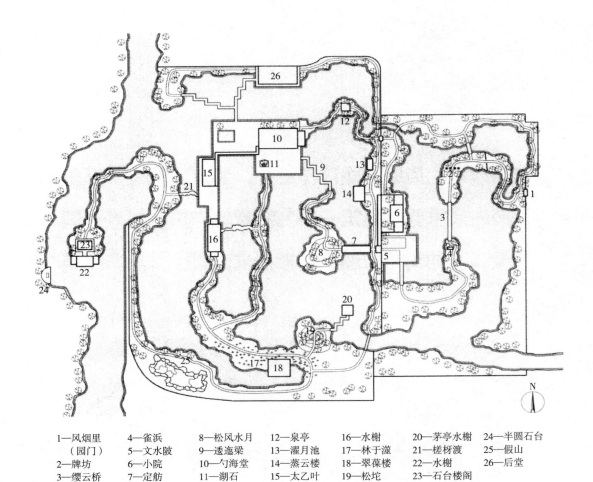

1—风烟里	4—雀浜	8—松风水月	12—泉亭	16—水榭	20—茅亭水榭	24—半圆石台
（园门）	5—文水陂	9—逶迤梁	13—濯月池	17—林于澂	21—槎枒渡	25—假山
2—牌坊	6—小院	10—勺海堂	14—蒸云楼	18—翠葆楼	22—水榭	26—后堂
3—缨云桥	7—定舫	11—湖石	15—太乙叶	19—松坨	23—石台楼阁	

图 6-16　勺园复原平面图（图片来源：贾珺，2009）

半亩园

半亩园在弓弦胡同（现北京东城黄米胡同），今仅存遗迹。半亩园是清初陕西巡抚贾汉复所居之地，李渔曾是他的幕僚，据麟庆《鸿雪因缘图记》"李笠翁（渔）客贾幕时，为葺斯园，垒石成山，引水作沼，平台曲室，奥如旷如"。半亩园园林设计与园中叠石均出自李渔（1611—1679年）之手，当时誉为京城之冠。

清朝时半亩园有房舍180余间，为五进四合院，名为半亩，实际十亩有余。道光二十三年此园为河道总督麟庆所居。麟庆对宅院重新修缮，更增添许多景观，是半亩园的鼎盛时期。半亩园被誉为当时京城的六大花园之一（图6-17）。

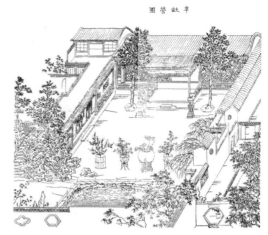

图6-17 半亩营园图
（图片来源：麟庆《鸿雪因缘图记》）

恭王府花园

恭王府为清代规模最大的一座王府，曾先后作为和珅、永璘的宅邸。恭王府历经了清王朝由鼎盛而至衰亡的历史进程，故有"一座恭王府，半部清代史"之说。

整体建筑格局方正对称，空间尊卑有序，分东、中、西三路，每路由南自北都是以严格的中轴线贯穿着的多进四合院落组成。南北长约150米，东西宽170余米，占地面积2.8万平方米。

王府的最后部分是花园，又名萃锦园，面积4800平方米。全园在造园手法上既有中轴线，也有对称手法。全园以福字贯穿，主题明显。

（2）江南私家园林

江南地区具有长江中下游气候特征（四季清明、三季温润）。江南园林数量多、质量高，为全国之冠，集中于扬州、苏州、杭州等地。其中：

扬州明清园墅有190处，1950年代尚存30余座，著名者如：片石山房、个园、寄啸山庄、小盘谷、余园、怡庐等。

苏州1950年尚有宅园188处，著名者如：留园、拙政园、网师园、狮子林、环秀山庄、怡园、耦园、半园等；其中建于宋代的沧浪亭，建于元代的狮子林，建于明代的拙政园和建于清代的留园，统称为"苏州四大名园"。

杭州明清园墅有23处，著名者如：西泠印社、药园、半山园、汾阳别墅、金溪别业、潜园、漪园。

网师园

网师园始建于南宋时期（1127—1279年），曾为南宋史正志的"万卷堂"旧址，花

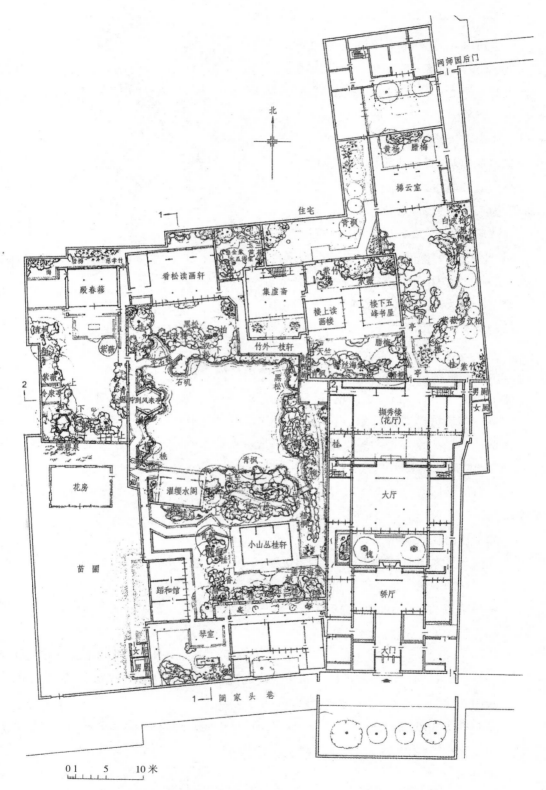

图 6-18　网师园总平面图（图片来源：引自刘敦桢著《苏州古典园林》）

园名为"渔隐"，后废。清乾隆年间，光禄寺少卿宋宗元购之并重建，定园名为"网师园"。

网师园占地约半公顷，总面积约为拙政园的六分之一。园内主要建筑有小山丛桂轩、濯缨水阁、看松读画轩、殿春簃等。网师园是典型的宅园合一的私家园林。全园面积虽小，但布局紧凑，各种建筑搭配合理，空间尺度比例协调，以精巧、精致见长，为江南中小古典园林的代表作品（图6-18）。

狮子林

狮子林始建于元至正二年（1342年），由天如禅师惟则的弟子所造，初名"狮子林寺"，后易名"普提正宗寺""圣恩寺"。全园布局紧凑，以中部水池为中心，叠山造屋，架桥设亭，富有"咫足山林"的意境（图6-19）。

狮子林的建筑大都保留了元代风格，为元代园林代表作。主要建筑有立雪堂、燕

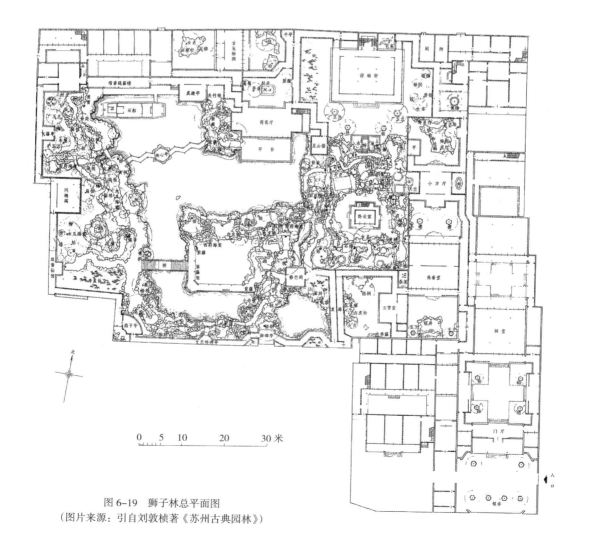

图6-19　狮子林总平面图
（图片来源：引自刘敦桢著《苏州古典园林》）

营堂、卧云室、见山楼、指柏轩、飞瀑亭、真趣亭、问梅阁等。主体建筑暗香疏影楼取"疏影横斜水清浅，暗香浮动月黄昏"的诗意得名，楼依湖而建，登楼可饱览大部分园景。暗香疏影楼与问梅阁、五叠瀑布、听涛亭，以及古银杏树组成园内西部景区，环境典雅而幽静。

狮子林以假山景观见长，是中国园林大规模堆山叠石的集大成者，具有重要的历史价值和艺术价值。狮子林假山群峰起伏，气势雄浑，假山群迂回曲折，回环起伏，引人入胜。园中最高峰为狮子峰，另有"含晖""吐月"等名峰。

狮子林中的植被以落叶树种为主，常选用竹、芭蕉、藤萝、花作为点缀，东部假山区的主要植被为古柏、白皮松，西南部以竹、梅、银杏为主。

乾隆皇帝下江南，曾亲临此园，情之所至，写下"真趣"二字。如今的真趣亭依旧装饰金碧辉煌，颇有皇家气派。

拙政园

拙政园为苏州园林中面积最大的山水园林。拙政园初为唐代诗人陆龟蒙的住宅，元朝时为大弘寺。明正德四年（1509 年），进士王献臣官场失意，归隐苏州后将其买下，请著名画家文徵明参与设计，历时五载建成。园名取晋代潘岳《闲居赋》中"此亦拙者之为政也"，名为拙政园。明嘉靖十二年（1533 年），文徵明依拙政园中的景物绘制成 31 幅经典画作（图 6-20），各图配以诗词，反应了明朝时期拙政园的园林风貌。

拙政园全园总面积 4.1 公顷，分为东、中、西三部分。全园以水为主体，辅以植栽，在园林中融合山水画的审美情趣和意境，形成典型的文人写意山水园林（图 6-21）。

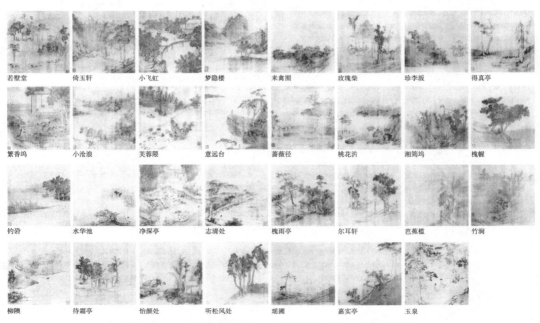

图 6-20 文徵明《拙政园三十一景图》册（现藏于苏州博物馆）

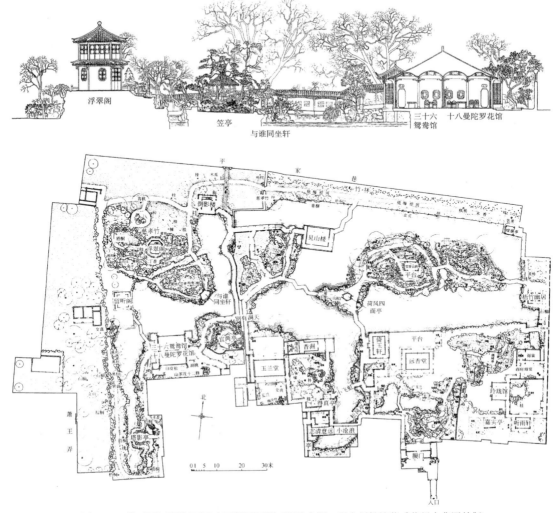

图 6-21　拙政园西部剖面及中西部平面图（图片来源：引自刘敦桢著《苏州古典园林》）

中部是拙政园的建筑主体，总体布局以水池为中心。临水建筑错落有致、主次分明，保持了明清园林质朴、疏朗的风格。远香堂为景区主体建筑，位于水池南岸，与东西两山岛隔池相望，池水清澈广阔，遍植荷花。远春堂与雪香云蔚亭隔水互成对景，共同构成中部园区的南北中轴线。水池之中分别构筑东、西两个岛山，把水池划分为南北两个景观空间，西山较大，山顶建长方形的雪香云蔚亭；东山山后建六方形的待霜亭。西山的西南角建六方形的荷风四面亭。

远香堂西侧的倚玉轩与其西船舫形的香洲遥遥相对，两者与其北面的荷风四面亭成三足鼎立之势，游人可变换不同角度欣赏荷景。

倚玉轩西侧有一曲水湾深入南部住宅，里面有三间水阁横架水面，名为"小沧浪"，它和北面的廊桥小飞虹共同构成幽静的水景庭院。

此外，中部园区还有玉兰堂、见山楼、枇杷园等，枇杷园中又建玲珑馆和嘉实亭。

西部园区又称"补园"，主要建筑为三十六鸳鸯馆，是当时园主人宴请宾客的场所。三十六鸳鸯馆周围的水池呈曲尺形。临水建筑扇面形亭"与谁同坐轩"。其他建筑还有留听阁、宜两亭、倒影楼、水廊等。

东部原称"归田园居"，为1959年重建，仍保持疏朗明快的风格，主要建筑有兰雪堂、芙蓉榭、天泉亭、缀云峰等。

留园

留园位于苏州间阊门外，为明万历年间太仆徐泰所建。清嘉庆年间更名为"寒碧山庄"，清光绪二年（1876年），加以扩建，更名称"留园"（图6-22）。

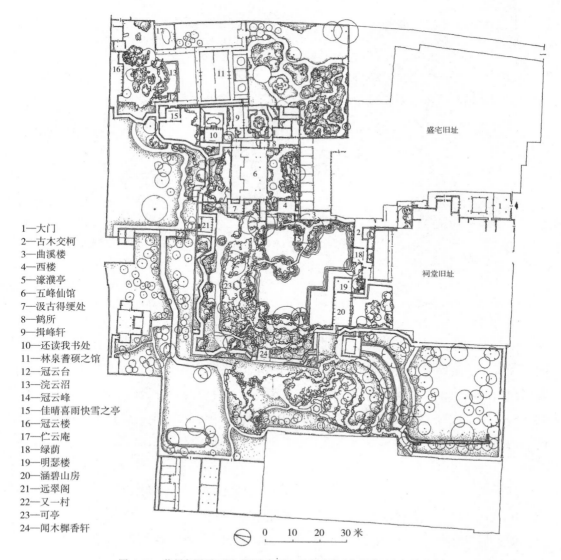

1—大门
2—古木交柯
3—曲溪楼
4—西楼
5—濠濮亭
6—五峰仙馆
7—汲古得绠处
8—鹤所
9—揖峰轩
10—还读我书处
11—林泉耆硕之馆
12—冠云台
13—浣云沼
14—冠云峰
15—佳晴喜雨快雪之亭
16—冠云楼
17—伫云庵
18—绿荫
19—明瑟楼
20—涵碧山房
21—远翠阁
22—又一村
23—可亭
24—闻木樨香轩

图6-22 苏州留园平面图（图片来源：引自潘谷西等著《江南理景艺术》）

留园面积约 2 公顷，分为西、中、东三区，西区以山林野趣景观为主，中区以山水见长，东部以建筑为主。全园曲廊贯穿，曲折通幽，更有冠云峰、楠木殿、鱼化石三绝。

留园中部东南大部分开凿水池，西北为山体。水池南岸建筑群的主体是明瑟楼和涵碧山房，北山上建有六方形的可亭，它们隔水呼应，共同构成对景，形成江南庭院中最为常见的"北山南亭、隔水相望"的模式。

五峰仙馆与林泉耆硕之馆为东部园区的主体建筑景观。五峰仙馆源于李白"庐山东南五老峰，晴天削出金芙蓉"诗句。厅堂面阔五间，室内宽敞明亮，装修精致，是园主人会友和起居的场所。五峰仙馆南面庭院的五老峰摹拟庐山的五老峰意境，馆名中的"仙"字暗喻了归隐和成仙得道之意。

林泉耆硕之馆正厅采用鸳鸯厅的做法，厅北为宽敞的庭院，院中置巨型太湖石"冠云峰"，左右两翼分别布置"瑞云"和"岫云"两峰石，三峰鼎峙构成庭院的主体景观。庭北为冠云楼，是北望虎丘景色的最佳之处。

（3）岭南私家园林

岭南地区为南亚热带气候（四季常青、三季湿热、一季凉爽）。岭南园林多为庭院或庭园，面积较小，起"凉巷"或"穿堂风"作用，也有宅园或附园。其中佛山市顺德区的清晖园、佛山市禅城区的梁园、广州市番禺区的余荫山房、东莞的可园统称为岭南四大园林，又名粤中四大名园。

（4）巴蜀私家园林

四川盆地为中亚热带气候特征（四季常绿、三季温润、一季多凉雾）。巴蜀园林生长在"秀幽险雄"的巴山蜀水之中，这些山水园自然古朴、不拘一格。巴蜀地区现仍保留有唐、宋、明、清各代私园附园约 10 余处（如新繁东湖、崇庆罨画池、新都桂湖、成都西园、望江楼、杜甫草堂、眉山三苏祠、重庆宜园等）。

三、寺观园林

元明清佛道宗教失去唐宋时势而趋衰，但因政府倡导，寺观数量却骤增。以都城北京为例，其寺观数量一直居全国各大城市之首。北京元代有寺观 187 所、明代有寺观 300~636 所。清代乾隆中期对北京寺院进行了大规模的普查和整修，据清宫档案记载，北京城区及城外十五里范围内的庙宇观堂等近 2000 座。《乾隆京城全图》所绘1400 余条胡同中标注则有 1300 余座寺庙[①]。

---

① 从现有资料统计，清末较具规模以上的释、道、天主教等寺观堂庙院约为 551 座，551 座庙宇观堂中，佛教寺院 358 座，占总数的 65%；道教庙观 160 座，占总数的 29%；天主教堂及清真寺等 33 座，占总数的 6%。

按照寺观修建的区域位置不同，可分为城镇寺观、郊野寺观和名山胜地寺观三大类型。

城镇寺观园林在刻意经营中提升其吸引力，北京较为著名的代表为雍和宫、白云观、法源寺、法华寺、崇效寺等。其中以法源寺园林、花事、花圃为最胜。法源寺庭院内花木茂盛，意境幽深而又花团锦簇，海棠、牡丹、丁香、菊花皆为该寺名花。该寺相关的花事活动频繁，诗文聚会贯穿四季，游人络绎不绝，为京城游览胜地。法源寺还设有专门的花圃，雇佣专业的花匠管理，时常向僧众出售莳养的花木。此外，在宋以来的世俗化、文人化传承中，明清时期的城镇寺观园林常与城宅私园无大区别，甚至还带有附属的游园，一度成为名园，如北京万寿重宁寺及其东园，扬州大明寺及其西园、静慧寺及其静慧园等。

郊野寺观更注重与周围山水风景相结合，宗教活动、游览观光、聚会、投宿，甚至皇帝也临幸驻跸，促使其成为风景名胜。如北京的西山、杭州西湖一带多为寺观园林荟萃之地，前者以大觉寺、潭柘寺、碧云寺等为代表，表现为北方寺观园林风格特征；后者以灵隐寺、黄龙洞等为代表，具有南方寺观园林营造特点。

名山胜地寺观是山岳风景名胜的重要构成部分。名山随着佛、道的进入而成为宗教胜地，甚至成为宗教活动中心，其宗教活动在唐宋开始兴旺，明清达到鼎盛。山岳因寺、观的建设而成为佛教、道教名山或儒释道共尊的名山，其中五台山、武当山、三清山等寺观重建和新建在明清时期达到极盛。这一时期著名的名山胜地寺观有四川青城山古常道观、峨眉山清音阁，江西三清山三清宫，安徽齐云山太素宫，浙江天台山国清寺，五台山广济寺、塔院寺、显通寺等。这些寺观多依山就势，庄严而又极具气势的寺观建筑与优美的自然风景融为一体，营造出佛国、仙界氛围。

四、造园著作

明清两代，文人、画家纷纷参与造园，造园家辈出，很多甚至成了专业造园家和园林理论家。造园家如周秉忠、计成、张南阳、张南垣父子、石涛、戈裕良、文徵明、李渔等，活动于江南地区，对江南园林艺术贡献极大。今存者，豫园黄石大假山为张南阳设计建造；扬州片石山房假山传出石涛手；苏州环秀山庄假山为戈裕良所叠山石。明清时期，相关园林著作不断问世，如计成（1582—1642年）《园冶》、文震亨（1585—1645年）《长物志》、陈淏子《花镜》、李渔（1611—1679年）《闲情偶寄》、汪灏《广群芳谱》（1709年）、钱泳（1759—1844年）《履园丛话》等。这些传统的园林花木及造园巨著是我国古典园林文化艺术的重要组成部分，所论述的栽培技术或园林美学理论，都是指导园林营建的宝贵财富。其中尤以计成的《园冶》、文震亨的《长物志》、李渔的《闲情偶寄》为代表。

（1）计成造园实践与造园专著《园冶》

计成（1582—1642年），字无否，苏州吴江人，明末造园家。少年、青年时代即以善画山水知名，喜好游历风景名胜。中年后定居镇江，从事造园活动。明天启年间，应常州吴玄的聘请营造面积约为5亩的东第园，是其成名之作。他的代表作还有仪征的寤园、怀宁石巢园、扬州影园等。影园为计成后期作品，是明末扬州最著名的园林之一，其景之胜在于山影、水影、柳影之间，故名之曰"影园"（图6-23、图6-24）。

计成根据实践经验和图纸整理提炼，于1634年写成《园冶》。该书被誉为世界最早的造园学名著，也是中国第一本园林艺术理论的专著。《园冶》一书的精髓，可归纳为"虽由人作，宛自天开"，"巧于因借，精在体宜"。在这部著作中，计成比较系统地谈到园林艺术的各个方面，特别在借景方面作了详细阐述。《园冶》全书论述了宅园、别墅营建的原理和具体手法，涉及园林的规划、设计、施工等方方面面，为后世的园林建造提供了理论框架以及可供模仿的范式。计成的《园冶》对清初李渔等人的园林艺术思想有着直接影响。

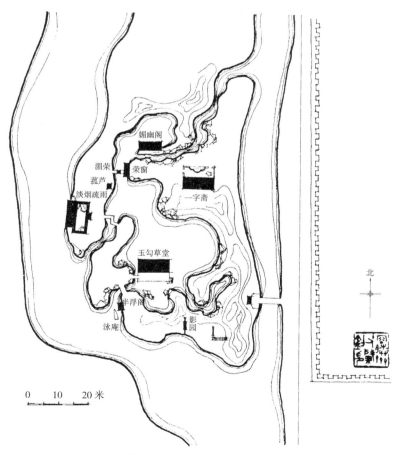

图6-23　影园平面图（图片来源：吴肇钊，1980年）

图 6-24　影园鸟瞰图（图片来源：吴肇钊，1980 年）

《园冶》自序中详细记录了计成造园心得和设计经历，并在曹元甫建议下将书名由《园牧》改为《园冶》的缘由。

卷一包含了兴造论、园说以及相地、立基、屋宇、列架、装折几大部分。

卷二记载了作者历经多年搜集积累的上百种栏杆样式，以及一些样式的制作方法，大都为江南园林中的图案花样。从明末直到清末的几百年中，栏杆样式基本没能超出其范围，可谓内容全面，影响深远。

卷三由门窗、墙垣、铺地、掇山、选石、借景六篇组成。借景篇为全书的总结，指出"夫借景，林园之最要者也，如远借、邻借、仰借、俯借、应时而借。目寄心期，似意在笔先，庶几描写之尽哉。"借景是造园成败的关键，是中国园林艺术的传统手法。

《园冶》一书集中反映了我国园林传统的造园思想，对于发扬和传承我国几千年的园林艺术起着重要的作用，为我国园林的发展作出了卓越的贡献。

（2）文震亨《长物志》

文震亨（1585—1645 年），字启美，曾祖为文徵明，家世以书画擅名。其著作《长物志》12卷，有室庐、花木、水石、禽鱼、书画、几榻、器具、位置、衣饰、舟车、蔬果、香茗等类卷。

文氏在《室庐》的（总）论中提出："随方制象，各有所宜"，方在这里可以有方位、方向、法度、常规、类别、道理等多种含义，随其中某种理解去创制形象（形式或表象），其结果理应只能是"各有所宜"。

在《位置》卷中，对于经营位置或空间布局，文氏提出："位置之法，繁简不同、寒暑各异、高堂广榭、曲房奥室，各有所宜，即如图画鼎彝之居，亦须安设得所，方如图画。"在"山斋"一节中将"俱随地所宜"；对衣冠制度讲"必与时宜"；对工艺造物将"精炼而适宜，简约而必另出心裁"；"宜"的审美观和设计原则在书中有20多处。

在《水石》卷中文氏认为："石令人古，水令人远。园林水石，最不可无。……一峰则太华千寻，一勺则江湖万里。……苍崖碧涧，奔泉泛流，如入深岩绝壑之中，乃为名区胜地。"

在《花木》卷中文氏讲："弄花一岁，看花十日"；"牡丹称花王，芍药称花相"；"幽人花伴，梅实专房"；"丛桂开时，真称'香窟'，……树下地平如掌，洁不容睡，花落地，即取以充食品。"

他对山水名胜的提炼，对花木特色的概括，对"宜"原则的充分重视，说明他在文人生活中既重视鉴赏、体验，也精于理论、原则，更在长物和著述中抒发着对真、善、美的观念与理想。同时，文氏还是造园实践家。据《吴县志·第宅园林志》载，在苏州高师巷冯氏废园基础上改建而成的"香草宅"即文氏参与主持的园作；文氏还曾于苏州西郊构碧浪园，南都置水嬉堂。

（3）李渔与《闲情偶寄》

李渔（1611—1679年），明末清初文学家、戏曲家、园林美学家。李渔对戏曲理论和园林艺术都有较深的见解，自述生平有两绝技："一则辨审音乐，二则置造园亭"，并提出自己营造园林的原则和理念"创造园亭，因地制宜，不拘成见，一榱一桷，必令出自己裁"。李渔"遨游一生，遍览名园"，对于营造亭园体悟至深，曾先后为自己营造杭州伊园、南京芥子园、杭州层园三座园林，帮助陕西巡抚贾汉复规划设计了在北京的半亩园。

康熙十年（1671年），《闲情偶寄》（又叫《笠翁偶集》）问世，该书是他论述戏曲、建筑、园林、烹饪等方面的杂著，分为八部，共234个小题。与《园冶》的沉寂无名相反，《闲情偶寄》自康熙十年（1671年）刊行以来，争相为世人所传阅，三百多年来经久不衰。

关于造园理论和园林审美的美学思想，《闲情偶寄》的《居室部》《种植部》《器玩部》多有论述。

图 6-25　《闲情偶寄》中的尺幅窗 "无心画" 图式

其中《居室部》主要讲述房屋建筑和园林营造的心得、经验与审美，按 "房舍第一""窗栏第二"（图 6-25）"墙壁第三""联匾第四""山石第五"分项叙述。

《种植部》包括 "木本""藤本""草本""众卉""竹木" 五部分，共提到八十余种花木及各种花木的栽培技术、审美品格、观赏价值。

《器玩部》包括 "制度" 和 "位置" 两个部分，主要涉及园林建筑的室内装饰和家具陈设问题。

"墙壁第三" 中指出了界墙、女墙、厅壁、书房壁等的艺术处理方法。

"联匾第四" 专谈房屋建筑和园林中的 "联匾" 应用与审美，并详细描述了蕉叶联、此君联、碑文额、虚白匾、石光匾、秋叶匾等联匾的制作方式、园林审美特征等，并绘图示范了部分联匾式样。

"山石第五" 专谈在园林营造中山石的美学价值和地位，以及园林筑山叠石的艺术手法。

五、造园世家

所谓 "上阵父子兵"，在清代，出现了父子师徒、子承父业的建筑与造园世家，最为著名的有江南张南垣家族和北京样式雷家族，其历时之长、作品之多，在中国建筑及园林史上贡献巨大，享有盛誉。[①]

张南垣，名涟，清初江南著名的叠山造园家，他做的盆景与叠石并称 "二绝"。他在江南的松江、嘉兴、江宁、金山、常熟、太仓一带营造园林、堆叠假山，所造之园众多。张南垣的四个儿子皆传父业，其侄子张轼筑园也得其真传，曾叠无锡寄畅园假山。张涟和张然父子在康熙年间流寓京师，都曾承康熙恩宠。清初王士祯《居易录》云："南垣死，然继之。今瀛台、玉泉、畅春苑皆其所布置也。"《清史稿·张涟传》说 "后京师亦传其法，有称山石张者，世业百余年未替。"

---

① 西方造园世家主要有法国勒诺特父子、莫莱家族、杜塞尔索家族及德国的夏邦尼特父子等。

"样式雷"家族包括雷发达、雷金玉、雷家玺、雷家玮、雷家瑞、雷廷昌、雷献彩等，是对清代200多年间主持皇家建筑设计的匠师家族雷姓世家的誉称。"样式雷"家族祖籍江西南康府建昌县（今永修县），因长期执掌"样式房"而得名，康熙二十二年（1683年），雷发达与堂弟雷发宣以南方匠人的身份，到北京为朝廷供役。在康熙中期至民国初年的二百多年时间里，"样式雷"家族设计修建了大量皇家建筑及园林。"样式雷"家族参与建造了北京的故宫、圆明园、万春园、颐和园、景山、天坛、清东陵、清西陵，承德避暑山庄等誉满中外的传世杰作，以及坛庙、府邸、衙署、城楼、营房、御道、宅院及京西的治理水利工程等。今天中国被列入"世界文化遗产"的古代建筑，有五分之一饱含有"样式雷"的智慧与心血，如此众多杰作被列为世界文化遗产，在世界尚无先例。

第三节　城宅路堤植树自成系统

元明清三代城宅路堤植树自成体系。都城北京以水系、路网为基础的植树造林形成了覆盖全城的绿网、绿廊系统；以黄河、运河、永定河等为代表的河流水系堤岸植树造林及各地行道树种植成就斐然；西北植树造林与东北柳条边防护林建设达到前所未有的高峰。

一、北京城植树

元明清三代以北京为都城，历代均倡导植树与绿化，并都曾制定环北京地区鼓励植树造林的政策法令。

自辽代开始，北京又称燕京，成为辽的陪都，开始在其周边广植树木，在通往燕京城的道路两侧呈现"密植林木，以惠路人"的景象。元至元九年（1272年）二月颁布《道路栽植榆柳槐树》诏书："据大司农司奏，自大都随路、州、县，城郭周围并河渠两岸、急递铺道店侧畔，各随地宜，官民栽植榆柳槐树。"从诏令中看，当时植树范围扩大到环元大都地区城郭周围、河渠两岸、驿站等，即今北京及河北、天津部分市县，并规定植树株距以二三步为宜，可见密度之大。

明永乐十八年（1420年）朱棣迁都北京，随后便提出在坛庙、道路、长城等处广植树木（图6-26）。明代后期也在京城内广植行道树，紫禁城四周夹道皆槐树，十步一株。从东华门至景山，夹道也都植有槐树，今景山西街仍留有当时栽植的古槐数株，至今已300多年。

乾隆皇帝在位时，曾多次巡查京城的树木种植情况，并根据北京地区的气候和土质特点，提倡多植柳树和槐树。

图 6-26　种植于太庙的明成祖手植柏，树龄已有 600 多年

元明清时期，北京全城绿荫覆盖，通往各地道路及环城护城河、长河宫苑水系、东向漕运水系等均成绿树长廊。

二、河堤、路堤及行道植树

元明清时期十分注重河堤、路堤及行道植树。

元朝设立站赤制度 [①]，以元大都为中心，在全国范围内形成发达的交通网络，并在这些交通道路两侧种植树木。《马可波罗行纪》载："大汗曾命人在使臣及他人所经过之一切要道上种植大树，各树相距二三步，俾以使道旁皆有密接之极大树木，远处可以望见，俾使行人日夜不至迷途。盖在荒道之上，沿途皆见此种大树，颇有利于行人也。所以一切通道之旁，视其必要，悉皆种植树木"。在元代，自元世祖忽必烈始，植树作为国家制度加以贯彻，并要求"既有裨益，亦重观瞻"，既要注重经济效益，又要达到一定的美观效果。

到了明代，明太祖朱元璋曾诏令百姓植树造林，尤其是以桑、枣、柿、栗、胡桃

---

① "jamci" 的音译，为元代的驿传制度。

等经济树种为主。明嘉靖年间总理河道的刘天和在四个月的时间内就在黄河河堤、路堤上"植树多达二百八十余万株"。他在水利著作《问水集》中创造性总结出了"植柳六法"用于护岸固堤，即卧柳、低柳、编柳、深柳、漫柳、高柳等六种植柳方法。后世明清治河名臣和清康熙、雍正、乾隆等诸帝都给予了高度评价，继承和发展"植柳六法"，并在实践中广泛推广应用。此外，行道植树建设在明代达到高潮，一些地区行道植树情况如表 6-2 所示。

明随州、江夏、剑阁、道州等地行道植树情况表　　　　　　　　表 6-2

时期	代表人物	地区	文献记载	备注
弘治年间（1488—1505 年）	湖北随州太守李充嗣	湖北随州	《随州志》记载："夹道植林木七百余里，入其途者举欣欣然有喜色矣。"	
正德年间（1506—1521 年）	尚书吴庭举	江夏县（今江夏区）山坡驿	《江夏县志》记载："沿途植松五百里，以荫行人。"	后人称"引路松"
	剑州（今剑阁）知州李璧	自剑阁至阆中，西至梓栋	《剑州志》记载："三百余里官道"计植树"十万株"	至今为活的文物风景走廊
崇祯年间（1611—1644 年）		道州到永明县道路（今湖南省道县）	《徐霞客游记》："自州至永明，松之夹道者七十里，栽者之功，亦不啻甘棠矣。"	后人多以"甘棠"称颂功绩和美德

清康熙帝尤其重视河堤上的树木种植，清康熙初期大规模整治黄河，在"黄河两岸，植柳种草"。乾隆四十八年（1783 年），诏令黄河沿堤种柳，为鼓励河堤植树，规定了明确的奖惩办法。"有能出己资捐栽成活小杨五百株者，准其纪录一次；千株者纪录二次；千五百株者纪录三次；二千株者准其加一级。其濒河民人有情愿在官地内捐栽成活小杨二千株，或在自己地内栽成千株者，该官申报河督，勘明成活数目，造册报部，给以九品顶带荣身……。"

清康熙、乾隆年间，对北京永定河进行大规模治理，鼓励河兵和百姓在堤岸上广植林木。康熙十七年（1678 年），诏令治理河患，于运河"按里设兵，分驻运堤，自清口至邵伯镇南，每兵管两岸各九十丈，责以栽柳蓄草，密种菱荷蒲苇，为永远护岸之策。"乾隆皇帝大力提倡在永定河沿岸植柳护堤，并将植柳经验写成一首五言诗："堤柳以护堤，宜内不宜外。内则根盘结，御浪堤弗败……"乾隆三十七年（1773 年），乾隆皇帝总结永定河植柳护堤经验，刻成碑文，立于永定河金门闸东侧。

清代各地普遍种植行道树，晚清进士尚秉和（1870—1950 年）回忆："清时官道宽数十丈，两旁树柳，中杂以槐。余幼时自正定应举赴京师，行官道六百余里，两旁古柳参天，绿荫幂地，策蹇而行，可数里不见烈日"。

三、西北植树造林与东北柳条边防护林

（1）西北植树造林

西北大规模植树活动始于秦汉，到晚清时期，左宗棠任陕甘总督期间，西北陕西、甘肃、新疆等地植树造林达到前所未有的高峰。

左宗棠（1812—1885 年）字季高，湖南湘阴人，清代晚期著名儒将。1876 年，左宗棠率军西征，在沿途、宜林地带和近城道旁广植杨树、柳树和沙枣树，绿化边陲，形成"连绵数千里，绿如帷幄"的塞外奇观。后人将左宗棠和部属所植柳树，称为"左公柳"。陕甘总督杨昌浚对左宗棠植树功业做了形象的描述：

大将筹边尚未还，湖湘子弟满天山。

新栽杨柳三千里，引得春风度玉关。

左宗棠西征期间主持扩建、修葺了兰州城池，整修陕、甘、新三地大驿道，并率部在道旁遍插杨树、柳树和沙枣。据查考，左宗棠率领的楚湘军在西北地区植树达 200 万株，起到了保护路基、防风固沙、保持水土和利行人遮荫的巨大功效。

（2）东北柳条边防护林

中国 17 世纪后半期，清朝视满族兴起的东北为："祖宗肇迹兴王之所""龙兴之地"，为保护龙脉，于东北地区修浚边壕，沿壕植柳，谓之柳条边，又名条子边或称盛京边墙、柳城。柳条边总长度为 1300 余公里，呈"人"字形横亘在东北平原上。柳条边分"老边"和"新边"两期建造，"老边"建于 1638—1661 年，"新边"建于1670—1681 年。

据杨宾《柳边纪略》记载："今辽东皆插柳条为边，高者三四尺，低者一二尺，若中土（指中原地区）之竹篱，而掘壕于其外，人呼为柳条边，又曰条子边"。用土堆成的宽、高各三尺的土堤上，每隔五尺插柳条三株，并用绳索联结，即"插柳结绳"为墙，形成柳条篱笆墙。在篱笆墙外挖深宽各八尺的壕沟，壕沟与土堤并行，以防逾越；在沿边交通要道和险隘之处，开设边门，建造守门官署、驻兵营房、拘留犯人监狱，构建起完整的防御管理体系。后荒废失修，道光二十年（1840 年）以后，东北放垦弛禁，柳条边也随之完全废弃。

第七章 风景园林系统集成时期

（1912 年以后）

　　1840 年鸦片战争，百年屈辱，列强侵略，激励着中华民族复兴力量。1912 年后，近代风景名胜、城市公园经历了短暂的发展。自 1937 年至 1949 年，我国进入了全面抗日战争和解放战争时期，传统园林多遭受不同程度的毁坏，风景园林发展几近停滞。

　　1949 年 10 月 1 日，中华人民共和国成立。中国从此开启了国家富强、迈向世界大国的现代征程。近现代相关学者，多立足于本专业基础上奋发扩展事业，他们分别从园艺、文化、建筑、林学、地理等专业凝聚到风景园林事业中，为中国风景园林发展起到了承前启后的巨大作用，为现代风景园林学科的发展奠定了坚实的基础。

　　1956 年在"学苏"潮中，大学的"造园"被更名为"城市及居民区绿化"，形成了"抑园扬绿"的氛围。1958 年 3 月 1 日，钱学森先生在《人民日报》发表"不到园林怎知春色如许——谈园林学"。同年 11—12 月，党的八届六中全会提出"实行大地园林化"。1984 年钱学森先生提出："中国的'园林'是这三个方面（landscape、gardening、horticulture）的综合，而且是经过扬弃，达到更高一级的艺术产物。"1989 年 11 月，中国风景园林学会（一级）成立，进一步促进了学科建设和行业发展。1990 年，钱先生在给吴良镛的信中提出"山水城市"的概念，并进一步阐释了"山水城市"。此后，在"绿化祖国""实行大地园林化""发展风景名胜事业"，创建"园林城市""山水城市"的热潮中，风景、园林、绿地得以快速发展。

　　1999 年，世纪之末，以"人与自然——迈向 21 世纪"为主题的世界园艺博览会在昆明成功举办，这是中国举办的首届专业类世博会，让世界进一步了解和认识了中国的风景园林艺术。

　　2008 年北京奥运会、2010 年上海世博会及 2019 年北京世界园艺博览会等重大国际盛会的举办（图 7-1），意义重大，影响深远。以风景园林师为主体参与规划设计、施工建设、管理运营的园区，成为贯彻生态文明思想、践行"绿水青山就是金山银山"理论、建设美丽中国的生动实践。

2012 年 11 月,中国共产党第十八次全国代表大会提出:"努力建设美丽中国,实现中华民族永续发展。"2015 年 4 月,《中共中央 国务院关于加快推进生态文明建设的意见》首次明确提出"协同推进新型工业化、城镇化、信息化、农业现代化和绿色化"。"青山常在、清水长流、空气常新"的绿色化发展愿景是风景园林建设的未来方向和价值取向。面向新时代,在"美丽中国""海绵城市""国家公园"的声浪中,现代风景园林发展呈现出系统集成的典型特征,成为兼容着风景、园林、绿地三系特征的公共事

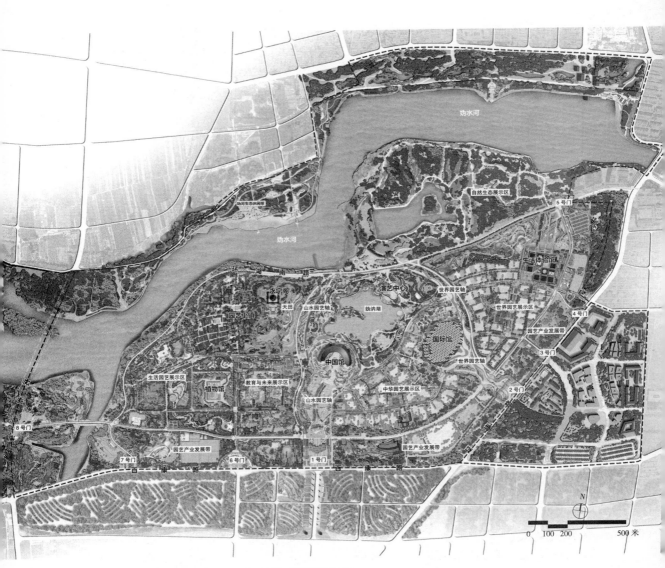

图 7-1　2019 世园会园区平面图(北京市园林古建设计研究院)
以"绿色生活,美丽家园"为主题的 2019 年中国北京世界园艺博览会,共同促进了人类与自然和谐共生,激发着人们为共创美丽家园与美好未来而奋斗

业。同时，三系又各具功能与结构特点，各有演化与调控规律，三系相辅相成、交织循环地创造着和谐优美的家园。

第一节 绿化祖国与实行大地园林化

中华人民共和国成立之初，由于刚经历连年战争，祖国大地山河破碎，生态环境破坏严重。1955 年，毛泽东主席向全国人民发出了"绿化祖国"的号召。1956 年 1 月，中央提出《一九五六年到一九六七年全国农业发展纲要（草案）》：从 1956 年开始，在 12 年内，绿化一切可能绿化的荒山、荒地。1958 年 8 月，毛泽东主席在北戴河召开的中共中央政治局扩大会议上强调，"要使我们祖国的河山全部绿化起来，要达到园林化，到处都很美丽，自然面貌要改变过来"；指出"农村，城市统统要园林化，好像一个个花园一样，都是颐和园、中山公园"；同年 11—12 月，党的八届六中全会提出"实行大地园林化"。1959 年，《人民日报》发表了社论和短评，指出"大地园林化是一个长远的奋斗目标"。自此，植树造林、绿化祖国，改善生态环境成为我国的一项基本国策。大地园林化伟大理想的提出，也一度成为 20 世纪下半叶我国城镇园林和祖国大地绿化美化建设的指导思想。

改革开放以来，我国相继启动了 17 个林业重点工程，有力地推动了造林绿化事业的发展。21 世纪初，我国林业建设工程进一步系统整合。2001 年，国务院批准了国家林业局关于认真组织实施林业重点工程加速生态建设的意见，集中力量实施六大林业重点工程，加速实现建设祖国秀美山川的战略目标。这六大林业重点工程包括：天然林保护工程、"三北"和长江中下游地区等重点防护林体系建设工程、退耕还林还草工程、环北京地区防沙治沙工程（图 7-2）、野生动植物保护及自然保护区建设工程、重点地区以速生丰产用材林为主的林业产业建设工程。其中三北大型人工林业生态工程建设始于 1978 年，到 2050 年结束，分三个阶段、八期进行，截至 2021 年，工程已完成前五期，进入六期建设阶段。[①]

2018 年 12 月 24 日，国新办举行新闻发布会，发布三北防护林体系建设 40 年综合评价报告。中国科学院综合评价结果显示，三北防护林工程 40 年累计完成造林保存

---

① 按总体规划，三北防护林工程建设范围东起黑龙江省宾县，西至新疆乌孜别里山口，北接国境线，南抵天津、汾河、渭河、洮河下游，东西长 4480 公里，南北宽 560 公里至 1460 公里，建设总面积 406.9 万平方公里，占全国陆地总面积的 42.4%，涉及 13 个省（自治区、直辖市）的 551 个县（市、旗）。总体规划要求：在保护好现有森林草原植被基础上，采取人工造林、飞机播种造林、封山封沙育林育草等方法，营造防风固沙林、水土保持体、农田防护林、牧场防护林以及薪炭林和经济林等，形成乔、灌、草植物相结合，林带、林网、片林相结合，多种林、多种树合理配置，农、林、牧协调发展的防护林体系。

图 7-2　河北塞罕坝林场是我国生态文明建设的典型范例。"为首都阻沙源、为京津涵水源"，半个多世纪以来，三代塞罕坝人接续努力建成了世界上面积最大的人工林（112 万亩），创造了沙漠变绿洲、荒原变林海的绿色奇迹，构建了守卫京津的重要绿色生态屏障

面积 3014.3 万公顷，工程区森林覆盖率由 1977 年的 5.05% 提高到 13.57%，活立木蓄积量由 7.2 亿立方米提高到 33.3 亿立方米。三北防护林工程实施 40 年来，在我国西北地区筑起了一道绵延万里、抵御风沙维护国土生态安全、保持水土增强蓄水保土效益、构筑农业生态屏障护农促牧、培育生态产业实现惠民富民的绿色长城，为生态文明建设树立了新的典范（图 7-3）。三北防护林工程，与 20 世纪 30 年代美国的"罗斯福大草原林业工程"、20 世纪 50 年代苏联的"斯大林改善大自然计划"和 20 世纪 70 年代北非五国的"绿色坝工程"并称为世界四大生态工程。三北防护林工程因其建设规模和效益，在国际上被誉为"中国的绿色长城""世界生态工程之最"。

　　进入新时代，全国绿化委员会、国家林业和草原局在全面落实三北防护林体系建设五期工程规划的同时，实施重大生态修复工程，以大工程带动国土全面绿化与生态修复。大力加强京津冀区域绿化及长江、珠江、太行山、沿海和平原防护林体系工程建设。启动实施国土绿化"百县千场"行动，重点推进国土绿化 100 个重点县、1000 个重点林场建设。同时，进一步发扬中华民族爱树、植树、护树好传统，倡导全国动

图 7-3 新疆阿克苏地区柯柯牙绿道建设，呈现果林化、景观化特征

员、全民动手、全社会共同参与。在 2019 年，我国植树节设立 40 周年之际[①]，全国绿化委员会创新推出了造林绿化、抚育管护、自然保护、认种认养、设施修建、捐资捐物、志愿服务等 8 大类 50 多种义务植树尽责形式，全民义务植树深入开展，大规模国土绿化建设积极推进，大面积增加生态资源总量，绿化惠民成效显著。截至 2019 年，全国森林覆盖率由新中国成立初期的 8.6% 提高到 22.96%，森林面积 2.2 亿公顷。21 世纪，我国植树造林面积逐年增加，减碳能力持续增强，成为主导全球变绿的重要力量，并受到国际社会的普遍赞誉，2019 年，NASA（美国国家航空航天局）发表报道称："中国的植被面积仅占全球的 6.6%，但全球植被叶面积净增长的 25% 都来自中国。"

此外，园林绿化作为唯一有生命的城市基础设施，成为实施生态文明建设和新型城镇化建设的主要载体，在山水林田湖草生命共同体构建过程中发挥着越来越重要的作用。全国城市园林绿地面积持续快速增长，公园数量大幅提高。与此同时，衡量园林绿化发展水平的绿地率、绿化覆盖率、人均公园绿地面积三项指标持续提高，截至 2019 年，住建系统完成城市建成区绿地 219.7 万公顷，城市建成区绿地率、绿化覆盖率分别达 37.34%、41.11%，城市人均公园绿地面积达 14.11 平方米[②]。

① 1979 年，第五届全国人大常委会第六次会议决定将每年 3 月 12 日设为植树节。
② 全国绿化委员会办公室 . 2019 年中国国土绿化状况公报 [Z].

第二节 风景名胜事业蓬勃发展

进入近代，"百年屈辱史"使中国风景名胜区开发落入停滞和衰颓状态。20世纪50年代后，中国风景名胜区开始了复苏振兴，发展了一大批具有休憩疗养功能的风景名胜区如太湖、西湖、东湖、北戴河等。风景名胜事业在1980年后进入快速发展时期。进入21世纪，我国风景名胜区事业不断发展壮大，在保护自然文化遗产、改善城乡人居环境、维护国家生态安全、弘扬中华民族文化、激发大众爱国热情、丰富群众文化生活等方面发挥了极为重要的作用[1]。经过数十年的不懈努力，我国已设立风景名胜区1051处，其中国家级风景名胜区9批共244处，面积约10.66万平方公里；各省级人民政府批准设立省级风景名胜区807处，面积约11.74万平方公里，两者总面积约22.4万平方公里。这些风景名胜区基本覆盖了我国各类地理区域，占我国陆地总面积的比例由1982年的0.2%提高到目前的2.33%。"十三五"期间全国国家级风景名胜区共接待国内外游客约36亿余人次，约占全国游客总量的20%，成为名副其实的"国家名片"和公众旅游目的地。我国的风景名胜区在世界上也具有非常重要的地位，为世界遗产事业发展作出了突出贡献。自1985年加入《世界遗产公约》以来，我国已成功申报世界遗产56项，其中，文化遗产38项、自然遗产14项、自然与文化双遗产4项。世界遗产总数、自然遗产和双遗产数量均居世界第一，是近年全球世界遗产数量增长最快的国家之一。

1980年代后，我国风景名胜事业蓬勃发展，风景名胜资源保护、规划、利用和管理进入了规范化和法制化阶段，并确立了完备的当代风景名胜保护利用与管理体系。

一、风景名胜区规划与保护机制、法规制度建立

规划是风景名胜区保护、利用和管理工作的重要依据。在"科学规划、统一管理、严格保护、永续利用"的基本方针指导下，相关部门相继组织开展了全国风景名胜资源普查，并建立起风景名胜区规划体系和保护机制，将较高价值的风景名胜资源纳入到法定风景名胜体系中来，并进一步优化完善风景名胜区的资源评价与利用、空间布局与分区、功能类型与结构。

风景名胜区规划体系与保护机制在实践探索中发展并完善。风景名胜区规划体系包括省域/区域体系规划、总体规划、详细规划和景点（或游线等）四个层次，并与多层面的专项规划相补充衔接。规划编制遵循"政府主导、公众参与、专家论证、科学

---

① 住房和城乡建设部. 中国风景名胜区事业发展公报 [Z]. 2012.

决策"的原则，具有较强的科学性、权威性、指导性和规范性。按照《中华人民共和国城乡规划法》《风景名胜区条例》中相关规定，确立了严格的规划审批制度，强化规划调控，加大对风景名胜区规划实施的监管力度。

为依法保护和利用风景名胜资源，我国相继出台了一系列法律、法规、规章及规范性文件，建立了符合我国国情的风景名胜区的法规制度和标准规范体系。

法律层面上，国家先后颁布《中华人民共和国城乡规划法》《中华人民共和国土地管理法》《中华人民共和国环境保护法》等与风景名胜区密切相关的法律 10 余部，为规范风景名胜资源的综合保护管理提供了法律依据。

行政法规层面上，1985 年，国务院颁布我国第一个关于风景名胜区工作的专项行政法规——《风景名胜区管理暂行条例》，为风景名胜区事业发展的制度保障。时隔 21 年后，2006 年 9 月，在广泛调查研究和征求意见基础上，国务院发布《风景名胜区条例》，强化了风景名胜区的设立、规划、保护、利用和管理，是风景名胜区事业发展的重要里程碑。与此同时，全国先后有 19 个省（直辖市、自治区）结合实地情况，制定了相应的地方性法规和规章制度，形成完整的风景名胜区管理法规制度体系。

标准规范层面上，为促进风景名胜资源保护利用的规范化、标准化管理，国家建设行政主管部门先后出台了《风景名胜区管理暂行条例实施办法》《风景名胜区环境卫生管理标准》《风景名胜区安全管理标准》《风景名胜区建设管理规定》《风景名胜区资源分类与评价标准》《风景名胜区规划规范》《风景名胜区分类标准》《国家重点风景名胜区规划编制审批管理办法》《风景名胜区总体规划标准》《国家重点风景名胜区总体规划编制报批管理规定》《国家重点风景名胜区审查办法》等一系列规范性文件及配套制度，建立了完善的风景名胜区行业管理技术规范和标准体系。

二、当代风景名胜系统确立

1982 年，我国正式建立风景名胜区制度。40 年来，风景名胜区事业不断发展，已经形成了覆盖全国的风景名胜区体系，当代风景名胜系统确立并进一步完善，为我国自然和文化遗产的保护与传承作出了重要贡献。在国家自然和文化遗产保护体系中，风景名胜区占重要地位，与自然保护区、文物保护单位/历史文化名城并列为国家三大法定遗产保护地。

我国风景名胜区划分三级，并分级审定。其中具有重要观赏、文化或科学价值，国内外著名，规模较大，经国务院审定的为国家级重点风景名胜区；有地方代表性的景观，有一定的规模和设施条件，在省内外有影响的，经省、自治区、直辖市人民政府审定，为省级风景名胜区；规模较小，设施简单，以接待本地区游人为主，经市、县人民政府审定，为市县级风景名胜区。分级的目的是调动各种积极性，又能统一政策、统一标准和做法。

1980 年代以后，进一步延续并明确了国家调控下的省、市、县三级属地管理体系。其中，国家调控主要发布全国性的行政法规，公布由国务院审查批准的国家级风景名胜区名单，审查并批准每个国家级风景名胜区的总体规划，也根据实际需要发布阶段性的调控政策或指导意见。同时，国务院自然资源行政主管部门负责全国风景名胜区的监督管理工作，国务院其他部门按照职责分工，负责风景名胜区的有关监督管理工作。全国自上而下建立起五级风景名胜区管理机构，分别是国家、省（直辖市、自治区）、地级市、县（区）、风景名胜管理局（地方人民政府、管理委员会、管理处、所、站），全面负责风景名胜区的保护、利用、规划、建设和管理。

在保护规划中，建立了分类保护和分级保护相结合的技术体系。其中，分类保护吸纳了国际常用的生态保护区、自然保护区、史迹保护区、风景游览区，兼有中国特色的风景恢复区和发展控制区等；而分级保护则与国家三级管理体制相适应，既有利于责、权、利清晰的管理层次结构，也有益于各级积极性发挥。

目前，北京、四川、福建等省市还相继编制了本辖区的风景名胜区体系规划，正逐步建立起各省市的风景名胜体系。而风景名胜区与城市关系越来越紧密，城景协调发展的研究和规划实践也取得了较大成就。

第三节　园林城市、山水城市与海绵城市建设

随着全球城市化发展的到来，人们的视角开始转向城市。18、19 世纪是西方城市迅速发展的时期，随之而来的是一系列的城市问题。因此在 19 世纪末、20 世纪初，针对现代城市发展的现代城市规划学诞生，开始从特定的研究对象、一定的地域范围系统地探讨理想城市发展模式，比较著名的理论与实践如城市美化运动、田园城市、卫星城镇、有机疏散等。同西方发达国家相比，我国城镇化起步较晚，发展速度快，各类问题突显。改革开放 40 年，我国城市总数从 193 个发展到 657 个，城市人口近 5 亿。在借鉴先进国家的城市发展经验，积极开展实践的基础上，用全新的、符合中国国情的城市理念来指导城市建设成为社会多方共识。生态宜居城市模式的世纪探索一直在持续，中国特色的、以风景园林学科为基础的"园林城市""山水城市""海绵城市"等城市高质量发展的理论与实践创新，为全球人与自然和谐共生的城市可持续发展贡献了东方智慧和中国经验（图 7-4）。

图7-4 世界城市建设历史上最杰出的典范——宏伟壮美、绿树掩映中的北京中轴线景观

一、园林城市

园林城市的提出与创建，综合了"绿化祖国""实行大地园林化"和钱学森先生的"山水城市"理念，也吸取了欧洲的"花园城市"经验，更凝聚了我国山水城邑与园林艺术的生态智慧和审美情趣。

我国园林城市评选活动始于1992年，由原建设部组织，每两年评审一次。2000年5月，建设部正式发布了《创建国家园林城市实施方案》和《国家园林城市标准》。

2010年，结合《城市园林绿化评价标准》的贯彻实施，重新修订了《国家园林城市申报与评审办法》《国家园林城市标准》。修改后的国家园林城市的评选标准包括组织管理、规划设计、景观保护、绿化建设、园林建设、生态建设、市政建设、特别条款等八项，其中绿化覆盖率（≥ 36%）、绿地率（≥ 31%）、人均公共绿地（≥ 7.50平方米 / 人）三项是基本指标（表7-1）。

《国家园林城市标准》绿地建设指标要求　　　　　　　　　　　　　　　　　　　表 7-1

指标		考核要求	备注
建成区绿化覆盖率（%）		≥ 36%	
建成区绿地率（%）		≥ 31%	否决项
人均公园绿地面积（平方米 / 人）	人均建设用地小于 105 平方米的城市	≥ 8.00 平方米 / 人	考核范围为城市建成区
	人均建设用地大于等于 105 平方米的城市	≥ 9.00 平方米 / 人	
城市公园绿地服务半径覆盖率（%）		≥ 80%；5000 平方米（含）以上公园绿地按照 500 米服务半径考核，2000（含）—5000 平方米的公园绿地按照 300 米服务半径考核；历史文化街区采用 1000 平方米（含）以上的公园绿地按照 300 米服务半径考核	否决项；考核范围为城市建成区
万人拥有综合公园指数		≥ 0.06	考核范围为城市建成区
城市建成区绿化覆盖面积中乔、灌木所占比率（%）		≥ 60%	考核范围为城市建成区
城市各城区绿地率最低值（%）		≥ 25%	考核范围为城市建成区
城市各城区人均公园绿地面积最低值（平方米 / 人）		≥ 5.00 平方米 / 人	否决项；考核范围为城市建成区
城市新建、改建居住区绿地达标率（%）		≥ 95%	考核范围为城市建成区
园林式居住区（单位）、达标率（%）或年提升率（%）		达标率≥ 50% 或年提升率≥ 10%	考核范围为城市建成区
城市道路绿化普及率（%）		≥ 95%	考核范围为城市建成区
城市道路绿地达标率（%）		≥ 80%	考核范围为城市建成区
城市防护绿地实施率（%）		≥ 80%	考核范围为城市建成区
植物园建设		地级市至少有一个面积 40 公顷以上的植物园，并且符合相关制度与标准规范要求；地级以下城市至少在城市综合公园中建有树木（花卉）专类园	

2016年，为全面贯彻中央城市工作会议精神，牢固树立和贯彻落实创新、协调、绿色、开放、共享的发展理念，加快促进城乡园林绿化建设，推进风景园林文明建设，住房和城乡建设部对《国家园林城市申报与评审办法》《国家园林城市标准》《生态园林城市申报与定级评审办法和分级考核标准》《国家园林县城城镇标准和申报评审办法》进行了修订，形成了《国家园林城市系列标准》及《国家园林城市系列申报评审管理办法》。其中《国家园林城市系列标准》分国家园林城市标准、国家生态园林城市标准、国家园林县城标准、国家园林城镇标准、相关指标解释5部分。国家园林城市、国家生态园林城市、国家园林县城、国家园林城镇创建工作相继展开，各省、市、县掀起争创热潮。

国家园林城市创建28年以来，共21批次，全国391个城市（区、县）先后入选国家园林城市名单。全国生态园林城市、园林城市创建活动在城市生态功能提升、丰富城市生物多样性、提高城市生态安全保障及城市可持续发展能力等方面成效显著。

二、山水城市

人类"逐水草而居"，在城市形成和发展中，山水与城市息息相关。古人在选择聚居地时讲究依山傍水、山水形胜，在构城理论中指出"依山者甚多，亦须有水可通舟楫，而后可建"，《管子》书中写道："凡立国都，非于大山之下，必于广川之上，高毋近旱，而水用足；下毋近水，而沟防省。"可见自古以来，山环水绕、河山拱戴成为城市定址的首选，山川形胜亦往往是城市发展的重要特征。现代化城市人居环境也都具有自身独特的山水骨架，反映着中华民族的山水情结（表7-2）。

我国历史上著名的七大古都山川形胜特征解析　　　　　　表7-2

古都	水系河流	山川形胜
北京	永定河、潮白河、京杭大运河的北起点	有"依山襟海"的形胜等
西安	渭、泾、沣、灞、潏、涝、沣、滈"八水绕长安"	背依秦岭，面向秦川，有"八百里秦川"之誉
杭州	钱塘江北岸、京杭大运河的南端，并濒临西子湖	杭州与西湖共同营建了一个理想的山水城市
南京	位于长江下游南岸，紧靠长江，内有秦淮河穿城	襟江带河，依山傍水，钟山龙蟠，石头虎踞，山川秀美，古迹众多
洛阳	黄河中游以南的伊洛盆地，伊、洛、瀍、涧水蜿蜒其间	有"河山拱戴，形势甲于天下""四面环山六水并流、八关都邑、十省通衢"之称
开封	河网密集，水运发达，汴河、蔡河等穿流而过	享有"一城宋韵半城水"的盛誉
安阳	商代后期的都城殷，坐落于美丽的洹水两岸	

资料来源：笔者根据相关资料整理。

1958年3月1日，我国杰出的科学家钱学森在《人民日报》上发表《不到园林，怎知春色如许——谈园林学》一文，首次提出"山水城市"概念。20世纪80年代后，钱学森从研究园林城市开始、逐渐形成和发展关于山水城市建设理论与模式。1990年7月31日钱学森在给清华大学教授吴良镛先生的信中指出"我近年来一直在想一个问题：能不能把中国的山水诗词、中国古典园林建筑和中国的山水画融合在一起，创立'山水城市'的概念？人离开自然又要返回自然。社会主义的中国，能建造山水城市式的居民区"（1990年给吴良镛信）。1992年10月他再次呼吁："把整个城市建成一座大型园林，我称之为'山水城市、人造山水'"。1993年2月，钱学森先生在《城市科学》（新疆）杂志上发表《社会主义中国应该建山水城市》的学术论文，指出"山水城市的设想是中外文化的有机结合，是城市园林与城市森林的结合。山水城市不该是21世纪的社会主义中国城市构筑的模型吗？"钱学森从系统科学思想和系统科学体系研究角度，对中国风景园林及其学科特点、定位和发展，对风景园林、建筑、城市三者关系，指明了战略方向。钱学森既看重山水城市理论方面的研究，也非常重视山水城市在实践中的运用，并在江苏的常熟、山东的章丘等城市的实际规划与建设过程中，给予指导性建议。

自1993年北京首次举办山水城市座谈会后，中国几乎每年都会如期召开这一会议，引起了国内外更多学者的关注与研究，更好地推动了山水城市理论的发展。随后，山水城市思想不断发展，得到了国内外众多专家的支持与解读。两院院士、清华大学教授吴良镛先生在畅谈山水城市与21世纪中国城市发展时指出："'山水城市'这一命题的核心是如何处理好城市与自然的关系。中国传统城市山水常作为构成城市的要素，因势利导，形成各个富有特色的城市构图。如能将城市依山水而构图，把连接的大城市化成为若干组团，形成保持有机尺度的'山—水—城'群体，则城市将重视山水景观的活力。"吴良镛院士在桂林市总体规划实践中总结了"山—水—城"三者相互起作用的关系，提出了"山—水—城"三者和谐发展的模式（图7-5）：即"山得水而活""水得山而壮""城得水而灵"。

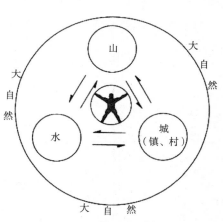

图7-5 桂林"山—水—城（村镇）"模式
图片来源：引自吴良镛著《人居环境科学导论》

三、海绵城市

"逢雨必涝，城市看海"是我国大部分城市长期面临的难题。针对"城市内涝"，摆脱城市"看海"窘况，海绵城市概念、建设理念、思路、方法引起相关行业人员的广泛关注和深入研究，海绵城市建设也得到了国家和各级地方政府的大力支持和推行。

2012 年 4 月，在"2012 低碳城市与区域发展科技论坛"中，"海绵城市"概念首次被提出。

2013 年 12 月 12 日，习近平总书记在中央城镇化工作会议的讲话中强调建设自然存积、自然渗透、自然净化的"海绵城市"。2014 年 10 月，住房和城乡建设部发布《海绵城市建设技术指南——低影响开发雨水系统构建（试行）》（后文简称《指南》）。《指南》中对海绵城市的概念进行明确定义：指城市能够像海绵一样，在适应环境变化和应对自然灾害等方面具有良好的"弹性"，下雨时吸水、蓄水、渗水、净水，需要时将蓄存的水"释放"并加以利用（图 7-6、图 7-7）。随后，全国各省市纷纷响应并出台相关建设计划。

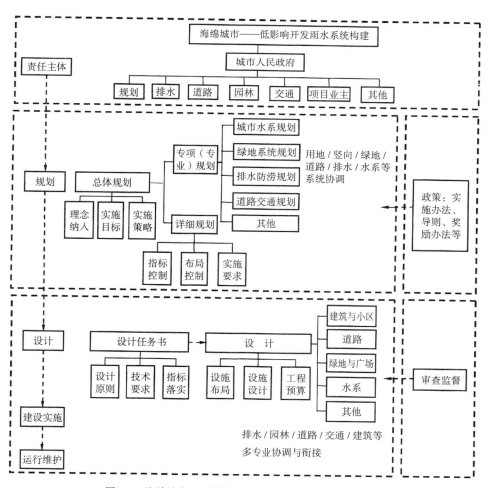

图 7-6 海绵城市——低影响开发雨水系统构建途径示意图

（图片来源：引自住房和城乡建设部编《海绵城市建设技术指南——低影响开发雨水系统构建（试行）》）

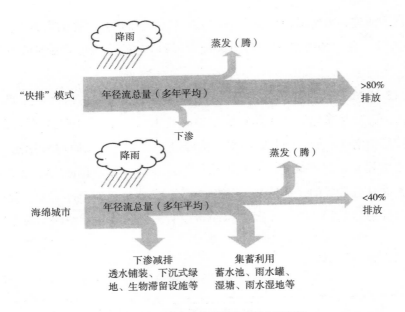

图 7-7　年径流总量控制率概念示意图
（图片来源：引自住房和城乡建设部编《海绵城市建设技术指南——低影响开发雨水
系统构建（试行）》）

　　2014 年 12 月，财政部、住房和城乡建设部、水利部联合印发了《关于开展中央财政支持海绵城市建设试点工作的通知》，组织开展海绵城市建设试点示范工作。2015 年 1 月 20 日，财政部、住房和城乡建设部、水利部发布《关于组织申报 2015 年海绵城市建设试点城市的通知》，明确 2015 年海绵城市建设试点城市申报指南。2015 年，厦门、济南、武汉、重庆等 16 个城市成为"海绵城市"建设试点。2015 年 10 月，国务院办公厅印发《关于推进海绵城市建设的指导意见》（后文简称《指导意见》），部署推进海绵城市建设工作。《指导意见》提出了总体工作目标：通过海绵城市建设，综合采取"渗、滞、蓄、净、用、排"等措施，最大限度地减少城市开发建设对生态环境的影响，将 70% 的降雨就地消纳和利用。到 2020 年，城市建成区 20% 以上的面积达到目标要求；到 2030 年，城市建成区 80% 以上的面积达到目标要求。

　　2016 年中央财政支持"海绵城市"建设试点工作启动，"海绵城市"建设范围进一步扩大。随后，海绵城市引领城市建设方向，试点工作稳步推进。"十二五""十三五"期间，海绵城市建设的理念广泛为人们所接受，国内很多城市已经开展了海绵城市建设的探索，自然积存、自然渗透、自然净化的海绵城市建设与风景园林功能提升初见成效。

　　从中央财政支持海绵城市建设试点效果来看，目前已纳入试点的城市中，城市内涝还时有发生。由于海绵城市建设存在资金需求量大、缺乏稳定收益回报以及实际操作面临的复杂性等问题，海绵城市建设之路依旧任重而道远。

第四节 国家公园体制兴起

"国家公园"（National Park）的概念最早由美国艺术家乔治·卡特林在 1832 年提出。1872 年美国国会批准设立了美国、也是世界上最早的国家公园，即黄石国家公园。1916 年，美国国家公园管理局成立，同年，《美国国家公园管理法》颁布。美国国家公园是美国文化的重要组成部分，对世界的自然资源、特色地域资源与文化贡献巨大。一百多年来，国家公园发展的思路和理念已经为全世界 100 多个国家所普遍接受，全球共设立了多达上万处特色鲜明、规模不等的国家公园。

20 世纪八九十年代，我国分别建立了风景名胜区和自然保护区制度。1985 年，国务院颁布《风景名胜区管理暂行条例》，2006 年 9 月国务院发布《风景名胜区条例》。1994 年，国务院颁布《中华人民共和国自然保护区条例》（2011 年、2017 年修订）。截至 2017 年，由国务院公布的国家级风景名胜区有 244 处，其中，包括五岳及八达岭—十三陵、承德避暑山庄—外八庙、武夷山、洛阳龙门、武当山、峨眉山、黄龙寺—九寨沟、青城山—都江堰等 50 处风景名胜区先后被联合国教科文组织列入《世界遗产名录》。由国务院公布的国家级自然保护区有 474 处，其中，加入联合国"人与生物圈保护区网"的自然保护区有：鼎湖山、梵净山、卧龙、长白山、锡林郭勒、博格达峰、神农架、茂兰、盐城、丰林、天目山、西双版纳等 34 处。此外，近 30 年来，我国多个部门也相继开展了森林公园、地质公园等创建活动。我国由国务院及各个部门相继公布的自然保护地有 10 余类，各级各类保护地总数达 1.18 万个，占陆域国土面积的18%、领海面积的 4.1%。

进入新时代，为了借鉴国际有益做法，对现有各类保护地的管理体制机制进行整合，建立以国家公园为主体的自然保护地体系，对实现资源保护和可持续利用具有重要意义。党的十八届三中全会通过的《中共中央关于全面深化改革若干重大问题的决定》首次提出"建立国家公园体制"。2015 年 1 月，国家发展改革委员会同相关部门联合印发《建立国家公园体制试点方案》，并提出了试点目标。2017 年 9 月 26 日，中共中央办公厅、国务院办公厅印发《建立国家公园体制总体方案》，科学界定国家公园内涵，并对建立国家公园体制的指导思想、主要目标、总体要求、功能定位以及建立统一事权分级管理体制、建立资金保障制度、完善自然生态系统保护制度、构建社区协调发展制度和实施保障等作出了部署。方案的出台标志着我国国家公园体制的顶层设计基本完成，国家公园建设进入实质性阶段。

自 2015 年国家公园试点工作开展以来，我国相继在青海等 12 个省市共确定了 10 个国家公园体制试点，包括北京长城、浙江钱江源、福建武夷山、湖北神农架、湖南南山、云南香格里拉普达措、青海三江源、东北虎豹、大熊猫、甘肃祁连山等国家公园，总面积约 22 万平方公里，占陆域国土面积的 2.3%。

2018 年 3 月，在国家层面，组建国家林业和草原局并加挂国家公园管理局牌子，实现了国家公园和自然保护地统一管理。各试点区组建统一的管理机构，分级管理的国家公园管理架构已经基本建立。试点区内所有自然保护地整合划入国家公园范围，实行统一管理、整体保护和系统修复。国家林业和草原局数据显示，仅大熊猫国家公园试点区就整合了陕西、甘肃、四川 3 个省的 81 个自然保护地，试点区野生大熊猫的种群数量占全国野生大熊猫种群总量的 87%，栖息地面积占全国的 70%。2019 年 6 月，中共中央办公厅、国务院办公厅印发了《关于建立以国家公园为主体的自然保护地体系的指导意见》，并发出通知，要求各地区各部门结合实际认真贯彻落实。

2019 年 7 月，中央全面深化改革委员会第九次会议通过了《长城、大运河、长征国家文化公园建设方案》（以下简称《方案》），明确提出将在 2023 年建成三大国家文化公园。地域范围广泛、文化主题鲜明的三大国家文化公园的规划和建设强化了中华文化基因的保护与传承。《方案》中指出：长城国家文化公园包括战国、秦、汉长城，北魏、北齐、隋、唐、五代、宋、西夏、辽具备长城特征的防御体系，金界壕，明长城，涉及 15 个省区市。大运河国家文化公园包括京杭大运河、隋唐大运河、浙东运河 3 个部分，通惠河、北运河、南运河、会通河、中（运）河、淮扬运河、江南运河、浙东运河、永济渠（卫河）、通济渠（汴河）10 个河段，涉及北京等 8 个省市。长征国家文化公园以中国工农红军一方面军（中央红军）长征线路为主，兼顾红二、四方面军和红二十五军长征线路，涉及 15 个省区市。

随着国家公园和国家文化公园建设的深入进行，我国第一部国家公园法起草工作稳步推进。2019 年，国家公园立法已列入全国人大二类立法规划，国家公园立法进程加快。

中篇　风景、园林、绿地三系各论

风景、园林、绿地三系交织，城景融合的典范：杭州与西湖

第八章　风景园林发展的三系交织 ①

第一节　三系基本组成

风景、园林、绿地是风景园林发展的三系基本组成。

一、风景是人们游览欣赏的真善美景

风景是在一定时间空间内，由山水景物以及某些自然和人文现象所形成的足以引起人们欣赏的景象。因此，风景构成的基本要素是景物、景感和景因（图8-1）。

"景物"是风景构成的客观素材，其种类繁多并能组成无限的景象，主要归为八种：山、水、植物、动物、空气、光象、建筑、其他（图8-2）。

"景感"是人对景物景象的主观反应，其直观和想象能力是综合与发展的，大致可有八种：视觉、听觉、嗅觉、味觉、触觉、联想、心理、其他。

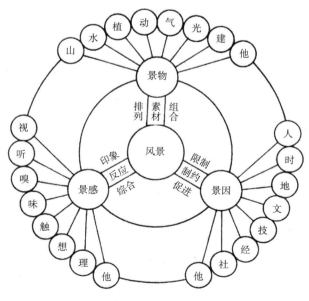

图 8-1　风景的构成

① 本章引自张国强《中国风景园林史纲》未刊稿，为"七段三系八纲论"中"三系"核心思想内容。

"景因"是风景构成的缘因条件、特定关系，景物组成与景感反应均是特定时空中发生的，其景因条件也是复杂综合与多变的，主要有八个方面：个人、时间、地点、文化、科技、经济、社会、其他。

风景构成的单元有景物、景点、景群、景区、景域、景线；风景构成的主要类型有：①名山圣地（山岳圣地岩洞）；②江河湖海（江河湖海岛礁）；③天地生景（天时地气生物景）；④人文史迹（石窟象石寝陵纪念地）；⑤城乡名景（城乡八景特地地标景）；⑥其他风景（未列入前述各景者）等。

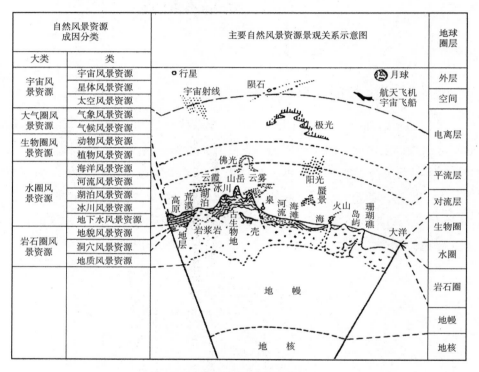

图 8-2　自然风景资源成因分类模式图

二、园林是大众游憩的情景趣园

园林是在一定园址基地内，综合利用和创作地形、水景水系、植物动物、人文建筑四要素的结构布局，形成宜人的游憩生活园景。其中，地形常有：峰岭岗崖谷坡、石林石景岩洞、洲岛屿礁岸线等地景；水系常见：江河湖泊潭池、泉井溪涧瀑布、雨雪沼泽滩湾等水景；生物习见：古树林木花草、珍稀动物种群、季相天象声象等生景；人文建筑常设：亭台廊榭楼阁、墙地路桥栏杆、门窗装修雕塑、园林文化风物等人文景。

园林构造的要点常是景象、空间、情趣。其中，景象单元有：主景、配景、背景、对景、障景、框景、漏景、借景等；空间层次有：盆（坛）景、窗景、庭景、园苑、园中园、园外境等；空间要素有：点、线、面、体（虚、实）、网等；园林情趣广博：形神、意理、雅奇、奥显、繁简、壮轻、奇变妙绝，尽在别才别眼，胜在自出心力。

按照历史成因、隶属关系和功能性质，园林主要类型有：①皇家（帝王）园林；②私家园林；③寺观园林；④纪念园林；⑤公园花园；⑥其他园林等。

皇家园林是为皇帝及其家族服务，是封建时代集中政治、经济、文化和人才专权而建设的园林，大都位于皇宫禁地和都城要地，在京都近远郊的山水风景胜地常建离宫苑园。皇家园林大多以规模宏大为胜，反映当时的造园艺术成就，兼容各地名园景胜特征，能留存至今者，大都成为国宝公园胜景和人类奇迹遗产。

私家园林是属私人和家庭拥有的园林。古代地广人稀，在允许有私地和私宅的条件下，"凡田不耕为不殖……宅不树艺者为不毛"，均有赋税，因而建圃造园活动较为普遍。王公贵族模仿皇苑造园，商贾斗富争胜造园，文人寄情山水造园，私宅百姓建圃造园，能留存至今的前三种园，大都成为开放的公共园景胜迹。

寺观园林是佛寺、道观的附属园林，大多承传历代轨迹成为当代的景胜。

纪念园林是以缅怀纪念重要人物和事件为主题的园林，其民族历史人文意义深远。有祖圣祠庙、史迹故居、陵墓陵园等。

公园花园也称公共园林。

其他园林是难以归属上述类型的园林。

三、绿地是城镇防护的绿化生境

绿地是在城市建设用地分类中，用于保育和种植树木花草的用地（城镇以外的花草树木罕称绿地）。在城镇绿地的众多功能中：生态防护功效在于维护市民生理健康；游憩娱乐功效可以促进公众心理达畅；科教文美功效能够推动（城乡）社会和谐；防减救灾功效是为提升城镇抗性。

城镇绿地上的植物素材是乔木、灌木、藤木、花草等及其生存条件。其中，树木配植有：孤植、对植、丛植、群植、带植、林植；树林种类有：针叶林、阔叶林、混交林、热带雨林、灌木丛林、人工林（风景、防护、经济）；花卉配植有：花坛、花境、花绿篱、花草墙面、花草屋顶；草地配植有：草地、草原、花草地被、人工草坪（体育、游憩、观赏）、各种草甸（典型、高寒、盐生、沼泽）；此外，还有复合生景配植，如：古树名木名花、珍稀生物种群、物候季相景象等。

按照城规定位和功能性质，绿地主要类型有：①城宅绿地（城镇宅院住区），②路堤绿地（道路江河堤坝线带），③防护绿地（各种防护保护地），④园区绿地（各种专用园区），⑤垂直绿化（塔柱廊桥墙壁屋顶复层），⑥其他绿地（未列入上述者）等。

第二节　三系比较优势

一、风景的宏观优势与长效特征十分突出

风景兼备宏伟壮丽的天地大观和丰富多彩的山、水、生、人等景象，风景因人的生理、心理需求而生发，也将缘人类审美发展而长存。风景的坚韧源于亿万年的地质成因和地球的生命运动，定力来自国土的自然和社会选择，因而其抗性最强，可以经受天地人间灾害和历史灾难的考验。例如昆仑山、喜马拉雅山、冈仁波齐峰（图 8-3）、江河源、长江三峡、九曲黄河（图 8-4），均有从神话传说到现代的自然与文史经脉。

图 8-3　喜马拉雅山脉与冈底斯山脉，远处为阿里境内喜马拉雅山脉与第三高峰纳木那尼峰（7894 米），近处为冈底斯山脉及主峰冈仁波齐峰（6638 米）（图片来源：孙岩，星球研究所）

风景是人天交融的自然、社会和生活审美系统，其成因要素、规模大小、种类差异、交融程度的多样性，其季相、气候、历史演替的无限性，均能使人深刻观察、体验或辩证"生物进化论"与"生态退化论"的正负作用，正确选择"人与天调"的和谐优美之路。例如"天山天池"是因博格达峰冰川（第四纪）冰碛湖演替形成的"人间仙境"，"五大连池"是因 18 世纪初的火山喷发截断白龙河而形成的五个堰塞湖景胜。

图 8-4　九曲黄河

二、园林的核心价值与大众魅力深入人心

园林的构成与发展，反映着人对天地万物的认知、探索与理解，也是人对造园要素的欣赏、热爱与把握，更是人对游赏的神往和园居生活的追求（图 8-5、图 8-6）。园林正是把自然景物美、人文作品美、游园生活美，统筹在构园形式美的规律组合中，形成点线面体网的园景单元结构。以园林景象传递天、地、水、生、人五大景源的无尽形象与精气神采；以园林空间表达的旷奥抑扬、序列节奏的对比变化，创造有限空

间的无穷感染力；以园林情调趣味抒发景情交融艺术境界的无限魅力；通过景象、空间、情趣的综合组织调配，触发人的全身心感官从而获得意境美，陶冶心性、启迪源于自然的人们，不断追寻"人天和美"的核心价值。

既精美又综合的园林价值与魅力，在多学科交汇中熠熠生辉。园林历来是知识界所鉴赏、研究、推崇的对象，更是社会公众、男女老少不可缺少并倍加护卫的情景乐园。对于损伤、迁毁园林的人和事，向来被社会所口诛笔伐。例如1980年代，强利集团曾策划搬迁北京动物园的事件即是明证之一[①]。

三、绿地的中观难题与功效特色因时空随科技而变化

随着人口总量和人口密度迅速增加，人地矛盾剧变并集聚在城镇，城市建设用

图8-5　长安（今西安）城南绿树成荫的乐游原，原为秦宜春苑的一部分，登此可望长安城，故在秦汉、隋唐时期皆为游览胜地，仅盛唐一朝就留下了关于乐游原的近百首珠玑绝句（图片来源：星球研究所，射虎）

地及其居住、工作、交通、游憩四项用地指标，均需收紧并严格管控。在城市发展中，社会需求扩展与用地指标严控间的基本矛盾，也是城镇绿化功能需求与其用地指标调控的基本难题，必将随着时空变化和科技发展而有无尽的演绎。

图8-6　风景如画、游人如织的武汉东湖樱花园

---

① 北京动物园搬迁事件论战效果是，北京、上海、西安等大城市均开辟建设了"新建第二个更大的动物园"，北京还有了第三个动物园。为求文字均衡，也就不再详述。

图 8-7　设计师大燕儿的客厅绿植　　　　　图 8-8　上海莘庄立交桥绿化
（北京阳光 100 公寓）

　　破解绿地调控难题的途径有挖潜、扩容和增效：既要充分发挥绿地指标的潜力，又能依据时代、年代、季相时机，创造新的复层绿化与绿量种类，例如"节庆流动绿地""季相设施绿地"，屋顶、楼层复层、阳台挑台、室内绿化（图 8-7），墙面墙柱、廊柱廊桥、立交桥、塔柱等垂直绿化（图 8-8），水岸三带和水面浮岛等类扩容绿化；也可以随城市扩展而配套或增设环城林草水湿地、甚至农田，以缓解缺少"法定绿地指标"的时效压力；还能在规划结构布局与植物选择配植中，针对碳氧、净化、降噪、小气候、防减灾、生物多样性等需求而增强其定向功效。

第三节　三系交织发展

　　在三系发展特点中：当风景面对天地生景时，需统筹人的"眼中景、心中景、手中景"的区别与转化，调配景象要素特点，构成游览赏景的场所与氛围，这种自然的人化，显画境，重在审美；在园林面对造园要素时，要综合"巧于因借、精在体宜"、景情交融、尚意重境、有限空间表现无限美景等要点，构成"虽有人作、宛自天开"的园景，这是人化的自然、出意境，重在艺术；而绿化面对城镇基地时，将因地制宜、综合运用种植技术措施，构成丰富多彩而又功能异宜的植被景象，这类城镇的绿化、成生境，重在功效。

　　风景、园林、绿地三系鼎立成三角交织循环关系，其间有互为条件的正反双向发展动因。

　　一是构成要素的相互作用：在不同名物的点、线、面、体、网等结构中，中国景源的自然、人文、综合 3 个大类及其 12 中类、98 小类、802 子类中，互感互动效应经常出现。其中：有天景、地景、水景等自然景源的强弱、引力、电磁相互作用的物理运动；有生景、生物、生态等三生景源的代谢、变异和变化发展的生命运动；有园景、建筑、史迹、风物等人文景源的营造及其相互联系、相互影响、相互制约的社会运动；这三种运动相互作用的表现，同常说的人天融合、文理融合、科技与艺术融合有着异曲同工之妙。

二是三系之间的互变互通：常见的是你中有我、我中有你，甚或分不清你我他之间量变与质变的差异。例如，风景常出现在宏观的天地、国土、省域、市域，甚或心中；园林常出现在城乡或大地的精细地段，甚或梦中；绿地常出现在中观的城镇规划建设范围，甚或论争中。同时，大型风景区中常含有较小的园景或绿地；大型园林中也常有无所不在的风景，甚或单独计算其"纯绿地"的多寡；大型绿地中也常会有精美的园或迷人的景。其间的主次定位与层级互变，常会因时、因地、因人、因势、因需求而变通。

三是集成规律的互联互动：在城镇用地中，植被覆盖占比多少可以称"绿地"？绿地景象达到何种程度可以称"园林"？何种天地水生条件适宜定位为"风景"？其间的数量多少、程度变化、功能性质、名称归类等均需酌情调配，这就需要既相互区别又互为条件的"质量互变"和"矛盾统一"两大规律的互联互动，把相互作用、相互依赖的景园绿三系，综合集成具备特定功能的有机整体，构成技术合理、经济可行、营造期短、能协调运转的实施系统。在省域或市域，因风景用地占比弹性较大，便常用"风景"来显示其系统特点，例如唐宋以来的"桂林山水"常占桂林市辖区面积的 1/3 左右，故称桂林为"风景城市"；在城镇各项用地平衡中，常用"园林绿地"来定其城市的功效特点，例如 1997 年全国城市绿化覆盖率是 25.53%，人均公园绿地 5.53 平方米，其中 12 个"国家园林城市"的绿化覆盖率是 45%，人均公园绿地达 10.69 平方米。

四是交织循环的合力互补与周期性特征：三系集成可以是相辅相成的和谐统一，也可以有相反相成的对比组合，在自然与人为互动中，三系循环呈整体螺旋推进态势，发展的指向是不断满足人的生理、心理和社会需求。其中，交织循环的前进动力是社会需求，凝聚内力是其功效性能，调控能力在于科学精神、人文关爱、技术方法的有机融合，并与宏观、中观、微观全程轨迹相适应。当然，交织循环还有强弱、断续、层级的周期性曲折前进的基本特征。例如秦汉时期的"上林苑"虽不及当代风景园林三系特征的规模与精细，但却有着初创盛时的山水（风景）、宫苑（园林）、植树（绿化）及其附生的"种养加"产业等基本要素特征。历经 1800 年的各种周期性发展循环，当代的系统集成，出现了跨行政区划的"风景园林区域"形态，这里既有"景园绿"的审美特征，附有"种养加"的产业社会，还有"旅游业"的市场运营，这种多元统筹的事物，正沿着"古今中外地"的发展主路前进。

第九章 风景园林发展的理论演进 ①

中国风景园林发展有着丰富的学科理论、专业原理和应用技术，三者之间有着互为基础和交相辉映的关系，而学科理论与文史哲的发展关联更显密切，需从天地、万物、社会、人生、法理的根本问题联系起来加以观察与思考。其中，8个主要学科理论具有明显的中华文化特征，在古代文明发达的几个国家中，是自成独特的严整系统。

一、"兼爱无遗"保育万物

春秋时代的管仲（公元前716—前645年），在其学派著述总集《管子》中提出"兼爱无遗，是谓君心。"这是世上最早的"兼爱"思想。"万物尊天而贵风雨。""万物之于人，无私近，无私远，巧者有余，而拙者不足。""道者，扶持众物，使得生育而终其性命者。"他提出"水者、何也？万物之本原。"这也成为世上早而精到的命意。山水风景正是保育万物的福地，圃囿苑园也是扶持众物的宝库。稍后的庄子（公元前369—前286年）提出"天地与我并生，万物与我为一。"天地万物万象都有其存在的道理，人体本身既由天地各种物质构成，也是天地万物转化运动的特有形式，当人投身于山水风景之中，就会显现出"并生"的真美境界，当身心融入苑园美景之中，也能有"为一"的善美感受。启迪人性向善兼爱、保育万物，正是风景园林发展的内生动因和永恒主题。

二、"人与天调"和谐优美

人天关系是风景园林发展的中心命题。管子最先提出"人与天调，然后天地之美生"，又说"顺天者天助之，逆天者天违之。"随后的孟子（公元前390—前305年）说"顺天者存，逆天者亡"。再后是荀子（公元前313—前238年）说"明天人之分"，"制天命而用之，"其意在强调"胜天"。更后是刘禹锡（772—842年）说"天人交相胜"，"天之能，人固不能；人之能，天亦有所不能。"即有时有事天胜人，有时有事人胜天。

---

① 本章引自张国强《中国风景园林史纲》未刊稿，为"七段三系八纲论"中"八纲"核心思想内容。

"天非务胜乎人，"而"人诚务胜乎天"。人与天有联系有区别。最后是张载（1020—1077 年），他肯定人与自然统一于物质的气，明确提出"天人合一"的命题，并为宋代以后的各界广为接受。然而，也因其词简约，在理解、推论、应用中，也会出现某种复杂或微妙歧义。纵观"人与天调""顺天""逆天""胜天""天人交胜""天人合一"等思想发展历程，中华文化既展现着分析与分离式思维，也提供着统一与聚合式路径，成为后世处理人天关系的宝贵遗产。然而，随着"人本主义"兴起并繁荣，以人为中心的支配自然、主宰世界的欲望在增强，加之现代人的数量和能力也有可能破坏自然乃致毁灭自我，但却仍然难以毁灭或拯救地球。在人天关系的严峻课题中，"人"仍是大自然中的一员，"天"延续着大自然和主宰事物客观规律的两层含义，人类则是人天关系中的责任方和受惠者，理应依据客观条件与状态，选择相应的"人与天调"的举措，创造和谐优美的人类美好家园。这正是风景园林应运而生并持续发展的原理。

三、"以时禁发"时空无限

管子在《宙合》篇中提出"天地、万物之橐，宙合又橐天地。"其中：橐意收藏，宙即时间，合指六合（四方上下）即空间，"宙合"说明：天地万物处在时间与空间之中，万物与时空不可分离。现代辩证唯物主义时空观也肯定：时空与物质运动不可分离性、时空客观性和时空无限性（即物质在质与量的多样性和时空结构与层次中均具不可穷尽性）。时空物三者一体，随机缘而变，其中，时间迅即而生动。管子在《立政》篇又提出"夫财之所出，以时禁发"，即在莅政应用中，应强调以时间决定禁止与发展的原则。其后的"以时顺修"（荀子）、"以时植树"（淮南子）、"以时兴灭"（谢惠连）、"与时俱化"（庄子）等强调"时间"的说法不断。远在公元前 11 世纪的周文王即有强调"以时"保护自然生态的论述："山林非时不升斤斧"、"川泽非时不入网罟"、"畋猎唯时，不杀童羊"、"工不失其务，农不失其时，是谓和德"。这类百物平衡其利、万物各得其所的"和德"，成就着中华民族在有限的国土上创造出数千年的文明，风景园林也是其中的物质与精神成果。

四、"知水仁山"与"必有游息之物"

在风景园林发展动因与作用的演进中，有着丰富的理论名段。孔子（公元前 551—前 479 年）首提"知者乐水，仁者乐山"，并被后世名家广为发挥。《吕氏春秋》提出"为苑囿园池，足以观望劳形。""为宫室台榭，足以辟燥湿。"认为"游观养生、适情养性并不过制"。《淮南子》提出"见日月光，……视天都若盖，江河若带，又况万物在其间者乎！其为乐岂不大哉！"强调大自然的大美大乐。陶渊明（365—427 年）"性本爱丘山"、"守拙归园田"，他的"桃花源"生境、画境、意境和心境，成为许多艺术创作所追寻的精神境界和"引人入胜"的布局章法。白居易（772—846年）身处山水美景而有"物诱气随、外适内和、体宁心恬"的感受。柳宗元（773—819年）论述："邑之有观游，或者以为非政，是大不然。夫气烦则虑乱，视壅则志滞。君子必有游息之物，高明之具，使之清宁平夷，恒若有馀，然后理达而事成。"他还认为，历史发展的决定因素是"生人之意"，即意原与需求；制度的产生，"非圣人意也，势也，"即社会趋势。王世贞（1526—1590年）认为"市居不胜嚣，墅居不胜寂，莫若托于园，可以畅目而怡性。""凡辞之在山水者，多不能胜山水。而在园墅者，多不能胜辞。亡它，人巧易工，而天巧难措也。此又不可不辨也。"即人巧难以高于天巧。袁枚（1716—1797年）说"园，悦目者也，亦藏身者也"，"凡园近城则嚣，远城则僻，离城五六里而遥，善居园者，必于是矣。"这里是指园居生活的需求。

五、"真善美"与"和而不同"

在处理"真善美"的关系上，中华文化有孔子的"里仁为美"，即居仁德之处所为美；有孟子的"充实之谓美，充实而有光辉之谓大"；有荀子的"不全不粹之不足以为美"，有庄子的"天地有大美而不言"，"法天贵真"，即效法自然、尊重本真；有老子的"知美即恶"和"上善若水"；有张载的"充内形外之谓美"，即美是内容与形式统一基础上的生动形象；有李贽（1527—1602年）推崇的"以自然之为美"，提倡"见景生情，触目兴叹，"实现激情与自然美的统一。在众多理论中，儒家肯定真善美的统一，道家揭示真善美的矛盾，还有楚风和禅宗同在探索真善美的异同与生发。在风景园林发展实践中，求"真"就要探求并保育客观事物与景象及其发展规律，求"善"则需把握目的、功能及其设施配备，求"美"需要表现游赏对象外溢的真善形象及其情趣魅力，追求真善美三者之间的优化组合与均衡和谐，实行三者"和而不同"的实践统一观。

六、"智者创物"与"异宜新优"

有关创物、创作和创新的理论绵延不断。《周礼》有"智者创物。……天有时，地有气，材有美，工有巧，合此四者，然后可以为良。"即创造出精善美好的事物。刘勰（约465—532年）在《文心雕龙》中指出：文艺创作过程是"物"（客观现实）和"神"（主观精神）接触，"神"有了"思"（精神有了活动），产生了"意"（内容），然后由"意"所决定的"言"（语言）表达出来。即"物→神→思→意→言"五字创作径。石涛《画语录》（1642—约1718年）强调"有我"，使山川与自己神遇而迹化，提出"搜尽奇峰打草稿"。郑板桥（1693—1765年）论述了艺术创作过程中"眼中之竹""胸中之竹""手中之竹"的区别和转化，可谓眼中景、心中景、手中景三段创作路径。《园冶》有：

"园有异宜无成法，从心不从法，""园林巧于因借、精在体宜"，"虽有人作、宛自天开"，"景到随机，景摘偏新，时景为精。"李渔（1611—约1679年）提倡创新，"构造园亭"须"自出手眼""标新创异"。他认为造园的目的，是以"一卷代山，一勺代水，""变城市为山林。"上述六理，均为创造"异宜新优"成果。

七、"古今中外地"的发展主路

　　"研今必习古，无古不成今"，有关古今中外关系的话题论点丰富多彩，例如：《管子》有"疑今者察其古，不知来者视之往"，"不慕古，不留今，与时变，与俗化。"《汉书》有"后之视今，犹今之视古。"《魏略》有"揆古察今，深谋远虑。"杜甫（712—770年）有"古往今来共一时，人生万事无不有。"徐光启有"欲求超胜，必先会通。"（《明史·徐光启传》）。进入近现代，梁启超有"中国之中国"、"亚洲之中国"、"世界之中国"三段国史说。蔡元培有"所得于外国之思想言论学术，吸收而消化之，尽为我一部，而不为其所同化。"李大钊有"创造一兼东西文明特质欧亚民族天才之世界的新文明"（《李大钊文集》）。鲁迅有"明哲之士，必洞达世界之大事，权衡较量，去其偏颇，得其神明，施之国中，翕合无间。外之即不合于世界之潮流，内之仍弗失固有之血脉"（《文化偏至论》）。徐特立说"毛泽东同志提出的古今中外法，……把古今结合，中外结合，变成我的"（《徐特立教育文集》）。在风景园林发展中，还应强调"接地气"、表现"地方"特点，因而其发展主路可以称为"古今中外地"。

八、"多元综合"的统筹发展

　　风景园林的健康发展，涉及天、地、生等自然科学的基础，文、史、哲等人文精神的导向，理、工、农等工程技术的措施，需要统筹科学精神、人文关爱、技术方法有机融合，构成异宜的新优成果。在经营管理中，为保障良性循环与绩效管控，还有经济、社会、政法诸多因素，面对三四组大系统的矛盾统一关系，需要有多元综合的整体思维，来统筹发展要素。在数千年的中华理论演进中，既有《周易》的"方以类聚，物以群分"，"万物睽而其事类"；也有《管子》《墨子》的"兼爱"、《荀子》的"宽容"、"兼术"，以及司马相如的"兼容并包"；还有《淮南子》的"万物总而为一"、《吕氏春秋》的"一引其纲、万物皆张"；更有张载的"太和所谓道，中涵浮沉、升降、动静、相感而性，是生氤氲、相荡、胜负、屈伸之始"，用"太和"的道理，指出矛盾统一体的运动变化状态。正是先贤群星的整体意识、思辨哲理、太和之道，引导着我们探讨风景园林的本质与特征，研究其发展的要素组合、层次系统、点线面体网络及其统筹集成，构成多样统一的有机整体。

第十章 风景名胜

  风景名胜资源也称景源、景观资源、风景旅游资源，是指能引起审美与欣赏活动，可以作为风景游览对象和风景开发利用的事物与因素的总称。风景名胜包括具有观赏、文化或科学价值的山河、湖海、地貌、森林、动植物、化石、特殊地质、天文气象等自然景物和文物古迹，革命纪念地、历史遗址、园林、建筑、工程设施等人文景物和它们所处的环境以及风土人情等。

  中国景源可以概括为自然景物、人文景物、综合景物3大类型，天景、地景、水景、生景、园景、建筑、胜迹、风物、游憩景地、娱乐景地、保健景地、城乡景观12个中类，98小类，800余个子类。风景资源等级，根据风景资源价值、构景作用及其吸引力范围划分为5级：具有珍贵、独特、世界遗产价值和意义的列为特级景源；具有名贵、罕见、国家重点保护价值和国家代表性作用的列为一级景源；具有重要、特殊、省级重点保护价值和地方代表性作用的列为二级景源；具有一定价值和游线辅助作用，有市县级保护价值和相关地区吸引力的列为三级景源；具有一定价值和构景作用，有本风景区或当地吸引力的列为四级景源。我国景源的优势是总量大、种类齐全、价值高、独特景源多，如有全球第三极和世界最高峰，有世界第一的雅鲁藏布大峡谷及其大转弯，还有大量的世界自然与文化遗产。景源的劣势是人均景源面积少，分布与利用不均衡，面临的冲击与压力多。[①]

  我国风景名胜资源开发利用历史悠久，且源远流长。五湖四海、三山五岳、宗教名山……经历了亿万年的发展衍变，共同构成了祖国的大好河山，美丽中国的重要空间载体，成为中华民族的象征。风景名胜能够反映重要自然变化过程和重大历史文化发展过程。"中国名山大川的产生和发展过程，就是风景名胜区功能的发展变化过程，也是人与大自然精神关系的深化过程。这个过程大体经历了三个大阶段，即自然崇拜—宗教与审美—审美与科教。"[②]

---

  ① 张国强，贾建中.风景规划：《风景名胜区规划规范》实施手册 [M].北京：中国建筑工业出版社，2003.

  ② 谢凝高.中国的名山大川 [M].北京：中国国际广播出版社，2010.

风景名胜资源是构成风景环境的基本要素，是风景区产生环境效益、社会效益、经济效益的物质基础。风景名胜区也称风景区，是指具有观赏、文化或者科学价值，自然景观、人文景观比较集中，环境优美，可供人们游览或者进行科学、文化活动的区域。中国的风景名胜区分为 14 类，包括历史圣地类、山岳类、岩洞类、江河类、湖泊类、海滨海岛类、特殊地貌类、城市风景类、生物景观类、壁画石窟类、纪念地类、陵寝类、民俗风情类和其他类等，几乎涵盖了所有地貌景观类型，体现了中国自身的历史文化特色。此外，各地的"八景"活动，丰富、完善了中国风景名胜系统。

我国风景名胜资源的保护培育、永续利用、科学管理任重道远。风景名胜保护与规划需要关注科技发展的创新与动力、人文精神的导向与制衡，也需要运用自然科学的基础作用、社会科学的方式方法、工程技术的措施手段，统筹在风景规划中的各种实际矛盾与需求。风景名胜资源开发与利用旨在传承、重在创新、贵在创优，需要科学地保育景源遗产，典型地再现自然之美，明智地融汇人文之胜，浪漫地表现生活理想，通俗化地促进风景环境的建设和管理实践。

第一节　名山圣地

一、山岳

我国地势西高东低，呈阶梯状分布；地形类型复杂多样，山区、高原、丘陵面积广大，其中山地占国土总面积的 33%，高原占 26%，盆地占 19%，平原占 12%，丘陵占 10%。

我国第一级阶梯是青藏高原——著名的世界屋脊。第二级阶梯包括内蒙古高原、黄土高原、云贵高原、塔里木盆地、准噶尔盆地以及四川盆地。第三级阶梯在我国东部，主要是丘陵和平原分布区，大部分地区海拔在 1000 米以下。第一、二阶梯的界线是昆仑山—祁连山—横断山脉；第二、三阶梯的界线是大兴安岭—太行山—巫山—雪峰山。

秦岭—淮河一线则横跨我国地势三大阶梯，是中国地理上最重要的南北分界线。秦岭和南岭分别是长江和黄河流域、长江和珠江水系的分水岭。广义的秦岭北连黄土高原，南接四川盆地，西起昆仑，东至鄂豫皖大别山区域，庞大的山系东西绵延约1600 公里，气势磅礴的横亘在中华大地上。秦岭巍巍，当之无愧的成为华夏大地划分南北的地理标志，亦是中华文明的精神标识，被尊为中华民族的祖山、祖脉。《诗经》里描写终南山是"如月之恒"。司马迁在《史记》中描述秦岭为"天下之大阻"。"三千里大秦岭，五千年中华史"，周、秦、汉、唐的魅力风华，八百里秦川的殷实富庶，十三朝古都长安的盛世繁华，终南山的松间明月，太白山的皑皑白雪……皆

图 10-1 西安府终南山——关中胜迹图

图 10-2 秦岭

因秦岭而造就。秦岭在地质构造上呈北仰南倾的特点，北坡山麓陡峭，多峡谷，形成"七十二峪"所统领的千崖竞秀的景观特征（图 10-1、图 10-2）。西岳华山为秦岭东段高峰之一，奇峰突兀，自古以奇险峻拔著称于世，有"奇险天下第一山"之说。主峰太白山高 3771.2 米，山高坡陡、林木茂盛，谷地深邃，石峰林立，地形地貌千姿百态。而秦岭中段的终南山，则有"仙都""洞天之冠""天下第一福地"的美誉，是高僧大德、隐逸之士云集之地。西段的麦积山，山体悬崖壁立，状若积麦，后秦时期开始凿刻的石窟为中国四大石窟之一。秦岭不仅物种资源丰富，拥有众多世界上知名的野生动植物资源，还积淀了厚重的文化和历史底蕴。老子的《道德经》在秦岭著成，李白、杜甫、王维、白居易等无数文坛巨匠都留下了赞叹终南山的传世之作，写下脍炙人口的名篇。秦岭风景名胜荟萃，关中八景（即八处关中地区著名的文物风景胜地）中有华岳仙掌、骊山晚照、草堂烟雾、太白积雪四景分布在大秦岭之中。目前，在注重生态文明建设的新时代，秦岭已形成以国家公园为主体、自然保护区为基础、各类自然公园为补充的自然保护地体系。各类自然保护地及自然公园达 130 处，其中，国家公园 1 处、国家植物园 1 处、野生动物园 1 处、风景名胜区 14 处、自然保护区 33 处、森林公园 50 处、湿地公园 11 处、水产种质资源保护区 11 处、地质公园 8 处。

三大阶梯地势的分布、多纬度的变化和南北方自然条件及人文历史的不同，造成了我国风景名胜资源总体呈现出"南秀北雄"的山水景观特征。南方的山岳锦峰秀岭，有灵秀之气，以秀美著称，如江南"水光潋滟晴方好，山色空蒙雨亦奇"之幽静唯美的湖光山色；北方的山岳巍峨磅礴，有雄壮之势，以壮美闻名，如北国"千里冰封，万里雪飘"之大气磅礴的豪迈景象。表现在山水园林、山水盆景、山水画等艺术形式创作上，南北两派风格特征也有着迥然之别，南方多具秀雅灵动之气、温柔之美，北方则有雄壮刚劲之气、阳刚之美。

"知者乐水，仁者乐山"。我国把山水作为审美对象并加以开发利用的历史由来已久，是世界上最早把山水作为风景资源来开发的国家[①]。人们对名山大川的认识和利用，从原始先民早期的山岳自然崇拜、山川祭祀，到以山水揽胜、科普教育、环境保护为主题的风景名胜资源开发，再到新时代"绿水青山就是金山银山"的价值重构，经历了一个长期的历史演变过程。山水，在中国人数千年的生活和文化意识里，积淀深厚，占有极其重要的地位。中国人在名山大川的开发可用过程中积累了丰富的经验，形成中华民族特有的山水观、风景观和审美感受。我国人文地理学家谢凝高总结了数千年以来名山大川自然美的类型特征，指出山水自然美包括自然山水的形象美、色彩美、线条美、动态美、静态美、嗅觉美、听觉美等。其中形象美是指名山大川自然景观总体形态和空间形式的美，是名山大川自然美的基础，可概括为：雄、奇、险、秀、幽、奥、旷等形象特征。这些形象特征是由各名山大川的地貌、植被、水文、气候等构景要素在不同的地质、地理环境中形成的总体特征，即各座名山或大川的宏观势态。不同的地貌形态展示出不同的形象美感，古人对名山大川景观形象的评价很多，如泰山天下雄，黄山天下奇，华山天下险，峨眉天下秀，青城天下幽等。事实上，每座名山大川，在它的总体形象中，也都包含雄、奇、险、秀、幽、奥、旷等基本形象特征。如泰山，雄伟之中还包含险、秀、奇、幽、奥、旷等景点[②]。

"看山如观画，游山如读史"。我国的山水除了具有上述的各种自然之美外，人文荟萃是其另一主要特点。大诗人李白"五岳寻仙不辞远，一生好入名山游"是古人志在名山大川、寻仙访道的生动写照。"诗以山川为境，山川亦以诗为境"。中国山水千姿百态，不仅具有雄奇秀丽、旷奥幽静之美，而且还饱含了深厚的历史文化积淀，数千年人与名山大川的交互作用，孕育出异彩纷呈的山水文化。哲学、宗教，山水文学、楹联艺术、隐逸文化、书院文化、建筑园林、石刻艺术等文化艺术与山水自然相互交融，更使祖国的山水大放异彩，成为全人类的自然与文化遗产。中国的名山大川都有各自独特的人文内涵和文化象征，以"三山五岳""佛教名山""道教名山"为代表的名山大川，就是在人们长期的开发利用中而公认的杰出代表。

---

① 周维权.中国名山风景区 [M].北京：清华大学出版社，1996.
② 谢凝高.名山·风景·遗产——谢凝高文集 [M].北京：中华书局，2011.

图 10-3　西岳华山：奇险天下第一山

图 10-4　泰山五岳独尊　　　　　　　　　　图 10-5　泰山南天门

　　三山五岳。在众山中享有特殊的地位，也泛指名山或各地。三山是传说中的蓬莱、方丈山、瀛洲三座仙山①；五岳地处神州大地的东、西、南、北、中，分别对应泰山、华山（图 10-3）、衡山、恒山、嵩山。五岳是远古山神崇拜、五行观念和帝王封禅相结合的产物，从一定意义上说，五岳可视为中华传统文化的一种象征，深入中国人的内心。五岳之首的泰山，于 1987 年被列入世界自然文化遗产名录，是中国首例自然文化双遗产项目（图 10-4、图 10-5）。

　　佛教名山。"天下名山僧占多"，佛教是世界三大宗教之一，从东汉明帝永平年间起，五台山就开始兴建佛寺道场，成为我国最早的佛教名山（图 10-6）。中国的五大佛教名山为山西五台山、浙江普陀山、四川峨眉山、安徽九华山、浙江雪窦山，分别为文殊菩萨、观音菩萨、普贤菩萨、地藏菩萨、弥勒菩萨的应化道场。除此之外，还有历代相传的"佛教八小名山"分别为：江苏狼山、南岳衡山、中岳嵩山、江西庐山、云南鸡足山、浙江天台山、陕西终南山、北京香山。佛因山而显赫，山以佛而著名。佛教各宗派祖庭也多选山林幽深、云雾缭绕之地，而使其成为著名的宗教、游览胜地。

---

　　① 后人为了延续三山五岳的美丽神话，在五岳之外的名山中间选择新的三山，广为流传的三山是：安徽黄山、江西庐山、浙江雁荡山。

图 10-6　五台山

图 10-7　道家五岳大帝图像

　　道教名山。"人在谷为俗，人入山则为仙。"道教是中国本土宗教，是中国特有的文化现象。山岳崇拜、崇尚山水，得道修仙是道教主要信仰追求。在古人看来，峻极于天、神秘莫测的山岳，必有神灵主宰。故道家往往把名山大川视为神仙境界，作为修炼得道成为神仙的绝佳场所（图 10-7）。名山大川中道教名山居多，五岳之中，除中岳嵩山为佛教名山，南岳衡山佛道共尊外，西岳华山和北岳恒山一直为道教独居，东岳泰山也因道教兴盛而成为道教名山。中国的四大道教名山为武当山（图 10-8）、青城山（图 10-9）、龙虎山、齐云山。此外还有崂山、三清山、王屋山、崆峒山、武夷山等皆为道教名山。

　　人文景胜于山得其所，山以人文景胜而扬其名。历代帝王将相、佛、道及文人雅士对名山大川十分青睐，在全国性的名山或地方性的山岳，或广建宫、观、寺、庙、庵、堂、殿、阁、楼、塔、亭、台等建筑设施；或开岩凿洞，摩崖造像，把中国众多的山岳创建成官、民、佛、道崇拜和信仰的圣地。中华人民共和国成立后，这些千百年来约定俗成的、古老而传统的名山大川成为具备现代意义的风景名胜区。传统的名山大川转换为具有公益性的风景名胜区事业，其保护投入的加大，保护和游览服务设施的完善，游憩利用功能的拓展，更好地推动了我国生态文明和美丽中国建设、促进了国民经济和社会发展。

　　以名山为首的山岳型风景区是我国风景名胜资源开发中的主体力量。山岳风景区也是我国目前风景名胜资源开发中数量最多的一种类型，约占到总数的一半。随着我国经济的高速发展，旅游业发展迅猛，山岳型景区特别是名山已成为重要的旅游接待地。山岳景区作为观光型产品的代表面临诸多机遇和挑战，重开发、轻保护，尤其是

图 10-8　武当山道教建筑群分布图
(括号内数字表示海拔高程，单位：米)(图片来源：引自潘谷西主编《中国建筑史》)

如泰山索道、武陵源百龙天梯、当下流行的玻璃栈道等"裁剪山河之壮举"所带来山岳生态系统的严重破坏，更造成难以弥补的损失。生态兴则文明兴，绿水青山是造福百姓的"金山银山"。由于山岳风景名胜资源的脆弱性、稀缺性、珍贵性和特殊性，应根据现代风景园林学科生态优先的原则，采取科学谨慎的态度，进一步维护山岳生物多样性、保护生态环境，促进其可持续利用，为世世代代的人们所传承。

二、历史圣地

五岳、佛教名山、道教名山在千千万万座山岳中脱颖而出，成为官方、民间及宗教信仰的圣地，备受关注！在中华文明形成和发展进程中，在世世代代中国人的认知与观念里，它们所呈现的厚重历史、所承载的文化价值、所蕴含的精神内涵、所积淀的民族记忆，已远远超出自然形态的山川风物、山岳风景，成为世人世代景仰的历史圣地。

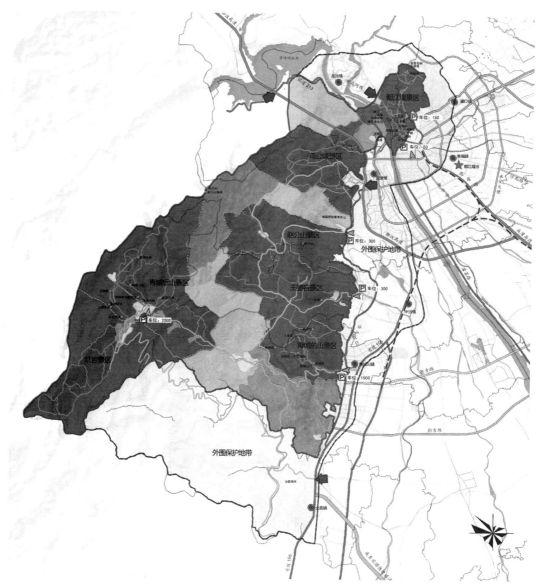

图 10-9　青城山—都江堰风景名胜区总体规划总图
（图片来源：引自《风景园林师 16》，中国城市规划设计研究院）

　　除五岳、宗教名山之外，历史圣地还包括"三皇五帝"中华文明始祖故里或遗存集中或重要活动区域，以及夏商周断代工程、中华文明探源工程考古发掘的六大都邑等；圣贤学说的祖庭，儒、释、道三学文化富集的区域；红色革命圣地，即中国共产党领导人民在革命和战争时期建树丰功伟绩所形成的重大事件、重大活动的纪念地、标志物。

　　三皇五帝是中国夏朝以前出现在传说中的"帝王"，以三皇五帝为核心形成的历史圣地主要有河南新郑黄帝故里、陕西黄帝陵风景名胜区、宝鸡天台山炎帝故里、湖南

图 10-10 "黄帝手植柏"，相传为黄帝亲手所植，是世界上最古老的柏树，被誉为"世界柏树之父"和"世界柏树之冠"

炎帝陵风景名胜区、河南灵宝西坡遗址（黄帝都邑）、山西襄汾陶寺遗址（尧都邑）等。其中轩辕黄帝是中原大地上远古时代的首位部落联盟领袖，被公认为中华始祖。黄帝陵，又称"天下第一陵""华夏第一陵"。根据《史记》记载："黄帝崩，葬桥山"，黄帝陵区所在的桥山在今陕西省黄陵县城西北，总面积达 566.7 公顷，山上林木茂密，古柏成林，蔚为壮观。其中千年以上古柏 3 万多株，是中国最古老、覆盖面积最大、保存最完整的古柏群（图 10-10）。自汉武帝始，桥山黄帝陵成为历代帝王和名人祭祀黄帝的场所，也是国家公祭之地。黄帝陵现为全国重点文物保护单位，国家级重点风景名胜区。

圣贤学说的祖庭儒、释、道三学文化形成的历史圣地主要有山东曲阜三孔、五大佛教名山、四大道教名山等。其中山东曲阜三孔，由孔庙、孔府和孔林构成，历代王朝，均有兴建。曲阜是儒家学派创始人孔子的故乡，孔庙坐落在曲阜城内，建筑规模宏大，为我国最大的祭孔要地。孔林是孔子及其后代的墓园，占地达 3000 余亩。孔府是孔子世袭"衍圣公"的世代嫡裔子孙居住的地方，占地 240 多亩，有厅、堂、楼、轩等各式建筑 463 间，是中国现存规模最大、保存最完整的家族府第。三孔以丰厚的历史文化积淀及科学艺术价值而蜚声海内外，1994 年 12 月被收入《世界遗产名录》。

红色革命圣地，如延安、遵义、井冈山、西柏坡、沂蒙山等。革命圣地与绿水青山交相辉映，红色人文景观和绿色自然景观相互交织融合，既可以观赏自然风景，又可以体验、学习革命历史，弘扬红色文化，传承红色基因（图 10-11）。红色革命圣地所承载的革命历史、革命事迹和革命精神，主题鲜明，传递着满满的社会正能量。它们有些已经列入风景名胜区，有些已被列入文化保护单位，或打造成了国家爱国主义教育基地。如首批国家级重点风景名胜区之一的井冈山，作为"中国革命的摇篮"，至今仍完好保存着黄洋界红军哨口、八角楼毛泽东同志旧居、中共湘赣边界特委旧址等 100 多处革命旧址遗迹，其中 24 处被列为全国重点文物保护单位。新修编的风景区规划面积 333 平方公里，分为茨坪、龙潭、黄洋界、主峰、笔架山、桐木岭、湘洲、仙口、茅坪、砻市、鹅岭十一大景区，76 处景点，460 多个景物、景观。"红绿交相辉

图 10-11　延安宝塔山及宝塔是革命圣地的象征，为中国革命的精神标识

映"是井冈山风景名胜区的主要特色，红色文化资源是核心主题。再如西柏坡，作为我国革命圣地之一，曾是中共中央所在地，党中央和毛主席在此指挥了震惊中外的辽沈、淮海、平津三大战役，召开了具有伟大历史意义的党的七届二中全会和全国土地会议，故有"新中国从这里走来""中国命运定于此村"的美誉。

历史圣地时间跨度大，在中华文明的形成中有着历史纪念地的作用，有些甚至具有世界性意义。这些地区是中华文明独特的发生、发展的区域，或具备全民共同祭奠、纪念的内涵，故也有着如民族圣地、神圣之地、圣洁之地、名胜之地、祭祀祭祖之地、拜谒之地、崇敬之地、文化祖庭、封禅之地、红色革命圣地等不同称谓。"历史圣地"更适合表达该地域在中华民族文明历史的发生、发展进程中所承载的独特价值，在新时代增强全国人民的爱国情感，弘扬和培育民族精神等方面，具有重要的现实意义和深远的历史意义。[①]

三、岩洞

岩洞是由于具有侵蚀性的流动着的水溶液沿石灰岩层面或裂隙而溶蚀、侵蚀、塌陷而形成的岩石空洞，洞内常有各类滴水石等沉积物。关于岩洞的记载和描述最早出现在《山海经》《神农本草经》等著作中。从隋唐开始，岩洞逐渐成为研究对象和游览场所，并出现了记述岩洞的专著《穴篇》。宋范成大的《桂海虞衡志·志岩洞》专门论述了桂林岩洞。明代正德年间李贤编纂的《大明一统志》收集了全国 95 个州府的 372

---

① 《风景名胜区分类标准》CJJ/T 121—2008.

个洞穴名称，详细描述的有 131 个。《徐霞客游记》共记载洞穴 357 个，并对各种岩溶地貌形态及成因等都做了探索论述，是我国第一部较系统地研究岩溶地貌和洞穴的科学文献。

岩溶洞景是指能够引起景感反应的洞穴物象和空间环境，它们经过合理开发，具备一定的游赏条件而成为风景区或风景点。中国岩溶地貌分布面积约 344 万平方公里，岩洞风景资源极为丰富。比较著名的有北京的云水洞、石花洞，桂林的芦笛岩风景区和七星公园，沂水的地下画廊、博山开元溶洞，贵阳的南郊地下公园和水晶宫，织金县的织金洞，柳州的都乐岩风景区，南宁的伊岭岩风景区，肇庆的七星岩，彭泽的龙宫洞，建德的灵栖洞，桐庐的瑶琳洞，金华的北三山洞，宜兴的善卷洞、灵谷洞等。

岩溶洞景迥然区别于其他风景，它的独特景观在于：特有的洞体构成与洞腔空间，特有的景石形象、水景、光像、气象以及特有的生物景象和人文景源。

岩洞的形成受岩石性质、构造、气候、水体等多因素影响，岩洞位置、洞体形态和洞腔空间千变万化。洞腔一般由三部分组成：一是穹顶和比较高、大、广、深的厅堂洞室；二是相当狭长或曲折、回旋的巷道走廊；三是方位、高程、形状多样，并沟通岩洞内外景象的洞口环境。不同的巷道形态、厅堂空间、洞口环境的组合，可以呈现出奇妙幽邃或雄伟壮观的情趣，更能增加岩洞景观引人入胜的魅力。岩洞按照洞腔空间分，分为竖洞、平洞、斜洞、层洞、迷洞、群洞。其中群洞，是指以形成与演化具有一定关联的洞段或洞群，有一定的方式组成相互贯通的洞腔空间，构成一个洞穴系统，如桂林的七星岩（图 10-12）、隐山六洞，柳州的都乐岩，安顺的龙宫等。

图 10-12　桂林七星岩

　　岩洞石景是指岩溶洞腔内的岩石景象，常常千姿百态、琳琅满目，是岩洞风景中最具魅力的因素，时常激发起探求未知世界的欲望。景石奇妙的形体、色泽、质感、线形、声响，能产生无穷的比拟和联想。景石的重要性，足以决定岩洞的类型，按洞石特征，岩洞可分为乳石洞、响石洞、晶石洞。目前，大多数已开放的岩洞及其风景区都属于乳石洞类。

　　岩洞水景是指能够被游人直接游览欣赏的岩溶洞腔内的水体景象。通常，属于流态的有瀑布跌水、泉溪河流；属于积水的有湖、潭、池、井，还有滴淋、飞溅、霭雾及洞中暗流等水景。水是岩溶发育的动力，可以使洞内石景晶莹常新。在岩洞特定环境中，水景的光、影、形、声效果比在洞外显得更加生动强烈。

　　岩洞光象主要是指固定光源所形成的景象，天然光的光象多存在边洞、穿洞和部分腹洞中。大多数岩洞无光或少光，特别是大型洞府，除局部空间外，均处在无光的漆黑状态。光构成了岩洞视觉审美的基础，在岩洞风景开发利用中起着决定性的作用。最能揭示洞府世界奥秘和表现岩溶宏观和微观景象的，还是人工光源所组成的绚丽光象。在用"灯笼火把游洞"的时代，"光"只起"照亮"的作用。电灯应用于洞景并成为稳定光源后，光的设置就涉及形象、气氛、意境，以至于主题、思想趣味等。现代化的声光电技术应用到岩洞风景的表现、创作等艺术领域，增加了岩洞风景的游赏价值，使其在全国迅速发展。

　　岩洞气象是指因洞体构造和洞内外空气的温度、湿度、气流变化所形成的岩洞景象，常见的有水、暖、冷、热、风等现象；洞内外温差大时，或冷热气流交换频繁时，常出现霭雾、云气的景象。

　　岩洞生物景象是指岩洞中生长着的形形色色的生物，如鱼类、飞禽走兽、地被与藤本植物、苔藓等。

　　岩洞文化景观有摩崖石刻和造像、题记和壁画、古人类文化遗存、民间神话传说等。

　　自然岩洞要成为风景游览欣赏的对象或社会活动场所环境，还必须有各种功能技术设施，如导览设施、声光电设施设备、洞景工程等。故成熟完善的岩洞风景点、风景区一般由洞体、石景、水景、光象、气象、生物、文化遗迹以及各种配套设施、设备和洞景工程技术设施等构成。以"人工"济"天巧"的洞景工程主要有石景、水景、游路、洞口、声光电及全息影像、给排水及少量装饰点缀，例如各类景石的取舍、修整、补移、加固，各类自然水景的维护、修饰、防漏、排洪、扩展，各种人工水景的设置，多种多样的道路、桥涵、汀步、阶梯、滑道、栏杆，景观灯光配合音响系统设备、全息投影、激光投影灯等，管线、保护设施、水口处理以及洞口维护过渡管理设施。

第二节　江河湖海

我国是世界上河流、湖泊众多，海岸线长、岛屿众多的国家之一。"逐水而居"是世界各地早期先民的共同特征，几乎所有的文明都和水密切相关。江河、湖泊、泉水、瀑布、海域岛礁古往今来都深受人们青睐。人们纷纷把江河作海作为审美客体，赋予了丰富的文化内涵。全国各地以江河湖海为空间载体发展培育的风景点、风景区更是不胜枚举。

一、江河

我国江河数量众多，规模不等，形态万千。据数据统计，我国流域面积在100平方公里以上的河流有50000余条，1000平方公里以上的河流有1580条。这些河段各自都有其独特的典型景观与人文景胜。

从历史沿革看，古代四渎"江、河、淮、济"为我国四条大河，"江"为长江，"河"指黄河，后江河逐渐演变为河流的通称。随着历史变迁，黑龙江和珠江取代淮水、济水，与长江、黄河成为中华大地上最长的四条大河。

万古江河，美丽中国。江河是大地的血脉，江河因南北文化差异而称谓不同，中原文化影响辐射的北方惯用"河"，如黄河、淮河、渭河、洛河、汾河、辽河、柴达木河等；吴、越、楚及巴蜀文化影响辐射的南方多用"江"，如长江、珠江、钱塘江、怒江、金沙江、澜沧江、雅鲁藏布江、丽江等。其中长江最长，是世界上第三大河。

水是生命之源，也是文明之源。"江河源"地处世界屋脊青藏高原腹地，是长江、黄河、澜沧江的发源地，被誉为"中华水塔"。"江河源"地区地理位置极其特殊重要，生态系统高度脆弱敏感，高原生物多样性最为集中，是我国重要的安全生态屏障，关系到中华民族的长远发展。昆仑山、巴颜喀拉山、唐古拉山等山系绵延，地形地貌复杂多样；河湖水系、沼泽湿地、高原湖泊、高山草甸、雪山冰川等风景资源类型丰富，且景观独特并极其珍贵稀有（图10-13）。

发源于"江河源"地区的澜沧江，一江通六国，蜿蜒流经中国、缅甸、老挝、泰国、柬埔寨、越南，是重要的国际河流，成为沿岸各国交流和民族友谊的纽带。而长江与黄河都是中华民族的"母亲河"，孕育了璀璨的中华文明，长江流域与黄河流域都是中华民族的摇篮，中国重要的经济区域，但也代表了不同的自然生态环境和社会、文化艺术（表10-1）。北方的黄河产生了经世致用的儒家文化，南方的长江则出现了崇尚自

图 10-13　长江正源沱沱河

中华文明探源工程长江黄河与西辽河考古学文化年表　　　　　表 10-1

地区／年代(距今)	长江上游	黄河上游	黄河中游	黄河下游	长江中游	长江下游	西辽河
6000	?	仰韶文化早期		北辛文化	汤家岗文化	马家浜文化	赵宝沟文化
5800		仰韶文化庙底沟类型		大汶口文化早期	大溪文化	崧泽文化	红山文化
5300							
4700	马家窑文化	仰韶文化晚期		大文口文化中晚期	屈家岭—石家河文化	良渚文化	小河沿文化
4300		庙底沟二期文化					
3800	宝墩文化	齐家文化	中原龙山文化	山东龙山文化	后石家河文化	钱山漾—广富林文化	雪山二期文化
			二里头文化				
3500	三星堆文化	寺洼文化	二里岗文化	岳石文化	?	马桥文化	夏家店下层文化

表格来源：三联生活周刊 2012 年第 40 期。

然的老庄思想。南北方不同的地域环境和文化在内容与形式上亦各不相同，呈现出多样化、多元化特点，如北方现实主义的《诗经》和南方浪漫主义的《楚辞》，原始社会时期黄河流域的木骨泥墙建筑和长江流域的干阑式建筑等。"从新石器时代开始，圆圆的曲线一直都是南中国最常见的艺术表现形式。相对而言，黄河流域的艺术表现形式确是正方、正圆、正三角，极为厚重。"[①] 不同的文化与艺术形式并行发展，并不断地相

---

① 许倬云 . 万古江河：中国历史文化的转折与开展 [M]. 长沙：湖南人民出版社，2017.

互交融，形成了南北文化各自精彩纷呈的艺术风格。这也就是为什么北方的建筑、园林艺术多讲究秩序，总体布局呈现出规则、对称的特点；而南方的建筑、园林艺术则布局自由，风格淡雅、自然，富有情趣。

长江之源位于青海唐古拉山脉主峰各拉丹冬雪山，其源头风景壮丽，雪山冰川、蓝天白云、高山草甸……构成了不染尘世的绝世美景。长江横跨我国西南、华中、华东三大经济区，全长6300余公里，流经青海、西藏、云南、四川、重庆、湖北、湖南、江西、安徽、江苏、上海等11个省（自治区、直辖市），在上海汇入东海。沿线风景资源丰富，景区、景点星罗棋布，分布着可可西里、三江并流、都江堰、大足石刻、苏州园林等众多的世界遗产，是我国风景名胜最密集的区域，亦是全球举世闻名的"黄金水道"。

长江的正源沱沱河和支流当曲河汇合成九曲十八弯的通天河，从青海的玉树向南奔腾而下进入横断山脉，称金沙江。与之齐头并进的澜沧江和怒江一起，在云南省境内自北向南并行奔流170多公里，穿越担当力卡山、高黎贡山、怒山和云岭等崇山峻岭，形成"江水并流而不交汇"的"三江并流"奇观。然后在云南丽江市石鼓镇掉头北转，出现了罕见的"V"字形大弯，即"万里长江第一湾"（图10-14）。回环数百余公里的金沙江过石鼓，在哈巴雪山（海拔5396米）和玉龙雪山（海拔5596米）之间的悬崖陡壁中咆哮而过，形成了世界上最壮观的虎跳峡，水面落差达200米，以山高谷深、奇险雄壮著称于世。金沙江到四川宜宾与上游水量最大的支流岷江汇合，而成浩浩荡荡的长江。长江孕育了依山而建、依江而生的中国西部明珠重庆市。在重庆与嘉陵江汇合后，长江进入高山峡谷地带，创造了世界上最壮丽的长江三峡。三峡西起重庆市奉节县的白帝城，东至湖北省宜昌市的南津关，全长193千米，由瞿塘峡、巫峡、西陵峡组成（图10-15）。在这里，最大切割深度达1500米，高山深谷，绝壁耸天、重

图10-14　万里长江第一湾

图 10-15 长江巫峡十二峰之最神女峰全景图

岩叠嶂……江水在悬崖绝壁中汹涌奔流，山水风光交相辉映，雄奇秀逸，蔚为大观。大诗人李白乘舟过三峡赏生动的天然胜景，留下了脍炙人口的佳句名作：

> 朝辞白帝彩云间，千里江陵一日还。
>
> 两岸猿声啼不住，轻舟已过万重山。

在湖北省宜昌市境内的三峡水电站是目前世界上规模最大的水电站，也是目前中国有史以来建设的最大型水坝工程项目。出三峡，长江中下游沿岸多为带状平原，是中国三大平原之一，系由两湖平原（湖北江汉平原、湖南洞庭湖平原总称）、鄱阳湖平原、苏皖沿江平原、里下河平原（皖中平原）和长江三角洲平原组成，面积约 20 万平方公里。长江造就了中下游流域武汉、南京、上海三大中心城市的发展与繁荣，更在南宋时期便形成了与天堂媲美的苏杭！位于长江中游的洞庭湖、鄱阳湖如同长江之肾脏，江湖合流，连为一体，构成世界著名的"江湖复合生态系统"，形成了"浩浩汤汤，横无际涯；朝晖夕阴，气象万千"的景象。以岳阳楼、黄鹤楼、文武赤壁、滕王阁、钟山、燕子矶等为代表的历史人文胜迹与波澜壮阔的长江相映生辉，流传千古。长江下游则孕育了富饶的长江三角洲，素有"水乡泽国""鱼米之乡"之称。

中国第二大河——黄河，呈"几"字形，横贯中国北部大地，全长 5464 公里，自西向东分别流经青海、四川、甘肃、宁夏、内蒙古、陕西、山西、河南及山东 9 个省（自治区），最后流入渤海。黄河为古代"四渎之宗"。北宋及以前的历代王朝均在黄河流域建都，在 3000 多年的历史时期内，中国的政治、经济、文化中心一直在黄河流域。中国历史上的"七大古都"，在黄河流域和近邻地区的有殷墟安阳、十一朝古都西安、九朝古都洛阳、七朝古都开封。以《诗经》、四大发明、唐诗、宋词等为代表的科学技术、文化艺术也都产生在黄河流域。

黄河发源于青海巴颜喀拉山北麓。黄河流域幅员辽阔，山脉众多，东西高差悬殊，地形地貌差异大，中上游以高原山地为主，中下游以平原、丘陵为主。黄河干流多弯

图 10-16　壶口瀑布　　　　　　　　　　　　　　图 10-17　怒江大峡谷

曲，素有"九曲黄河"之称。大诗人李白《将进酒·君不见》中"黄河之水天上来，奔流到海不复回"道出了黄河奔腾万里的恢弘气势和辉映日月的万丈豪情。黄河流域风景名胜、文化古迹众多。"天苍苍，野茫茫，风吹草低见牛羊"的塞上江南美丽景象、"源出昆仑衍大流，玉关九转一壶收"的世界奇观——黄河壶口瀑布（图 10-16）、以"中流砥柱"为特色的三门峡壮丽景观、黄土高原与华北平原的沧海桑田、长河落日的静美、大河入海的豪迈……构成了黄河壮丽的篇章。

除长江、黄河之外，我国的大江大河还有黑龙江、松花江、珠江、塔里木河、淮河、湘江、钱塘江、闽江、怒江（图 10-17）、澜沧江等，都蕴藏有丰富的风景名胜资源。我国地形西高东低，除人工开凿的京杭大运河流向是自南向北外，江河东流、山河辉映是其重要特点。其中，黑龙江、松花江、乌苏里江、嫩江等是东北地区的主要河流，不仅冲积形成了我国著名的商品粮生产基地三江平原、松嫩平原，还形成了以冬季景观为主要特色的北国风光，如漠河北极村、查干湖冬捕、哈尔滨冰雕、吉林雾凇树挂等。而源于我国西南地区云贵高原的西江，不仅是我国第四条大河珠江的最大的支流，其许多支流还形成了许多观赏价值极高的岩溶山水奇观，如著名的"山水甲天下"的桂林漓江风景（图 10-18）、"岭南奇秀"的左江山水等。

山涧溪流、飞瀑流泉都是江河的一部分。尤其是飞瀑，自地质断层或悬崖处垂直地倾泻而下，在山水之间奏出华彩的乐章。我国地质构造复杂，在崇山峻岭之间常常形成飞泻千仞、奔腾澎湃、银花四溅、声若雷鸣的自然美景，使祖国的山水显得更加壮丽多姿。如李白《望庐山瀑布》中的"飞流直下三千尺，疑是银河落九天"，用想象、夸张、比喻等艺术手法形象地描绘了庐山瀑布变幻多姿和雄奇壮丽的景色。许多名山和河流都有瀑布，名山中的瀑布如吉林长白山瀑布、贵州梵净山瀑布、浙江雁荡山十八瀑及安徽黄山"人字瀑""百丈瀑""九龙瀑"三瀑等；河流上的瀑布有黄河上的壶

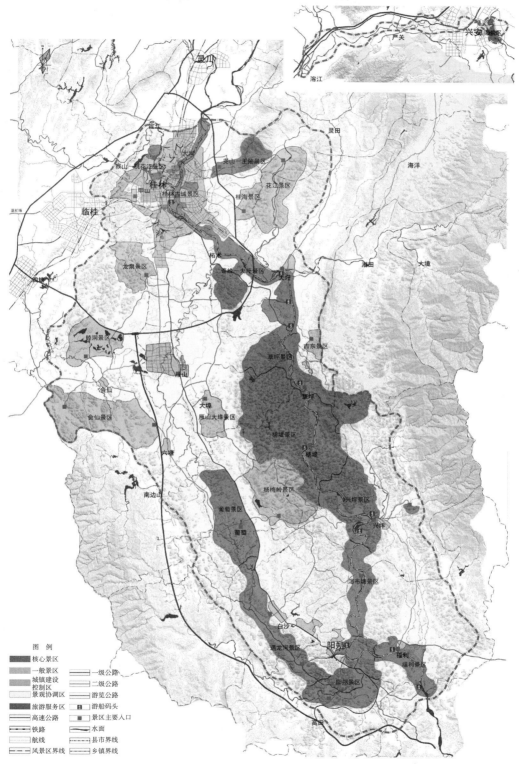

图 10-18　桂林漓江风景名胜区总体规划（2013—2025）规划总图

（图片来源：引自《第二届优秀风景园林规划设计奖获奖作品集》，中国城市规划设计研究院）

口瀑布，牡丹江上的镜泊湖吊水楼瀑布、贵州黄果树大瀑布等。其中，黄果树大瀑布是亚洲最大的瀑布，高度为 77.8 米，其中主瀑高 67 米，顶宽 83.3 米；瀑布总宽 101 米，由雄、奇、险、秀风韵各异的 18 个大小瀑布组成，堪称世界上最典型、最壮观的喀斯特瀑布群，可从上、下、前、后、左、右六个方位观赏，具有极高的游览观赏价值（图 10-19）。

图 10-19 黄果树瀑布

二、湖泊

湖泊是指陆地上的盆地或洼地积水而成的水域宽阔、换流缓慢的水体。拦河筑坝形成的水库也属湖泊之列。全国各地惯用的湖泊别称有陂、泽、池、海、泡、荡、淀、泊、错等。湖泊的称谓，有着明显的地域印记和特征，包含着丰富的地域文化内涵。

湖泊类型多种多样，按成因可分为构造湖（如有高原明珠美誉的昆明滇池）、火山口湖（如世界上最深的高山湖泊长白山天池，图 10-20）、堰塞湖（如五大连池）、冰川湖（如甘孜州新路海）、岩溶湖（如贵州省威宁草海）、河成湖（如华北明珠白洋淀）、海成湖（如宁波东钱湖）和人工湖（如各种水库）等。

按含盐量可分为淡水湖、咸水湖、盐湖等。鄱阳湖和青海湖分别是我国最大的淡水湖和咸水湖。鄱阳湖经过漫长的历史演变，南宽而北狭，上承五河之水，下接长江，犹如巨大的宝葫芦系在万里长江之上。湖域范围内沼泽星罗棋布，水域辽阔、烟波浩渺、水草繁茂，形成"泽国芳草碧，梅黄烟雨中"的壮观景象。神奇的高原圣湖青海湖四周群山环抱，湖中雪山倒映，湖水浩瀚，金沙、雪山、牛羊、绿草、黄花、碧水、蓝天、白云相映成趣，胜景如画。而柴达木盆地茶卡盐湖，宛如"天空之镜"，白色盐晶体之上的湖面如明镜般镜像了蓝天、白云、

图 10-20 长白山天池

雪山、草地、油菜花海，形成水天相交的青藏高原天然美景。

　　我国的湖泊数量众多、资源丰富、生态景观价值高。湖泊总量多达 24880 个，其中面积大于 1 平方公里的自然湖泊有 2693 座，总面积达 8 万多平方公里；依托大江大河干流修建的各类水库数量达 98000 多座[①]。这些众多的湖泊水库构成了华夏大地上的璀璨明珠（图 10-21）。

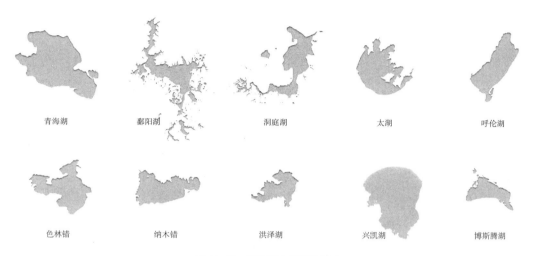

青海湖　　鄱阳湖　　洞庭湖　　太湖　　呼伦湖

色林错　　纳木错　　洪泽湖　　兴凯湖　　博斯腾湖

图 10-21　我国特大型湖泊形态

　　湖泊型风景区保护与利用主要以天然湖泊或人工水库等水域为主体，且以淡水湖开发利用为主。许多著名的湖泊、水库都已成为集观光、娱乐、休闲、度假、康养等多种功能于一体的休闲度假胜地。以湖泊为主开发的景点、风景区更是不计其数。也正是人类的这些经济活动造成了水资源的空间胁迫、过度开发，使原本脆弱的湖泊生态系统面临着更大的挑战。水是生命之源，是人们赖以生存的宝贵资源和战略资源。湖泊型风景区的可持续发展，必须建立在人与山水自然和谐共生的基础之上。湖泊型风景区的开发与利用既有与其他类型风景区开发与利用的共性，也有其自身的特殊性和复杂性。科学合理地开发、利用和保护水利风景资源是基本原则。以生态保护为主，基于构成湖泊风景区的资源特色、价值等级和利用方向不同，科学划定功能区域，合理安排相应的项目和设施。

　　湖泊是风景名胜的重要构景元素，"湖光山色"是其主要审美特征的生动描述。优美的湖泊风景是湖水与其环绕的群山、植被、田园等自然环境以及周边名胜古迹共同组成的和谐整体，具有极高的山水美学价值和丰富的人文内涵。风景秀丽的湖光为山色增辉，极易形成山清水秀、山水一体的整体效果。如甲天下的桂林山水、浙江千岛湖、长白山天池与十六峰、洱海与点苍山、天山天池与博格达峰、肇庆星湖与七星岩等，都是山水交融的风景胜地。

　　研究湖泊的风景资源特色、生物多样性及重要的审美价值，合理开发利用是湖泊风景区可持续发展的重要途径。湖泊审美，有清澈之美、幽静之美、旷奥之美和人文之美。湖泊资源自然风光优美，或独具特色，或兼而有之，给人们以不同的审美感受和体验。

　　湖泊的清澈、幽静之美。清澈湛蓝的湖水，宛若镜面般对称映射了蓝天、白云、远山、近树等美景。这些湖泊群山绿水环绕、湖光波影、幽美静谧，远离城市的喧嚣，给人以不染尘世的平和、宁静之感。我国青藏高原湖区、蒙新高原湖区和云贵高原湖区的自然湖泊多属于此种类型，清澈、幽静的湖水与蓝天白云、皑皑雪峰交相辉映，形成宛如仙境般的至美风景。除前文提到的青海湖、茶卡盐湖外，西藏三大圣湖之一的玛旁雍错（图10-22），藏语意为"永恒不败碧玉湖"，碧波如镜，景色如画，集高原湖泊、雪峰、蓝天、岛屿、牧场、野生动植物、寺庙等多种景物融为一体，蔚为大观。更因唐朝高僧玄奘在其所著《大唐西域记》称之为"西天瑶池"，而增添神秘色彩。这类湖泊风景区生态系统脆弱敏感，环境承载力低，虽多处于开发最初阶段，但发展的势头强劲，受休闲旅游市场冲击较大。因此湖泊的生态保育和生物多样性保护是开发利用的重中之重。

　　湖泊的旷远之美。烟波浩渺，孤帆远影，水天相连而成为著名的游览胜地。如八百里洞庭湖，"洞庭天下旷"，一如范仲淹《岳阳楼记》所描述："衔远山、吞长江，

图10-22　玛旁雍错

浩浩荡荡，横无际涯，朝晖夕阴，气象万千"。洞庭湖之美在于广博、旷奥，水天一色，使人心旷神怡，流连忘返。从某种意义上说此类湖泊风景区空间尺度大，风景资源丰富，但人类经济活动频繁，生态环境破坏严重，人地关系紧张，风景保护与社会经济发展矛盾突出。因此需要从保障区域生态安全角度出发，协调各类型湖泊风景资源与空间功能需求，加强多维度、多层面的空间规划管制和引导，强化多功能重叠型生态红线的严格保护举措，提升湖泊空间开发保护效能。

湖泊的人文之美。湖泊除具有美丽的风景之外，多蕴含着丰富的文化内涵，风景资源构成上多是自然风景与人文景观相得益彰。山水游赏、文化体验是其开发的主要特点。如杭州西湖之美名扬天下，令古往今来的许多文人雅士为之倾倒。北宋大文学家苏轼深深地被西湖美景所陶醉，写下了千古名篇《饮湖上初晴后雨》：

> 水光潋滟晴方好，山色空蒙雨亦奇。
> 欲把西湖比西子，淡妆浓抹总相宜。

"西子湖"也因此诗成了西湖之别称。西湖之美，碧波万顷，水光潋滟，钟灵毓秀，成为中国式美学之范本（图10-23）！此类风光旖旎、景色宜人、人文荟萃的千古名湖更是不胜枚举，如扬州瘦西湖、济南大名湖、嘉兴南湖、武昌东湖、南京玄武湖、衡水衡水湖、淄博文昌湖、苏州金鸡湖、浙江千岛湖等。

图10-23　西湖全景图

三、海洋岛礁

地球的表面约70%是海域。海洋是地球上最广阔的水体的总称，包括太平洋、大西洋、印度洋、北冰洋四大海洋。海，在洋的边缘，是人类活动较多的海域，面积约占海洋的11%。

中国位于亚洲大陆的东部，面向太平洋，自北向南呈弧状分布着渤海、黄海、东海、南海。此外中国也是一个具有辽阔海洋和漫长海岸线的海洋国家，拥有约 300 万平方公里主张管辖海域、1.4 万多公里海岛岸线、1.8 万多公里大陆海岸线，南北跨越了 37 个纬度。

海洋和陆地是一个生命共同体，滨海和海岛是人类陆地活动空间的延伸，亦是休闲度假、避暑疗养的理想场所。我国拥有 3.2 万公里蜿蜒悠长的海岸线以及名胜景点众多、风光秀美的海滨和丰富的海岛资源。海陆相互作用形成了诸如滨海湿地、海湾、河口、海岛、滩涂、红树林和珊瑚礁等类型多样的沿海地貌和生态系统，蕴藏着丰富的风景名胜资源。开放、包容的海洋文明和富于海滨风情的海岸线，在我国风景名胜体系中拥有着独特的价值和无穷的魅力。浩瀚的海洋和风光绮丽的滨海、岛礁，近景、中景、远景都可产生直观的美感，令人流连忘返。

改革开放以来，我国十分重视海滨风景区的开发和建设。城市与海滨风景区的完美结合形成了世界著名的海滨休闲度假城市，如秦皇岛北戴河、青岛、厦门、三亚等。其中北方的北戴河山海相连，以广阔的沙滩闻名，是驰名中外的旅游休闲度假胜地，早在 20 世纪 20 年代，就被称为"东亚避暑地之冠"。青岛为海滨丘陵城市，海岸线曲折，岬湾相间，2007 年入选"世界最美海湾"城市，主要分布着道教名山崂山、栈桥、五四广场、八大关、青岛奥帆中心、琅琊台等风景名胜。厦门南部的鼓浪屿，四季如春，花木繁盛，素有"海上花园"之誉，又由于历史原因，保留了数量众多、风格各异的建筑物，故有"万国建筑博览"之称。三亚则山—海—河—城融为一体，构成了山海相连、海天一色的热带海滨风情特色（图 10-24）。三亚境内海岸线长 250 余公里，主要海湾有三亚湾、海棠湾、亚龙湾、大东海湾、月亮湾等，有西岛、蜈支洲、分界洲岛等大小岛屿 40 余个，众多海湾、岛屿各有佳景。

图 10-24 三亚天涯海角

海洋还往往形成姿态万千的岛屿和岛礁。据统计，全球岛屿总数达 5 万个以上。中国沿海有群岛和列岛 50 多个，面积大于 500 平方米的大小岛屿 6500 多个。岛屿面积相差很大，其中台湾岛最大，海南岛、崇明岛次之。另外，还有长山群岛、庙岛群岛、南沙群岛、西沙群岛、涠洲岛、湄洲岛、澎湖列岛、嵊泗列岛等。其中南沙群岛、西沙群岛热带资源丰富，在标志国家领土上具有极其重要的意义。而庙岛群岛、湄洲岛、嵊泗列岛则风景名胜资源最为富集，风景区品质极高。

庙岛群岛，又称长岛，位于烟台市长岛县。由 32 个岛屿组成，如同 32 颗珍珠撒落在大海之上。"忽闻海上有仙山，虚无缥缈云海间"，长岛素有蓬莱、瀛州、方丈海上三神山之称，传说中的蓬莱仙岛指的就是长岛。长岛是中国海市蜃楼出现最频繁的地域，可欣赏海市蜃楼、海滋现象和平流雾三大奇观。岛上风景秀丽，风景名胜资源包括月牙湾、九丈崖、显应宫、望福礁、黄渤海交汇线等。其中九丈崖，崖壁绵延 400 余米，集山、海、礁、崖、洞及古迹于一体，融奇、雄、秀、美、险、神于一身，具有很高的科学及游览价值（图 10-25）。

图 10-25　烟台长岛九丈崖

湄洲岛，因其岛形如眉而得名，具有得天独厚的滨海风光和自然资源。湄洲岛素有"妈祖圣地""南国蓬莱"之称，有融碧海、金沙、绿林、海岩、奇石、庙宇于一体的风景名胜 30 余处，其中最知名者数妈祖祖庙。岛上的千古绝唱湄屿潮音，"如撞万石钟，经沧海者，叹观止焉"，为莆田二十四景之一。

嵊泗列岛，由数以百计的岛屿群构成，素有"海上仙山"的美誉。嵊泗列岛以碧海奇礁、金沙渔火的海岛风光著称，是集海崖、海景、沙滩、山景、渔港、海洋文化、渔家风情及众多文物古迹于一体的大型综合性海滨岛屿风景区，也是目前我国唯一的国家级列岛风景名胜区。其中基湖沙滩和南长涂沙滩，各长达 2000 米以上，为我国长江三角洲地区著名的海滨浴场。

以海滨、岛礁地貌为主要特征的风景区，得天独厚的海滨基岩、岬角、沙滩、滩涂、潟湖和海岛岩礁等是其风景资源的主体。依山傍海的滨海、岛礁风景区，蓝天、白云、碧海、金沙、青山、绿树、海岛、岩洞、礁石等自然景观和曲折多变的海岸线构成了典型的海滨、岛屿旖旎风光。在建设"21 世纪海上丝绸之路"和"建设海洋强国"的大背景下，运用风景园林学科专业优势，合理保护和利用这些优质的海洋风景名胜资源，是推进海洋生态文明建设的重要举措，从而进一步实现水清、岸绿、滩净、湾美、物丰的美丽海洋建设目标。

第三节　天地生景

天地生景常依附于山岳圣地和江河湖海而存在，与之一起成为美丽中国的壮丽画卷。我国的高山大川、江河湖海蕴藏着极为丰富的天时景象、大地景观和动植物风景资源。本章节论述的天地生景主要包括天景、地景、生物景三大类型。

一、天景

天景是指天时景象，包含着日月星辰、风雨晴阴、冰雪雾凇、云雾、佛光、海市蜃楼等自然风景。

（1）日月星辰之景

日月星辰的记载最早见于《山海经》，日月星辰神话体现了远古人类对于宇宙的朴素认识。日月星辰作为欣赏对象，历来是风景名胜的素材。旭日夕阳、月色星光、日月光影等景象与海滨、名山、江河融为一体，其壮丽景色常常使人产生强烈的情感反应，或给人留下深刻的印象，著名景胜如泰山观日出（图10-26）、杭州西湖三潭印月、庐山赏月、黄山邀月、峨眉山月、扬州二十四桥明月夜、颐和园十七孔桥金光穿洞等。

图10-26　泰山云海日出

（2）风雨晴阴之景

风是空气流动的现象，空气的流动、净污、温度、湿度也是风景素材。如春风、和风、熏风、清风是直接描述风的；柳浪、松涛、椰风、风云、风荷是间接表现风的；南溪新霁、桂岭晴岚、罗峰青云、烟波致爽又从不同角度反映了清新高朗的大气给人的异样感受。

雨，通俗地讲即从云中降落的水滴，有细雨、阴雨、暴雨等表现形态。风雨晴阴能产生各种景致和情境，往往起到情与景高度融合的审美感受。从《诗经·郑风·风雨》"风雨如晦，鸡鸣不已"到王维《山居秋暝》"空山新雨后，天气晚来秋"，我国历代以风、雨作为景致来描写并抒发情感的诗文不胜枚举。我国著名的雨景有江南烟雨、巴山夜雨、雨打芭蕉等。

（3）冰雪雾凇之景

冰雪，指冰和雪，冰是由水分子有序排列形成的结晶；雪是水或冰在空中凝结再落下的自然现象。冰雪雾凇与山川河流共同构成了我国北方地区冬季常有的壮观景象。《沁园春·雪》是毛泽东主席创作于1936年2月的诗词名篇，分上下两篇，上篇即描写北国冰雪之景，展现了祖国山河的壮丽：

北国风光，千里冰封，万里雪飘。

望长城内外，惟余莽莽；

大河上下，顿失滔滔。

山舞银蛇，原驰蜡象，欲与天公试比高。

须晴日，看红装素裹，分外妖娆。

雾凇，又称树挂，非冰非雪，非露非霜，简言之，由水气遇冷凝华而成的白色固体结晶，是潮湿、低温的条件下才能产生的，非常难得的自然奇观。我国是世界上记载雾凇最早的国家，早在春秋时代成书的《春秋》上就有关于"树稼"（雾凇）的记载。南北朝时代宋·吕忱（420—479年）所编的《字林》里，出现了最早见于文献记载的"雾凇"："寒气结冰如珠见日光乃消，齐鲁谓之雾凇。"雾凇多出现在我国的东北地区，其中尤以吉林雾凇举世闻名（图10-27）。"一江寒水清，两岸琼花凝"是吉林雾凇奇观的生动概括。观赏吉林雾凇的最佳时节多在每年12月下旬到翌年2月，即春节期间为最佳观赏期。"夜看雾，晨看挂，待到近午赏落花"，夜晚、清晨和中午前是最佳观赏时间段。

（4）云雾之景

云雾指云和雾，云雾是山岳圣地的重要风景资源之一，大多数山岳风景名胜区

图10-27　吉林雾凇

都以云雾之景著称。云雾千姿百态，瞬息万变，正是这丰富多彩、变幻莫测的云雾，令人流连忘返。当人们在高山之巅俯首云雾时，如临大海之滨，故这一奇观又被称为云海。黄山云海堪称奇绝，清王灼《黄山游记》中生动的描述了黄山云海美景"人在峰顶，如操万斛之舟，乘风而坐于天上。瑰奇幻怪，不可以殚穷，宇内之观，于斯为极。"除黄山外，泰山、武当山、点苍山等名山的极顶多有云海日出的壮丽风景。

（5）佛光之景

佛光是由阳光照在云雾表面，经过衍射和漫反射作用而形成的自然奇观。因"佛光"在峨眉山金顶最为多见，故又称"峨眉光""，大约在公元 63 年被发现，到现在已经有 1900 多年的历史。泰山岱顶、庐山、黄山、五台山等也经常出现佛光。

（6）海市蜃楼之景

海市蜃楼之景是因光的折射和全反射而形成的虚像，为远处景物显现在空中或海面上空的一种光学幻景。海市蜃楼之景常见于海湾、沙漠和山岳顶部，且多在同一地点、同一时间重复出现，如美国的阿拉斯加上空、俄罗斯齐姆连斯克上空及我国的山东蓬莱、普陀山、连云港海州湾、北戴河东联峰山等地，其中尤以蓬莱独具虚无缥缈的海市蜃楼奇观最为著名。

海市蜃楼之景历史悠久，古代常把其看成是仙境，蓬莱仙境、海上仙山就由此而得名。秦始皇、汉武帝等曾多次率人前往蓬莱寻访仙境、寻求灵丹妙药。史料、文献及文学作品中多有描述，其中南宋遗民林景熙的《蜃说》，是描写海市蜃楼最好的散文之一：

"海中忽涌数山，皆昔未尝有。父老观以为甚异。予骇而出。会颖川主人走使邀予。既至，相携登聚远楼东望。第见沧溟浩渺中，蠡如奇峰，联如叠巘，列如峥岷，隐见不常。移时，城郭台榭，骤变欻起，如众大之区，数十万家，鱼鳞相比，中有浮图老子之宫，三门嵯峨，钟鼓楼翼其左右，檐牙历历，极公输巧不能过。又移时，或立如人，或散若兽，或列若旌旗之饰，瓮盎之器，诡异万千。日近晡，冉冉漫灭。向之有者安在？而海自若也。"

二、地景

本节所论述的地景指岩石构成的地质地貌景观。岩石是地质作用的产物，按其形成原因可分为火成岩（又名岩浆岩）、水成岩（又名沉积岩）和变质岩三大类。火成岩以花岗岩、玄武岩等为主；水成岩以岩溶地貌和丹霞地貌最为普遍；变质岩则以大理岩、石英岩、片麻岩等类型为主。

我国分布的地景资源，以花岗岩地貌景观、岩溶地貌景观、丹霞地貌景观、变质岩地貌景观最为常见，其构成的风景区最多。

（1）花岗岩地貌景观

花岗岩地貌景观在我国分布十分广泛。由于花岗岩质地坚硬，节理发育千差万别，易形成高山大壑、悬崖峭壁、幽谷洞穴、奇妙石景等地貌景观（图 10-28）。我国的大多数名山，如东北的大兴安岭、小兴安岭，山东的泰山、崂山，陕西的华山、

图 10-28　苏州城西天池山胜景，花岗岩地貌的神韵与山水之美（元·黄公望《天池石壁图》，北京故宫博物院藏）

太白山，安徽的黄山、九华山、天柱山，浙江莫干山、普陀山，湖南的衡山、九嶷山，江西三清山，河南鸡公山，天津的盘山，宁夏贺兰山，甘肃祁连山，四川贡嘎山，海南五指山等，几乎全部或大部分为花岗岩所组成。玄武岩地貌景观则分布较少，以黑龙江五大连池最为典型。

（2）岩溶地貌景观

岩溶地貌又称喀斯特地貌，我国早在晋代即有其相关记载，明徐霞客所著《徐霞客游记》记述最为详尽（见第六章第一节）。各具特色、千姿百态的峰林洞景是岩溶地貌的典型景观特征。我国著名的岩溶地貌主要有桂林山水，云南石林，贵州黄果树，贵州荔波的森林喀斯特，重庆武隆天生桥、地缝、天洞等。云南石林、桂林山水、吉林雾凇和长江三峡被誉为我国四大自然奇观，岩溶地貌景观占其二，足见其在自然风景资源中的地位。

（3）丹霞地貌景观

丹霞地貌泛指以陡崖坡为特征的红层地貌，主要由丹霞岩（即红色砂砾岩）构成。丹霞地貌我国分布最广，目前已查明丹霞地貌1000余处，其中以广东省韶关市北部赤色丹霞山最为典型，为世界丹霞地貌命名地。其他以丹霞地貌为主体形成的风景区有福建省南平市武夷山、江西省鹰潭市龙虎山、湘桂两省交界处的资江—八角寨—崀山丹霞地貌、张掖七彩丹霞（图10-29）、宁夏固原市火石寨丹霞地貌、贵州赤水丹霞等。丹霞地貌以"赤壁丹崖，红石公园"著称，其造型奇特、色彩斑斓，易形成观赏价值高的大地风景。

图10-29 张掖七彩丹霞

（4）变质岩地貌景观

变质岩是原有岩石发生变化而形成，可形成很好的自然景观。太行山区的一系列风景名胜区，河北的苍岩山、嶂石岩、天桂山，河南的林虑山、万仙山都是以石英岩为主构成的风景名胜区。山东泰山是以花岗片麻岩为主构成的风景名胜区。山西五台山则是由各种结晶片岩构成的风景名胜区。

三、生物景

风景名胜中的生物景主要包括植物和动物，即形成风景的森林、花草、田园和栖息于其间的动物及其整个生态系统。我国幅员辽阔，自然环境多样，是世界上拥有植物资源和野生动物种类最多的国家。

植物包括各种乔木、灌木、藤本、花卉、草地及地被植物等。植物是营造四时景象和表现地方特点的主要素材，是维持生态平衡和保护环境的重要方面，植物的特性和形、色、香、音等也是创造意境、产生比拟联想的重要手段。我国植被分布从东南到西北形成了森林、草原、荒漠三大区域类型。纬度带、气候及海拔的变化造成了差异化的植被类型分布，赋予了植被丰富的林相、季相，如北京香山红叶，内蒙古呼伦贝尔大草原，云南西双版纳的热带、亚热带雨林，浙江安吉的竹林，东北大小兴安岭的林海，贵州毕节百里杜鹃等。除了整体的森林植被、风景林带外，古树名木亦可单独成景，如山东泰山的五大夫松、陕西华山的华山松、安徽黄山的迎客松等。尤其是黄山风景名胜区的迎客松，树龄至少已有 800 年，作为独特的观赏对象，而被誉为黄山"四绝"之一，成为黄山的标志性景观，也是安徽省的象征之一。

动物包括所有适宜驯养和观赏的兽类、禽类、鱼类、昆虫、两栖爬虫类动物等。动物是风景构成的古远而有机的自然素材。动物的习性、外貌、声音使风景情趣倍增，动物的功利实用价值是人类审美感受的最早源泉。动物资源作为观赏对象，如峨眉灵猴、四川大熊猫，也是风景一绝。

"飞禽走兽，因木生姿"（汉王延寿《鲁灵光殿赋》），动植物资源和谐共生，共同维护着国土空间的生物多样性和生态平衡。珍禽异兽、古树名木、奇花异草……作为宝贵的风景资源，为优美的自然风景增添了无限生机。如主要依托东北温带针阔混交林和东北虎豹等动植物资源建立的东北虎豹国家公园是我国继三江源国家公园之后建立的第二个国家公园，也是世界少有的"物种基因库"和"天然博物馆"，区域内的生物景观壮丽而秀美。

第四节 人文史迹

人文史迹是文化遗产的重要组成部分，是构成我国文明史史迹的主体，具有着无可替代的历史文化价值、科学研究价值和社会价值。本节所论述的人文史迹包括纪念地、石窟、象石、岩画和陵寝等。

一、纪念地

与历史圣地不同，本节探讨的纪念地更具普遍性。纪念地是以名人故居，军事遗址、遗迹为主要特征的风景名胜，包括历史特征、设施遗存和环境。纪念地往往记述了我国朝代变迁、社会演进、战争思想、名人踪迹和生产发展的重要信息，是具有特殊纪念意义的区域。①

名人故居，就是经过多方考证，证实在历史上文人墨客、政治领袖、社会活动家等具有重要影响力的名人先贤诞生地、居住地及重要活动的场所。名人故居是一种特殊的人文资源，蕴含着独特的文化基因，如毛主席故居、宋庆龄故居、老舍故居、茅盾故居等，皆具有一定的文化价值和历史意义。我国名人故居众多，且多为历史建筑，如北京市名人故居在 500 处以上，其中东城区与西城区共有 300 余处。寸土寸金的城市黄金地段，自然是商业资本垂涎之地。由于城市建设的快速发展，名人故居保护现状堪忧。名人故居作为一种独特的历史和文化遗存、文化传承的重要载体，发挥了良好的社会作用，应协调好名人故居保护和城市建设之间矛盾，加强保护力度，更好地实现名人先贤文化传承与发扬。在新时代，"对名人故居的态度问题，彰显着一个民族的文化意识与胸怀……影响着文化的构建与传承，怀着一份虔诚与敬畏之心对待历史，在崇尚文明，追寻物质发展的道路上，我们将始终拥有一份清明的理性及力量之源。"②

除名人故居外，纪念地还包括我国历史上的重大战争和著名的局部战役的军事遗址、遗迹，特色传统民居，古代特色产品的制作场所，以及古代城市、城堡及其遗址等文化遗产集中的区域等。在我国各地大量分布着军事遗址或遗存，古代与军事相关的遗迹遗物诸如兵器、兵营校场、战场、城防关口遗址等，现代军事遗址、遗迹如军事博物馆、纪念馆等③。尤其是以中国共产党领导人民在革命和战争时期形成的革命纪念地、纪念物为核心的红色文化资源分布最为广泛。据数据统计，截至 2018 年底，全国已形成了 30 条红色文化精品线路，已有红色文化景点、景区 300 多个。省市区域

① 《风景名胜区分类标准》CJJ/T 121—2008.
② 曹木静. 保护名人故居彰显文化意识与传承 [N]. 中国文化报，2016-09-02.
③ 《风景名胜区分类标准》CJJ/T 121—2008.

内红色景点、景区联动发展已经成为纪念地红色文化基因传承的新方式。如延安推出"中国革命精神标识之旅"线路，具体线路为：八路军西安办事处——西安事变纪念馆（张学良公馆）——蓝田葛牌苏维埃纪念馆——陕甘边革命根据地照金纪念馆——薛家寨革命旧址——洛川会议旧址——延安革命纪念馆——杨家岭——枣园——延安宝塔山。

　　红色纪念地，表现出比较鲜明的红色主题特征、崇高的价值取向，红色文化基因特质凸出，是参观游览、学习革命精神，弘扬和培育民族精神，接受革命传统教育的首选之地。如北京门头沟区马栏村，因村内有萧克将军、邓华将军所领导的冀热察挺进军司令部旧址，有着"京西第一红村"之称，现为北京市国防教育基地、北京市青少年教育基地。整个村落坚持保护开发并举、保护优先的原则，充分挖掘村域内红色文化、古村落、自然风光等资源，营造了具有古朴而富有韵味的环境景观风貌，形成了独具特色的爱国主义教育与休闲体验新形式——走"京西红路"线路和产品。

二、石窟象石

　　石窟象石是指古代石窟造像、古代壁画、远古岩画等作品，一般具有很高的历史、文化艺术和科学价值，是我国的古代传统文化艺术瑰宝。

　　石窟的造像、石刻、绘画、书法、装饰图案等所表现出的宗教、建筑、民俗、雕塑、绘画、医药、文化交流等内容，代表了我国不同历史时期的艺术风格、社会风貌和科技水平[①]。它们是东西方文明交融荟萃的见证，更是记载留存多元历史文化艺术的重要媒介和载体。

（1）石窟、象石、壁画

　　佛教石窟渊源于印度，又有石窟寺、千佛洞之称。自汉代佛教传入中国后，随着佛教文化、石窟艺术与我国传统文化、石刻艺术等的相互结合，石窟寺逐渐发展成为建筑、雕刻、绘画艺术的综合体。

　　我国的佛教石窟象石开始于魏晋，兴盛于隋唐。根据洞窟形制和主要造像的差异，我国佛教石窟可分为新疆、中原北方、南方和西藏四大地区，可分为7类：①窟内立中心塔柱的塔庙窟；②无中心塔柱的佛殿窟；③主要为僧人生活起居和禅行的僧房窟；④塔庙窟和佛殿窟中雕塑大型佛像的大像窟；⑤佛殿窟内设坛置像的佛坛窟；⑥僧房窟中专为禅行的小型禅窟（罗汉窟）；⑦小型禅窟成组的禅窟群。[②]

　　石窟象石艺术主要包括石窟泥彩塑、壁画和石雕造像等，多属于佛教，少数属

---

①《风景名胜区分类标准》CJJ/T 121—2008.
② 宿白.中国石窟寺研究 [M].北京：文物出版社，1996.

图 10-30 敦煌莫高窟（王金）

于道教。塑像是石窟的主体，在内容题材上，主要以释迦和菩萨等形象和佛教故事画像为主。壁画在石窟中对建筑起装饰和美化作用，往往数量多，内容丰富，艺术技巧精湛，如敦煌壁画飞天更是成为敦煌艺术的标志。敦煌石窟包括敦煌莫高窟、西千佛洞、安西榆林窟共有石窟 552 个，有历代壁画五万多平方米，是世界壁画最多的石窟群。

据不完全统计，我国现存石窟寺遗址上万处，多建在风景优美、景观独特、环境幽僻之地。其中，中原北方地区石窟数量最多，形制和内容多样，我国四大名窟甘肃敦煌莫高窟（图 10-30）、山西大同云冈石窟、河南洛阳龙门石窟（图 10-31、图 10-32）、甘肃天水麦积山石窟皆分布于此地区。其他知名石窟还有武威天梯山石窟、固原须弥山石窟、邯郸响堂山石窟、内蒙古巴林左旗洞山石窟、济南黄花岩石窟等。

除石窟以外，我国以石刻为主要内容的摩崖龛雕像多见于长江流域及其以南地区，其形制多样，有摩崖造像、单体造像、柱状造像、龛式造像等，特点就其山而凿之，常置于露天或浅龛中。主要代表作如四川乐山大佛（图 10-33），南京栖霞山千佛岩石窟，杭州西湖附近窟龛，江苏连云港孔望山摩崖造像，新昌宝相寺大像和广元皇泽寺、千佛崖窟龛以及大足龙岗山石窟、佛湾石窟，大理剑川石钟山石窟等。其中，四川乐山大佛为世界上最大、最高的摩崖石刻佛像，雍容大度，气魄雄伟，有"山是一座佛，佛是一座山"之誉。乐山大佛又名凌云大佛，为弥勒佛坐像，通高 71 米，位于四川省乐山市南岷江东岸凌云寺侧，濒大渡河、青衣江和岷江三江汇流处。佛始凿于唐玄宗开元元年（713 年），完成于唐德宗贞元十九年（803 年），历时近 90 年。现乐山大佛景区由凌云山、乌尤山等景观组成，面积约 8 平方公里，属峨眉山风景名胜区范围。古有"上朝峨眉、下朝凌云"之说，凌云山自古为闻名遐迩的风景游览胜地。

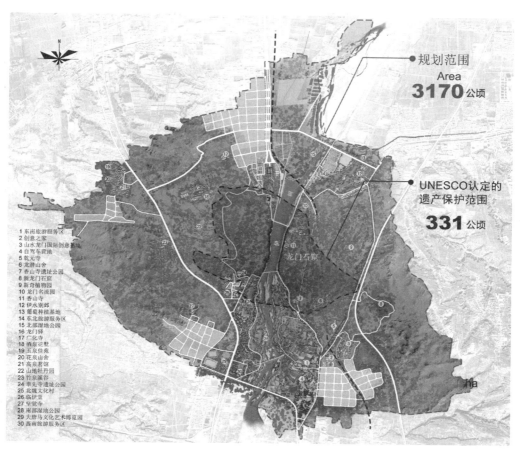

1 东南旅游服务区
2 创意之家
3 山水龙门国际创意基地
4 自驾车营地
5 乾元寺
6 龙潜山舍
7 香山寺遗址公园
8 新龙门石窟
9 新奇植物园
10 龙门名流园
11 香山寺
12 伊水别墅
13 葡萄种植基地
14 东北旅游服务区
15 北部湿地公园
16 龙门驿
17 广化寺
18 礼泉花墅
19 玉泉佳苑
20 花泉山舍
21 高泉茗馆
22 山地杜丹园
23 竹泉溪谷
24 奉先寺遗址公园
25 北魏文化村
26 临伊堂
27 皇觉寺
28 南部湿地公园
29 大唐马文化艺术博览园
30 西南旅游服务区

图 10-31　龙门石窟世界文化遗产园区发展战略规划总平面图
（图片来源：引自《第二届优秀风景园林规划设计奖获奖作品集》上海同济城市规划设计研究院）

图 10-32　洛阳龙门石窟

图 10-33　乐山大佛

（2）岩画

岩画是指先民们在天然的岩穴、崖壁或独立岩石上刻下的各种图像。岩画历史一般比较久远，多为少数民族地区先民们遗留下来，最早的岩画已有数万年的历史。岩画是描绘在崖石上的图腾史书，是先民们最早的"文献"遗存。迄今发现的岩画遍及世界150多个国家和地区。

我国是最早发现和记载岩画的国家之一，春秋战国时期韩非的《韩非子》和北魏郦道元的《水经注》就已有岩画记载。文物考古工作者调查的情况表明，我国的岩画集中分布于北方、西北和西南的少数民族聚居地区，广布于黑龙江、新疆、宁夏、云南、西藏、广西、福建等十多个省、自治区。北方及西北地区以阿尔泰山、贺兰山为代表的岩画多为岩刻；南方地区以广西花山为代表的岩画则为彩色颜料涂绘。这些岩画向世人展现了既具有神秘色彩又蔚为壮观的远古文化艺术长廊，为今天我们研究古人类文化史、宗教史、原始艺术史提供了极为珍贵的实物资料。

在我国现存的岩画作品中，当推阿尔泰山岩画长廊、宁夏贺兰山岩画、广西左江花山岩画最为知名。其中阿尔泰山岩画长廊，是迄今发现的我国最大的岩画群，约1000多公里长，一万多幅岩画艺术作品，历史最早可追溯到先秦时期。关于宁夏贺兰岩画最早的文字记载可见于《水经注》卷三"河水三"："河水又东北历石崖山西，去北地五百里。山石之上，自然有文，尽若虎马之状，粲然成著，类似图焉，故亦谓之画石山也。"至今在南北长200多公里的贺兰山腹地山岩崖壁上分布了近6000幅岩画，生动地记录了数千年前先民们放牧、祭祀、狩猎、征战、生产等生活场景（图10-34）。而广西左江拐弯处高达几百米的悬崖绝壁上，战国至东汉时期岭南左江流域壮族先民骆越人绘制的赭红色岩画，以人物形象为主，规模宏大，形象壮观，极具艺术感染力（图10-35）。

图10-34　太阳神岩画是贺兰山岩画群中最具代表性的象征和标志

图10-35　左江花山岩画

三、陵寝

中国古代帝王陵寝发展历史从公元前 2070 年夏王朝建立开始，到清王朝 1912 年覆灭结束，伴随中国帝王王朝史大概经历了 3982 年。期间共出现了 83 个王朝，共有 559 个帝、王，为保皇权永固，世代承袭，历代帝王对自己的陵寝建设都十分重视，帝王陵寝文化也一直盛衍不衰，历代相承。

周以前，墓葬形式为"不封不树""墓而不坟、与地齐平"。春秋时代，帝王陵墓开始设置陵园，并以人工挖制的隍壕为界。从战国时代起，各国的君主死后都营建高大的坟丘，并尊称为"陵"，陵园演变为筑墙垣为界。也正是从这一时期开始，"陵"成为帝王坟墓的专称。春秋战国时代的陵园布局以长方形为主，西汉后直至唐宋大多取方形。秦汉时期，堆筑高大封土、建设宏伟的陵园成为其主要特点，且整体布局仿照长安都城宫殿的规划布置，以充分体现皇权至上、君王至尊的中央集权思想。故秦汉陵园规模范围更加宏大，周长少则十数里，多者百余里，甚至数百里。唐朝时期的皇家陵寝多在山腰开凿墓室，即依山为陵，且平面布局模仿长安城宫城的规制，采取前朝后寝的宫殿建筑模式布置。这一制度延续到明清时期，并随着明清对陵寝制度的改革、完善，将中国古代陵寝营建活动推向了最后的顶峰。

我国至今地面有迹可循、时代明确的帝王陵寝共有一百多座，分布在全国半数以上的省区。我国古代帝王陵寝受堪舆之术影响，多选址离都城京师不远，且山势连绵起伏之地，形成"陵制与山水相称"的格局，如南依骊山、北临渭水之滨的秦始皇陵，环京都长安（今西安市）周围的关中十八唐帝陵、嵩山北麓与洛河间"高山为屏，大河为带"的北宋帝王陵群、北京昌平天寿山麓的明十三陵等。

我国古代帝王陵寝主要包括帝王陵墓、陵园、陵区礼制建筑及其他附属建筑、陪葬墓、陪葬坑和陵前石刻等。以帝王、名人陵寝为主要内容的风景区，包括陵区的地上、地下文物和文化遗存遗迹及陵区环境。我国的风景名胜区中著名的墓葬大多为帝王、领袖或名人的陵地，如西安临潼的秦始皇陵，陕西关中汉唐帝王陵群，河南巩义北宋帝王陵群，南京明孝陵和北京明十三陵，清代关外三陵和河北清东陵、清西陵，西藏穷结县藏王陵区以及宁夏银川西夏王陵等。这些规模宏伟、建筑园林风格独特、葬品丰富的帝王陵寝，是我国重要文物古迹和宝贵的历史文化遗产，具有重要的历史、科学、文化艺术价值。

秦始皇陵和明十三陵代表了封建王朝的不同时期陵寝建设发展的巅峰。

秦始皇陵位于陕西省西安市临潼区，陵墓高大，陵区广阔，占地约 56.25 平方公里，堪称中国古代帝陵之冠。秦始皇陵的陵寝是目前所知规模最大的，全部用夯土筑成，平面方形，整体呈覆斗状。秦始皇陵封土之外围筑城垣，形成陵园，陵园分为内、

图10-36　秦始皇陵兵马俑

外两重城垣，平面为"回"字形。秦陵四周分布的大量形制不同、内容各异的陪葬坑和墓葬，现已探明的有400多个。已经过考古挖掘的兵马俑，叹为观止，被誉为"二十世纪考古史上伟大的发现之一"（图10-36）。

明十三陵位于北京昌平区县城北10公里的天寿山南麓，陵区面积120平方公里（图10-37）。

自明孝陵始，在坟丘外建圆形宝城，在帝陵宝城南边建长方形陵园，二者南北相连，礼制建筑等置于其中。此制为明清帝陵所沿用。十三座皇陵均依山而筑，分别建在东、西、北三面的山麓上，形成了体系完整、规模宏大、气势磅礴的陵寝建筑群。

第五节　城乡名景

一、城乡八景

八景文化始于北宋，所谓八景，八有全面、完整之意，可涵括"四面八方"，八景成为各地风景名胜归纳、提炼的概括集锦。八景往往融汇了山水诗画、山水景物和地方文脉，其选择和命名逐渐成为一种特有的文化现象。后延展的十景、二十四景、三十六景、七十二景等都统称为八景文化。

北宋宋迪《潇湘八景图》，因其诗画题材、画屏形式、主题内容、意境风格广受社会赞誉，引发各地城乡村镇广为效仿，纷纷寻找、提炼本地各层面的典型景致和八景诗画，出现了新老、内外、上下、大小等各种八景称谓，并形成各州、县与城镇的八景系列，进而成为风景园林和城市建设中"主题先行"的造景手法。

八景文化自产生以来，为后世历代所继承发扬，并被上至帝王将相，下至寻常百姓的各个社会阶层所推崇。明朝曾以政府诏令的形式要求各地定出"八景"上报朝廷，进而推动了全国各地八景文化的盛行，并成为历代方志编写的通例。明清繁盛的方志体系中，记载的各地八景更是不计其数。虽各级方志中涌现了大量繁杂且良莠不齐的八景，其立意、名称内容等均大致相似，并呈现出一定的通俗化、流行化特征。但因八景文化形象生动、上口易诵，得以广泛流传，一度成为社会风尚。一时间，不仅文人士大夫纷纷仿效为各自熟知的地方作八景图、诗，就连庙堂之上的帝王也纷纷为八景正名、代言。康熙于清康熙三十八年（1699年）逐一品题西湖十景；喜好风雅的乾

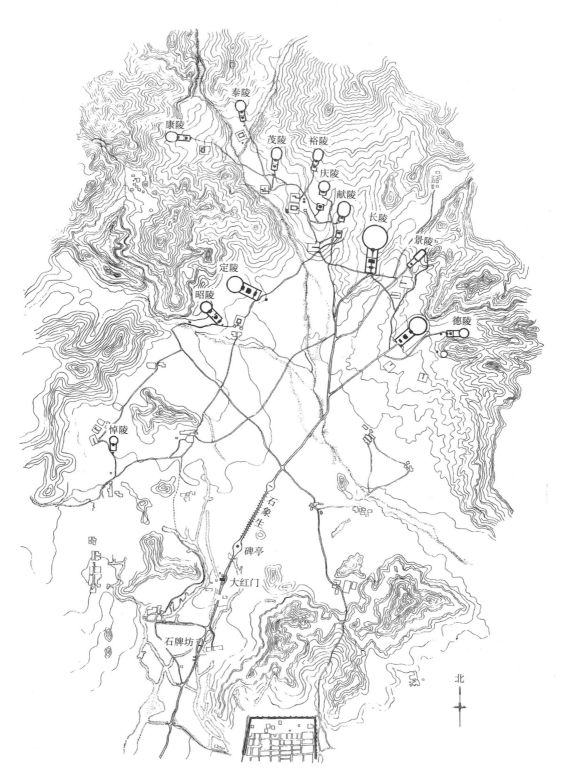

图 10-37 明十三陵分布图（图片来源：引自刘敦桢主编《中国古代建筑史》）

隆更学其祖父，于清乾隆十六年（1751年）御定燕京八景。

八景文化影响深远，声名远播并流传到朝鲜半岛、日本等国家和地区，成为其文化艺术创作的源泉和素材，产生了朝鲜关西八景及日本化八景和八景诗人。八景文化还对我国的风景开发和园林营造产生了巨大影响，凡"十室之邑，三里之城，五亩之园，以及琳宫梵宇，靡不有八景诗矣"[（清）《日下旧闻考》]。清皇家园林也引入了八景文化，创作出了如圆明园四十景、承德避暑山庄康熙三十六景与乾隆三十六景等景胜。

具有强大生命力的八景文化，历经千年而不衰，自宋后历代相沿，从未间断，至今仍备受群众关注和喜爱（表10-2）。近代以来，在旧八景基础上，各地结合时代发展评选出了新八景，如羊城新八景、新西湖新十景、新金陵四十八景、澳门新八景、台湾新八景、北京通州副中心绿心公园二十四景等，都对当地社会文化事业的传承发扬和繁荣兴盛起到了积极推动作用。如今，强调主题与意境的"新旧八景"，与雅俗共赏的诗画和实景，代表着当地的典型和标志性景胜，进而成为城市的名片或品牌。

二、特地地标景

地标景是指某地具有特色和吸引力的标志性区域或景色，它们或为各地八景、十景之一或之首，或与前文论述的天地生景和人文历史相融合成为一个区域、一个城市的标签和形象代表。通俗地讲，即如今所盛传并频繁出现在各类媒体、朋友圈及影视作品里的"打卡地"，有着海量的粉丝群和极高的社会知名度。

地标景、标识地标景的主景构成要素既有独具厚重历史文化积淀的古树名木、亭台楼阁、寺庙道观；又有现代化的摩天大楼、灯塔桥梁等。其中：

因千年以上的古树名木而形成的地标景有黄帝陵轩辕柏、九华山凤凰松、黄山迎客松、北京景山公园二将军柏、阿里山神木、北京潭柘寺帝王树、湖北章台古梅①、山东莒县古银杏、广东江门天马河古榕、云南丽江玉峰寺山茶等。

因古塔而形成的地标景有山西飞虹塔（琉璃塔）、登封嵩岳寺塔（砖塔）、大理千寻塔（砖塔）、应县释迦塔（木塔）、西安大雁塔（砖塔）、杭州雷峰塔（砖塔）、苏州虎丘塔（砖塔）、杭州六和塔（砖木塔）、苏州报恩寺塔（木塔）和开封铁塔（琉璃塔）等。

因历史名街而形成的地标景有北京国子监街、平遥南大街、哈尔滨中央大街、苏州平江路、黄山市屯溪老街、福州三坊七巷、青岛八大关、青州昭德古街、海口骑楼老街和拉萨八廓街等。

---

① 湖北章台古梅与浙江天台隋梅、湖北黄梅县江心古寺的晋梅、浙江杭州大明堂院内的唐梅、浙江超山报慈寺前的宋梅，并称为我国五大古梅。

北宋至清代典型"八景"及诗文绘画　　　　　　　　　　　　　　　表 10-2

朝代	地方八景	八景诗文绘画
北宋	潇湘八景 虔州八景 羊城八景	李成绘《潇湘八景图》 宋迪绘《潇湘八景图》 米芾作《潇湘八景诗并序》 孔宗瀚建八境台绘《虔州八境图》 苏轼作《虔州八境图八首》、《八境图后序》
金	燕京八景 方城八景（今南阳市） 平水八景（今临汾市）	元好问作《方城八景》 李俊民作《平水八咏》
南宋	杭州西湖十景 湟川八景（今广东省连州市）	王洪绘《潇湘八景图》 牧溪绘《潇湘八景图》 玉涧绘《潇湘八景图卷》 夏圭绘《潇湘八景图》 叶肖岩绘《西湖十景图册》
元	钱塘十景 昆明八景 桂林古八景	（高丽）李齐贤作《潇湘八景词》 王升作《滇池赋》 吕思诚作《桂林古八景诗》 张远绘《潇湘八景图》
明	济南八景 汴京八景 巴渝八景（今重庆市） 佛山八景 金陵四十八景（今南京市） 肇庆八景 寿阳八景（今安徽省寿县） 直沽八景（津门八景） 南昌八景	张宏绘《栖霞山图》。 朱之蕃诗记、陆寿柏绘《金陵四十景图考诗咏》 郭仁绘《金陵八景图卷》 董其昌绘《秋兴八景图册》 董其昌绘《燕吴八景图册》 文徵明绘《文衡山潇湘八景册》 李东阳作《直沽八景》（诗八首） 王绂绘《北京八景图》 七律组诗《南昌八景》
清	关中八景（长安八景） 西湖十八景 杭州二十四景 贵阳八景 西宁古八景（古湟中八景） 福山八景（今烟台市） 沈阳十景 盛京八景（今沈阳市） 郑州八景 敦煌八景 台湾八景 桂林续八景 避暑山庄三十六景 避暑山庄七十二景 圆明园四十景 豫章十景（南昌十景） 杭州西湖龙井八景	康熙御定《西湖十景诗》 乾隆御定《西湖十景诗》 王原祁绘《西湖十景图》 张若澄《燕山八景图》 乾隆御定《燕京八景诗》 瑞卿作《留都十景诗》 张钺作《八景诗》 高岑绘《金陵四十景图》 徐上添绘《金陵四十八景》 苏履吉作《敦煌八景题咏咏》 朱树德作《桂林八景图说》 冷枚绘《避暑山庄三十六景图》 唐岱、沈源绘《圆明园四十景图》 乾隆作《御制圆明园四十景诗》 杨伯润绘《西湖十八景图》 乾隆御笔"龙井八景"

因古代名亭而形成的地标景有滁州醉翁亭，北京陶然亭，长沙爱晚亭，杭州湖心亭、放鹤亭，浙江绍兴兰亭，江苏苏州沧浪亭，山东济南历下亭，湖北恩施问月亭等，其中前四座古亭素有四大名亭之称，不但形态优美、造型各异，而且无一不具有其独特的文化蕴涵，是我国古代因文人雅士的诗歌文章而闻名的景点（表10-3）。

我国古代四大名亭

表10-3

名称	地址	历史沿革	建筑特点	风景特征	诗文传颂	备注
醉翁亭	安徽省滁州市西南琅琊山旁	始建于北宋庆历七年（1047年）	传统的歇山式建筑，小巧独特，具有江南亭台特色。紧靠峻峭的山壁，飞檐凌空挑出	亭园内有九院七亭：醉翁亭、宝宋斋、冯公祠、古梅亭、影香亭、意在亭、怡亭、览余台，风格各异，人称"醉翁九景"。因其与城西南的琅琊山诸峰相连，城山一体，是安徽省五大风景区之一	由唐宋八大家之一欧阳修命名并因其撰《醉翁亭记》一文而闻名遐迩	四大名亭之首
陶然亭	北京市南二环陶然亭公园内	建于清康熙三十四年（1695年）	面阔三间，进深一间半，面积90平方米	陶然亭、慈悲庵三面临湖，东与中央岛揽翠亭对景，北与窑台隔湖相望，西与精巧的云绘楼、清音阁相望	取白居易诗"更待菊黄家酿熟，与君一醉一陶然"句中的"陶然"二字为亭命名	1985年修建的华夏名亭园是陶然亭公园的"园中之园"，现有亭36座
爱晚亭	湖南省长沙市岳麓山下清风峡中	始建于清乾隆五十七年(1792年)，原名红叶亭，后改名爱晚亭。经过多次大修，逐渐形成了当前的格局	亭形为重檐八柱，琉璃碧瓦，亭角飞翘，自远处观之似凌空欲飞状	亭坐西向东，三面环山，紫翠菁葱，流泉不断。亭前有池塘，桃柳成行。四周皆枫林，深秋时红叶满山	名字来源于杜牧的七言绝句《山行》中的"停车坐爱枫林晚"	
西湖湖心亭	浙江省杭州市西湖中央	始建于嘉靖三十一年（1552年），初名"振鹭亭"，万历年间改额曰"清喜阁"，时人始称"湖心亭"，后屡经修葺	为一组建筑，包括中心建筑蓬莱宫以及湖心亭牌坊、新建振鹭亭、湖山一览廊、观景亭轩等	湖山胜概，一览无遗。湖心亭极目远眺，可广揽孤山、二堤、二塔及其余二岛。环岛皆水，环水皆山，为全湖之胜	《湖心亭柱铭》亭立湖心，俨西子载扁舟，雅称雨奇晴好。席开水面，恍东坡游赤壁，偏宜月白风清	岛以亭名，如今的湖心亭已非建筑意义上的亭，而泛指岛，对应传说中海上三仙山之"蓬莱"

因著名的楼阁而形成的地标景有湖北武昌黄鹤楼（图10-38、图10-39）、湖南岳阳楼、江西南昌滕王阁、云南昆明大观楼、山东蓬莱阁、山西永济鹳雀楼、湖南长沙天心阁、江苏南京阅江楼、陕西西安钟鼓楼、浙江宁波天一阁等。我国自古就有"盛世修史，丰年盖楼"之说，这些名楼阁多有脍炙人口的诗文名篇被千古传唱，其中最著名的有范仲淹的《岳阳楼记》、王勃的《滕王阁序》、崔颢的《黄鹤楼》、王之涣的《登

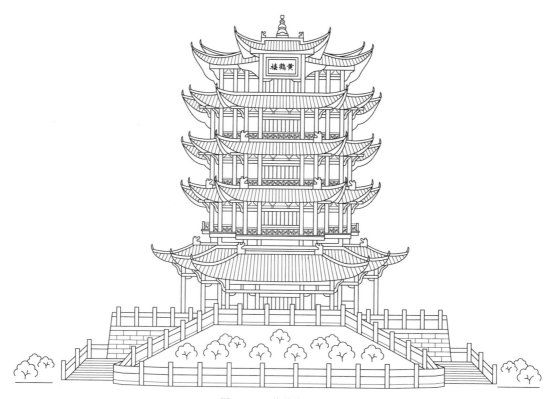

图 10-38 黄鹤楼立面图

图 10-39 黄鹤楼享有"天下江山第一楼""天下绝景"之称,是武汉市标志性建筑,
与晴川阁、古琴台并称武汉三大名胜

我国古代四大名楼　　　　　　　　　　　　　　　　　　表 10-4

名称	地址	历史沿革	建筑特点	风景特征	诗文传颂	备注
黄鹤楼	湖北省武汉市蛇山之巅	始建于约公元223年，距今约1800年历史。后屡毁屡建，1981年以清同治楼为蓝本重修，1985年落成	黄鹤楼的形制自创建以来，各朝皆有不同。主楼高49米，共五层，攒尖顶，层层飞檐。平面为四边套八边形，谓之"四面八方"。附属建筑宝塔、牌坊、轩廊、亭阁等更好地烘托了主楼的壮丽	黄鹤楼濒临长江，雄踞蛇山之巅，与武汉长江大桥相辉映。高出江面近90米，登楼远眺，可观武汉三镇、长江两岸风景。整座楼远观形如展翅欲飞的黄鹤	仅旧志中收录的与之相关诗文达400多篇（首）。因唐代诗人崔颢的《登黄鹤楼》诗而闻名	享有"天下江山第一楼""天下绝景"之称
岳阳楼	湖南省岳阳市古城西门城墙之上	始建于公元220年前后，距今约1800年历史。后经数次重修	全楼高达25.35米，平面呈长方形。为四柱三层，飞檐、盔顶、纯木结构。全楼梁、柱、檩、椽全靠榫头衔接为整体。独创了古建筑史上"如意斗拱"托举而成的盔顶式结构	下瞰洞庭，前望君山，气势壮阔，构制雄伟。自古有"洞庭天下水，岳阳天下楼"之美誉。远观如凌空欲飞的鲲鹏	北宋范仲淹的《岳阳楼记》使其著称于世	
滕王阁	江西省南昌市西北部沿江路赣江东岸	始建于唐朝永徽四年（653年），距今约1400年历史。屡毁屡建，先后重建达29次之多	建筑形制多有变化。现为宋式建筑，1985年开工重建，1989年落成。滕王阁主体建筑净高57.5米，主阁取"明三暗七"格式，即从外面看是三层带回廊建筑，而内部却有七层	楼阁云影衬映南北相通的两座人工湖中，盎然成趣。空中俯瞰，滕王阁如平展两翅，凌波西飞的鲲鹏	因王勃《滕王阁序》为而流芳后世。王勃、韩愈等人开创了"诗文传阁"的先河，与之相关的诗文、楹联书法艺术繁盛	宋代滕王阁为历代之冠
鹳雀楼	山西省永济市蒲州古城西面的黄河东岸	始建于北周（557年至580年），距今约1400年历史。最近的一次复建于1997年开工，2002年落成	新建的鹳雀楼总高73.9米，为仿唐形制，四檐三层，内分六层	据山河柳林之胜，自古为中州大地的登高胜地。前瞻中条山秀，下瞰大河奔流	因王之涣《登鹳雀楼》为后人熟知	为国内唯一采用唐代彩画艺术恢复的唐代建筑

鹳雀楼》等。诗文传楼阁，上述四座著名楼阁被誉为"中国古代四大名楼"（表 10-4），其中前三者又被誉为江南三大名楼。

　　因现代建筑和大型工程建设而形成的地标景有北京国家体育场（鸟巢）、国家游泳中心（水立方），上海东方明珠电视塔、广州新电视塔（小蛮腰）、台北 101 大楼、香港中环广场、南京长江大桥、贵州平塘球面射电望远镜（中国天眼）等。

　　地标景除了成为一个地区或城市的标签、代表外，还往往能成为一个国家的代表或者象征，甚至成为人类文明杰作和世界奇迹。如纽约自由女神像、意大利比萨斜塔、莫斯科红场、埃及金字塔、墨西哥大教堂、悉尼歌剧院、巴黎埃菲尔铁塔等多成为所在国家的地标景和国家象征。人类文明杰作和世界奇迹则有古代西方人眼中已知世界上的七处宏伟的人造景观：埃及胡夫金字塔、巴比伦空中花园（图10-40）、阿尔忒弥斯神庙、奥林匹亚宙斯神像、摩索拉斯陵墓、罗德岛太阳神巨像、亚历山大灯塔。最早提出世界古代七大奇迹的说法的是公元前3世纪的旅行家安提帕特，由于受当时历史条件的限制和世界认知的局限，且七大奇迹大多已经毁灭，后人在2007年又提出了世界新七大奇迹：中国长城、约旦佩特拉古城（图10-41）、巴西基督像、秘鲁马丘比丘印加遗址（图10-42）、墨西哥奇琴伊查库库尔坎金字塔、意大利古罗马斗兽场、印

图10-40　巴比伦空中花园

图10-41　约旦佩特拉古城迹址

图10-42　马丘比丘印加遗址高耸在海拔约2350米的山谷中，为热带丛林所环抱，可俯瞰乌鲁班巴河谷。
1983年评为世界自然与文化双遗产

图 10-43　印度泰姬陵及园林

度泰姬陵（图 10-43）。其中长城是我国古代劳动人民创造的伟大的奇迹，据 2012 年国家文物局发布数据，中国历代长城总长度为 21196.18 千米，是世界上最长、最雄伟的建筑物（图 10-44）。它与天安门、兵马俑一起被世人视为中国的象征，成为人类共同的文化遗产和财富。

图 10-44　在崇山峻岭之间蜿蜒盘旋的万里长城

第十一章　园林艺术

园林艺术集天地自然之灵秀，将造园者胸中所藏之丘壑——呈现于凡尘俗世之中，或寓天地于宫室，或迎造化于庭园，构建了一代又一代人的审美情趣和精神理想。园林艺术为世界创造了一道道五色斑斓的风景，更为我们营造了一份生活的情趣，一种生命的情怀。

中国园林艺术的主要核心和精髓是情趣和意境，"一拳代山，一勺代水""一切景语皆情语"，以境界为最上，在艺术上则以情景交融的意境为最高追求目标。

中国园林艺术营造最基本的指导思想是"虽有人作，宛自天开""巧于因借，精在体宜"，强调有法而又法无定式。"师法自然""天人合一""人天和美"是造园的最高境界和标准。

中国园林本于自然而又高于自然，园林中的山水流泉、花草树木、亭台楼阁、廊桥馆榭……无不经过精心的布局与营造，组合成如诗如画的空间。中国园林被称为是"无声的诗，立体的画，凝固的音乐"，具有着山水、建筑、名木之美，更蕴含着意境、时空之美。

山水之美

在中国园林艺术中，山水作为重要的造园要素，共同构筑了整个园林体系的骨架和血脉。在这里，山水不仅作为简单的物质要素出现，更是人们重要的崇拜、欣赏、歌颂和审美的对象。

山贵有脉，水贵有源，山与水密不可分。山水相依，使园林空间内更加富有灵性和生机。在园林营造过程中，名山奇石、林泽大川、山涧溪流等常被造园者浓缩于园中，形成山清水秀、花木葳蕤的山水写意园林。园林中山水之美，自是美不胜收，不胜枚举。"寸山多致，片石生情"，峰、峦、岭具有峻拔高耸之美，崖、壁、岩更显险峻峭拔，洞、府具别有洞天的意境，谷、壑则有幽深野趣之美，湖海有着开阔宏大之美，溪涧具有恬静之美，渊潭有着神秘幽邃之美，瀑布则有着强劲灵动之美。

建筑之美

园林建筑不仅是人们居住、社交活动的场所，还寄托着园林主人独特的审美追求。中国园林建筑形态多样，有厅、堂、轩、楼、阁、榭、舫、亭、廊等，这些建筑多高低错落、相互照应，形成和谐而完美的连续性空间序列，呈现出特定的节奏和韵律美。此外，中国园林建筑的装饰美和工艺美使园林空间更具有了东方的神韵和气质。

花木之美

园林艺术中的花木造景主要有烘托陪衬山石、建筑物或点缀庭院空间的作用。园林中许多景观的形成都与花木有直接或间接的联系。春夏秋冬的变化，阴雪雨晴的天气，都会改变植物的生长，会改变园林空间意境，也深深影响人的审美感受。唐代大诗人王维在《山水论》中说："山借树而为衣，树借山而为骨，树不可繁，要见山之秀丽；山不可乱，须显树之光辉"，指出了花木在绘画及造园中的重要地位和所发挥的功效。

意境之美

中国园林有着诗画的情趣和意境的蕴含。造园者自身的情感历程、人文品质凝聚于景物中，渗透在园林空间环境里。园不在大，不在奢，只要主题意境高雅，陋中之景也秀美；孤芳自赏，清高固穷，不与世俗同流合污的性格融入庭院营造中，使得陋室、苔痕、青草也有了灵性、风骨。意境在中国园林中，早已成为文人心中的审美情趣，胸中有天地，"一室小景"也能营造出"有情有味"的自我天地。

意境构成了中国园林的内涵和精髓。"景有尽而意无穷"，中国园林情从景生，境由心造，情景交融，常常给人以"象外之象，景外之景"的奇妙审美感受。

时空之美

春夏秋冬的时序变化赋予园林山水花木的季相之美。杭州西湖十景中的"平湖秋月""断桥残雪"，燕京八景中的"蓟门烟树""太液秋风"，拙政园与谁同坐轩等，总能令人遐想，产生穿越时空的审美感受。中国园林是存在于空间之中的艺术，它有易于感知的山水、建筑、花木之美，更能使人穿越时空去和古人对谈。中国园林的时空之美是园林景观空间和时空的高度融合，具有"四维时空"之美。

中国园林艺术众美从之，美美与共，然而美从何来？怎样实现？如何为人类营造最美的风景，建设人类美丽的家园是风景园林学科需要解决的首要任务。

风景园林的各种美必须作为一个统一整体来考虑，即通过一定的园林布局形式和一定的造景手法，实现内涵、内容与功能、形式的高度统一。从数千年来各种风景园林类型的空间布局与形态演变分析梳理，园林布局可归纳为三大类，即规则式、自然式、混合式。

规则式布局又称"几何式""对称式""整形式"。规则式园林为以法国、意大利为代表的西方古典园林布局的主要特点，体现的是雄伟、庄严、整齐与对称，强调几何图案美。整个园林平面布局以及建筑、广场、道路、水面、花草树木等多按照明显的轴线进行几何对称式布置。我国皇家园林尤其是宫廷区建筑布局为了体现封建帝王的威严和皇权至上的等级观念，亦多采用轴线对称布局，形成主次分明的功能空间，当代的城市广场、商务办公园区及寺观园林、纪念性园林也多采用规则式园林布局，如天安门广场、天坛、泰安岱庙、南京中山陵园等。

自然式布局又称"风景式""山水式""不规则式"。自然式园林尤其自然式山水写意园林，是中国园林布局的主要特点。深受中国造园之影响，日本等国的园林艺术也多沿用这一布局形式。自然式园林主要以山水为骨架，把自然景色和造园要素巧妙融合在一起，形成"源于自然而又高于自然"的艺术效果。我国南方的私家园林多由文人雅士营造，布局形式打破了严格的轴线对称格局，形式灵活，富于多变。当代新建的公园绿地，如北京奥林匹克公园、2019年北京世界园艺博览会园区、上海世博公园、深圳荔枝公园、广州越秀公园等，皆进一步继承发扬了这一传统的布局形式。

混合式园林在构图上没有强烈的轴线关系和明显的山水骨架形态，多根据场地现状采取规则式、自然式相互组合运用。一般情况下建筑、广场、主要入口及景观大道等附近多强调中轴对称，采取规则式布局；而园区结合地形多采用自然式布局。

除了合理的布局形式表达，中国园林在营造中往往还必须遵循主从与重点、统一与多样、对比与调和、比例与尺度、韵律与和谐、均衡与稳定、隐喻与象征等一系列艺术形式和构图法则，达到"虽由人作、宛自天开"的审美艺术效果。

此外，还必须因地制宜地选择借景、添景、框景、抑景、漏景、对景等基本造景手法，形成高低错落，疏朗有致、充满情趣、富有意境的宜人美景。

借景

"借"是指借用、依据、凭借等含义。园林中的借景首先对自身的景观加以利用，将外部风景借至景点中来，扩大空间、加强景深、增强变化。"夫借景，林园之最要者也"，明代造园理论家计成在《园冶》一书中强调了借景的重要性。

借景的原则是"俗则屏之，嘉则收之"，要"巧于因借"。借景可分为：近借、远借、邻借、互借、仰借、俯借和应时借七种形式。经典的借景实例如皇家园林颐和园以园外西山群峰和玉泉山上的宝塔为借景，形成山外有山、景外有景的丰富美景；苏州拙政园从依绣亭和梧竹幽居西望借景北寺塔；苏州留园远借虎丘山景色；沧浪亭北面亭榭借景园外水景等。

添景

添景是使欣赏画面空间更加丰富、完整的艺术手法。如园林中的拱桥、平桥、廊桥、曲桥等均可增添园中景色，在视觉上起到丰富、美化空间的作用。园林中窗前檐下的枝干、树叶、花果也可以成为添景要素。著名者如北京香山饭店"一树三影"景点，白墙下种植的同一棵松树，通过设计将树影映在墙面上，倒映在水中，形成了一树三影的佳景。

框景

框景是利用门框、窗框、树框、山洞等将景框在"镜框"中，有选择地摄取优美景色，构成如诗如画的园林景观。《园冶》中记述了透过门窗框景的艺术效果："门窗磨空，制式时裁，不惟屋宇翻新，斯谓林园遵雅。工精虽专瓦作，调度犹在得人，触景生奇，含情多致，轻纱环碧，弱柳窥青。伟石迎人，别有一壶天地"。中国园林典型的框景实例有苏州网师园殿春簃长窗、苏州留园花窗、颐和园一步一景的长廊等。

夹景

夹景是在轴线、透视线两侧布置花木、山石、建筑等要素来强化和突出主要景物的造景手法。夹景强调主景与两侧景物的关系，起到引导视线和增加园林景观景深的作用。夹景艺术多用于园林河流及绿道、廊道设计中。

漏景

通过院墙或廊壁上的花窗，将室内外或园内外景致组合在一起的造景手法。漏景往往通过造园要素漏窗来实现，在漏窗上多雕刻有民族特色的几何图形，或葡萄、石榴、修竹等植物，以及鹿、鹤等珍禽异兽造型。苏州最古老的园林沧浪亭内有108种花窗样式，是苏州园林花窗的典型，也是中国园林运用漏景的典范。

抑景

抑景以"先藏后露""欲扬先抑"为指导思想，通过景物对游人视线进行暂时的阻挡，形成峰回路转、豁然开朗的艺术效果。在园林中，多在入口处和空间序列的转折引导处选用山石、植物、景墙等造园要素来处理。

对景

对景是通过轴线确定视觉关系的造园手法，对景一般讲究轴线对称，即在轴线的两端设景形成遥相呼应的对景，强调"看"与"被看"。"你站在桥上看风景，看风景的人在楼上看你"是其最形象的阐述。对景手法一般分为正对和互对两种形式，可增强园林景物的景深和层次。

数千年来，园林艺术代代相承，薪火相传，创造了无比辉煌的发展历史。按照历史成因、隶属关系和功能性质，园林主要类型有：皇家（帝王）园林、私家园林、寺观园林、纪念园林、公园花园及其他园林等。

第一节 皇家（帝王）园林

一、皇家（帝王）园林类型与特点

（1）历史悠久，源远流长

皇家（帝王）园林历史最为悠久，最早可追溯到中国古代神话传说中西王母居住的"瑶池"和上古时代黄帝所居的"悬圃"。

皇家（帝王）园林从约公元前1750年—前1500年，中国最早的夏王朝都城二里头遗址中的多院落宫室及"坛""墠"溯源，至今共经历了3700多年。从公元前11世纪，殷墟出土的甲骨卜辞中"囿"和"圃"等象形字的出现算起，皇家（帝王）园林亦有3000多年历史。

从古代神话传说、夏王朝都城考古遗址和殷墟甲骨文字记载中推断分析，皇家（帝王）园林当为中国风景园林艺术发展的肇始，可谓历史悠久，源远流长……

（2）数量众多，分布集中

如前文所述，中国从公元前2070年夏王朝建立至清王朝1912年覆灭，近4000年间共有559个帝、王。相对于帝王陵寝建设而言，皇家（帝王）园林建设更是有过之而无不及。中国历代封建王朝多大兴土木营建都城宫殿，构筑离宫别苑，以供帝王及时享乐。据不完全统计，出现在历史文献中的皇家（帝王）园林达数百处。

历代帝王的园林营造活动相对比较集中，主要分布在古代都城内或其郊野的山川形胜之地。中国历史上最为著名的七大古都为西安、洛阳、南京、北京、开封、杭州、安阳，有历史记载或考古证据的皇家（帝王）园林多集中分布在这七座古都。这些古都的皇家（帝王）园林或为新建，或为前朝宫苑旧址上修复、恢复重建，往往代表了同时代最高的水平。

（3）类型多样，功能齐全

秦汉之前的皇家（帝王）园林有"囿""圃""台"等类型，具有栽培、生产、圈养、狩猎、游观、通神望天等功能。

秦汉皇家（帝王）园林以"宫""苑"称谓，其中，汉武帝时期就出现了新的类型离宫御苑。这一时期的皇家（帝王）园林在具有之前功能的同时，上林苑"昆明池"还兼具了供水、游乐、军训的功能。

魏晋南北朝时期的皇家（帝王）园林除沿袭前朝的"宫""苑"之外，"园"的称谓开始增多。在功能上，栽培、生产、狩猎、求仙、通神的功能淡化，游乐、休憩、观赏等功用逐渐强化。

　　隋唐宋时期的皇家（帝王）园林，大内御苑、行宫御苑、离宫御苑三种类型齐备，功能上沿袭前朝并无太多拓展。

　　盛世造园，乱世毁园。宋代之前的皇家（帝王）园林，多毁于历代王朝更替的战乱之中，现仅存史料文字记载和遗迹遗址可考。

　　宋及辽之后，自金、元，历代帝都建于北京。1153年，金朝迁都燕京，营建中都，此乃北京正式建都之始，至今前后共有868年。期间造园活动承前启后，多有持续，并最终在明清时期达到最后的巅峰。故皇家（帝王）园林建设多集中分布在北京及其近畿，类型为大内御苑、行宫御苑、离宫御苑。尤其是清王朝入关定都北京，改朝换代并未破坏北京城，全部沿用了明代的宫殿、坛庙和园林等，并加以改建扩建，故现存于世的皇家（帝王）园林都为明清时期所建（图11-1）。

图11-1　从北海公园上空俯瞰故宫（2009年10月拍摄）
（引自胡洁等著《山水城市，梦想人居——基于山水城市思想的风景园林规划设计实践》）

　　因清王朝的统治者不习惯于紫禁城内的酷热夏暑，加上受祖先骑射游猎传统的影响，其皇帝不喜久居宫城，于是，行宫御苑和离宫御苑的建设备受推崇。其使用功能得到了进一步拓展，兼具了"园苑"与"宫廷"的双重功能。自此，皇家园林不仅成为清王朝历代皇帝避暑、游憩和长久居住的地方，也是皇帝"避喧听政"进行各种政治活动的场所。自康熙始，历朝清帝均在京城西郊建园听政，并于此举行朝会、处理政事，与紫禁城同为当时的全国政治中心，形成了清代的政治传统。以后的历代皇帝，除了夏天去承德避暑山庄外，在此园居的时间达全年的三分之二还多，城内的紫禁城仅成为皇家举行大典的地方。

　　清皇家园林中，集处理政务、寿贺、居住、园游、礼佛以及观赏、狩猎于一体，甚至有的还设"市肆"，以便买卖。如颐和园后湖苏州街，为仿江南水镇而建的买卖街，清漪园时期岸上有玉器古玩店、绸缎店、茶楼等各式店铺，店铺中的店员都是太监、宫女妆扮，皇帝游幸时营业。

（4）规模宏大，尽显"皇家气派"

　　园林作为皇家（帝王）生活环境的一个重要组成部分，皇权至上、帝王至尊的思想贯彻渗透在宫廷造园活动的每个环节之中，从而形成了有别于其他园林类型的皇家（帝王）园林。

　　"普天之下莫非王土""天上人间诸景备，移天缩地在君怀"，为了体现皇权的至高无上和帝王的尊贵荣显，皇家（帝王）园林一般具有规模宏大、气势恢宏，面积广阔、宫殿富丽堂皇、景致气象万千等特点（图 11-2、图 11-3）。

图 11-2　颐和园佛香阁

图 11-3　颐和园湖光山色

　　皇家（帝王）园林面积多在几十公顷以上，如西苑约 110 公顷，颐和园 290 公顷，圆明园 350 公顷，避暑山庄 564 公顷。秦汉时期，则产生了气势更加宏伟、占地面积达数百里、通过在自然山水环境中布置大量离宫别馆而形成的山水宫苑。历史上规模、面积最大的汉上林苑面积更达 2500 平方公里[①]，有"三十六苑、十二宫、三十五观。"明清时期的皇家（帝王）园林在规模上虽远不如秦汉宫苑，但康乾盛世的富裕、空前的皇家建园高潮、精湛高超的造园技艺、寓意丰富的园林内涵、雍容华贵的宫廷造园风格……使皇家气派更加彰显（图 11-4、图 11-5）。

---

　　① 以现今的区域度量，地跨长安区、鄠邑区、咸阳、周至县、蓝田县五区县境，即使减去汉长安城面积（40 平方公里），上林苑的实际面积也有 2460 平方公里。

图 11-4 避暑山庄烟雨楼

图 11-5 避暑山庄小金山

（5）山水写意，南北风格互融

秦汉时期，皇家（帝王）园林受神仙思想影响，在园林中建造水池，池中置三岛，隐喻神话传说中的蓬莱、方丈、瀛洲三神山。"一池三山"自此成为后世皇家（帝王）园林营造的典型营造模式，传承了 2000 余年。

唐宋皇家（帝王）园林赓续秦汉"一池三山"传统，且受文人园林影响，已由写实向写意转变。至明清，皇家造园活动更加注重山水写意园林的构建。明清皇家（帝王）园林或利用天然形胜，或挖湖堆山，分割成不同景区，布置建筑群和花木，形成了集锦式的大型写意山水园林。皇家离宫别馆与自然山水环境结合的大型人工山水园和天然山水园成为这一时期的主要特点。

明清皇家（帝王）园林彰显皇家气派的同时，还加强了江南造园艺术和皇家造园艺术的相互融合。南方山水画家和技艺高超的叠石名家、能工巧匠等开始来北京参加或主持北方皇家园林、宫殿营造。江南叠山理水技法以及廊、桥、舫、榭、洞门、窗格、花街铺地等园林要素大量地被借鉴运用到了北方皇家园林营造中，使其人工山水园和天然山水园更加富有诗情画意。

摹仿江南园林风格、引进江南园林造园技艺、再现南方风景园林景致成为乾隆时期皇家造园的主流。仅乾隆一朝，圆明园、避暑山庄等皇家园林中模拟和仿创江南名楼、名园、名景等就达十余处。总之，明清时期，北方皇家园林与南方私家园林的融糅，大大提高了皇家（帝王）园林的人文内涵和造园技艺水平。

二、皇家（帝王）园林艺术成就与价值

皇家（帝王）园林是专供历朝历代帝王游憩享乐的空间载体，是集全国物力役使无数民间精工，倾注千百万人民的心血，陆续缔造经营的一座座规模极其宏伟的世间杰作。到封建社会晚期的明清时代，出现了中国历史上最为罕见的皇家（帝王）园林建设

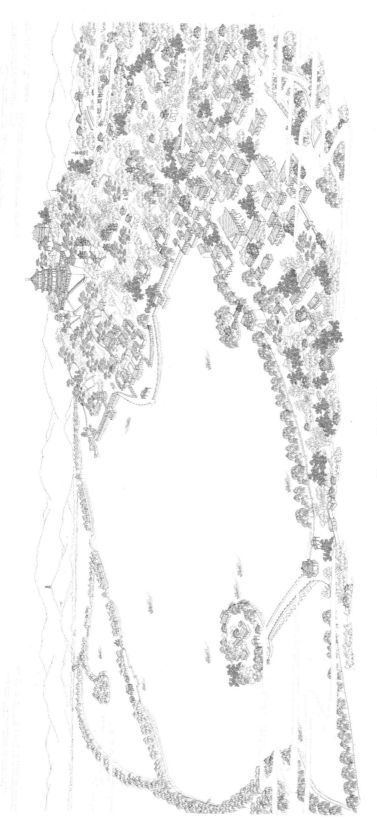

图 11-6　颐和园山水格局

高潮，其发展更加成熟并趋完美，在中外园林艺术史和世界文化遗产史上拥有着极高的地位。

明清皇家园林数量多、规模大、内容丰富。离宫御苑常在入口部位设置宫廷区（供外朝内寝的殿堂馆园）。其总体规划设计多采用既要主景突出、又兼备园中园与景中景的集群式结构布局，并吸取私家园林的造园手法、主题、名景名园等技艺，融糅多元人文要素和南北园林艺术，创造出一批传世的经典"中国山水园"杰作（图 11-6、图 11-7）。

图 11-7　北海公园

明清时期作为我国园林艺术的集大成时期，气势恢宏的皇家园林多与自然山水相结合，创造了具有高度艺术成就的作品，散发出华贵而瑰丽的光华。如在国际上有"万园之园"美誉的圆明园，堪称中国古典园林的登峰造极之作。1860 年英法联军火烧圆明园后，1861 年 11 月，法国文学家雨果给巴特勒上尉的复信中，谴责了其罪行，并盛赞圆明园：

"在地球上的一个角落里，有一个神奇的世界，这个世界就叫作圆明园……一个近乎超人的民族所能幻想到的一切都荟萃于圆明园。圆明园是规模巨大的幻想的原型，如果幻想也可能有原型的话，只要想象出一种无法描绘的建筑物，一种如同月宫似的仙境，那就是圆明园，假如有一座集人类想象力之大成的灿烂宝库，以宫殿庙宇的形象出现，那就是圆明园。……（圆明园）是一个令人叹为观止的，无与伦比的艺术杰作。这里对它的描绘还是站在离它很远很远的地方，而且又是在一片神秘色彩的苍茫暮色中作出来的，它就宛如是在欧洲文明的地平线上影影绰绰地呈现出来的亚洲文明的一个剪影。"

曾经的圆明园完美、极致，但同样又是封建社会最高统治者骄奢淫逸生活和中华民族百年屈辱史的见证者。如今芳华散尽，透过圆明园的残垣断壁，承载着辉煌文明与沉重罹难的圆明园，更能增强我们每位中华儿女保护华夏文明，自强不息，实现民族伟大复兴的责任感和使命感。

皇家（帝王）园林建设，跨越了中国整个奴隶社会、封建社会，有着数千年的发展历史。它们是数千年中国传统文化的结晶、科技工艺与艺术的高度集中体现，凝聚着我国古代劳动人民辛勤的汗水和无穷的智慧，永远值得我们为之自豪与骄傲。同样，它们也是中华民族为世界贡献的光华璀璨的文化艺术瑰宝，是全人类共同的财富。目前，现存的皇家（帝王）园林数量极少，集中分布在北京和承德两地，其中承德避暑山庄和它周围的寺庙、颐和园和天坛、明清皇家陵寝先后在1994年、1998年、2000年被联合国教科文组织和世界遗产委员会列入《世界遗产名录》，成为全球公认的具有突出意义和普遍价值的世界性文化遗产。

第二节 私家园林

一、私家园林类型与特点

私家园林发展的历史稍晚于皇家（帝王）园林，据考古材料证明和文字记载，其始于秦汉。

魏晋南北朝时期，私家造园活动兴盛。寄情山水、崇尚自然成为社会风尚，官僚、文人士大夫造园成风、爱园成癖，多在城市建宅园、游憩园并享园居生活。这一时期，庄园及其经济发展也进一步带动别墅、山园、山宅、岩居的开发建设。

隋、唐、宋私家园林建设较魏晋南北朝时期更为普及、兴盛，艺术性进一步升华。园林艺术的发展也取得了前所未有的发展成就，山水写意园林成为私家园林营造的主要风格。此外，宋以前的园林，往往不注重题名，而到了宋代，园名、景名的题写已大为兴盛，并发展为一种文化现象，为文人墨客所推崇。

元、明、清私家园林发展在两宋的基础上一脉相承，文人园林造园活动普及，达到最为鼎盛的局面。人人都能美化庭院、营造属于自己的风景，清康熙乾隆年间，民间造园活动遍及全国各地，故私家园林类型、数量十分繁杂。这一时期的私家园林以元、明、清三朝的都城北京和经济、文化最为发达的江南地区为典型，形成北方私家园林与南方私家园林两大类型。其中南方私家园林又根据地域不同分为了江南、岭南、巴蜀三大类型，从而在全国呈现出多类型、多风格相互借鉴、相互影响的发展格局。

中国现存的私家园林多集中于北京、苏州、扬州、杭州、南京、广州、成都、台湾、佛山等地。北方私家园林受四合院建筑布局影响较大，较为规整拘谨；南方的私家园林在空间布局上更为灵活多变。由于地域气候的不同，北方私家园林中多植以油松、白皮松、国槐、玉兰、柿子、榆树、海棠等花木，而南方私家园林常以梅花、玉兰、牡丹、竹子、榆树、芭蕉、梧桐等花木为主。

私家园林与皇家园林相比，由于政治、经济、文化地位和自然、地理条件的差异，在规模、布局、体量、风格、色彩等方面有明显差别。皇家园林以宏大、严整、堂皇、浓丽称胜；而私家园林则以小巧、自由、精致、淡雅、写意见长。后者更注意文化和艺术的和谐统一，因而发展到晚期的皇家园林，在意境、创作思想、建筑技巧、人文内容上，也大量地汲取了私家花园的"写意"手法。

私家园林多为文人、士大夫建造经营，规模比皇家园林要小，一般只有几亩至十几亩，位置多集中于城市之中或城市近郊。在全国的私家园林中，文人园林风格备受推崇，宅园合一，可赏、可游、可居成为园林艺术创作追求的境界和最高评价标准。山水写意成为其主要的艺术表现形式，意境的营造成为其重要的建园风格。这与文人士大夫所标举追求的林泉之隐的生活是一脉相承的，此时山水的可行、可望已不能满足文人士大夫的生活需要和审美情趣，他们要求的是"不下堂筵，坐穷泉壑"。如郭熙《林泉高致》中说："山有可行者，有可望者，有可游者，有可居者……君子所以渴慕林泉者，正谓此佳处也。"

私家园林，尤其是江南文人山水写意园林风格一度成为造园的主流风格，并影响了皇家园林、寺观园林等其他园林类型。

二、私家园林艺术成就与价值

明清两朝，古典园林艺术达到了发展成熟后的辉煌灿烂时期。也正是在这个时期，文人园林日臻成熟，甚至达到了极盛的局面。造园工匠世代薪火相传，社会地位普遍提高，工匠的"文人化"和文人画家的"工匠人"现象突出。文人纷纷参与营建园林，赋予了私家园林诗情画意的艺术特点，但同时也造就了一批文人造园家和园林艺术理论家，带动了北方皇家园林和民间宅园的构思、布局、审美以及工程技艺发展。

私家园林在有限的空间范围内，融汇高超、精湛的造园技艺，将亭、台、楼、阁、泉、石、花、木完美地组合搭配在一起，实现自然美、建筑美、绘画美和文化艺术的完美统一。在这里，园林中的一山一水、一花一草、一楼一阁、一亭一桥……无不在营造者精巧的布置之下，组合成巧夺天工的画面和意境，使人们亲近自然的愿望得到最大限度的满足。

私家园林有着数千年的文化积淀，人文荟萃，逐渐形成了意境深远、构筑精致、艺术高雅的审美特征与情趣，其历史底蕴深厚，文化内涵丰富，在明清时期达到了前所未有的艺术成就，在世界造园史上有其独特的历史地位和价值。

图 11-8 苏州拙政园

　　南方私家园林为我国园林艺术最典型的代表，江南四大名园如江苏南京的瞻园、苏州的留园、拙政园，无锡的寄畅园，更是集中荟萃了江南园林建筑艺术的精华。

　　江南私家园林如同一座艺术宝库，散发着最为瑰丽的光芒。其中苏州、扬州为私家园林精华荟萃之地。尤其苏州，素以园林美景享有盛名，更有着"江南园林甲天下，苏州园林甲江南"的美誉。苏州古典园林历史绵延2000余年，现在保存尚好的有60余处，对外开放的园林有19处，在众多园林中被联合国教科文组织列入世界遗产名录的有1997年列入的拙政园、留园、网师园、环秀山庄和2000年列入的沧浪亭、狮子林、耦园、艺圃、退思园共9处（图11-8~图11-12）。世界遗产委员会给予了苏州园林极高的评价：

　　"没有任何地方比历史名城苏州的园林更能体现出中国古典园林设计的理想，'咫尺之内再造乾坤'。苏州园林被公认是实现这一设计思想的杰作。这些建造于11—19世纪的园林，以其精雕细琢的设计，折射出中国文化师法自然而又超越自然的深邃意境。"

　　以苏州园林为代表的南方私家园林与北方的皇家园林，是中华民族数千年历史长河中璀璨的文化艺术瑰宝，因其无与伦比的艺术魅力和不可替代的唯一性价值，在世界文化之林中独树一帜，成为全人类共同的文化财富。

图 11-9　拙政园

图 11-10　留园

图 11-11　网师园

图 11-12　狮子林

第三节　寺观园林

寺观园林，指佛寺、道观的内部庭院及其外部的自然风景。古朴深邃、庄严神圣、清幽肃穆是其主要特点。又因佛教、道教分属于不同的宗教文化体系，两者的园林经营存在着一定的差异，佛寺园林富有清净超尘、禅意悠远的显著特征，道观园林则注重仙界氛围的营造。

寺观园林与"居庙堂之高"处处体现皇权至上思想的皇家园林，和"处江湖之远"注重隐逸文化空间营造的私家园林不同，"一花一世界，一叶一菩提"，其一草一木，一园一景无不包含着宗教文化思想的表达。从而在历史传承、数量分布、文化内涵、使用功能等方面都有着与皇家园林、私家园林较大的区别。

历史传承方面。皇家园林与私家园林常随朝代更替或园主人家族兴衰而毁坏或败损。而寺观园林却由于宗教文化的传承性和延续性，得以很好的保存和发展，相对存在的历史较长。虽寺观殿堂常有更新，而千年以上的松、柏、槐、银杏等古树林木仍有保存，成为最难得的历史见证。一些著名寺观的园林往往历经成百上千年的持续开发，风景名胜、宗教古迹众多，具有深厚的历史和文化价值。

数量分布方面。存世的寺观园林比皇家园林、私家园林的总和要多数十倍。从两晋、南北朝到唐、宋，随着佛教、道教的几度繁盛，寺庙园林的发展在数量和规模上都十分可观。

文化内涵方面。寺观园林具有鲜明的宗教文化特征。作为宗教文化的物质载体，富有佛教禅理和道家思想的楹联、匾额以及佛塔、经幢、香炉、碑刻、摩崖造像等建筑与禅意景观小品点缀其中更加凸显了其宗教文化内涵和特色。

使用功能方面。不同于皇家园林专供帝王君主享用和私家园林的主人专用，佛寺道观，是宗教活动的场所，也是面向广大的香客、游人的公共游览圣地。为了满足宗教和游览的双重功能要求，寺观园林环境的空间布局，多吸取皇家园林和私家园林的营造经验，打破了宗教建筑的单一、沉闷的空间形态（图11-13）。

佛、道宗教修炼场所的寺观，最早建于都城之中。两晋、南北朝的贵族有"舍宅为寺"的习惯。《洛阳伽蓝记》描述北魏洛阳城内的寺观园林的盛况："堂宇宏美，林木萧森""庭列修竹，檐拂高松"。后世寺观逐渐进入名山大川，并促进了其开发进程，故"深山藏古寺，山水洗尘心""天下名山僧占多"之说由来已久，寺观及其园林也俨然成为风景之中的风景。

佛寺最初是按照朝廷官署的布局建造或由宅院施舍为寺，故其布局基本上采取了中国传统的院落形式，且深受宫殿、王府、坛庙、宅院等传统建筑布局影响，呈现中轴线明显，左右对称，多进院落的主要特征（图11-14）。道教宫观建筑的总体布局亦

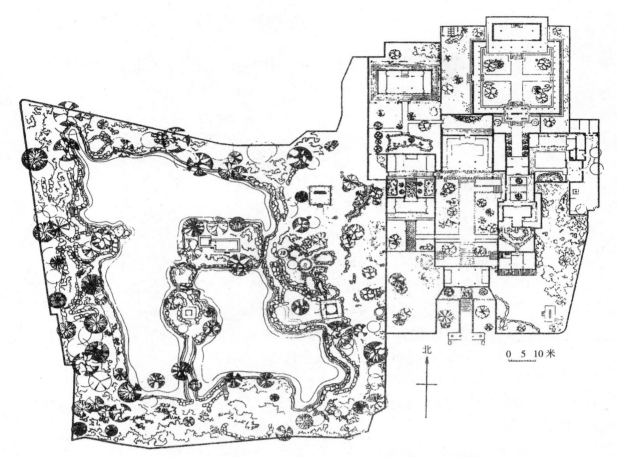

图 11-13　大明寺及西园平面图（图片来源：引自陈从周著《扬州园林》）

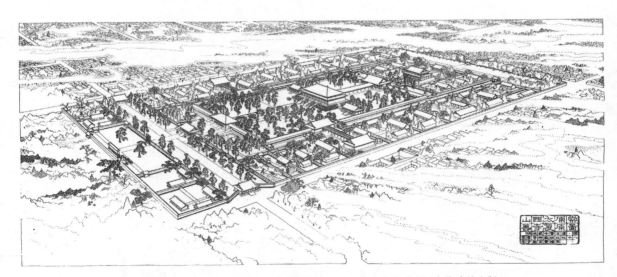

图 11-14　山西崇善寺复原图（图片来源：引自刘敦桢主编《中国古代建筑史》）

图 11-15　泰山玉皇顶碧霞元君祠

多依礼制对称式布局，以中轴线贯穿、左右均衡布置展开，或按五行八卦方位确定主要建筑位置。在风景名胜区的佛寺、道观，则多利用周围优美的自然风景巧妙地构建殿、堂、楼、阁、廊、亭、台、榭、塔、坊等建筑，形成融于自然风景的佛寺、道观（图 11-15）。寺观园林还往往与文学、书法、绘画、雕刻等艺术形式融合在一起，营造出具有禅理、仙境的景观空间。

佛寺、道观的建筑布局决定了其园林种植形式大部分采用规则式，种植手法主要有列植、对植和孤植、丛植、群植等。一般在入口香道两侧或庭院内列植、对植种类相同和规格相近的树种，开启寺观园林游览的序幕景观，形成

图 11-16　终南山古楼观宗圣宫老子手植银杏树

强烈的引导性空间，如北京卧佛寺的古柏大道。孤植如终南山古楼观宗圣宫古银杏树，相传是东方先哲老子亲手所植，迄今已有 2500 余年历史，因年代久远高古而更显寺观之肃穆（图 11-16）。此外，寺观也往往会采取丛植、群植的植物种植方式，丰富寺观庭院空间。寺观园林植物营造在烘托寺观环境氛围中起着的重要作用。寺观园林的植物选择，与宗教文化密切相关的植物，如菩提树、竹、榕树、娑罗树、七叶树、银杏、松柏类、荷花、睡莲、玉兰、曼陀罗、茉莉、菊花、丁香、牡丹等。

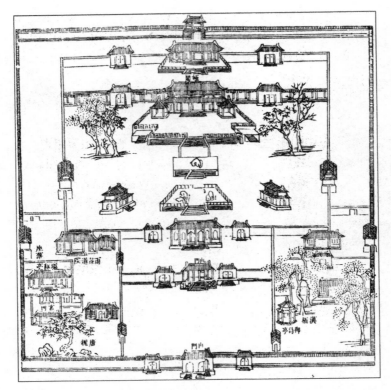

图 11-17　岱庙图 [光绪二十三年（1897 年）《泰山道里记》]

　　古刹赏古树，古树映古刹，千年古刹与古树名木风雨相守、相映成趣。古树名木是寺观园林中重要的组景要素。寺观因古树名木而古朴、清幽；花草树木因宗教信仰而被神化，赋予灵性。如北京慈仁寺殿前双松，浙江天台山国清寺内章安大师手植的梅树，西安古观音禅寺内唐太宗李世民手植银杏树，都已经数百年乃至上千年风雨。岱庙创建于汉代，为泰山信仰的祖庭。汉柏院与唐槐院，因院内有汉柏、唐槐而得名（图 11-17）。汉柏传为汉武帝东封时所植，苍劲葱郁若虬龙蟠曲，古人誉之 "汉柏凌寒"，为泰安八景之一。再如始建于辽代的北京西山大觉寺，园林植物主要有七叶树、银杏、玉兰、竹、松柏、莲花等。寺内共有古树 160 株，有 1000 年的银杏、300 年的玉兰、古娑罗树、松柏等。寺院八绝中有古寺兰香、千年银杏、老藤寄柏、松柏抱塔四绝均因植物造景而成。此外大觉寺与法源寺、崇效寺并称为北京三大花卉寺庙。

第四节　纪念园林

　　纪念园林，顾名思义是指具有纪念意义的园林。纪念园林常与风景名胜中的纪念地或地标景观，构成了具有象征、纪念意义和社会功能的场所空间。

纪念园林空间的营造往往多重于情感体验和纪念意义的表达，并将情感体验过程通过水系、植物、小品等要素物化于园林景观中，形成具有特定历史和情感、精神和多重属性的纪念场所。

纪念园林的类型包括如历史建筑、名人故居、战争遗迹及人文遗迹、纪念塔、纪念碑、纪念馆的附属园林以及纪念广场、纪念雕塑、纪念林、纪念公园、墓园等。知名的纪念园林主要有淮海战役烈士纪念塔园林、南京雨花台烈士陵园（图11-18）、南京中山陵（图11-19）、伦敦海德公园内的戴安娜王妃纪念泉、美国世贸双塔纪念公园、越战阵亡将士纪念碑、罗斯福自由公园等。其中南京雨花台烈士陵园为我国大型纪念性园林，面积113公顷，包括雨花台主峰等5个山岗，以主峰为中心形成南北向中轴线，自南向北有南大门、广场、纪念馆、纪念桥、革命烈士纪念碑、北殉难处烈士大

图 11-18　南京雨花台烈士陵园

图 11-19　南京钟山风景名胜区中山陵园

型雕像、北大门以及西殉难处烈士墓群、东殉难处、纪念亭等。整个陵园松柏常青、翠竹成林、环境清幽、庄严肃穆，是缅怀先烈，接受革命传统教育、爱国主义教育和共产主义教育的基地。

纪念性园林不同于普通的公园，承载着丰富的文化积淀和历史记忆，被赋予了更为深刻的人文内涵和情感寄托。纪念园林的营造多具有鲜明的主题和较强的艺术表现力，以彰显精神情感体验的功能和特定纪念意义。纪念性园林也不同于大型的纪念性建筑和纪念性雕塑，而是通过将多种要素如雕塑、小品、水系、山丘、植物等有机组合，形成景观类型多样、文化内涵丰富的场所空间。如焦裕禄精神文化苑通过展示区和纪念区两大板块的建设，使其成为一个面向全国宣传焦裕禄精神的标志性景观园区。其中展示区以规划的焦裕禄纪念馆为核心，形成"一核五园"的景观结构，"五园"

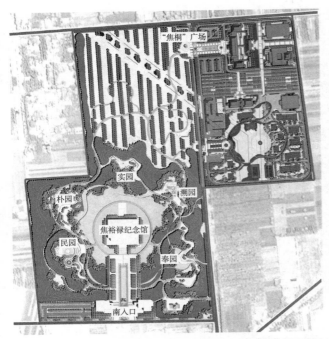

图 11-20　河南省兰考县焦裕禄精神文化苑景观规划设计总平面图
（图片来源：引自《第三届优秀风景园林规划设计奖获奖作品集》，
北京北林地景园林规划设计院）

即"民园""朴园""实园""溯园""奉园"五个精神主题园。园区的环路以焦裕禄在兰考的470天为线索，串联起五园。纪念区则依托现状的"焦桐"和泡桐林，通过景观化处理，让人们在历史的真实场所中感受岁月变迁和文化精神的积淀（图11-20）。

在纪念园林的众多组成要素中，植物起到了关键性的作用。不同色彩、不同种类的植物有不同的内涵表达和象征意义。如常绿且寿命长的植物如青松、龙柏、圆柏、侧柏、雪松、大叶女贞、石楠、冬青等易形成庄严、肃穆的环境氛围，并赋有坚强和万古常青的寓意；而规则式为主的种植手法，则成功地划分了纪念园林的空间层次，突显了纪念性园林的主题表达。

第五节　公园花园

"公园"一词最早出现在魏晋南北朝时期，距今已有1500年历史。《魏书·景穆十二王·任城王传》记载："表减公园之地，以给无业贫口"。意思是，减"公园"之地以济世安民。这时的公园指与"私家园林"相对应的诸类公家（官家）的林、园、圃、囿或园林。此后，"公园"一词间或出现在唐宋诗词中。近代以降，伴随着中西文化交流融合，现代意义上的"公园"在中国兴起。时至今日，"公园"一词再度盛行，但已赋予了新的时代涵义和外延。本章节仅以城市、城镇中的为人民大众服务的公园为重点展开论述。

中国园林最早的源头之一的西周文王园囿，有着"与民同乐"的属性，为大众而建，但是中国园林的发展在几千年的封建社会里，却背离了最初起源时的发展属性，成为少数特权阶层私享专属。在以后的长达三千年的时间内，园林尤其是皇家园林和私家园林的发展与使用，似乎成为少数人独享的私有财产，服务层面有限，不经主人允许，普通大众不能入园游览。

17-18 世纪，受民主启蒙思想影响，一部分民主启蒙主义者把私园面向公众开放，城市公园的雏形开始出现，且日益引起大众的普遍关注。真正为大众服务的现代城市公园的发端可追溯到这一时期，功能逐步从"君主时代"向"人民主权时代"的过渡，完成从服务特殊群体向服务普通个体转变。

18 世纪，民主启蒙思想运动方兴未艾，"中国热"潮流席卷欧洲，欧洲社会政治大变革的时代，拿破仑发动全面战争、法兰西共和国诞生、英国殖民统治下的美国独立，加上工业革命对传统城市和乡村生活的冲击……所有这些变化也带来了世界园林发展史上的巨大变革，园林已不仅仅只是为了满足帝王权贵需要，而更应该满足日益增长的社会各阶层的需求。

19 世纪，率先高度城市化的英国议会通过多项法案，开始用税收来建设下水道、环卫、城市绿地、公园等城市基础设施，用以解决 19 世纪英国快速发展的城市工业所带来的诸如居住拥挤、环境恶化、病害蔓延等一系列的城市病。1839 年，世界上第一座从建园伊始就对民众开放，且主要用于休闲和娱乐的城镇公园"德比植物园"诞生，面积约 3.5 公顷，其开园仪式足足持续了三天，拥有 3.5 万人的德比小镇顿时沸腾，第一天游园量达 1500 人，第二天 9000 人，第三天 6000 人。如果说德比植物园为大众免费开放还是定期的，每周只免费开放一天，那么位于工业城市利物浦城郊小镇上的伯肯海德公园则是完全意义上的为城镇居民兴建、经英国国会授权不收取任何费用的休闲公园（图 11-21）。伯肯海德公园于 1843 年由年轻的帕克斯顿（1801—1865 年）负责设计，1847 年工程完工，是历史上第一座使用公共资金收购公园用地并由政府承担维护责任的城市公园。伯肯海德公园的建成开放，开创了公园应该属于公民的先河。出人意料的是，公园所产生的吸引力使周边土地获得了高额的地价增益。周边土地的出让收益远远超过了整个公园建设的费用及购买整块土地的费用，以改善城市环境、提高福利为初衷的伯肯海德公园的建设，取得了巨大的成功，成为后来城市市政工程开发建设的典范，为后来的城市开发建设提供了新的模式。

19 世纪前半叶，英国、法国、德国等欧洲国家的城市公共空间和公园建设与实践，对美国城市公园建设影响巨大。唐宁、沃克斯、奥姆斯特德等设计大师都进行了此方面的实践和理论研究，直接催生了现代公园以及城市园林绿地

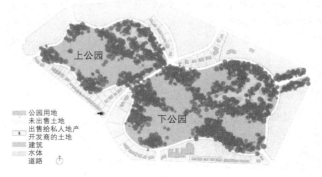

图 11-21　伯肯海德公园
（引自 Alexander Garvin 著、张宗祥译《公园宜居社区的关键》）

系统的产生、发展与繁荣，从而开创了现代公园建设发展的新纪元。

1858 年纽约中央公园设计竞赛公开举行，奥姆斯特德与沃克斯的"绿草地"方案在 35 个应征方案中脱颖而出，成为中央公园的实施方案。中央公园坐落在纽约曼哈顿岛的中央，占地 340 公顷，1873 年全部建成，历时 15 年。公园内包含树林、湖泊、牧场、动物园、花园、溜冰场、游泳池、运动场、剧院、广场、草坪以及野生动物保护区，是美国造访人数最多的城市公园（图 11-22）。自从纽约中央公园建成后，美国也开展了大规模的城市公园建设热潮，公园建设运动风靡全美各大城市。随后，城市公园运动席卷加拿大、俄国及西欧各国。奥姆斯特德在底特律、芝加哥和波士顿等地规划了城市公园系统（图 11-23），成为有计划地建设城市园林绿地系统的开端。

19 世纪下半叶始，公园的内涵和外延进一步扩展，并开始纳入城市公共设施，成为城市重要的绿色基础设施，由以单个的城市公园来缓解城市环境问题，发展到以公

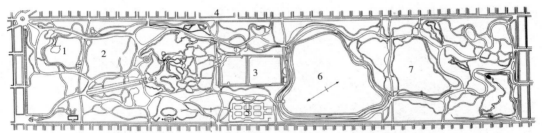

1—球场 2—草地 3—贮土地 4—博物馆 5—博物馆 6—新贮水池 7—北部草地

图 11-22　纽约中央公园平面图

（图片来源：引自中国勘察设计协会园林设计分会编《风景园林设计资料集：园林绿地总体设计》）

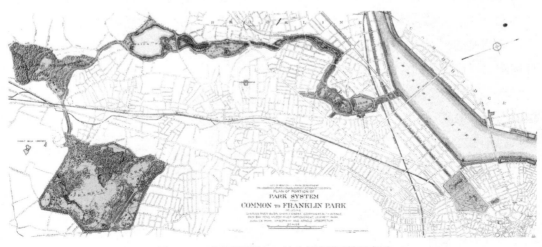

图 11-23　蓝宝石项链——波士顿公园系统示意图

（图片来源：引自 AIexander Garvin 著、张宗祥译《公园宜居社区的关键》）

园体系来更有效地解决城市发展中出现的诸多问题。最为典型的实例有法国巴黎公园系统、美国波士顿城市公园系统以及后来最为杰出的明尼阿波利斯公园系统，分别起始于 19 世纪 50 年代、70 年代、80 年代。这些公园系统不仅为居民提供了良好的休闲娱乐场所，而且被纳入城市公共设施建设范畴，成为大城市发展的主导，为城市有序发展提供了框架，有效促进了城镇化的可持续发展。其中，19 世纪的法国巴黎和 20 世纪的明尼阿波利斯成为世界上以公园系统为主导框架发展起来的典型大都市。尤其是明尼阿波利斯公园系统的成功，对促进地区发展及土地升值起到了巨大的推动作用。明尼阿波利斯公园系统更大尺度地关注了绿色基础设施的营造，并深刻地影响了整座城市的景观面貌和发展，在主导城镇化的可持续发展、塑造城市特性方面贡献卓著。

亚洲各国的公园建设起步较晚，但由于可吸收借鉴西方先进经验，发展速度很快。我国近代公园的建设主要受西方影响而兴起，在"百年屈辱史"中，从 1840 年到 1910 年全国兴建的 44 个公园中，其中外国人兴建的有 33 个，中国人自建的只有 11 个。以往各种文献和《上海园林志》显示，1868 年英国人在上海修建的黄埔公园是我国的第一个公园（时称公花园，门口曾悬挂"华人与狗不许入内"）。据朱钧珍教授《中国近代园林史》考证，1877 年，左宗棠利用军闲发动军队将士建成的酒泉公园是中国人自建最早的公园。

中华人民共和国成立后，我国城市公园建设开始起步。1950 年 7 月，梁思成在《关于北京城墙存废问题的讨论》一文中建议将北京古城墙建成"全球独一无二"的"环城立体公园"（图 11-24）。1978 年改革开放后，特别是随着 1992 年创建园林城市的活动在全国普遍开展以来，公园建设进入快速发展时期。城市公园在数量增长的同时，质量也有了很大提高。2018 年，随着公园城市这一新的城市理念不断探索与实践，把城市公园建设推向了新高度、新深度，呈现出全方位、多层次的发展态势。

新时代下公园不仅成为城镇居民休闲、娱乐的公共空间，更是城镇化建设中着眼于生态与环境系统的重要绿色基础设施，对改善城乡的社会和生态环境质量起着举足轻重的作用。据国家统计局发布的《中国统计年鉴 2018》，我国公园数量达 15633 个、公园面积达 444622 公顷。全国绿化委员会办公室发布的《2019 年中国国土绿化状况公报》显示，截至 2019 年，城市人均公园绿地面积达 14.11 平方米。各地城市建设小微绿地、口袋公园等，均衡公园绿地布局，为公众提供了更多的生态休闲空间。据测算，到 2035 年中国城镇常住人口将达 10 亿人，城镇生态需求和压力将进一步加大。而国内已建成的公园数量有限，且大多数分布在大中城市，在县、镇及乡村数量极少，难以满足居民的生活需求。新时代，在推进生态文明建设，改善城市人居环境的同时，应加强城镇公园建设，切实担负起建设美丽宜居公园城镇和绿色高质量发展的使命和责任。

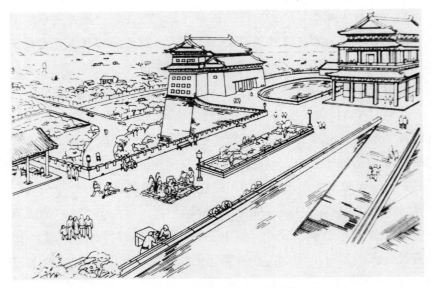

图 11-24　梁思成的北京古城墙公园设想图
(图片来源：引自《梁思成文集》第四卷，1986 年)

与传统园林相比，现代公园在服务对象、形式功能上都有所改变，人人都能参与营造并尽享属于自己的风景成为生活的可能。以人民为中心，为大众营造风景，公园无疑成为造园史上的重大转变。如今公园已成为广大群众日常生活所必需的的公共服务设施，是供民众公平享受的绿色空间和开展相关活动的公共场所，承载着改善生态、美化环境、休闲游憩、健身娱乐、传承文化、科普教育、防灾避险等重要功能。

现代公园的布局形式、建设内容越来越丰富，其类型也更加多样，总体上分为三大类，即综合公园，专类公园（如动物园、植物园、儿童公园、体育公园等），各类花园（如牡丹园、兰圃、紫藤园等）。

本节重点讨论综合公园、植物园和动物园。

一、综合公园

综合公园作为城镇园林绿地系统中重要的组成部分，一般面积较大，内容丰富，设置有游览、休闲、健身、儿童游戏、运动、科普等多种设施，是提升城市人居环境品质和满足人民美好生活向往的重要空间载体。综合公园作为群众性的文化教育、娱乐、休息的场所，满足了全年龄段、各类人群需求，是城镇居民文化生活不可或缺的一部分。公园中每年开展的或以花卉园艺为主题，或以人文纪念为主题的游园文化活动，不断提升了城市居民的生活质量和文化品位，其中一些活动已成为知名的城市文化品牌。公园让城市更宜居，使人民更幸福。"以人为本"的综合公园建设，塑造了市民满意的生态、生活空间，实现了全民共赢共享、宜业宜居。

综合公园在城市中按其服务范围可分为市级公园和区级公园。市级公园为全市居民服务，是全市公共绿地中面积较大、功能齐全、设施要素完善的大型绿地，其服务半径为 2~3 千米，步行 30~50 分钟可达。如北京的奥林匹克森林公园、朝阳公园，杭州花圃（图 11-25），上海的长风公园（图 11-26）、中山公园（图 11-27），广州的越秀公园等都是综合性大型市级公园。区级公园是大城市各区县建设，为当地居民服务的公园，规模按该区县居民人数而定，一般也具有较丰富的内容和设施，其服务半径为 1~1.5 千米，步行 15~25 分钟可到达。如北京海淀公园、上海静安公园、青岛唐岛湾公园等都属于区级综合公园。

综合公园，应在城市总体规划或园林绿地系统规划中确定，选址应结合景色优美的山水系统、便捷的城市道路系统及一定的生活居住服务半径等因素综合考虑。城市发展中形成的胜迹、人文历史遗迹或游览胜地常会作为公园选址，对其加以修复和改建成为公园，可以更好地延续场地的历史文脉，增强公园的人文底蕴。如北京的玉渊潭公园（图 11-28、图 11-29）、陶然亭公园，广州的越秀公园等，其基址数百年来就是人文荟萃之地，现代化的综合性公园建设更增添了其生命活力。陶然亭为燕京名胜，素有"都门胜地"之誉。1952 年，陶然亭公园建成，总面积 56.56 公顷，成为中华人民共和国成立后，首都北京最早兴建的一座综合性公园。玉渊潭则因水得名，辽金时称钓鱼台，元朝时又名玉渊潭，800 多年来一直是北京城的游览胜地。1960 年，北京市政府将玉渊潭正式定名为玉渊潭公园，并加以改建、扩建，如今已成为广大市民春赏樱、夏亲水、秋观叶、冬嬉雪的休闲游憩佳地。园中最负盛名的是樱花园，是国内最大的樱花专类园之一。广州越秀公园又称越秀山，早在西汉南越国时，就是人们登临游憩胜地，自元朝以来入历朝的"羊城八景"之列。从 1950 年开始，以历史上遗留下来的越秀山名胜古迹为基础新建的越秀公园，成为广州市规模最大的综合公园，总面积达 86 公顷。

综合公园的功能分区一般可分为观赏游览区、文化娱乐区、安静休息区、儿童活动区、水上活动区、园务管理区等。地形、水文、土壤、原有植物等自然条件和人文遗迹是影响功能区划的主要因素。结合我国大多数综合公园功能分区情况来看，通常多以功能分区为参考指导，根据游览需要和植物造景效果划分成不同的景区、景点，并使其与功能使用要求配合，增强艺术构图即形式与功能的融合统一。因此综合公园功能分区与景观分区并无严格的要求，即可按游人的年龄划分（青少年、中老年），也可按特定人文景观游赏特色划分（如花港观鱼景区、曲院风荷景区），或可按不同的植物景观特色划分（乔灌木、地被植物）。如上海市中心区域内最大的综合公园世纪公园，总面积 140.3 公顷，以大面积的草坪、森林、湖泊为主体，划分为乡土田园区、观景区、湖滨区、疏林草坪区、鸟类保护区、异国园区和迷你高尔夫球场区七大区，建有

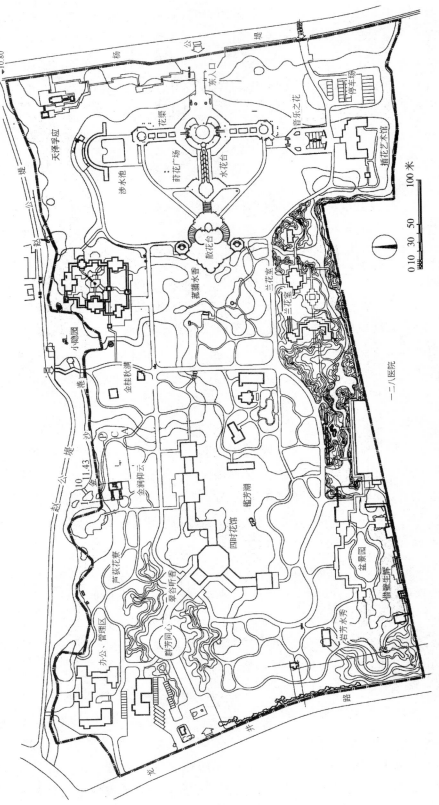

图 11-25 杭州花圃改造后平面图（图片来源：北京林业大学）

1—北大门
2—女民兵塑像
3—勇敢者道路
4—苗圃
5—亭
6—划船码头
7—怡红亭
8—售品部
9—厕所
10—百花亭
11—荷花池
12—探月亭
13—听泉亭
14—百花洲
15—游船码头
16—三曲廊
17—睡莲池
18—松竹梅区

19—清波亭.
20—清心茶室
21—银锄湖
22—扇亭
23—夕照廊
24—桂香亭
25—朝霞榭
26—青枫绿州
27—碧萝餐厅
28—西大门

29—木香亭
30—丰收亭
31—青枫亭
32—电动游艺场
33—游泳池
34—塑像
35—迎春亭
36—钓鱼台

37—露天舞台
38—船坞
39—天趣亭
40—水禽池.
41—管理处
42—南大门

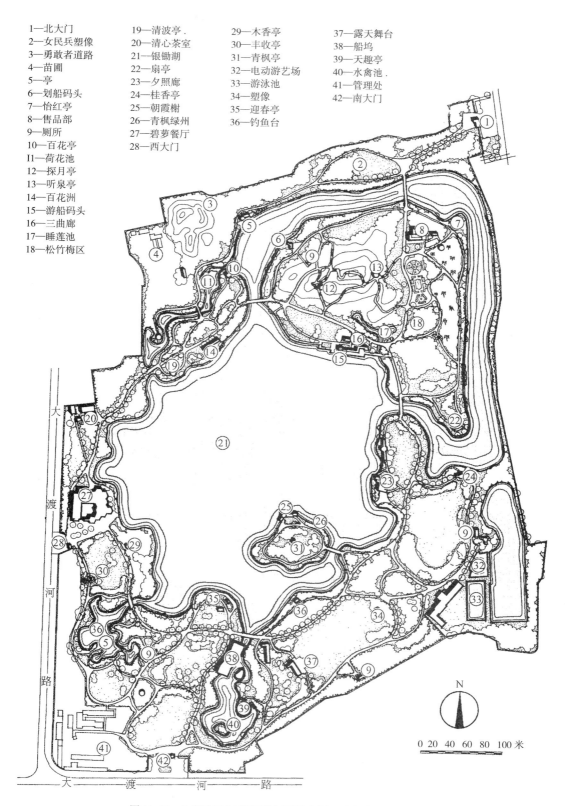

大渡河路

天 渡 河 路

N

0 20 40 60 80 100 米

图 11-26　上海长风公园平面图（图片来源：引自《上海园林志》）

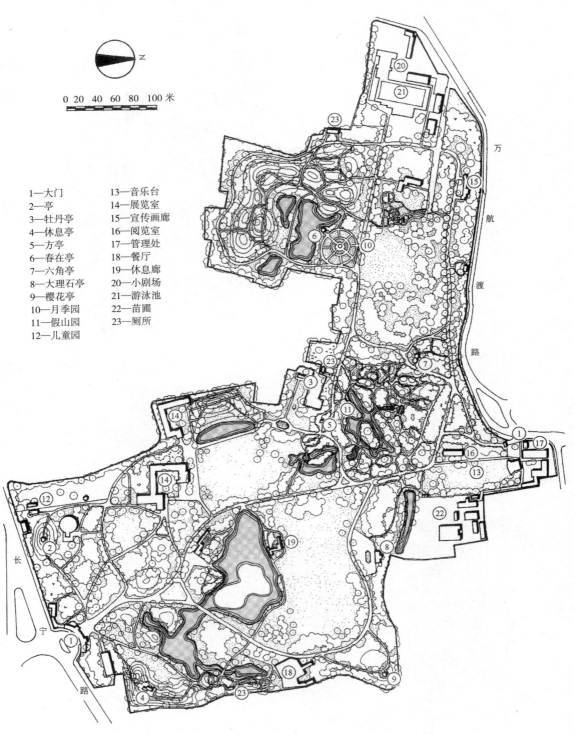

1—大门
2—亭
3—牡丹亭
4—休息亭
5—方亭
6—春在亭
7—六角亭
8—大理石亭
9—樱花亭
10—月季园
11—假山园
12—儿童园
13—音乐台
14—展览室
15—宣传画廊
16—阅览室
17—管理处
18—餐厅
19—休息廊
20—小剧场
21—游泳池
22—苗圃
23—厕所

图 11-27　上海中山公园平面图（图片来源：引自《上海园林志》）

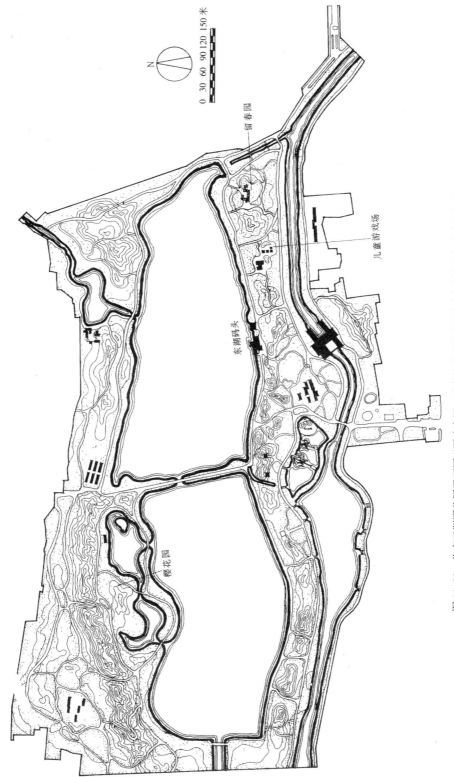

图 11-28 北京玉渊潭公园平面图 (图片来源：引自北京市园林局编《北京园林优秀设计集锦》)

图 11-29　北京玉渊潭公园鸟瞰

世纪花钟、镜天湖、大喷泉、绿色世界浮雕、蒙特利尔园等 53 处景点。如今的世纪公园与陆家嘴中心绿地、世纪大道和外环绿带共同构成了上海标志性的"绿色"景观（图 11-30）。

　　综合公园面积较大，一般几十公顷到上百公顷不等。各种设施会占去较大的用地面积，为确保公园良好的自然环境，综合公园规模不宜小于 10 公顷。区级公园一般较市级公园的规模小，但不应小于 5 公顷。总体布局大多继承并创新了我国传统大型自然山水园林的造园手法，挖湖堆山、筑山理水、配置花木，点缀风景建筑，营造诗情画意的景观空间是其主要营造途径和举措。综合公园的用地构成主要包括绿化用地、管理建筑用地、游憩建筑和服务建筑用地、园路及铺装场地（表 11-1）。

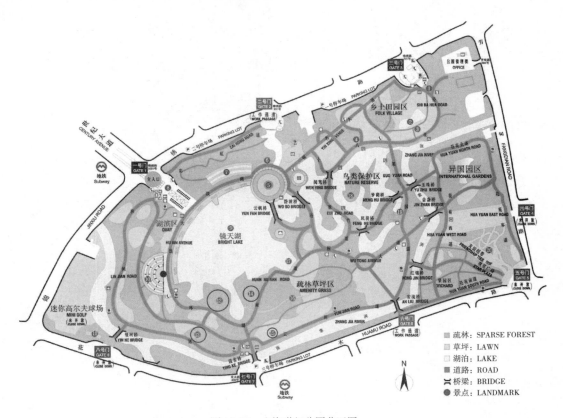

图 11-30　上海世纪公园分区图

综合公园用地比例　　　　　　　表 11-1

陆地面积 A_1 （公顷）	用地类型	综合公园	陆地面积 A_1 （公顷）	用地类型	综合公园
$5 \leq A_1 < 10$	绿化 管理建筑 游憩建筑和服务建筑 园路及铺装场地	>65 <1.5 <5.5 10～25	$50 \leq A_1 < 100$	绿化 管理建筑 游憩建筑和服务建筑 园路及铺装场地	>75 <1.0 <3.0 8～18
$10 \leq A_1 < 20$	绿化 管理建筑 游憩建筑和服务建筑 园路及铺装场地	>70 <1.5 <4.5 10～25	$100 \leq A_1 < 300$	绿化 管理建筑 游憩建筑和服务建筑 园路及铺装场地	>80 <0.5 <2.0 5～18
$20 \leq A_1 < 50$	绿化 管理建筑 游憩建筑和服务建筑 园路及铺装场地	>70 <1.0 <4.0 10～22	$A_1 \geq 300$	绿化 管理建筑 游憩建筑和服务建筑 园路及铺装场地	>80 <0.5 <1.0 5～15

资料来源：引自《公园设计规范》GB 51192—2016。

　　创造优美的绿色自然环境为综合公园建设的基本要务，绿色植物是公园最重要的组成部分。公园中的植物种植应考虑植物生长特点和观赏特性，充分发挥植物群落的生物多样性特点和植物造景与塑造空间的特性（表 11-2）。如北京紫竹院公园因园内西北部有明清时期庙宇"福荫紫竹院"而命名，全园有三湖两岛一堤，是一座以竹为主景，以竹取胜的自然式山水园林，有"竹韵景石""紫竹垂钓""筠石苑""江南竹韵""竹深荷静""友贤山馆""绿云轩""斑竹麓"诸景（图 11-31）。公园中植物群落配置应因地制宜、适地适树，采取乔灌草结合的方式营造优美宜人的景观艺术效果（表 11-3）。植物组群的搭配宜采用常绿树种与落叶树种相结合，其搭配比例全国各地因地域、气候、植被分布等因素影响，存在一定的差异性，一般为华南地区：常绿树 70%~80%，

北京、上海、广州、深圳典型城市综合公园分析表　　　　表 11-2

公园	所在城市	总面积 （公顷）	水域面积 （公顷）	绿地面积 （公顷）	植被种植情况
玉渊潭公园	北京	136.69	61	74.44	有树木 125 种约 19.95 万株，其中乔木 69 种，灌木 56 种
紫竹院公园		47.35	15.89	25.63	50 余品种 40 余万株
通州绿心公园		555.85	43.85	461.36	166 种，近百万株，地被花卉及水生植物 400 公顷
上海世纪公园	上海	140.3	27	86	300 种，82 万株，草坪 71 万平方米
广州越秀公园	广州	86	18	50	乔灌木 317.6 万株、453 种
深圳荔枝公园	深圳	28.8	11	15	589 棵老荔枝林，8468 棵乔木、45218 棵灌木

图 11-31　紫竹院公园平面图（图片来源：引自北京市园林局编《北京园林优秀设计集锦》）

我国公园绿地中乔灌木比例　　　　　　　　　　表 11-3

名称	所在地	乔木数量：灌木数量	乔木面积：灌木面积	绿地占公园面积（%）	公园面积（公顷）
颐和园	北京	51：49	8：1	61	290
陶然亭	北京	71：29	19：1	78.2	45
玄武湖	南京	42：58	58：1	81	444
人民公园	上海	40：60	53：1	82.35	11.12
花港观鱼	杭州	1：2	4：1	74.3	12

注：每株乔木占地面积达 25 平方米，每株灌木占地面积 5～7 平方米计算。
资料来源：引自孙筱祥编著《园林艺术及园林设计》。

落叶树 20%~30%；华中地区：常绿树 50%~60%，落叶树 40%~50%；华北地区：常绿树 30%~40%，落叶树 60%~70%[①]。全园的植物种植应做到艺术性布局形式与多种使用功能的融合，既要体现不同的特色，又要达到多样统一的效果，并突显出四季景观之美。如以北京市属 11 家公园为例，只春花观赏面积就达到了园内绿地面积的 70%，共有百个主题赏花景区、景点，面积近 1000 公顷。玉渊潭的樱花，北土城公园的海棠花溪，北京植物园的月季、牡丹，陶然亭的海棠，中山公园的蕙兰已成为著名的赏花胜地。而上海世纪公园的梅花、玉兰，大宁灵石公园的郁金香，顾村公园的樱花也是沪上一绝。

二、植物园

植物园是调查、采集、鉴定、引种、驯化、保存和推广利用植物的科学研究机构，兼有普及植物科学知识，并供群众游憩的植物种类丰富、功能齐全的综合性园区。植物园的主要功能与任务是进行植物引种驯化、珍稀濒危植物保护和生物多样性保护、展览展示、科学研究，生产研发、科研成果结合生产推广应用。结合科学研究进行科普教育、开展休闲游憩活动已成为当前植物园的重要方向，据统计，全球植物园每年接待游客 5 亿人次，我国的植物园每年接待游客约 2 亿人次。但植物园又区别于其他城市公园类型，更偏重于科学研究、生产研发和科普教育。

据统计，目前全球现有 2500 余座植物园和树木园，收集保存了植物物种约为 10 万种，约占全部已知植物物种的 1/4，其中濒危植物约 15000 种。大部分植物园在 19 世纪之后陆续建成，约有近千座的植物园为 21 世纪初建成，新世纪短短二十年建设的数量是过去数百年植物园建设数量的总和。

① 孙筱祥.园林艺术及园林设计 [M].北京：中国建筑工业出版社，2011.

图 11-32　帕多瓦植物园呈圆形，象征着整个世界，四周被淙淙的水流环绕，至今仍为教学科研基地

欧洲中世纪园林中的菜圃和药草园是西方植物园最早的雏形。意大利比萨植物园、威尼斯共和国帕多瓦大学教学花园分别在 1544 年、1545 年建立，相继成为欧洲最早的大学植物园，也是世界上最古老的植物园，至今已有 470 多年的历史（图 11-32）。其中，帕多瓦大学教学花园因其悠久的历史和对科学研究的贡献于 1997 年被联合国教科文组织列入《世界遗产名录》。18、19 世纪随着工业革命和城市的发展，对公众开放的植物园和城市公园一起迅速成长发展起来，成为城市建设的重要内容。1800 年，随着新的建筑技术及新材料轻型钢结构的应用，植物园标志性建筑——展览温室在英国植物园建设中诞生。自此，大型展览温室几乎成为全球各国植物园建设的标配（图 11-33）。此外，以掠夺资源式的引种栽培全世界植物为目的植物园建设也在这一时期达到高潮。如成立于 1759 年的英国皇家植物园邱园，占地面积约 121 公顷，拥有 5 万种植物，标本馆收藏着 500 万份来自世界各地的植物蜡叶标本。邱园收藏和引种种类之丰，堪称世界之最，有"世界上植物学和园艺学的研究中心"之誉。

图 11-33　于 2000 年千禧年建成开放的北京植物园[2]展览温室，建筑面积 17000 平方米，占地 5.5 公顷，目前为亚洲最大、世界单体温室面积最大的展览温室

　　我国西汉时期的上林苑栽植了远方所献珍贵果树、奇花、异草 2000 多种，是世界上最早的植物园雏形，堪称"植物园与园林艺术结合的最早典范"[1]。我国近现代植物园始建于 20 世纪初，中华人民共和国成立之前只有 8 座植物园，中华人民共和国成立

---

① 孙筱祥. 园林艺术及园林设计 [M]. 北京：中国建筑工业出版社，2011.
② 北京植物园已于 2022 年改名为国家植物园（北园）。

后，尤其 20 世纪 80 年代以来，我国植物园取得了长足发展，已成为国际植物园界的重要力量。截至 2020 年，全国已有 200 多座植物园，总面积已达 10 万余公顷。按占地面积、归属单位划分，这些植物园一般分为四大类。第一类为科研系统植物园，规模较大，历史悠久，是植物学综合性研究的基地，如中国科学院系统的北京植物园、上海辰山植物园、南京中山植物园、广州华南植物园、深圳仙湖植物园、庐山植物园、武汉植物园、昆明植物园、西双版纳植物园、秦岭国家植物园等 15 座；第二类为各地城市建设及园林系统的植物园，多为大型综合性植物园，提供科学普及和市民游息的园地，如北京植物园、上海植物园、沈阳植物园、台北植物园、杭州植物园、厦门植物园、青岛植物园等；第三类为高校及文教系统的附属植物园，侧重于科学教育，如山东农业大学树木园、广州中山大学标本园等；第四类为产业部门服务生产的附属植物园，如农林部门的树木园、作物品种园，卫健部门的药用植物园等。其中北京植物园、上海辰山植物园、华南植物园、西双版纳植物园分别代表了我国华北、华东、华南、西南地区不同的纬度带、温度带及自然区域的植物园植被类型、建园特点与风格特征（表 11-4）。

不同区域典型植物园对比分析表　　　　表 11-4

名称	地点	建园理念	规模与栽培种类	园区特点	分区与专类园
北京植物园	北京西山脚下	因地制宜，借势建园，突出植物造景	规划面积 400 公顷，现已建成开放游览区 200 公顷；引种栽培植物 10000 余种（含品种），近 150 万株；我国北方最大的植物园	具有传统大型山水园林的特点；以展示我国东北、西北、华北地区植物资源为主。具有目前我国规模最大的月季园和品种最多的桃花专类园	分为植物展览区、名胜古迹区、科研区和自然保护区。植物展览区分为观赏植物区、树木园和温室区三部分。其中观赏植物区由月季园、桃花园、牡丹园、芍药园、丁香园、海棠枸子园、木兰园、集秀园（竹园）、宿根花卉园和梅园等专类园组成。树木园由银杏松柏区、槭树蔷薇区、椴树杨柳区、木兰小檗区、悬铃木麻栎区和泡桐白蜡区组成
上海辰山植物园	上海市松江区佘山国家风景旅游度假区内	华东植物、江南山水、精美沉园	占地面积 207 公顷，引种栽培植物 9000 种；华东地区规模最大的植物园	园区内外以绿环为界，由绿环、山体、植物展示区构成三大空间骨架，绿环总长 4500 米，为植物创造了丰富的生境	园区植物园分中心展示区、植物保育区、五大洲植物区和外围缓冲区等四大功能区。中心展示区设置了华东植物区、矿坑花园、岩石和药用植物园、水生植物园、展览温室、观赏草园、月季园、木樨园、儿童植物园等 20 多个专类园
华南植物园	广东省广州市天河区	科学内涵、艺术外貌、文化底蕴	占地面积 333 公顷，引种栽培植物 13000 多种	岭南园林特色。拥有世界一流的木兰科、姜科植物专类园	分为木兰园、姜园、竹园、棕榈区、孑遗植物区、药用植物区、兰园、苏铁园、蕨类与阴生植物区、兰园、凤梨园、杜鹃园、山茶园、城市景观生态区、能源植物区、澳大利亚植物园等近 30 个专类园

续表

名称	地点	建园理念	规模与栽培种类	园区特点	分区与专类园
西双版纳热带植物园	云南省西双版纳傣族自治州勐腊县	秉恒致知，和实生物	占地面积 1125 公顷，收集植物 12000 多种	热带雨林特点，我国面积最大、收集物种最丰富、植物专类园区最多的植物园	建有野生食用植物园、热带植物种质资源收集区、热带混农林模式展示区、南药园、奇花异木园、野生兰园、龙脑香园、滇南热带野生花卉园、国树国花园、百香园、百花园、野生姜园、名人名树园、龙血树园等 38 个植物专类区，还保存有一片面积约 2.5 平方公里的原始热带雨林

　　植物园的布局应区别于一般的城市公园，主要根据植被区系特点、区域特色、场地现状及植物生态习性、园林观赏特性等，遵循科学性、合理性、艺术性的和谐统一，既要具有明确而系统的功能区划，又应具有一定地域特色和园林景观特色。植物园分区一般分为展览展示区、园务管理区、自然保育区和科研试验、引种、生产区。各种规模类型的植物园的用地分配比例不一，综合国际和国内植物园功能区块规模用地分析，一般比例为：展览区占全园用地的 45%~70%，如北京植物园其规划面积 400 公顷（图 11-34），现已建成开放游览区 200 公顷，约占全园用地的 50%；杭州植物园总面积 284.64 公顷，开放并完善的展览区占地 115.6 公顷，约占全园用地的 40%（图 11-35）；上海植物园占地 81.86 公顷，展览区域约 60 公顷，约占全园用地的 73.5%。

　　科研试验、引种、生产区和展览展示区是植物园的两大核心组成板块。前者进行科学研究并结合生产服务，一般不对外开放；后者是植物园对外开放的主要构成部分，兼顾科研科普及观景游赏需要，又分为入口服务区、植物专类园、系统分类区、水生植物区、树木园、乡土植物区、温室展馆区及盆景区等。其中，植物专类园是植物园展览展示区的核心组成部分，主要以种类、科属、生态习性、观赏特性等方面具有相同特质的植物通过园林艺术合理搭配在一起形成的植物主题园，既能起到集中科普教育的作用，也能更好地展现该植物类型的群体观赏效果（图 11-36）。大型综合植物园的专类园一般不少于 10 个，如西双版纳热带植物园布置了 38 个植物专类园（区），是国内拥有专类园数量最多的植物园。国内植物园中较为常见的专类园包括山茶专类园、杜鹃花专类园、桂花专类园、梅花专类园、牡丹专类园、碧桃专类园、月季和蔷薇专类园、槭树园、海棠专类园、樱花专类园、丁香专类园、木兰专类园、竹子专类园、棕榈专类园、宿根花卉园、仙人掌科和多肉植物专类园，以及水生植物专类园等。

　　新时代背景下，总结国内外植物园规划建设经验，探寻我国植物园区规划建设新标准、新模式成为植物学及风景园林学领域专家学者的时代命题。2019 年，在云南昆明国家植物博物馆（园）规划设计中，北京林业大学园林学院设计团队提出了"馆园一体"规划建设创新模式，即在总面积 12.45 平方公里的山水空间中，由国家植物博

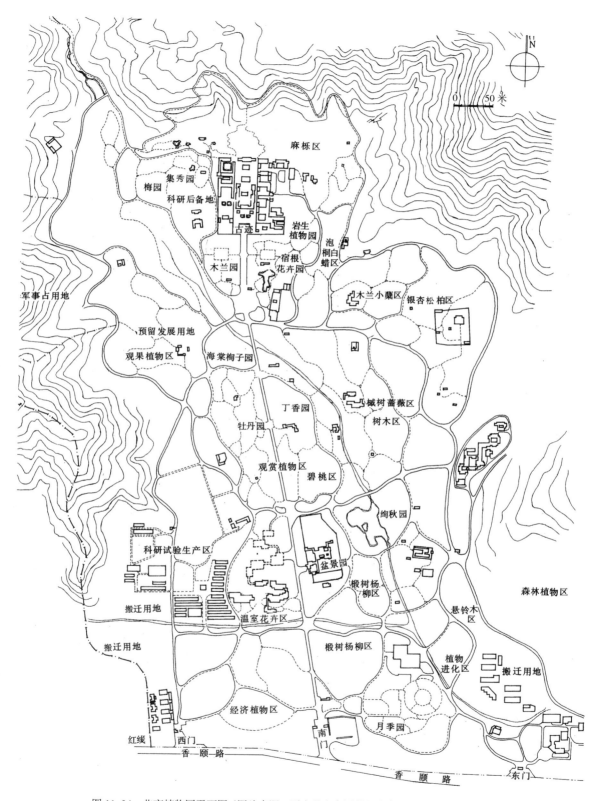

图 11-34 北京植物园平面图（图片来源：引自北京市园林局编《北京园林优秀设计集锦》）

图 11-35　杭州植物园平面图（图片来源：引自杨赉丽主编《城市园林绿地规划》）

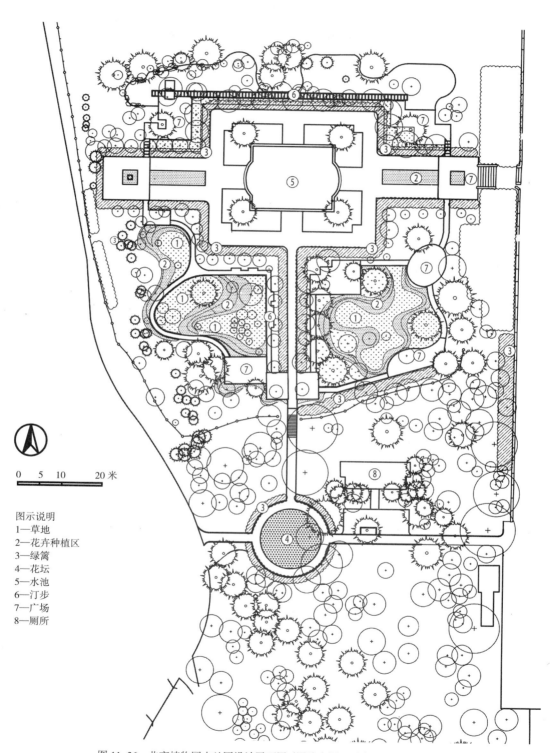

图示说明
1—草地
2—花卉种植区
3—绿篱
4—花坛
5—水池
6—汀步
7—广场
8—厕所

0　5　10　20 米

图 11-36　北京植物园木兰园设计平面图（图片来源：尹豪，2018 年）

物馆（主馆＋副馆）和国家植物博物馆园区（植物园）共同构成国家植物博物馆（园）基本形态。

三、动物园

动物园是搜集饲养和展示各种野生动物，进行科学研究和迁地保护，并对公众开放进行科学普及和宣传保护教育的园区。动物园作为城市绿地系统中开展野生动物综合保护和科普教育的专类公园，是保护生物多样性的示范场所，是社会公益事业的重要组成部分。动物园有野生动物综合保护、展览展示、科学研究、科普教育、休闲游憩等功能。由于公众环境和野生动物保护意识的不断加强，动物园遵循了教育与保护并举、安全与服务并重的理念，基本功能是对野生动物的综合保护和对公众的科普教育。随着动物园商业化开发，以科普教育、休闲游憩为主要功能的野生动物主题公园数量快速增长，占据着近 30 年来动物园开发建设的主导地位。

同植物园一样，动物园也有着悠久的发展历史。

最早的动物园雏形可追溯到中国园林源头之一的囿及黄帝驯兽与舜驯象的自然场地，狩猎、豢养活动是其最初的功能。19 世纪初，区别于园林内"动物收藏""笼养动物园"，具有科学研究功能的动物园开始出现。1828 年，伦敦动物园协会在伦敦的摄政公园内发起成立了历史上第一家现代动物园——摄政动物园，开创了动物园发展新高潮。整个 19 世纪，欧洲动物园建设热度持续高涨，并一直持续到 20 世纪。如今世界上其他国家较著名的动物园主要有俄罗斯莫斯科动物园、德国柏林动物园、美国哥伦布动物园和水族馆、加拿大多伦多动物园、澳大利亚悉尼塔龙加动物园、奥地利维也纳美泉宫动物园、新加坡动物园、韩国首尔动物园等，多建于这一时期。

我国对公众最早开放的动物园是始建于清光绪三十二年（1906 年）的"万牲园"，至今已有 100 多年历史。1955 年正式定名北京动物园，目前占地面积约 90 公顷，展出珍稀野生动物约 500 种，5000 余只，年接待国内外游客近 600 万人次。自 20 世纪五六十年代我国城市动物园建设发展迅速，北京、上海、杭州（图 11-37）及全国各地纷纷建设动物园。据统计，全国动物园的数量达到数百家，主要集中分布在我国的东部地区。从动物园归属和区域位置归纳分析，我国动物园一般分为城市动物园和野生动物园。"城市动物园"多建于 20 世纪 90 年代之前，以社会公益性为主要任务，位置多在城市市区内，发展多受到限制；又因园区良好的区位及巨大的商业地产开发价值，也多成为资本追捧的优质地块。"野生动物园"建设始于 20 世纪 90 年代，以社会资本投资获取商业利润回报为主，具有体制机制灵活、市场化程度高、运营效率高等特点。选址大多在交通区位优势明显、山水环境优美的城市近郊区，其投资规模和建设面积往往是城市动物园的数倍甚至 10 倍以上，动物生存状态多处于野生状态或准野生状

图 11-37　杭州动物园（图片来源：引自杨赍丽主编《城市园林绿地规划》）

态。从全国主要城市的动物园发展布局来看，城市动物园与野生动物园并行发展，大多数城市出现了同时拥有一家城市动物园和一两家野生动物园的发展态势（表 11-5）。

　　随着城市建设的日益发展及野生动物园商业运营模式的成功等诸多因素，搬迁动物园进行商业开发热潮高起，一度成为社会热议的公共事件。至今已有沈阳、哈尔滨、西安、宁波、乌鲁木齐、西宁等城市的动物园并入野生动物园进行企业化运营，其社会公益性质大多都已被改变。在住建部门下文要求"搬迁后不得改变动物园的公益性质，不得改变动物园原址的公园绿地性质"后，城市动物园搬迁问题才得以有效遏制。社会资本的广泛参与，在动物园建设发展尤其是野生动物园发展中起到了积极

我国主要"城市动物园"与"野生动物园"对比分析表   表11-5

城市	名称	距市区距离（公里）	面积（公顷）	动物种类（数量：种/头）
北京市	北京动物园	—	90	500/5000
	北京八达岭野生动物园	60	400	47/2000
	北京大兴野生动物园	42	240	200/10000
上海市	上海动物园	—	74	470/5000
	上海野生动物园	35	153	200/10000
杭州市	杭州动物园	—	20	200/2000
	杭州野生动物园	15	233	200/10000
广州市	广州动物园	—	42	450/4500
	广州长隆野生动物园	30	134	500/20000
重庆市	重庆动物园	—	45	230/4000
	重庆野生动物园	47	333	430/30000

的促进作用，并取得了一定的社会效益和经济效益。据统计，2017年动物园行业总资产规模达到3291亿元，整体利润总额达到218亿元。目前，国内有影响的野生动物园数量达50余家，主要有：广州长隆野生动物园、北京大兴野生动物园、上海野生动物园、大连森林动物园、西安秦岭野生动物园、常州淹城野生动物园、云南野生动物园、北京八达岭野生动物园、青岛森林野生动物园、宁波雅戈尔动物园（图11-38）、杭州野生动物世界等。

图11-38 宁波雅戈尔动物园

动物园功能分区一般分为入口服务区、动物展览展示区、科普教育区、综合休闲区、动物保障设施区和管理办公区。动物展览展示区是核心区域，多以不同类型的笼舍或展馆为基本展示单元，其他功能区必须以其为中心展开合理布置，满足动物综合保护、科普教育、游客游览、卫生防疫、园区管理等功能要求。动物园面积与饲养动物种类和数量、动物展示需求、游客量、运营成本等有着极高的关联性，一般低于 20 公顷为小型动物园；20~50 公顷为中型动物园；大于 50 公顷，展示百余种（只）动物以上的则属于大型动物园（表 11-6）。

动物园主要用地比例（%）　　　　　　　　　　表 11-6

用地名称		动物园建设规模		
		大型	中型	小型
建筑用地	动物展区建筑	≤ 6.5	6.5 ~ 9.4	≤ 9.4
	科普教育建筑	≤ 0.7	0.5 ~ 0.7	≤ 0.5
	动物保障设施建筑	≤ 1.5	1.5 ~ 1.8	≤ 1.8
	管理建筑	≤ 1.4	1.4 ~ 1.7	≤ 1.7
	服务建筑、游憩建筑	≤ 2.9	2.9 ~ 3.6	≤ 3.6
园路、铺装场地	园路	≤ 17	17 ~ 18	≤ 18
	铺装场地			
绿化用地	外舍场地、散养活动场地	≥ 70	65 ~ 70	≥ 65
	其他绿化用地			

注：1 用地比例以动物园适宜陆地面积为基数计算。
　　2 动物展区建筑指各个动物展馆组合而成的建筑物。
资料来源：《动物园设计规范》CJJ267—2017。

各类动物园在规划选址、规模面积、功能定位、规划布局、环境丰容等方面都有着很大的差异。北京动物园是城市动物园的典范，以社会公益事业为主；广州长隆野生动物世界（园）则为野生动物主题公园开发的典型代表，以商业开发盈利为首要目的（图 11-39）。广州长隆野生动物世界（园）地处广州番禺，园区占地 2000 余亩，以大规模野生动物种群放养和自驾车观赏为特色，集动、植物的保护、研究、旅游观赏、科普教育为一体，是全世界动物种群最多、最大的野生动物主题公园，拥有 500 余种、20000 余只珍奇动物。经过多年建设运营，整个片区形成了以野生动物世界（园）为发展引擎的综合性主题旅游度假区，年接待游客连续多年超过千万人次，曾创下了日接待游客 8 万多人的主题公园入园游客数纪录。

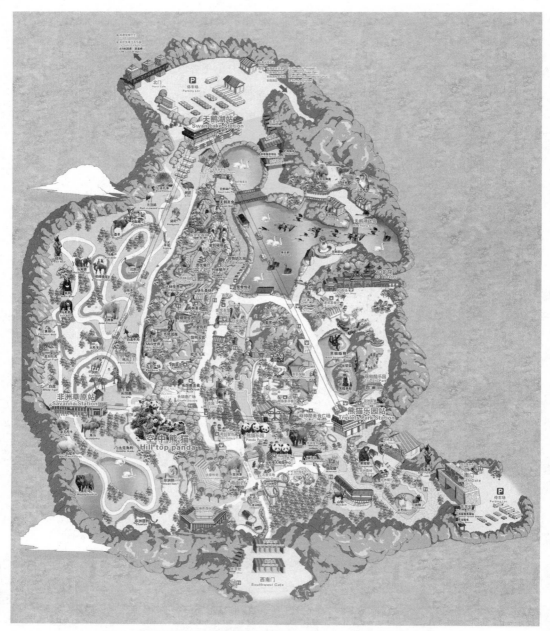

图 11-39 长隆野生动物世界导览图（图片来源：长隆野生动物世界供图）

第十二章　城镇绿化

从秦汉的"驰道列树""树榆为塞"到新时代的北京绿廊、珠三角绿道与碧道网络构建；从最早的城市立体绿化古巴比伦空中花园、奥斯曼巴黎林荫大道计划到 21 世纪的城市绿地系统、绿色基础设施建设……千百年间，人类从未停止对绿色生活理想、绿色发展理念的追求与探索（表 12-1）。尤其是近现代，百年以来，随着全球城镇化的发展，很多城市高速扩张、无序蔓延，造成热岛效应明显、人居生态环境恶化，加强城镇绿化与绿地系统建设成为众多城市保护生态环境、改善城市生活环境的重要举措。林荫道、绿廊、绿带、绿道、绿量、绿色空间、绿色基础设施、绿色生态网络……新词汇、新概念的不断涌现，反映出当前城镇绿化发展的繁荣。

从田园城市理想到绿色生态系统——国内外城镇绿色空间探索与实践　　　　　表 12-1

国家或城市	规划与实施时期	城市规模	形态结构与布局特点	实施效果
田园城市伦敦	1898 年英国霍华德提出	每个城市人口 3.2 万人左右，农田要比城市面积大 5 倍，城市大小直径不超过 2 公里	宽阔的农田地带环抱城市；用作中心公园的土地面积达 60 公顷，外围除森林公园带外，城市里要有宽阔的林荫环道、庭院、农田和放射形林间路。平均每位居民的公共绿地面积要大于 35 平方米	1904 年，在离伦敦 35 英里的莱奇华斯建设第一个田园城市，面积 1514 公顷；1919 年在伦敦近郊建设第二个田园城市韦林
堪培拉规划	1912 年，36 岁的风景园林师格里芬的方案胜出，1913 年开始设计建设	2012 年人口 36.8 万人，2395 平方公里	成功引入核心、放射线、同心圆、扇区等田园城市规划元素。整个堪培拉市以国会山为中心，通过与地形相关的 Y 形巨大轴线联系起来，由多角几何形和放射线路网把城市串联成相互协调的有机整体	如今的城市呈环状由市中心向四周辐射，绿色的青山和美丽的格里芬湖环拥，整个城市犹如大花园，堪称现代田园城市规划的典范
美国雷德伯恩体系与绿带城	1929 年规划，1939 年开始建设	距纽约市 28 公里，原规划面积 5.2 平方公里，人口 30000 人	按照"邻里单位"理论，以交通和绿地为主导，绿地、住宅与人行道有机地配置在一起，建筑密度低，人车分离，住宅组团呈口袋形，相应配置公共建筑	多运用在 20 世纪 30 年代的美国新城建设，如森纳赛田园城以及位于马里兰、俄亥俄、威斯康星、新泽西的四个绿带新城，实施效果不理想

国家或城市	规划与实施时期	城市规模	形态结构与布局特点	实施效果
大伦敦生态绿带圈	1944 年至 1970 年	当时被纳入大伦敦地区的面积为 6731 平方公里，规划人口为 1250 万人。2018 年大伦敦地区人口 890.8 万人，面积 1577 平方公里	形成内城环、近郊环、绿带环、农业环等多层次环状绿带。绿带宽度为 10~16 公里，绿环总面积达 900 平方英里。通过绿化划定了每个社区的边界；对绿化空间进行了系统分级分类	至今仍发展良好的城市绿带，成为绿地系统建设的国际典范。1986 年大伦敦议会撤销，规划实施处于停滞阶段
荷兰兰斯塔德都市区"绿色心脏"	1958 年制定发展纲要，"绿心"战略提出，至今仍在实施	人口 710 万人，土地面积 11000 平方公里，包括阿姆斯特丹、鹿特丹和海牙 3 个大城市和众多中小城市	兰斯塔德绿心规模为约 400 平方公里的绿色开放空间，位于兰斯塔德城市群中央。绿心环形城市带是其主要特点，即通过建立不可侵占的"绿心"、"绿楔"和缓冲带，形成多中心环状城镇格局	从 20 世纪 50 年代至今，荷兰共开展了 5 次国家空间规划，建立以绿心为核心的绿色空间保护和提升。目前，"保护绿心"已成为荷兰的一项基本国策
韩国首尔绿带体系	1974 年至 1999 年	2018 年人口 1005 万人，面积 605.77 平方公里	距市中心 15 公里处，首尔的绿带面积 1567 平方公里，占首尔大都市区面积的 29%，其中绿带内径约 30 公里、宽约 10 公里	1999 年对绿带的边界进行调整，解除约 230 平方公里，调整后绿带内边界据市中心 17 公里
北京百万亩造林工程	2012 年至 2017 年实施第一轮，2018 年启动新一轮	2018 年常住人口 2154 万人，面积 16412 平方公里	丰富完善"一屏、三环、五河、九楔"的市域绿色空间结构	2012 年至 2017 年期间新增林木 117 万亩
成都	2018 年提出公园城市建设理念，进入快速建设期	2019 年常住人口 1658 万人，面积 12390 平方公里	强化"两山、两网、两环、六片"的市域绿地系统结构	天府绿道目前已建成 3689 公里，全市森林覆盖率达 39.93%，建成区绿化覆盖率达 43.5%

广义上讲，凡是生长着植物的土地均可称为绿地。在绿地中栽植的花草树木等植物是城镇中绿色而又富于生命的基础设施，反映了城镇的自然属性，构成了城镇生存和发展的基础。绿地是"人化自然"的物质空间，也是城镇绿化的基本载体，既能改善城镇生态环境、美化景观，又能为居民提供休闲、游憩场地。绿地系统则是城镇中各种类型和规模的绿地的集合，具有生态保护、绿化美化、休闲游憩、防灾避险等功能。绿地系统作为城镇复合系统的重要组成部分，其布局形式主要有点状、块状、网状、环状、带状、楔状等基本布局模式。在大多数城市发展空间规划中，多采用点、线、面、环、网、楔、廊、林、园的有机组合形式，形成相互作用的区域绿化大循环、大系统。

　　绿地率、城乡绿地率、人均绿地面积、人均公园绿地面积、绿化覆盖率等是反映城镇绿化美化的主要指标，反映着绿化的数量与质量。其中，绿化覆盖率也是反映一个国家或地区生态环境保护状况的重要指标。城市绿化覆盖率则是指城市用地范围内各类型绿地植物绿化垂直投影面积占用地总面积的百分比，其绿化覆盖面积指城市中各类绿地中的乔木、灌木、草坪等所有植被的垂直投影面积，包括公园绿地、城宅绿地、路堤绿地、防护绿地、园区绿地及屋顶绿化覆盖面积。

　　城镇绿化作为影响城镇生态环境质量的基本因素，是以绿色发展理念推进新型城镇化，建设人与自然和谐共处的美丽家园的重要途径。我国绿地建设先后经历了从新中国成立前的停滞发展到20世纪五六十年代的起步建设、充实提高和21世纪的规范标准化阶段，截至2019年，全国的城市建成区绿地率、绿化覆盖率分别达37.34%、41.11%。以首都北京为例，中华人民共和国成立之初，北京的森林覆盖率仅有1.3%。到2020年，全市森林覆盖率进一步提升到44.4%，城市绿化覆盖率达到48.5%，人均公共绿地面积达16.5平方米，实现了公园绿地500米服务半径覆盖率85%。我国的城镇绿化取得重大成就的同时，也存在着省市地区之间发展不平衡、城镇乡村绿化亟待提高等问题。未来城镇绿化前景可期，城镇风景园林建设任重道远。

　　本章重点讨论城宅绿地、路堤绿地、防护绿地、园区绿地、垂直绿化等类型。

第一节　城宅绿地

　　随着生活水平的改善，人们对居住环境品质要求逐步提高。近年来我国高层、高密度居住区开发建设加速，住区高强度开发、大面积硬化问题突显，城镇宅院住区绿地建设愈发引起了开发商、业主及政府相关管理部门的重视。

　　城宅绿地以满足居民的休憩娱乐和日常活动为根本，创造了优美、舒适、安全卫生、和谐而又充满活力的居住环境。绿意盎然、自然舒适、生态和谐的居住区绿化环境强化了绿地更接近家门、服务居民日常活动的功能，使居民在居家附近能够"见到绿地、亲近绿地"。

　　城镇绿地是居民的主要户外活动空间，在城市园林绿地系统中分布最广，主要类型有公共绿地、宅旁绿地、道路绿地等。

一、公共绿地

　　公共绿地为居住区配套建设、可供居民开展日常休闲活动服务的绿地，包括社区公园与组团绿地。动静结合、集中与分散相结合的社区公园与组团绿地是居住区绿地系统的重要组成部分，也是居民休憩、运动、交往的公共活动空间（图12-1）。

图 12-1　成都某居住区功能引导分析图
（图片来源：山水比德设计股份有限公司）

（1）社区公园

《城市居住区规划设计标准》GB 50180—2018 中对居住区集中设置的公共绿地规模提出了控制要求（表 12-2），明确了各级生活圈居住区的公共绿地应分级集中设置一定面积的社区公园，并设置 10% ~ 15% 的体育活动场地，为各级生活圈做相应的配套服务。

社区公园作为居民健身锻炼、休闲放松的重要场所，与城镇居民距离最近、生活最为密切相关。社区公园面积一般在 0.4~5.0 公顷，和城市公园相比，规模小，投资小，功能简单，具有更高的开放程度和使用频率。社区公园功能和传统城市公园相同，但使用人群比城市公园更为固定。满足居民对日常生活的需求是其首要任务，社会公益性和邻里交往的便利性是其主要特点。

公共绿地控制指标　　　　　　　　　　　　　　　　表 12-2

类别	人均公共绿地面积（m²/人）	居住区公园		备注
		最小规模（hm²）	最小宽度（m）	
十五分钟生活圈居住区	2.0	5.0	80	不含十分钟生活圈及以下级居住区的公共绿地指标
十分钟生活圈居住区	1.0	1.0	50	不含五分钟生活圈及以下级居住区的公共绿地指标
五分钟生活圈居住区	1.0	0.4	30	不含居住街坊的绿地指标

传统的社区公园以绿化美化、休闲观赏功能为主，配以少量运动和儿童活动设施。新时代社区公园在满足日常需求、促进邻里交往的基础上更加注重居民全龄段、全天候的活动空间需求。如珠海某居住区社区公园将错落有致的绿地绿植、起伏的地形、

蜿蜒的园路、时尚的雕塑小品、花园泳池及水—树—云光影效果互相搭配，交相呼应，并配以儿童游乐场、健身器材等，共同构筑了社区与自然共生的邻里交往、宜居生活共享空间（图12-2）。

图12-2　珠海某居住区社区公园

社区公园布置形式多采用开放的自然式，或规则式与自然相结合的混合式。造园要素除配置丰富的植物景观外，还要有出入口、园路、运动场地、文娱活动室、茶室、凳椅、水景、花架、亭榭等，还需配备厕所、垃圾桶、饮水器、小型音响设备、指示牌、宣传栏、灯光夜景等公共设施。社区公园设施的丰富程度决定了居民满意度的高低，特色鲜明、功能完善的社区公园能更好地提升住区环境景观品质，提高居民生活水平和质量。

图12-3　北京首座小微湿地"城市花园"

社区公园中健康、运动、休闲、社交等功能空间的塑造及各种文体活动的举办，利于健康文明的社区文化的形成。理想的、可持续的社区公园，是良好的社区文化建设的载体和生动的自然环境教育场所。如北京市北四环中路的亚运村北辰中心花园之间，运用海绵城市建设理念建成了北京首座小微湿地"城市花园"（图12-3）。该花园占地面积4100平方米，通过地形地貌恢复、湿地植被恢复、生态护岸等手段，合理布置游步道、景亭、花架、山石、瀑布等景观，营造出乔木林、灌丛、浅滩、生境岛、深水区等多样化生境，为野生动物提供栖息环境，成为周边居民休闲活动场所和儿童自然生态教育的课堂。

（2）组团绿地

组团绿地是结合住宅建筑组群布置而形成的公共绿地。此类绿地面积不大，一般用地规模约0.1~0.3公顷为宜，但不低于0.04公顷；直接靠近住宅，离住宅出入口不超过100米，服务半径小，即在一到两分钟生活圈内，实现居民尤其是老人和儿童的游憩活动需求。

组团绿地布局设施简单，以绿化为主，打破了住宅标准化建设造成的建筑风格的单调、生硬，在钢筋混凝土中营造出多样化、特色鲜明而又富有生机的景观。组

图 12-4　上海大宁金茂府总平面图
（图片来源：深圳奥雅设计股份有限公司提供）

团绿地最大程度地缓解了现代高楼大厦所带来的封闭、压迫、隔离感，能遮荫、降尘、防风的同时，为居民提供最直接的新鲜空气和优美的生态环境、舒适的休闲空间（图 12-4）。

二、宅旁绿地

宅旁绿地是住宅居住生活空间的外延，故与居民日常生活息息相关，备受居民关注，是居住区最普通常见的绿化形式（图 12-5）。宅旁绿地约占居住绿地总面积的 50%，基本以绿化植物为主，绿化率达到 90% 以上。

宅旁绿地包括宅前、宅后及两楼之间的绿地，作为居住区内最基本的绿地类型，具有分布广、绿化率高、使用频率高且有一定私密性等特点。

宅旁绿地贴近住宅建筑，绿化布局形式与尺度受整体建筑平面关系、建筑类型、楼间距，立面、层数及宅前道路布置等因素影响。因此，在有限的绿地空间中塑造丰富的绿化景观，是宅旁绿地建设的目标与重点。

宅旁绿地布局在住宅建筑形式、风格相一致的环境中，要注重绿化布置形式的多样化，既要与住区整体风格相协调，形式相统一，又要富有特点，甚至起到弥补居住区建筑空间建设不足的作用。多层、低层行列式住宅群的宅旁绿地绿化不能影响建筑

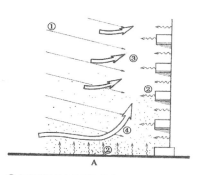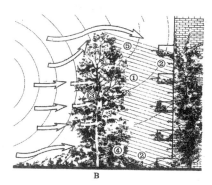

A：①太阳辐射射向地面和墙壁；
　　②地面和墙壁的反辐射形成附近的高温空气；
　　③寒冷季节大风的侵袭；
　　④大风吹过裸露的地面扬起尘埃。

B：①树影遮荫减少了太阳的辐射量；
　　②树荫覆盖下的地面和墙面反辐射大大减少，附近不
　　　形成高温；
　　③高大乔木阻挡大风的侵袭；
　　④草皮和灌木丛防止地面扬尘；
　　⑤浓密的树冠使建筑窗口接受的噪声量减少。

图 12-5　环境绿化改善室内气候卫生条件
（图片来源：引自北京市园林局编《李嘉乐风景园林文集》）

室内的通风采光。高层塔式住宅群的宅间绿地宜成片种植乔、灌木和丰富的地被植物，丰富居住空间结构和层次。别墅是作为现代化的高档住宅形式，其庭院在物权所属、使用功能等方面区别于其他园林绿地，具有私密性、独赏性和个性化、生活化等特点。别墅庭院绿化也往往因此更加突显业主喜好和自由发挥而丰富多彩。

　　欧式庭院总体布局强调轴线对称的几何式，通过规则式布局形成主次分明的网格化平面。入口多采用立柱加拱门或独立花架的形式，在景观节点布置喷泉、雕像等点景元素，使整体景观富有节奏感。欧式庭院造园要素有规整的水池、喷泉、雕像、台阶、绿篱、草坪、花坛、花架、装饰墙，铁艺等。

　　中式庭院总体布局强调曲径通幽的自然式，利用借景、对景的传统造园手法（图12-6、图12-7），模拟自然中的山水美景。中式庭院造园要素有木质的亭、台、廊、

图 12-6　北京首创河著别墅区（R-land 源树提供）

图 12-7　西安某居住区山水景观

榭、花架以及假山、月洞门、花格窗式的黛瓦粉墙等。植物材料多选择梅、兰、竹、菊、海棠、桂花、玉兰等富有美好寓意的花木。

三、道路绿地

居住区道路是为居民出行服务，并用于划分与联系居住区内的各个小区和住宅建筑的道路。居住区各级道路组成了居住区整体的道路网络，绿树成荫、高低错落、富于韵律变化是居住区道路绿化的主要特点。根据居住区规模和功能要求，道路一般分为居住区级、小区级、组团级和宅前小路四级。每一级道路有不同的绿化要求和植物选择。

居住区级道路，是联系居住区内外的通道，具有人行和车辆交通的功能，且车流量大，主路行道树分枝点高度标准应大于 3 米。主路两旁行道树与城市道路树种差异化种植，可多行列植或丛植乔灌木，形成多层次复合结构的线性绿地，起到遮荫、防尘、隔声、引导视线的作用。

居住小区道路，是联系居住区各组成部分的道路，植物配置要体现多样性特点，以不同的行道树、花灌木、绿篱、地被、草坪组合特色的绿色景观，加强识别性。

居住区组团级道路与宅前小路，一般以通行自行车和人行为主，绿化与建筑的关系较为密切，绿化多采用开花灌木。

居住区停车场绿化，包括停车场周边隔离防护绿地和车位间隔绿带，宽度均应大于 1.2 米，应选择高大庇荫落叶乔木形成林荫停车场，庇荫乔木分枝点高度的标准应大于 2.5 米。

第二节　路堤绿地

一、道路、铁路绿化

进入 21 世纪，城镇化进程加速，道路建设蓬勃发展，快速便捷的道路网承担着交通运输、物联互通的功能，满足了社会日益增长的人流和物流空间转移的需求。根据《2020 年交通运输行业发展统计公报》，截至 2020 年末，全国铁路营业总里程达到 14.6 万公里，其中，高铁 3.8 万公里，占铁路营业总里程的 26%，全国的公路里程已达 519.81 万公里，其中高速公路总里程已达 16.1 万公里[1]。我国的公路、铁路建设取得了举世瞩目的成就。随之开展的以"绿化、美化、彩化"为目标的道路、铁路绿化也是

---

[1]《公路工程技术标准》JTG B01—2014 将公路分为高速公路、一级公路、二级公路、三级公路及四级公路等五个技术等级。

成绩显著。截至 2019 年底，公路绿化率达 65.93%。其中，国道绿化率 86.72%，省道绿化率 82.77%，县道绿化率 76.27%，乡道绿化率 66.74%，村道绿化率 57.26%。绿化铁路达 51252 公里，铁路线路绿化率达 86%，通过工程治沙、生物治沙，铁路线路沙害治理率提高到 66%[①]。各地逐渐形成了"车在景中行、人在画中游"的生态绿色空间廊道，满足了人们多元化、高品质的出行需求。

道路、铁路绿化具有防风固沙、防灾减灾、改善环境、分割空间、组织交通、景观美化、促进物质及能量流动等功能。线性、带状或网状的路网绿化形式构成了城乡绿地系统的生态网络基础。完整、连续、可达的大尺度"路网绿化"及"绿色廊道""绿道网络"建设，有效地推进了城乡大地园林化发展，重塑了国土大地景观风貌。

（1）城市道路绿化

城市道路是指在城市范围内具有一定技术条件和设施的道路。根据道路在城市道路系统中的地位、作用、交通功能以及对沿线建筑物的服务功能，我国目前将城市道路分为四类：快速路（行车速度为 60~100 公里 / 小时）、主干路（行车速度为 40~60 公里 / 小时）、次干路（行车速度为 30~50 公里 / 小时）及支路（20~40 公里 / 小时）。道路绿化要与城市道路的功能等级相匹配。道路绿带、交通岛、立交桥等城市道路绿化类型需满足与之相适应的绿化要求（表 12-3）。

城市道路绿化是指在道路两侧及分隔带内栽植树木、花草以及护路林等。城市道路绿化主要起引导视线、标识指路、遮光或防眩、隔绝噪声、防风降尘、净化空气、美化环境等作用。连贯、高效、多元的道路绿化犹如城市绿色的纽带，有效地串联了公园绿地、城宅社区、商务办公等不同的城市功能组团，形成"点、线、面"相互关联、相互融合的整体绿色开放空间（图 12-8）。

城市道路绿化应强化植物与道路环境的空间关系，营造具有良好生态效益、安全、舒适、美观、富于节奏韵律、层次丰富的立体绿化景观。如北京经济技术开发区荣京西街百米绿地采取规则式种植形式，以大乔木为背景，用常用绿色树种增加空间宽度，点缀大量的色叶和花灌木，营造了丰富多彩的四季道路景观（图 12-9）。

城市道路绿化要遵循"因地制宜""适地适树"的原则，多选择适应道路环境条件、生长稳定、观赏价值高、环境效益好、便于管理、养护成本低、能体现地域特色的植物种类。树种要以乡土树种或长寿树种为主。近年来，常绿阔叶树种和彩叶、香花树种的选择应用呈上升趋势。行道树应选择树干端直、树形端正、分枝点高且一致、冠大荫浓、形态优美、深根性且生长健壮、具有良好生态效益和美观效果的树种。使用较多的行道树种有悬铃木、椴树、银杏、栾树、七叶树、马褂木、樟树、广玉兰、含

---

① 全国绿化委员会办公室 . 2019 年中国国土绿化状况公报 [R]. 2020.

城市道路绿化类型与绿化要求 表 12-3

类型	范围内容	绿化要求
道路绿带	分车绿带	分车带采取防护隔离措施或通透式种植，防止或避免人流穿行。雨水调蓄多采用下凹式绿地。 中间分车绿带多采取封闭式绿地种植。根据绿带宽度选择乔木、灌木或地被植物进行绿化种植。乔木树干中心距路缘石内侧距离不宜小于 0.75 米。中间分车绿带应阻挡相向行驶车辆的眩光，应选择枝叶密实的常绿灌木做绿篱栽植
	行道树绿带	行道树绿带种植应充分考虑遮荫效果，其绿带净宽度不得小于 1.5 米，乔木最小种植株距宜为 4~6 米，枝下净空要满足行人通行要求。 在道路交叉口视距三角形范围内，行道树绿带应采用通透式栽植，以利行人、车辆安全
	路侧绿带	路侧绿带应与所毗邻的其他城镇绿地统一考虑，保证整体绿化景观的连续性和完整性；绿化植物材料选择应体现所在城市的地域特色和植物景观特色；宜采用雨水花园、下凹式绿地、植草沟等具有调蓄雨水功能的绿化方式
交通岛绿化	中心岛绿地	封闭式装饰性绿地，绿化植物材料选择以花卉、草坪为主，兼以低矮的常绿花灌木，常以雕塑、喷泉、立体花坛等做装饰点缀
	导向岛绿地	植物配置以低矮灌木和地被植物为主，平面布局简洁、大方
	立体交叉绿岛	封闭式装饰性绿地，绿化种植宜采用地形起伏的疏林草地模式，营造开朗通透且富于季相变化的景观，常以雕塑、立体花坛等做装饰点缀；因地制宜布置下凹绿地、雨水花园等设施
停车场绿化	停车场	林荫停车场结合停车间隔带种植庇荫乔木，绿化覆盖率宜大于 30%。乔木分支点高度应符合停车位净高度的规定：小型汽车为 2.5 米；中型汽车为 3.5 米；大型汽车、载货汽车为 4.5 米
立体交通绿化	高架桥柱、护栏、挡土墙、立交匝道等	高架桥柱、护栏、挡土墙等垂直绿化选择攀爬能力强、生长快、抗性强、低养护的植物种类，因地制宜选择垂直绿化工程技术模式。 立体交叉匝道口栽植区域内宜乔、灌、草种植相结合。 视距三角形范围内的绿化必须采用通透式配置或种植低矮灌木及地被植物

资料来源：根据《城市园林绿地规划》《城市道路绿化规划与设计规范》CJJ 75-97 整理。

笑、青桐、杨树、柳树、槐树、池杉、榕树、水杉等。其中银杏、北美鹅掌楸、悬铃木、欧洲七叶树和欧洲椴并称为世界五大行道树。

城市高架桥绿地则以简洁、明快为主要特点，绿化种植以乔木为主，辅以各类花灌木及地被植物。绿化效果要充分统筹考虑植物的林冠线、整体色彩和季相变化的关系，形成良好的行车视觉感受。城市高架桥绿化主要选择耐阴抗旱的花灌木和地被植物，使其在层次、尺度、色彩和空间上形成富于变化的景观（图 12-10、图 12-11）。

城市立交桥绿化要突出交通视线引导功能，根据车流的方向而采取不同的引导树种配置。从视觉观赏角度考虑，城市立交桥绿化主要分为桥区和桥体绿化两大部分，应根据桥区平面图形和桥梁造型展开绿化种植设计，使整体景观协调统一，韵律优美。实践证明，大比例、大尺度、气势宏大的城市立交桥绿化或桥区特色鲜明的景观图

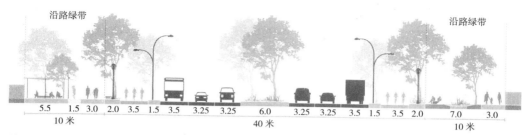

利用中分带、侧分带及沿人行道共种植6排行道树，红线与绿线范围内一体化设计，灵活设置休憩节点与雨水花园等活动与景观设施

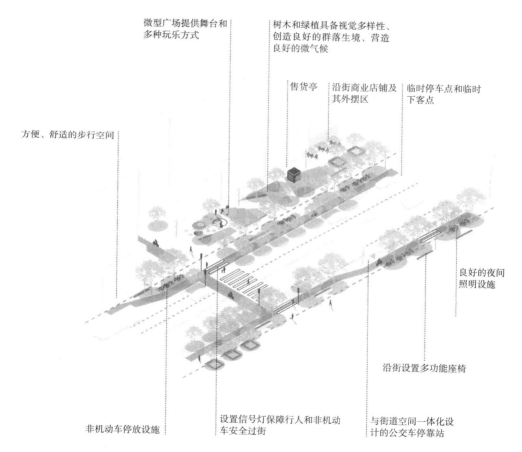

图 12-8　上海城市街景道路断面优化与设计要素（图片来源：引自《上海市街道设计导则》）

案往往成为代表城镇绿化发展水平的绿色典范、示范，成为城市形象展示的窗口（图12-12）。立交桥桥区绿化往往根据区位、面积而确定不同的种植形式和树种搭配。如北京南六环京石立交桥位于北京的门户位置，加上面积大、中心绿地分散等特点，整体绿化定位为自然式彩叶植物景观苗圃，绿地采取以圃代林结合景观打造，形成以色

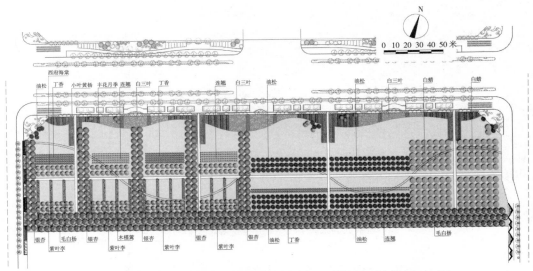

图 12-9　北京经济开发区荣京西街百米绿地平面图（图片来源：于宗顺，2008 年）

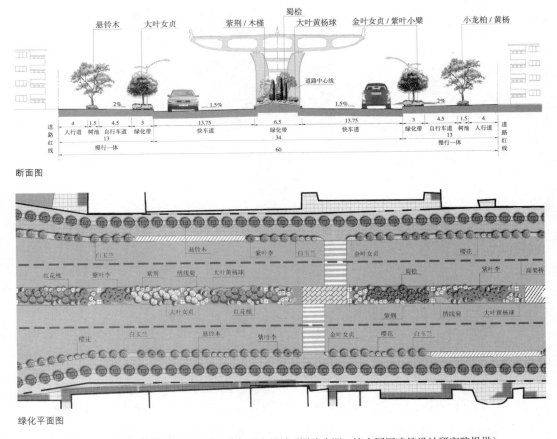

图 12-10　济南北园大街高架桥绿化标准段设计（图片来源：济南同圆建筑设计研究院提供）

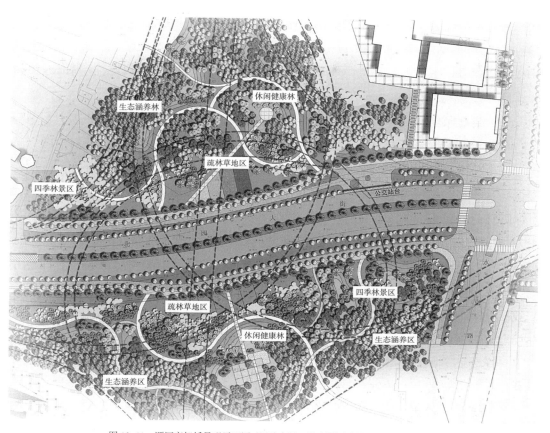

图 12-11　顺河高架桥景观平面图（图片来源：济南同圆建筑设计研究院提供）

图 12-12　深圳市车公庙立交桥绿化

叶树种和常绿树种为主的生态景观苗圃绿地。树种比例为：彩叶乔木43%，常绿乔木23.4%，彩叶灌木22.7%，地被11%。立交桥桥体绿化以藤蔓植物为主，在华北地区桥体绿化主要采用五叶地锦、爬山虎和扶芳藤等品种；而华南地区桥体绿化则以地锦和薜荔的种植为主，配置其他观花藤本。

（2）公路绿化

公路绿化与城市道路、高速公路绿化相比，绿化形式相对简单，树种基本以乡土树种为主，兼顾常绿树与落叶树、乔灌木的结合。同一条公路的绿化树种不易过多，基调树种、搭配树种各选一、二种即可，且每隔2~3公里要变换树种，形成变化的景观以减轻视觉疲劳，并减少病虫害的传播风险。

"因路制宜"是公路绿化基本原则，根据公路等级、宽度及所在地区、地形、地貌、公路沿线景观特点确定绿化品种和种植带规模；"借景"是公路绿化重要举措，即要考虑车辆行驶时的视觉整体效果。穿越山、河、湖、海、林、田的道路，绿化时留出透景线，合理地将公路视域空间范围内优美的风景借用到其整体道路景观中来，实现道路景观与周围环境相协调。

高速公路属于高等级公路，设有多车道、立体交叉口、中央分隔带，全线封闭，出入口控制，能适应120公里/小时或者更高的速度车辆行驶。高速公路景观绿化与普通的公路绿化有着较大的区别，在保障道路行驶的安全性和舒适性的同时，对高速公路的环境美化及可持续化发展也起到了重要的作用。

高速公路绿化内容包括中央分隔带、边坡、护坡道、隔离栅栏内侧绿化带，互通立交桥，隧道出入口，服务管理区等。

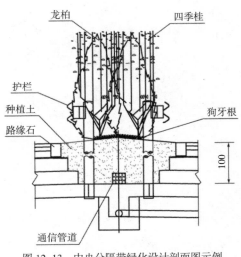

图12-13　中央分隔带绿化设计剖面图示例
（图片来源：引自《公路绿化设计制图》JT/T 647—2016）

中央分隔带绿化主要功能是形成良好的视觉引导，丰富路域景观，提高行车安全（图12-13）。防眩树种选择以常绿、抗污染、抗风抗旱、耐修剪、适应性强的花灌木为主，如桧柏、紫薇、紫叶李、红叶石楠、小叶女贞等。

边坡、护坡道、隔离栅栏内侧绿化带主要采用乔、灌木相结合的形式，树种选择上遵循落叶与常绿混合种植，营造层次分明、富有韵律的线性景观带。边坡、护坡道绿化应结合边坡防护，以生态覆绿、恢复自然生态为主要任务。植物选择耐干旱、耐瘠薄、根系发达、覆盖度好、易于成活、便于管理的品种，同时兼顾景观效果的花灌木、攀缘植物或多年生草本植物的合理搭配（图12-14），如夹竹桃、火炬树、爬山虎、紫穗槐、美国地锦、荆条、沙地柏、垂叶榕、长春藤、藤本月季、扶芳藤、火棘、胡枝子、狗牙根、波斯菊、白三叶等。

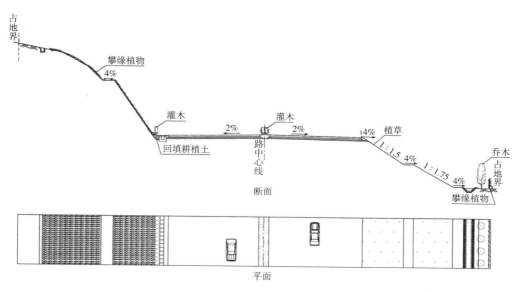

图 12-14　公路绿化设计断面、平面图示例
（图片来源：引自《公路绿化设计制图》JT/T 647—2016）

公路沿线服务区、饭店、加油站等是为车辆提供服务的公用设施，在植物配置上，要满足驾乘人员呼吸新鲜空气、活动身体、欣赏风景、休息的需求。加油区及路边引导区以低矮灌木和草本宿根花卉为主；休闲服务区可栽植遮荫的乔木，并且设置花坛、水池、椅凳及景观小品等设施，为驾乘人员提供停车和休憩的场所。

（3）铁路绿化

铁路运输作为现代的重要交通工具，铁路绿化如同一道绿色安全屏障，对保障铁路行车安全起着重要的作用。铁路沿线绿化可以有效保护路基和边坡的稳定，还可改善铁路沿线生态环境。

铁路沿线绿化美化应遵循宜林则林，宜乔则乔，宜灌则灌，宜草则草，乔、灌、花、草结合，平面、立体绿化结合的原则。铁路用地红线内护坡草坪、隔离护栏和绿篱相结合；铁路用地红线两侧可视范围内的农田林网、荒山荒坡等绿化用地，可结合生态修复及种植当地经济林果，组织实施绿化美化，提升沿线景观和林地生态效应。铁路两侧绿化采取"内灌外乔"的种植方式，形成高低错落、富有层次的防护林群落景观。铁路两侧各建不小于20米宽的防护带，铁路站场周边设宽度为50米的绿化带。在铁路通过城市建设区其防护林应为密闭的防护林，且观赏效果要好（图12-15）。

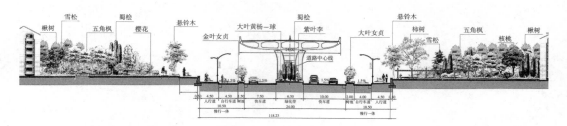

图 12-15   京沪铁路桥景观节点南北方向剖面图（图片来源：济南同圆建筑设计研究院提供）

（4）绿道生态网络建设

道路不仅是交通功能和城市功能需求的直接反映，而且是人与自然相互协调发展基础上的绿色生态走廊。随着中西方城市建设与风景园林发展交流的深入，"列树以表道""以荫行人"的行道树种植在形式、内涵、功能上都有了较大突破，其类型、样式、布置形式和结构也由此发生了根本性变化。尤其在引入国外绿道建设理念后，单一的道路绿化开始尝试与公园、绿地、绿道相融合，逐渐衍变为线形绿色开敞空间和绿道网络体系。

住房和城乡建设部《绿道规划设计导则》中完善了绿道定义：以自然要素为依托和构成基础，串联城乡游憩、休闲等绿色开敞空间，以游憩、健身为主，兼具市民绿色出行和生物迁徙等功能的廊道。该导则指出绿道包括游径系统、绿化和设施。

根据空间跨度与连接功能区域的不同，绿道分为区域级绿道、市（县）级绿道和社区级绿道三个等级。区域级绿道构成了区域绿道网络的骨架，加强了城乡之间的互动；城市（县）绿道连接贯通区域绿道和社区绿道，促进了城市各个功能组团的有效连接，确保绿道连通成"网络"，构建起城市间和城市内多层次的绿色网络格局；社区绿道则惠民百姓，实现了绿道网络的可达性，引领居民绿色健康生活方式。

2010 年初，我国关于绿道建设的首份官方文件《珠三角绿道网络规划纲要》发布，这也是我国首个在全省省域范围内构建绿道网络体系的方案。2010 年作为我国绿道建设的元年，珠三角的绿道建设领全国风气之先，带动了国内绿道建设热潮，拉开了全国各地市规划与建设绿道的序幕，并在"十二五""十三五"期间达到建设高潮。目前，国内比较成功的实践有北京绿道、成都绿道、武汉绿道、杭州绿道等（表 12-4）。

从全国建设实践的绿道项目梳理分析看，珠三角绿道网络体系建设和三山五园绿道建设最具代表性和典型性。

前者以珠三角整体区域为载体，成功解决了宏观尺度上创建自然、连续、和谐、城乡一体化的绿色框架网络体系难题。层次分明、功能综合、体系完善的综合性绿色生态网络构建，保证了整个珠三角国土开放空间的连续性和连通性。截至 2020 年，珠

国内绿道实践　　　　　　　　　　　　　　　　　　　　表 12-4

区域城市	启动时期	建成规模（截至2019年）	发展布局与目标	典型实践
珠三角绿道	2010年初，编制完成《珠三角绿道网络规划纲要》；2011年底，珠三角绿道网2372公里建成	已累计建成绿道10000多公里	建成总长约2254公里的区域绿道，完善绿道网主体框架；建成总长8600公里城市绿道，完善绿道网络格局；推进社区绿道建设，提高通达性	1~6号绿道，连通了珠三角各主要城市
成都绿道	2010年，成都开始打造绿道，重点实施"绿色温江"战略；2011年底，总长约为1000公里的绿道网络初步形成；2017年编制完成《成都市天府绿道规划建设方案》	已累计建成2934公里	绿道总体布局与空间结构为"一轴、两山、三环、七带"，共同织就16930公里绿道网络系统	温江绿道、锦江绿道、沙西绿道、双流绿道
武汉绿道	2011年，后官湖郊野绿道开工建设，2014年建成约110公里；2012年编制完成《武汉市绿道系统建设规划》	已累计建成2000公里	绿道网络总体结构为"一心、六楔、十带"。到2021年建成覆盖全市，总长2200公里的绿道网络系统	东沙湖绿道、后官湖绿道、江滩绿道、月湖—知音湖绿道
北京绿道	2013年，编制完成《北京市级绿道系统规划》；2014年正式启动绿道建设	40余条，总长约1000公里，覆盖全市十余个区县	绿道总体布局与空间结构为"三环成心、三翼延展、多廊构建"，2000公里绿道网络覆盖城乡	环二环绿道、"三山五园"绿道、温榆河绿道、京密引水渠绿道
杭州绿道	2014年，编制完成《杭州市城市绿道系统规划》；2016年，编制完成《杭州市区绿道系统近期建设实施规划》	建成沿江、沿河、环湖、沿山、沿路、湿地、公园、乡村等八大类型的绿道共3036公里	绿道总体布局与空间结构为"一轴四纵三横"，新建和提升改造健身绿道项目400公里	中东河"古都韵味"绿道、运河古韵生态廊道、半山氧吧生态廊道、兰江—富春江—钱塘江三江画卷绿道、环千岛湖绿道

三角地区共建成绿道万余公里，区域（省立）—城市绿道—社区绿道网络构建了珠三角地区"多层次、多功能、立体化、复合型、网络式的区域生态支持体系"。生态型、郊野型和都市型三大类型的区域绿道加强了城市之间的贯通，完善了绿道网主体框架。整个绿道网络串联千余处森林公园、自然保护区、风景名胜区、郊野公园、滨水公园和历史文化遗迹等节点。

后者则在总面积68.5平方公里的"三山五园"国家历史文化传承的典范地区这一中观尺度上，通过都市绿廊系统的建立，从时间维度和空间维度上有效连接了古典皇家园林集群、现代著名学府与科研机构，构建了深厚历史文脉、丰富科教资源与优美生态环境相互交融的城市和谐宜居空间。行走在"三山五园"绿道中，深厚的传统历史文化与近现代科教文化相互交融、相映生辉，既能感受到古今文化的碰撞，又能体验现代科技的发达，共享新时期生态文明建设的新优成果。

二、江河堤坝绿带

我国早在春秋时代就有了堤防植树以备决水的经验。《管子·度地篇》记载堤防植树："令甲士作堤大水之旁，大其下，小其上，随水而行。地有不生草者，必为之囊。大者为之堤，小者为之防，夹水四道，禾稼不伤。岁埤增之，树以荆棘，以固其地，杂之以柏杨，以备决水。民得其饶，是谓流膏。"即河道堤身上不但要种植荆棘灌木，以便加固堤土；还要间种柏、杨等高大树木，防止洪水冲决。

历史上大规模江河路堤植树发生在隋唐时期。隋朝在开凿汴扬大运河时，在河堤两岸广植柳树，隋堤"柳色如烟絮如雪"，形成了西起洛阳东至扬州，绿荫千里的壮观景色。唐宋亦十分重视护堤林的营造，"常以春首课民夹岸植榆柳，以固堤防"，并要求"每岁首令地方兵种榆柳以固堤防"。从文献记载看，当时的江河路堤植树树种主要是柳树、榆树，此外还有椿树、荷花、桃、李等，树种较少。元明清时期，三代都城的北京水系建设完备，其堤岸植树十分发达。黄河、运河、永定河等为代表的河道两岸植树备受朝廷关注。仅明嘉靖年间，利用四个月时间即在黄河两岸植树多达二百八十余万株。清康熙年间出台了明确的关于河堤植树的奖惩制度，鼓励官兵和百姓在黄河、永定河等河道两岸广植树木。但从植树树种选择来看，与隋唐宋时期并无差别，仍旧以柳树为主。

江河路堤植树经历了从规模植树、造林绿化到滨河森林公园、滨水公共空间的发展演变历程。随着城镇化进程的快速推进，现代江河线带绿地建设与公园的界线越来越模糊，很多城市内滨水绿地逐渐发展为城市滨河公园，而成为以水为主题，并且有良好的生态环境与人文景观，为人们提供游览、休闲度假、游憩、保健疗养、科学教育、文化娱乐的线带空间（图12-16、图12-17）。如北京市围绕着郊区新城和河道治理，先后启动建设了亦庄、昌平、大兴等11个新城滨河森林公园，提高了新城绿化覆盖率5个百分点，城市森林比重从35%提高到50%。而因水而生、依水而兴的上海则遵循自然水系脉络，注重水系生态环境修复和滨水绿化美化建设，重塑了市域内河道与滨水绿地生态景观，优化了水绿交融发展格局，提升了河道及滨河绿地空间对城市的生态服务功能（图12-18）。水是城市发展的摇篮，也是城市的灵魂。成功的滨水景观营造，不仅可以改善生态环境，重塑城市形象，提高生活品质，而且往往带动城市及其国土空间的生态修复与优化（图12-19）。

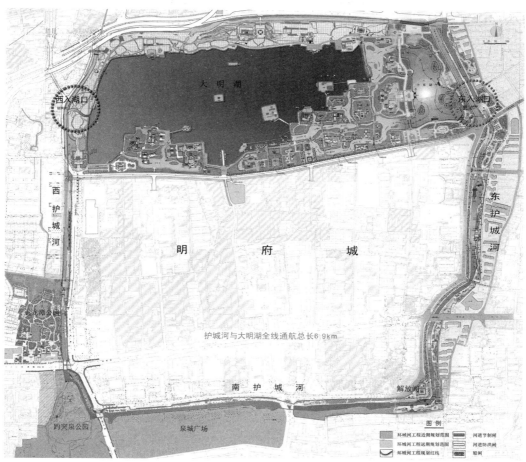

图 12-16 济南市环城公园及东护城河总平面图
（图片来源：引自《第二届优秀风景园林规划设计奖获奖作品集》，济南市园林规划设计研究院）

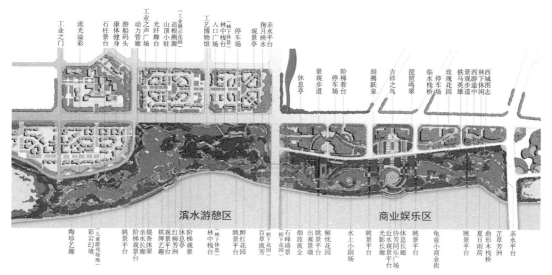

图 12-17 新疆拜城县喀普斯浪河东岸滨河景观设计总平面图
（图片来源：引自《第三届优秀风景园林规划设计奖获奖作品集》，中国城市建设研究院）

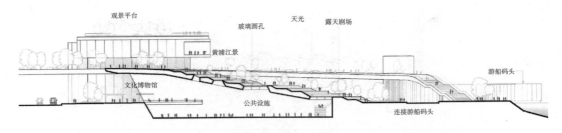

图 12-18　上海董家渡公共空间绿地剖面图
（图片来源：引自上海市规划与自然资源局等编《上海市河道规划设计导则》）

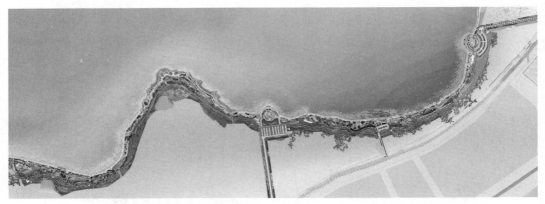

图 12-19　青岛唐岛湾公园平面图（图片来源：青岛环境工程设计院，2015 年）

图 12-20　黄河济南段两岸绿化

从中观和宏观角度考量，江河线带植树绿化，以江河水系为主线，统筹山、水、林、田、湖、草等各种生态要素，构建了国土大地景观风貌的"蓝带绿脊"。如围绕实施黄河流域生态保护和高质量发展国家战略，沿黄、淮流域各地区及城市先后因地制宜推进高质量国土绿化，黄河干流（图 12-20）、淮河干流两侧绿带建设达 300~500米以上。在树种选择上，注重了针叶林、阔叶林与常绿树、落叶树等林种、树种的科学合理搭配，大大丰富了景观绿化植物，实现了增绿与增景协调发展。如今的江河线带绿化树种选择愈加丰富，主要有水杉、垂柳、朴树、女贞、悬铃木、柿树、桑树、旱柳、丝棉木、榆、白蜡、紫穗槐、黄栌、山荆子、桑树、构树、芦竹、连翘、丁香、紫薇、千屈菜、黄菖蒲、柽柳、美人蕉、芦苇、香蒲、菖蒲、石菖蒲、睡莲、凤眼莲、金鱼藻、荇菜、荷花、水葱等百余种。

　　江河线带绿地和生态系统以及滨水经济带建设，促进流域生态修复和国土空间功能优化，全面提升了江河的生产、生活、生态服务功能。蓝绿交织，水绿交融，大规模的江河线带绿地建设，构建了国土大地上的生态绿色廊道和绿色框架网络体系（图 12-21）。广东省规划实施的万里碧道建设无疑成为新时期水生态文明建设的新思路、新举措。

　　2010 年，广东率先在全国开展绿道规划建设开始，万里绿道网络成为珠三角生态文明建设的靓丽名片。2020 年 8 月，广东省人民政府正式批复《广东万里碧道总体规划（2020—2035 年）》，又先一步探索出引领中国江河湖泊绿色发展的新理念、新模式。规划对广东省碧道建设发挥引领性、指导性和约束性作用，并重新赋予了江河湖泊新的涵义：即广东万里碧道是以水为纽带，以江河湖库及河口岸边带为载体，统筹生态、安全、文化、景观和休闲功能建立的复合型廊道。

　　水清，岸绿，风景美。《广东万里碧道总体规划（2020—2035 年）》提出了"三年见雏形、六年显成效、十年新跨越"的总体目标和构建"湾区引领、区域联动、十廊串珠"的广东万里碧道总体布局（图 12-22、图 12-23）。

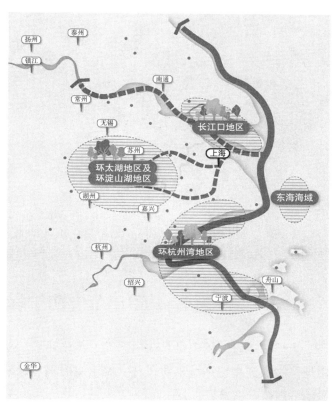

图 12-21　"江海交汇、水绿交融、文韵相承"
的长三角区域网络格局

（图片来源：引自《上海市生态空间专项规划（2021—2035）》）

图 12-22　深圳湾碧道实景

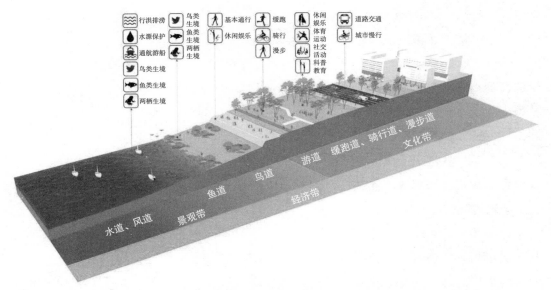

图 12-23　广州碧道 "水道、风道、鱼道、鸟道、游道、漫步道、缓跑道、骑行道" 八道合一示意图
（图片来源：引自新华网）

第三节　防护绿地

防护绿地是城镇中具有防风固沙、美化环境、卫生、隔离和安全防护功能的绿化用地，主要类型包括城市防风林、城市组团隔离绿带、道路防护绿地、河流水系防护绿地、高压走廊绿带、农田防护林等。

随着城镇园林绿地建设质量的提高，各种防护绿地的尺度、结构、类型、内容都发生了巨大变化。尤其是城市防风林、城市组团隔离绿带、道路防护绿地、河流水系防护绿地建设已脱离了简单植树造林的传统做法，而是与绿道、绿带及城镇公园绿地系统相融合，成为绿色城镇化和城乡一体化的重要推手。如北京市通过启动两轮百万亩造林工程，将原有城市防护林升级，通过新的造林绿化工程，构建起浅山生态屏障与公园环、滨水生态带、楔形绿色空间、生态廊道等高质量融合发展的城乡绿色空间格局。仅 2012 年至 2017 年期间的平原地区百万亩造林工程，新增林木 117 万亩，相当于植出 110 个奥林匹克森林公园。其中，四环至五环、五环至六环的绿化隔离地区新增 22.3 万亩绿地，形成包裹中心城区的多层绿环；在通州、大兴、房山、顺义、平谷等交界区，建成了绵延 200 公里集中连片的约 30 万亩森林湿地，通向津冀的 30 余条道路、河流绿化带进一步 "增绿添彩"，形成京津冀地区生态过渡带；通过建设 25 万多亩的防风固沙林，根治了延庆康庄、昌平南口，以及潮白河、永定河、大沙河流域等五大风沙危害区。2018 年启动实施的新一轮百万亩造林绿化工程，更是围绕新版北京城市总体规划确定的"一屏、三环、五河、九楔"的绿色空间布局，在城市、平原和山区打响高质量发展的绿色战役。

防护绿地建设尺度、规模要遵循"能宽尽宽"的原则，各类防护绿地建设则应秉承"能融则融"的原则，实现"一块绿地多种功能"的目标，更加突出生态系统的完整性、连通性和生物多样性。理想的城市组团面积 5 平方公里以内，隔离绿带宽度应达到 500~1000 米，既适合我国城市实际发展情况，也能有效地保障绿色生态安全质量，满足宜居城市发展要求。而城市防风林主林带宽度不少于 10 米，副林带宽度不少于 5 米，才能起到更好的防风沙效果（图 12-24）。据北京市园林科学研究院研究成果显示，绿带宽度在 32~38 米以上时，可取得较好温湿效益和较高的负离子浓度，其宽度至少应该在 30 米以上时才能更好地发挥生物迁徙、种群扩散等生物多样性的功效。因此，构筑一定宽度的防护绿地，且城市防风林、城市组团隔离绿带、道路防护绿地、河流水系防护绿地等各种类型防护绿地之间相互渗透、融合是构建生态绿地系统行之有效的方法，为国内外各大中城市所实践。大尺度成带成片、互联互通的城市绿化空间系统建设，提升了生态防护功能和绿色廊道景观效果，提高了生物多样性，保障了高效、高质量的生态发展。如广州市实行"绿心南踞，绿脉导风""组团隔离，绿环相扣"规划以来，在中心城区预留控制和建设巨型绿心的同时，沿着城市快速路系统建设一定宽度的城市组团隔离带和绿环。其中，内环路 10~30 米、外环路 30~50 米、华南快速干线及广园东路 50~100 米、北二环高速公路 300~500 米，使之成为降低热岛效应、改善生态条件的导风廊道，构筑了全市绿树成荫的生态系统。

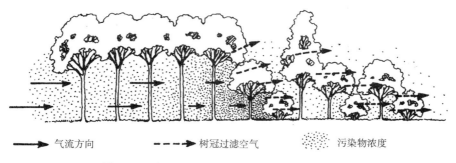

图 12-24　防护林带断面形式及净化大气途径示意图
（图片来源：引自北京市园林局编《李嘉乐风景园林文集》）

各种防护绿地中，高压线走廊隔离绿化带和农田防护林其功能结构、形式内容等方面相对单一，以突出生态防护、涵养水源、绿化美化效果为主。

高压线走廊隔离绿化带在注重安全的基础上，重点采取以生态防护为主的建设方式。550 千伏高压线走廊下安全隔离绿化带的宽度不少于 50 米；220 千伏高压线走廊下安全隔离绿化带的宽度不少于 36 米；110 千伏高压线走廊下安全隔离绿化带的宽度不少于 24 米。树种选择以具有地方特色的乡土树种，兼具防火、抗风、吸收有害气体的品种为主。由于城市发展需求、用地紧张等因素，高压输电线走廊与绿化带及城市街景融合成为国内外大城市发展探索的新经验、新路子。如北京市西五环外的高压输电线走廊，其本身位于建成区的范围内，通过与高楼的天际线、绵长的绿化带合理搭配结合，融为一体，形成了壮观的城市风景线。再如上海中环桂江路高压线下走廊位于"区区交界"地带，整个地块位于 220 千伏超高压线保护区范围，通过拆违建绿后，一改脏乱差的环境，变身为城市绿色景观长廊，并兼具绿道、游园的作用，为周边居民提供了美观、舒适的休闲活动场所。

农田防护林是指为改善农田小气候和保证农作物丰产、稳产而营造的防护林，由主林带和副林带按照一定的距离纵横交错构成网格状，又称农田防护林网。农田防护林带多与路旁、渠旁绿化相结合，构成林网、路网、水网三网融合的生态林防护体系（图 12-25）。

图 12-25　农田防护林与乡间田野形成的壮观的大地风景

农田防护林带树种宜选择生长迅速、抗性强、防护作用及经济价值较大的乡土树种；可采取树种混交，如针、阔叶树种混交，常绿与落叶树种混交，乔木与灌木树种混交，经济树与用材树混交等。单行林带的乔木，初植株距 2 米；双行林带株行距 3 米 ×1 米或 4 米 ×1 米；3 行或 3 行以上林带株行距 2 米 ×2 米或 3 米 ×2 米。

第四节　园区绿地

一、工厂企业园区

工厂企业园区是推进我国改革开放和经济发展的重要载体。据不完全统计，目前全国各类工业园区约 2 万多个，已成为经济社会快速发展的中坚力量和重要支撑。工业部门贡献了国内生产总值的 40% 以上，但也带来了一系列的生态环境问题。推进生态文明建设，要求人们在创造财富、追求经济效益的同时，兼顾与生态效益、社会效益的和谐统一。因此，改善工业企业园区环境，缓解环境污染压力，注重绿色园区、绿色可持续发展成为社会共识。

一般城市中，工业用地约占 15%~30%，工业城市中该占比会更高。按照规定要求，工矿企业绿地率控制在 20% 左右，绿化覆盖率达到 30% 以上；产生有毒、有害气体及污染的三类工业用地，其绿地率控制在 30% 左右，并设立一定宽度的防护林带。

工厂企业绿化具有吸收有害气体、净化空气、降尘防噪、保障员工身心健康、树立企业形象、保护和改善城市生态平衡的功能和作用。

工厂企业厂房建筑密度大，用地紧张，绿化用地有限，"见缝造绿""垂直绿化"是其绿化的重要举措和手段；树种搭配合理、环境效益显著的花园式厂房园区是建设目标；构建厂房园区及所在城市相互协调的绿色生态系统是使命所在。

工厂企业绿化一般包括厂前区、办公区、生产区、仓储物流区、厂内道路、小游园、预留地等绿化。

厂前区、办公区代表了企业的形象，多采用规则式布局形式合理搭配乔木、花灌木和地被植物，并设置花坛、喷泉水池、假山叠石、富有企业寓意的雕塑小品等提升整体环境品质。

生产区绿化是厂区绿化的重点，应根据不同类型的工厂实际情况，有针对性地选择树种：对有害气体抗性较强及吸附作用的植物，如臭椿、卫矛、柳树、忍冬、女贞、榆树、山桃、美人蕉、唐菖蒲、金鱼草、蜀葵、三色堇、鸢尾、福禄考、菊花、大丽菊、玉簪等；隔声降尘效果好的植物，如榆树、木槿、广玉兰、雪松、杨树、朴树、大叶黄杨、重阳木等；杀菌能力强的植物，如侧柏、黄栌、松树、槐树、女贞、茉莉、钻天杨、垂柳、石楠、悬铃木等；抗燃防火树种，如苏铁、银杏、榕属、棕榈、山茶等。

仓储物流区及厂内道路绿化为保证车辆行驶及物流集散，宜选择树干通直、分枝点高的树种。

二、工业废弃地生态修复

20 世纪 50~70 年代，由于生产结构单一、石油和天然气的广泛使用、新技术革命的冲击等，在催生高科技园区的开发建设的同时，造成了工业遗址及废弃地数量剧增。目前我国正处于新型工业化、城镇化的快速发展时期，伴随传统产业的外溢，城市中闲置的工业遗址及废弃地数量的增加，浪费城市土地资源的同时，也造成了一系列环境和社会问题。

从 20 世纪 70 年代开始，工业遗址或工业废弃地的生态修复及开发利用，成为世界各国解决生态环境问题和城市化发展的重要手段。后工业时代，各地废旧工厂改造更新为绿地、公园，甚至衍变为文化创意园、企事业单位园区，开启了绿色发展新动能。

欧美国家典型案例主要有美国西雅图煤气厂公园，德国鲁尔工业区北杜伊斯堡景观公园，法国雪铁龙公园，加拿大维多利亚岛布查特公园，意大利都灵工业遗址改建公园，英国铁桥峡谷，瑞士诺华公司总部等。其中1972年的美国西雅图煤气厂公园为最早的工业景观改造项目，通过生态修复、工业遗迹景观开发利用，开创了把废弃工厂转变为城市公园的先例。德国鲁尔工业区通过治理污染、修复土壤、植被绿化措施，全面改善了区域生态环境质量，成为全球传统工业区城市更新的先驱。1989年，鲁尔工业区制定的为期10年的埃姆舍公园国际建筑展项目，更是在800平方公里区域内，通过350公里长的埃姆舍河及其支流的自然景观恢复、300平方公里的埃姆舍公园建设及原有工业遗迹景观改造利用等环境与生态的整治工程，将17个城市250万居民的生态、生活和工作空间有效串联，打造成为整个鲁尔工业区的区域性绿地公园系统，完成了由工业区向区域公园系统的华丽转身（图12-26）。

图12-26　德国鲁尔区北杜伊斯堡景观公园被认为是后工业景观公园杰作

图12-27　首钢园（北京2022冬奥会和冬残奥会组委会办公区景观）

我国典型的工业废弃地生态修复案例，主要有中山歧江公园、北京798艺术区、北京768设计创意园区、台湾台北金瓜石、南京晨光1865创意园、北京首钢工业遗址改造、上海世博园、后滩湿地公园等。其中北京798艺术区，原为国营798厂的老厂区，经由文化艺术、工业建筑遗迹及城市园林绿地的有机结合，成为北京文化创意产业发展的新地标。而北京首钢工业区则利用百年钢铁冶炼遗留的各类建筑和设施设备，将传统工业文化遗存和现代科技文化元素有机结合，打造了具有鲜明工业文明特色的城市复兴新地标（图12-27）。尤其是首钢园区西十筒仓的项目改造，生态绿地、工业景观设施、建筑合理搭配，在工业遗迹上打造了特色鲜明的新高端产业综合服务区，形成了自然生态与工业文明交融的特色产业主题园区。

从国内外案例分析看，工业遗址或工业废弃地，在不同历史时期，承担不同任务和使命。作为工业文明时期的工业生产活动场地，记录了人类经济社会发展的辉煌与荣耀。而在后工业时代及生态文明时期，依托遗留的各种工业设施、设备，如各类车间厂房、库房、锅炉房、烟囱、井架、水塔、高炉、气罐、油罐、铁路、机车、管道、特种车辆等，从文化、艺术、生态、风景园林等多学科、多维度视角重新赋予其多元价值，并对其加以保留、更新利用或艺术创造，实现绿色发展，促进工业老区的产业转型升级成为全球共识。因此，融生态安全性、景观功能性和艺术性于一体的后工业景观塑造、工业遗产公园、企业总部园区、城市综合体则成为工业遗址或工业废弃地改造利用的主要方向，并以此为引擎带动地区或整座城市的复兴。

实践证明，风景园林学为工业遗址或工业废弃地再生提供了重要途径和方法，在工业遗址或工业废弃地植被绿化、水体及土壤修复、景观再利用、自然生态系统构建等方面发挥着举足轻重的作用。风景园林艺术和技术集成应用作为"治愈工业时代创伤的一剂良药"，有效地将工业建筑遗存与生态园林绿地交织在一起，在一定程度上保护与延续了工业文明，为公众创造了工业文化体验以及具有休闲、游憩、观赏、娱乐、科普教育等多种功能的城市公共活动空间。

工业废弃地园林绿化的植物材料应根据其类型和实际现状，多选择生命力顽强的先锋植物、超富集植物以及适应性强、观赏性好的乡土树种。

先锋植物，是指能够在严重缺乏土壤和水分的石漠化地区生长的植物，有"极地先行者"之誉。对土壤污染严重的工业废弃地，先锋植物具较强的生态修复能力，主要先锋植物如花椒、香椿、火棘、杜仲、构树、忍冬、柏木、麻风树、假俭草、苇状羊茅、芒草、狗牙根、百喜草、香根草、节节草、水蜡烛等。

超富集植物，是指自然生长在金属污染土壤上的植物，它们不仅对重金属环境具有很强的适应能力，还能够在其地上部分富集异常高的金属，如镍、锌、铜、钴和铅等。迄今发现的总共有415种各种金属的超富集植物。在生态修复实践中应根据不同的土壤污染情况选择相应植物种类。园林绿化中应用的超富集植物主要有泡桐、构树、悬铃木、女贞、水杉、榆树、雪松、紫罗兰、羽衣甘蓝、香雪球、香根草、紫穗槐、东南景天、长柔毛委陵菜、鸭跖草、海洲香薷、鳞苔草等。

乡土树种的选择因城市地区而异。如适用于北京工业废弃地的乡土树种有油松、华山松、圆柏、刺槐、臭椿、紫穗槐、榆树、荆条、狗尾草、八宝景天、紫花苜蓿、蒲公英等。

三、医疗康养园区绿地

医疗康养园区绿地包括医院绿地、疗养院绿地、康养小镇（园区）绿地等，其中医院绿地又分为综合医院绿地、专科医院绿地、社区卫生诊所绿地等绿地类型。医疗康养园区绿地除了具有其他城镇绿地所具备的改善气候、美化环境等功能外，还具有提供良好的就医环境和治病、康养的功效。

在医疗康养园区绿地建设中，要根据所属单位的性质和功能，合理的选择和配置树种，以充分发挥绿地的功能作用。绿化树种应选择杀菌力强的树种，即具有较强杀灭真菌、细菌和原生动物能力的树种，如侧柏、雪松、油松、白皮松、月桂、七叶树、合欢、刺槐、紫薇、广玉兰、木槿、女贞、丁香、石榴、石楠以及蔷薇科的一些植物。医院、疗养院应尽可能选用果树、药用等经济树种，如山楂、核桃、海棠、柿树、石榴、梨、杜仲、山茱萸、金银花、连翘、丁香、麦冬等。实践证明，幽静、清雅、干净舒适的医疗绿地环境，利于患者身体的恢复、康复。具有观赏、休息、健身、疗养等功能的康养绿色空间有利于高血压、神经衰弱、心脑血管和呼吸道等疾病的康养、治疗。为了更好地加强医疗康养园区绿地建设，往往多在其绿色环境空间内点缀布置富有美好寓意，能体现健康、向上、生命、活力等主题的园林景观小品。

随着国家《"健康中国 2030"规划纲要》的贯彻落实，"共建共享、全民健康"成为建设健康中国的战略主题，并深入人心。近年来，康复疗养景观也随着健康中国的持续推进而逐渐兴起。医疗康养园区绿地建设趋于精致化，康复景观、园艺疗法、感官花园（图 12-28）、临终关怀花园等新形式、新类型不断涌现，大大丰富了医疗康养园区绿地的形式和内涵。

四、校园绿地

世界上最古老的校园有古希腊哲学家学园以及我国的稷下学宫、杏坛等。

在古希腊园林发展史上，最有成就的代表人物柏拉图、亚里士多德、伊壁鸠鲁等，他们开创了古希腊哲学家学园——文人园这一园林类型，主要学园有阿卡德米学园、吕克昂学园、伊壁鸠鲁庭院等。这些园内有供散步的林荫道，种有悬铃木、齐墩果、榆树等树林，还有覆满攀援植物的凉亭。学园中也设有神殿、祭坛、雕像、座椅以及纪念碑等。

我国最早的书院学府当属齐国临淄的稷下学宫和曲阜孔庙大成殿前的杏坛。《庄子·渔父篇》载："孔子游于缁帷之林，休坐乎杏坛之上。弟子读书，孔子弦歌鼓琴。"宋代以后，在正殿旧址"除地为坛，环植以杏，名曰杏坛"，杏坛从此成为教育圣地的代称。在我国古代教育发展中，教育办学机构多称为学宫、府学、县学、书院、社学、义学、私塾等。其中起于唐、兴于宋、延续于元、全面普及于明清的书院是最重要的形式之一。我国书院有着"择胜地""依山林"的选址传统，如著名的四大书院中，除应天府书院（今河南商丘睢阳南湖畔）位于闹市之中外，其余岳麓书院（今湖南长沙岳麓山，图 12-29）、白鹿洞书院（今江西九江庐山）、嵩阳书院（今河南郑州登封嵩山）三处均处于风景绮丽、人文荟萃之地。再如位于西湖南缘凤凰山万松岭的万松书院，始建于唐贞元年间（785—804 年），初为报恩寺。明弘治十一年（1498 年），改建为万

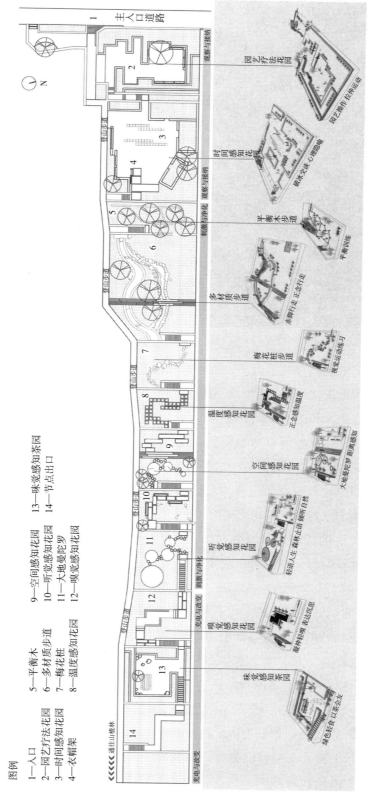

图 12-28　某感官花园体验导览图（图片来源：王晓博、张浩然、石亚星，2020 年）

图例

1—入口　　　　　　5—平衡木　　　　　9—空间感知花园　　　13—味觉感知茶园
2—园艺疗法花园　　6—多材质步道　　　10—听觉感知花园　　　14—节点出口
3—时间感知花园　　7—梅花桩　　　　　11—大地曼陀罗
4—衣帽架　　　　　8—温度感知花园　　12—嗅觉感知花园

图 12-29 千年学府岳麓书院

松书院，是明清时杭州规模最大、历时最久、影响最广的文人汇集之地。21世纪初，复建万松书院成为西湖周围唯一以书院文化为主体的文化公园（图12-30）。书院内花木繁茂、周围松涛泉流，环境十分优美。2007年，万松书院被誉为万松书缘，成为新一代西湖十景之一。

书院学府等是我国古代教书育人的重要场所。传统书院园林反映了千年来建筑、园林、书画、楹联等多方面的艺术成就，其多由文人士人参加建设经营，在园林营造上与私家园林并无太大差别。而近现代不同类型的校园建设则体现了从农耕文明走向现代文明的巨大成就。优美、舒适、和谐的校园环境是广大青少年学生健康成长的前提。现代校园环境不同于城市公园或其他园林绿地类型，教书育人、诠释校园人文精神、注重交往交流空间的塑造是其主要特征。

中小学校园绿地景观营造应合理延伸建筑空间，建设介于课堂（教学楼）—操场（体育活动）之间的学习与游乐相交融的校园绿地景观空间，为学生与教师的沟通交流、休闲活动提供良好的环境。十年树木，百年树人。生态自然、鸟语花香、生机勃勃、人文气息浓厚的校园绿地景观可以激发中小学生的学习兴趣，强化教育氛围，有助于学生的身心健康以及道德品格的发展。中小学校园绿化植物多选择色彩明快、无毛（刺）、无污染、无刺激性气味的树种，形态美、色彩美的植物为最佳。随着义务教育的普及、校园建设的激增，全国各地也相继出台了"绿色校园"建设标准或方案，如重庆市建设"绿色校园"方案中，提出了"绿树成荫、房在树下、校在林中、生态环保"的总体要求，为建设"绿色、环保、生态、和谐"绿色校园提供了目标和方向。

大学时代，象征着青春，充满了激情！大学校园成为青年学子成长记忆的重要场所。校园绿地景观作为现代校园历史文化的载体，其人文内涵和独特品质往往成为高校校园文化的标志和人文精神的象征。如北京大学校内曾有8座古园林，现存5座，园林景胜与人文内涵相得益彰，造就了令人心仪向往的学府气质（图12-31）。而与

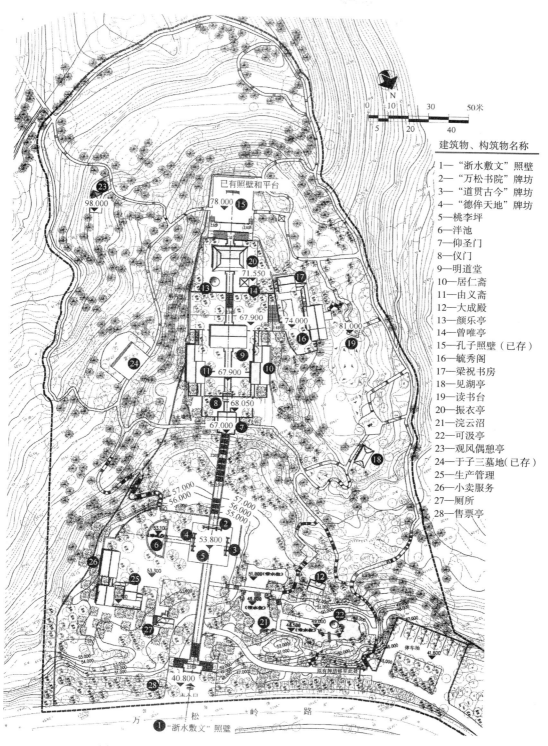

建筑物、构筑物名称

1—"浙水敷文"照壁
2—"万松书院"牌坊
3—"道贯古今"牌坊
4—"德侔天地"牌坊
5—桃李坪
6—泮池
7—仰圣门
8—仪门
9—明道堂
10—居仁斋
11—由义斋
12—大成殿
13—颜乐亭
14—曾唯亭
15—孔子照壁（已存）
16—毓秀阁
17—梁祝书房
18—见湖亭
19—读书台
20—振衣亭
21—浣云沼
22—可汲亭
23—观风偶憩亭
24—于子三墓地（已存）
25—生产管理
26—小卖服务
27—厕所
28—售票亭

图 12-30　万松书院平面图（图片来源：杭州园林设计院提供）

图 12-31　北京大学未名湖与博雅塔　　　　　图 12-32　武汉大学樱花观赏

之毗邻的清华大学，全校绿化面积 128 万多平方米，绿化覆盖率 54.8%，树木种类达 1152 种，树龄在百年以上的古树 240 棵，校园内名园古迹林立、绿草茵茵、树木成荫。其他高校如武汉大学、中山大学、厦门大学等知名学府皆因环境优美而成游览胜景。除整体校园环境优美之外，以单一树种大规模种植而取胜的校园也不在少数，如斯坦福大学棕榈大道、武汉大学的樱花（图 12-32）、北京林业大学的银杏大道（图 12-33）等。尤其武汉大学校园以樱花最为闻名，每年春季 3 月中旬，樱花盛开之际，其校园内都会吸引数百万游客前来踏青赏花。

我国大规模的校园建设分别集中在 20 世纪 50 年代和 90 年代，经过几十年发展，目前大多数校园已形成了大树参天、绿树成荫、芳草萋萋的景观效果，且大学校园绿地建设的公园化趋势明显。未来，校园绿地景观改造升级或局部的微更新是发展方向。如北京林业大学"林之心"项目在 1.2 万平方米的校园绿地内，设计建设了林中博物馆、林中密语、林之心生物圈环、梅园、樱花步道、光雨之泉等特色新景观（图 12-34）。该校园绿地景观改造项目在 2020 年新冠肺炎疫情期间施工完成，成为国内首个在校园内实现教学、科研、文化交流功能于一体的自然教育实践基地，广受学校师生和社会公众好评。

图 12-33　北京林业大学银杏大道　　　　　图 12-34　北京林业大学"林之心"校园绿地景观

第五节　垂直绿化

垂直绿化，又称为建筑绿化、立体绿化，是指利用植物材料对建筑物或各种构筑物及其他空间结构的墙面及立面进行绿化和美化的方式。

在国土面积有限，而人口增多难控，城市各项用地指标均需要严控之中，绿地常处于难题与弱势，垂直绿化就成为未来城镇绿化发展的新出路与新趋势。与传统的城市绿化相比，垂直绿化拓展了城市绿色空间和三维空间，让"混凝土森林"变成"绿色森林"，更能丰富城镇园林绿化的空间结构层次和立体景观艺术效果。

目前，很多城市加入垂直绿化事业中，更多的政府部门不仅仅把垂直绿化作为一项市政工程来完成，更将其作为一种绿色发展理念加以继承和传播。垂直绿化也成为全球绿色运动重要组成部分。如新加坡是世界著名的"花园中的国家"，在其有限的国土面积上开创了垂直绿化、立体绿化的新局面。而20世纪90年代，日本东京都政府就制订了"都市建筑物绿化计划"，明确了发展城市垂直绿化，随后东京及其他大城市相继开展了屋顶绿化运动，兴建空中花园。德国的法兰克福市实施了"让房屋外墙爬满藤蔓"的"绿屋计划"，即在高楼大厦的裸露外墙种植藤蔓植物来优化城市生态环境，目前德国80%的屋顶均实施了绿化工程。巴西的圣保罗和里约热内卢等大城市中，实施了用空心砖砌成墙体外层，用草坪、肥料、自动喷水装置等填充组装而成的"生物绿墙"工程。

在国内，上海2010年世博会的植物墙和屋顶绿化备受关注。自此，模块种植、铺贴式种植、植物袋种植等垂直绿化技术在北京、武汉、广州、杭州等城市得到进一步推广应用。

垂直绿化技术在近20年来有了长足的发展，从简单的地面种植，利用藤本植物自然的攀爬完成立面绿化，到墙面、屋顶等载体安装绿化模块快速实现绿化、美化效果。新技术、新材料和新工艺不断涌现，工程技术体系日趋成熟完善。垂直绿化技术的集成与创新，拓宽了其应用范围，丰富了城镇绿化、美化效果。目前，垂直绿化广泛应用在建筑墙面、屋顶、坡面、堤岸、护坡、门庭、花架、棚架、阳台、廊、柱、立交桥、栅栏、枯树及各种假山与建筑设施上。

本节重点对墙面绿化、屋顶绿化、室内绿植展开论述。

一、墙面绿化

建筑物内外墙和各种围墙墙面绿化是立体绿化中占地面积最小，而绿化面积最大、绿化效果最为突出的一种垂直绿化形式。

由于室外建筑墙面夏季气温高、风大、土层保湿性能差，冬季则保温性差，室外墙面绿化植物的选择应以耐旱、耐热、耐寒、耐强光照、滞尘控温能力强、抗强风、少病虫害、易养护管理，且具有较高观赏价值，能够快速形成景观效果的植物为主。植物品种选择以乡土藤本植物或多年生草本植物为主，适当引种绿化新品种。我国北方地区植物品种主要有：爬山虎、藤本月季、扶芳藤、长春藤、美国地锦、金银花、凌霄、茑萝、紫藤、铁线莲等；中部地区植物品种主要有：爬山虎、金银花、凌霄、五叶地锦、常春藤、紫藤、扶芳藤、金银花、辟荔、藤本月季等；南方地区植物品种主要有：云南黄馨、琴叶珊瑚、炮仗花、蒜香藤、三角梅、软枝黄婵、凌霄、昆明鸡血藤、长春花、紫花马缨丹、垂叶榕、黄金榕、肾蕨、铁线蕨等。

依据技术形式和施工做法划分，墙面绿化主要分为：传统的攀援式和摆花式；新技术集成支撑的模块式、铺贴式、种植槽式。

（1）攀援式

攀援式是利用藤本植物的吸附、缠绕等特性使其在墙面上形成覆盖的绿化形式。植物材料选择要求枝和茎细长柔软，有特化的气生根或吸盘、卷须等能缠绕或者攀附墙体生长的植物。藤本植物的栽植间距宜为20~80厘米，沿墙体栽植带宽度应为50~100厘米，土层厚度宜大于50厘米，植物根系距离墙体距离应不小于15厘米。

该种方式占用空间少、简便易操作，且造价低、通透性好，可广泛应用于柱杆、桥墩、假山、花架、开放式曲廊、栅栏式围墙等建筑物或构筑物绿化。

（2）摆花式

摆花式即在不锈钢、钢筋混凝土或其他材料等做成的垂面架中安装盆花实现立体绿化的形式。其特点是安装拆卸方便，可灵活设计布置图案。选用的植物以时花为主，适用于节庆活动临时墙面绿化或立体花坛、花柱造景。

（3）模块式

模块式是利用特定的模块化构件栽种植物，实现墙面绿化的形式。植物材料宜采用草本、木本混合配植，观花种类与观叶种类结合的方式。

其特点是可将菱形、圆形、方形等几何构件灵活组装搭接在骨架上，并在这些模块构件中按植物和图案的要求，预先栽培养护后进行安装，易形成各种形状和景观效果的绿化。

模块式持久性较好，适用于面积大、难度高的墙面绿化。

（4）铺贴式

铺贴式将防水材料、柔性植物生长载体以及已培育好的植物以铺贴安装卷材的形式在墙面上直接铺设，形成整体的墙面绿化系统。

其特点是无须钢架、成本低；可灵活设计或进行图案组合；总厚度薄，且具有防水阻根功能，利于保护建筑物。

（5）种植槽式

种植槽式即利用种植槽或容器种植植物，在墙面形成攀援或悬垂式的墙面绿化效果。种植槽或容器高度宜为 50~60 厘米，宽 50 厘米。木本植物的种植槽深度不低于 45 厘米，草本植物的种植槽深度不小于 25 厘米。

二、屋顶绿化

屋顶绿化是指在建筑物、构筑物的顶部、天台、露台之上以植物材料为主体进行绿化和造景的垂直绿化形式，故又称屋顶花园、空中花园、悬挑花园。

屋顶花园历史可以追溯公元前 604—前 562 年的古巴比伦"空中花园"。20 世纪 60 年代以后，世界各国相继建造各类规模的屋顶花园和屋顶绿化工程，如美国华盛顿水门饭店屋顶花园、60water 大楼屋顶花园芝加哥屋顶农场（图 12-35），加拿大温哥华凯泽资源大楼屋顶花园，英国 ROPEMAKER 屋顶花园、伦敦 Bevis Marks 屋顶花园、泰晤士河上漂浮的屋顶花园、剑桥中心屋顶花园，日本大阪难波公园城市综合体八层屋顶花园（图 12-36），荷兰 Cisco 公司屋顶花园等。

图 12-35　芝加哥屋顶的城市农场

图 12-36　日本大阪难波公园城市综合体八层屋顶花园

我国从 20 世纪 60 年代起开始研究屋顶花园和屋顶绿化建造技术，北京是最早开展屋顶绿化建设的城市之一。1983 年，北京长城饭店修建了我国北方地区第一个大型露天屋顶花园，面积达 3000 平方米。2005 年，北京市政府把屋顶绿化列入为民办实事折子工程，全面推广和发展屋顶绿化。先后完成的科技部节能示范楼、北大口腔医院、中国国家博物馆等屋顶绿化样板工程，起到了重要的示范引领作用。根据有关部门测算，北京市屋顶总面积约 2 亿平方米，其中已拥有屋顶绿化面积达 200 余万平方米，仅占屋顶总面积的 1% 左右，屋顶绿化发展前景广阔。国内其他各大城市如重庆、上海、深圳、杭州、长沙等屋顶绿化也以各种形式相继展开，且成效显著。

屋顶绿化区别于地面上传统的园林绿化形式，是城镇绿化建设拓展的新领域。高空作业、受屋顶负荷限制、植物生境条件差、施工与养护难度大、涉及多学科与众多社会单位是其主要特点和难点。故植物选择遵循适地适树原则的同时，以乡土植物为主，且其比例应大于 70%，选用具备姿态优美、抗风、耐旱、耐热、耐修剪、滞尘能力强、好维护管理等特点的花灌木、小乔木、球根花卉和多年生花卉。园林小品及公用设施设置需遵循相关规范要求，选择安全、轻质、环保材料。

屋顶绿化的基本形式可分为花园式、组合式和草坪式三种类型。

花园式屋顶绿化要求一般建筑屋面荷载 ≥ 6.5 千·牛顿 / 平方米，平顶屋面或屋面坡度小于 5 度的坡屋顶。花园式屋顶绿化可借鉴地面庭院绿化或小游园建设，采取规则式、自然式或混合式。植物材料选取小型乔木、灌木、藤本、草坪和地被植物配置造景，同时合理设置园路、座椅、水景、园桥和假山等园林小品，营造一定的游览和休憩活动空间。花园式屋顶绿化既要满足人们的使用功能，也要发挥绿化的生态效益，绿化面积占屋顶总面积比例宜大于 60%，种植面积占绿化面积比例宜大于 85%（图 12-37）。

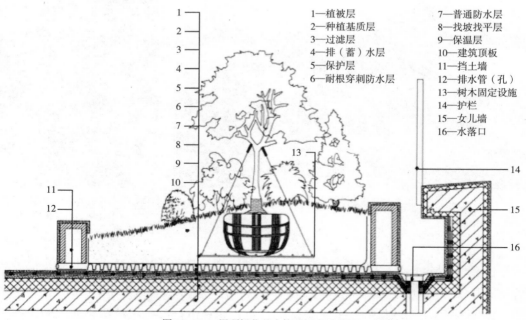

图 12-37　屋顶绿化基本构造层次示意图
（图片来源：引自北京市地方标准《屋顶绿化规范》DB11/T 281—2015）

　　组合式屋顶绿化要求一般建筑屋面荷载 ≥ 4.5 千·牛顿 / 平方米，平顶屋面或屋面坡度小于 5° 的坡屋顶。此类型介于花园式、草坪式之间，其绿化方式皆可参照；亦或采取一种或多种方式组合，在屋顶承重部位进行绿化配置并放置容器种植植物。

　　草坪式屋顶绿化功能单一，仅供更高层楼房俯瞰观赏，即强调"被看"的景观效果营造，丰富视觉审美。故不设置园林小品等设施，以大面积平铺栽植草本植被为主，适当设置维护通道。具有重量轻，易施工、适用范围广、养护投入少等优点。

三、室内绿植

　　随着人们学习、工作及生活环境质量的不断改善和提高，室内摆放盆栽植物或进行室内绿化装饰日益引起重视。室内绿植除了走进千家万户（图 12-38），营造个性化居家私享景观外，还广泛应用在宾馆酒店、商场、写字楼（图 12-39）及高铁站、机场等大型公共建筑的共享空间。

图 12-38　某居住客厅绿植，与家具、工艺品、灯具等室内物件结合布置，组成宜人景观空间

图 12-39　中关村银行两层高的绿植墙，既形成了引人注目的视觉焦点，又透过落地窗与室外的景观相呼应，延伸了视觉景观空间

　　随着科技的发展和休闲时代人们对环境高品质的要求，大型公共建筑空间内绿植呈现出花园化、公园化的新特点、新趋势。如新加坡樟宜国际机场设计建造了兰花园、蝴蝶园、仙人掌花园、向日葵花园、梦幻花园、花卉奇园、水晶花园、入境花园等若干主题花园，有"花园里的机场"美誉（图 12-40）。而重庆光环购物中心则打造了 7 万平方米室内外城市绿色公园，42 米室内立体垂直植物园"沐光森林"，其中森林中央

图 12-40 新加坡樟宜机场将全球 2000 多株树木和 10 万 多棵灌木引入其中，成为新加坡最大的室内花园

图 12-41 重庆光环购物中心浮悬于 40 米高空 的"悬浮秘境绿植"与高 20 多米的"花之瀑谷"

15 米高的生命树（凤凰木）、高达 20 多米的"花之瀑谷"及 40 米的高空"悬浮森林"共同构成了 3 大主题场景及 18 处互动打卡景点（图 12-41）。

人人都可以营造属于自己的风景，装扮美好的生活，如今室内绿植十分普及，具有"化整为零"的发展前景。室内绿植登堂入室，客厅、卧室、走廊、过道等均可根据个人喜好和空间特点随意布置，其布置方式自由灵活，可根据位置、角度、家具陈设等选择点、线、面或立体式布置方式。在构景过程中还可结合山石、水景、盆景、花鸟鱼虫等营造出绿色生动的园林景观空间。

实践证明，室内绿植赋予了室内空间以生命的气息和生活的情趣，具有很高的观赏性，并起着清除室内的有害物质，净化室内空气，改善生活、居住、工作环境的作用。室内绿植植物材料主要分为观花、观叶两种。室内观花植物主要有兰花、含笑花、栀子花、芍药花、水仙花、紫罗兰、长寿花、杜鹃花、大丽花、山茶花、鸢尾花、迎春花、一品红、百合花、荷花、鸡冠花、红掌、勿忘我、玉簪花、风信子、牵牛花等；室内观叶植物主要有吊兰、常春藤、绿萝、文竹、白掌、虎皮兰、发财树、富贵竹、君子兰、仙人掌、滴水观音、万年青、棕竹、蕨类、巴西铁、散尾葵等，这些植物均具有耐阴能力和很好的适应能力。

下篇 风景园林实践

奥林匹克公园中心区俯瞰，为举办北京 2008 年奥运会的主要场地，拥有鸟巢、水立方、国家会议中心及亚洲最大的城区人工水系（龙形水系）、世界最开阔的步行广场（中轴线铺装广场、中轴树阵）、地下空间、下沉花园等

第十三章　文化

　　风景园林浓缩了中国人数千年的文化追求和审美体验。风景园林从产生之日起，便蕴含了先民山岳崇拜、自然审美和儒、释、道等哲学或宗教思想及山水诗画等传统文化艺术的精髓。植根于传统文化的沃土，中国风景园林得以枝繁叶茂、发展繁荣。

　　风景园林滥觞于博大精深的华夏传统，同诗歌、绘画等艺术形式相互影响、彼此渗透，最终形成了风景园林"景有尽而意无穷"的独特气质。中国文化注重人与自然的和谐统一。人与天调、天人合一等思想，作为我国持续数千年的主导文化，是我国传统园林艺术发展的最高准则。可以说，没有源远流长、底蕴深厚的华夏文化，也就没有风景园林的如诗如画。

　　诗有诗眼，文有文心。筑圃见文心，园以文传，文因景成。风景园林即文化，从某种意义上说，风景园林建设，即文化建设。本章将从传统风景园林文化实践、当代风景园林文化实践和中西方文化交流与园林实践三方面论述中国园林的文化实践。

第一节　从一池三山到芥子须弥：传统风景园林文化实践

　　风景园林作为传统文化不可分割的一部分，具有深厚的文化内涵和独特的审美特性。"一切景语皆情语"，诗中有画，画中有诗，一枝一叶，总关乎情，情景交融，相互渗透。诗、画、字、音律、园林等文化与艺术形式自然有机地融为一体，园林艺术所追求的如诗如画的艺术境界由此滥觞。文人士大大参与造园，大批文人墨客的介入，使祖国的自然山水流露笔端、大放异彩的同时，为我国以山、水为最基本要素的古典园林的发展提供了最为广阔的文化背景。琴、棋、书、画、品茗、饮酒、作诗、赋词已成为园林中特有的文化现象（图13-1），园林中的山水花木及亭台楼阁等自然也成为传统文化实践的物质空间载体，散发出中华文化的烁烁光华。

图 13-1　古代文人常常在园林中雅集，谈诗、品画、论道，如与晋代王羲之"兰亭集会"相媲美的北宋文坛盛事"西园雅集"（南宋·刘松年《西园雅集图》台北故宫博物院藏）

图 13-2　《听琴图》，绢本设色
（现藏于北京故宫博物院）

琴

风景园林因古琴而意境深远，古琴又因"清、和、淡、雅"的乐韵寄托了园中主人孤傲、脱俗的品格。苏州古典园林的布局与陈设，都为古琴单独设立琴房，以供文人抚琴、抒情。在幽僻的环境中离群索居，听琴声幽幽，看园中美景。可见隐逸文化是二者间的脉络所在。

抚琴吹箫、吟诗作画、对酒当歌成为他们的园居生活写照。古琴在"雅集"中扮演着重要角色，历代文人描绘在园林中弹琴的画面不胜枚举。如传为宋徽宗赵佶创作的《听琴图》描绘了官僚贵族庭院雅集听琴的情景。古琴、几案、香炉、玲珑石、青松、绿竹营造出一种高雅清幽的环境氛围（图 13-2）。

中国古代造园家多在园林中设置琴室、琴亭。其中以苏州园林怡园为胜，怡园园主顾文彬精心构筑的坡仙琴馆颇为有名（图 13-3）。琴馆内珍藏着宋代东坡居士的"玉涧流泉琴"；琴馆西侧为石听琴室，琴室中置有琴桌、琴凳，窗外有两座石峰，状如二人对弹，妙趣横生。

图 13-3　坡仙琴馆　　　　　　　　　　　图 13-4　苏州退思园眠云亭

棋

棋对于文人是一种智慧的修养，围棋是园林文化里必不可少的构成要素。

下围棋讲究棋道，古人常常以"棋道"喻天下事。古代文人墨客大多通过棋局上的得失暗喻天下得失。文人归隐于园林，在山水花草中抒发情怀，正如棋所追求的理想境界。在造园之初，往往将棋楼、棋屋设置于幽静的青山绿水之中。人在山水中对弈，中国园林中有诸多以棋文化为主景观的园林建筑，如苏州同里退思园的眠云亭（图 13-4），与琴房、辛台、览胜阁分别寓意"琴、棋、书、画"。

书

书一词的含义较广，有"书画""书房""书法"之意，当然，也可指"阅读"，在这里主要探讨书法和阅读与风景园林的结合。

书法作为中国传统文化的重要符号。优秀的书法作品为园林带来了书墨之香，使观者在欣赏书法之美的同时，也能深刻地感悟文人雅士的人文情怀。正如《红楼梦》中所述："偌大景致，若干亭榭，无字标题，也觉寥落无趣，任是花柳山水，也断不能生色。"

中国园林中的匾额有着书法的美感、人文的意境。匾额一般悬挂或镶嵌在园林正墙、房檐、门梁上，形式有横、竖两种。匾额上的文字大多着墨较少，虽只言片语，却能状物抒情，寓意深远。匾额悬挂于门额体现着端庄之美，挂于厅堂之上则熠熠生辉。著名者如苏州拙政园"卅六鸳鸯馆"的匾额、苏州耦园的"织帘老屋"匾额等。

楹联是园林景观的"说明书"，是最具特色的中国园林书法艺术表征之一，同时也是园主人的内心独白与情感流露。楹联一般设置于门边、柱或墙上。如耦园亭内的一副楹联刻于石上，为隶书写成。上联为"耦园住佳耦"，下联为"城曲筑诗城"，横批是"枕波双隐"。楹联出自耦园女主人严永华之手。"偶"与"藕"相通，寓夫妇偕隐，取名"耦园"，楹联表现了佳偶寄情诗意的情感。再如狮子林"真趣"亭，位于狮子林荷花厅西北，"真趣"二字匾额为乾隆皇帝御笔，两侧柱子上的楹联为："浩劫空踪，

图 13-5　狮子林"真趣"亭

畸人独远，园居日涉，来者可追。"寓意清高志远，忘怀一切（图 13-5）。

书法碑石常嵌于园林游廊墙壁之上，又称"书条石"，碑上文字大多为名篇、名句，且多出自书法名家之手。如快雪堂位于北海澄观塘后院，东西两廊墙壁上刻有四十八方"书条石"。"书条石"文字引自王羲之《快雪时晴贴》，为明末冯铨所刻，相当珍贵。

园林中书房多依石傍水而筑，为园主人读书、著述之所。书房是园林主人的"精神家园"，他们在此读、写、聆、诵，吟诗、作画、抚琴……于万卷书中品个中滋味。书房内，文房四宝齐全，书籍罗列于书架之上；书房外，从窗外飘入的花草香气与房内书香融合，书意盎然。苏州园林中的书房众多且独具特色，如拙政园内的倒影楼、笔花堂；网师园内的五峰书屋、集虚斋、竹外一枝轩；留园内的还我读书处、揖峰轩、汲古得绠处等都是极具妙味。

画

中国园林与山水画被誉为"姊妹艺术"，二者在长期的历史发展过程中互为影响，相互促进。画理即园理，中国园林多以山水画论为造园理论，山水画的兴起与发展为我国风景园林艺术发展繁荣提供了宝贵的理论基础。北宋时期绘画理论家郭熙总结了前人绘画创作经验和自己的绘画实践后，在《林泉高致·山水训》中提出了山水画的取景构图法则——三远法，即高远、深远和平远，高度概括了中国山水画的透视法则及空间处理关系，揭示了中国山水画独特的空间审美意境与情趣。"三远法"也一度成为我国造园艺术的立意、布局、构图的理论指导和基本原则，传承千年之久，对今天的风景园林建设产生着深远的影响。

图 13-6　片石山房西部、东部立面
（图片来源：引自汪菊渊著《中国古代园林史》）

山水画与山水园林同根同源，一脉相承，山水画是山水园林的完美图像表达，山水园林则是山水画的物化空间形态呈现。以画入园，因画成景，因景成画，寓诗情画意于山水园林中，山水画与山水园林有着异曲同工之妙。山水画花木技法讲究自然，布局灵活。园林中的植物配置也以自然为美，多点缀于景观之中。

山水画中有"咫尺山水蕴千里江山"之意境，园林中的置石、理水手法，将假山、池塘巧妙布置，展现自然山水之美，游于园中，宛如置身于山林。如在"以园亭胜"的扬州，作为山水画家的石涛在造园叠山方面显示出了颇深的造诣。相传扬州著名园林个园便是按石涛画稿改造的园子。扬州的片石山房也以石涛画稿为蓝本进行设计建设，该园以湖石著称，假山传为石涛所叠，陈从周先生称之为"人间孤本"（图 13-6）。

诗词

园林与诗词可谓相得益彰。游园之中可兴起作诗、写词，从诗词文中也可悟园林之美。诗词、造园均需构思才可成形，诗词讲究意境、简练，字字珠玑；园林追求简练、空灵，"宛自天然"，忌堆砌。园林景观"虚"胜于"实"，虚景常常带来优美之感。中国园林景观是有形之景，身临其境，赏一园佳色，常令人兴起无限之感，唯有诗文最适合表达。园林景观常常延伸为不尽的感受，犹如品读一首绝美诗文，于不尽之处得真味。

园林主人常在园林之中建书斋、吟馆，看似林中之美景，实为园主人读书、吟诗、作画之所。建筑中的楹联，常常镌刻下名诗、佳句。苏州园林内的景点题名，几乎都与诗文有着不解之缘。狮子林的"问梅阁"，取自元代诗人李俊明的"借问梅花堂上月，不知别后几回圆"。留园水池北岸的楼阁名为"远翠阁"，楼下名为"自在处"，"远翠"一名取自唐代诗人方干的"前生含远翠，罗列在窗中"，景与诗相辅相成；"自在处"为赏花观景的佳所，取自南宋陆游的"高高下下天成景，密密疏疏自在花"。当然，若

图 13-7 明·文徵明《桃花源图轴》

论诗词与园林艺术的实践融合，首推陶渊明。陶渊明的诗文构思精妙，具有独特的艺术风格和引人入胜的艺术魅力，为人们的审美观提供了一个平淡、恬静的田园境界（图 13-7），也为后世的思想、艺术以及园林立意营造、园林风格产生了很大的影响。在中国及日本的古典园中常以陶渊明的诗文为题材营造园林，或为题目、景名，或取其意境，如：

北京：圆明园武陵春色（《桃花源记》）（图 13-8）；颐和园夕佳楼，圆明园夕佳书屋（山气日夕佳，飞鸟相与还《饮酒》）。

南京：煦园夕佳楼（山气日夕佳，飞鸟相与还《饮酒》）。

承德：避暑山庄真意轩（此中有真意，欲辩已忘言《饮酒》）。

苏州：拙政园归田园居（《归园田居》五首）；拙政园见山楼（采菊东篱下，悠然见南山《饮酒》）；五柳园（《五柳先生传》）；耦园爱吾亭（众鸟欣有托，吾亦爱吾庐《读山海经·其一》）；留园还我读书斋（既耕且已种，时还读我书《读山海经·其二》）。

扬州：容膝园，寄啸山庄（倚南窗以寄傲，审容膝以易安《归去来兮辞》）。

上海，泰州：日涉园（园日涉以成趣，门虽设而常关《归去来兮辞》）。

日本京都市：金阁寺园林夕佳亭，白沙村庄庭院夕佳门（山气日夕佳，飞鸟相与还《饮酒》）。

酒

中国酒文化历史悠久，传说是舜之女仪狄发明了酒，自此之后，酒成为中国民俗文化中不可或缺的一部分。园林的酒事，多是一种精神愉悦的雅集助兴，酒的醇香，能让园林中人尽赏园林的微醺之美。

北宋文学家欧阳修曾有"醉翁之意不在酒，在乎山水之间也"的名句，正说明文人雅士意不在酒，只在乎于微醉之中与山水和谐，所谓"山水之乐，得之心而寓之于酒也"。

西湖中的曲院风荷（图 13-9），南宋时期为皇家酿酒作坊。每逢夏日熏风习习，荷

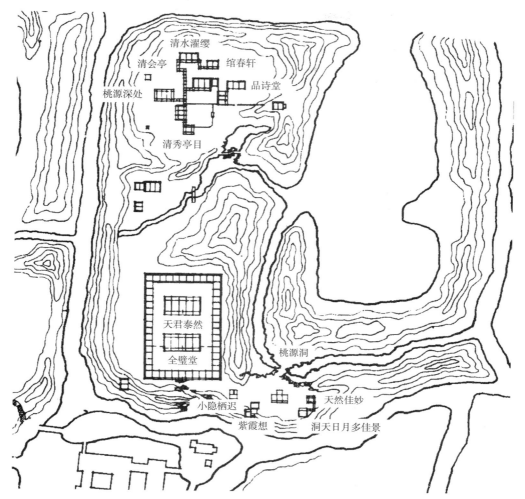

图 13-8　圆明园武陵春色平面图
（图片来源：引自汪菊渊著《中国古代园林史》）

香、酒香飘散，时称"院荷风"。清代康熙皇帝建亭立碑，改名为"曲院风荷"。"曲院风荷"景区以荷花为主景，分为岳湖、竹素园、风荷、曲院、湖滨五个部分。其独特的南宋酒文化坊是园林中的独特风景。

风景园林与酒文化最好的结合莫过于兰亭雅集与曲水流

图 13-9　曲院风荷

图 13-10　宋《营造法式》书中的"国"
字流杯渠样式图

图 13-11　京西潭柘寺"曲水流觞"
[道光二十九年（1849 年）刊《鸿雪因缘图记》]

图 13-12　明钱贡《环翠堂园景图》"曲水流觞"

觞，兰亭雅集的基本内容修禊、曲水流觞、饮酒赋诗、制序和挥毫作书等极大地丰富了园林内涵。"曲水流觞"这种饮酒咏诗的雅俗历经千年盛传不衰，对后世影响很大。"曲水流觞"在中国古典园林中经历了长期的发展演变，作为园林景点在风景园林频频出现，其表现形式愈加丰富多样，成为中国风景园林的代表景观之一（图 13-10 ～ 图 13-12）。皇家园林中，隋炀帝曾建"流杯殿"；清代康乾两帝钦慕兰亭风雅，以兰亭曲水流觞事为主题，在御苑中多处设曲水流觞景点，如故宫宁寿宫花园楔赏亭、流杯渠，圆明园流杯亭，承德避暑山庄曲水荷香亭等。江南私家园林中苏州东山的"曲溪园"、留园的"曲溪"楼、曲园的"曲池""曲水亭""回峰阁"等均取"曲水流觞"之意。"曲水流觞"这一园林形式，除了在中国，还深刻影响了韩、日两国园林。日本最早的曲水亭是飞鸟时代小垦田宫庭园的 S 形曲水，其后的曲水景如平城宫东院庭园、平城京内庭园、仙岩园曲水庭、贺茂神社曲水庭等。

茶

中国茶文化有着几千年的历史，自神农氏发现茶到唐代陆羽著书《茶经》，茶已经从世俗升华至文化的高度。"琴棋书画诗酒茶"，文人怎么能离得了茶呢？

爱茶的文人对于选茶、选水、火候、配具、品茶环境非常讲究。早期郊野式园林中，山峦、溪水、湖泊"相拥"，爱茶文人多结伴云游于此，以品茶赏景为乐。

随着历代文人不断深入地参与造园，茶文化与园林艺术密切地结合在一起。品茶如品园，苏州拙政园十八曼陀罗花馆原挂有一对楹联："小径四时花，随分逍遥，真闲却，香车风马；一池千古月，称情欢笑，好商量，酒政茶经"。楹联中将花木、明月、小径称为"商量茶经"的处所，正说明园林之美景即品茶之佳地。

第二节　从龙形水系到中国扇：当代风景园林文化实践

数千年发展形成的文化艺术为今天的风景园林建设留下了许多宝贵的经验。中国传统的文化，传统的街道、四合院、牌坊等城市形态及工艺技艺等都是进行园林创造时灵感的源泉。尊重历史传统并不等于拘泥于传统。相反，有意识地保留这些传统，能让园林更富文化内涵。"创新"不必"破旧"，关键在于如何以传统而又创新的手法，创造出新旧共生的风景园林作品。如北京皇城根遗址公园把保护历史文化风貌与增加公园文化内涵相结合，公园建设达到了突出园林、展示遗址、改善生态、改善交通、完善市政、带动危改的初衷（图13-13、图13-14）。在协调历史文化遗迹保护和现代化城市景观建设、改善城市风貌以及生态环境等方面作了探索，并给予合理的变化和延续，留给人们很多启示。而公园中的景点"时空对话"是位于北京五十四中学对面的广场上一组别开生面的雕塑，老秀才回首看一位正在操作计算机的现代时髦少女。这组设计非常有亲和力，穿越历史时空，老者与少女进行着亲切、自由的对话场景，让我们感受到了自然、文化存在的意义以及人与景物的交流、对话。生动的雕塑使整个公园的传统与创新、继承与发展提升了一个高度，备受人们的喜爱。再如在元大都土城遗址上建造起来的元大都城垣遗址公园，经过多年的规划建设，如今已成为"以人为本、以绿为体、以水为线、以史为魂、平灾结合"，集历史遗迹保护、改善生态环境、市民休闲娱乐及应急避难于一体的综合性公园。公园中的景区景点更是体现出深厚的历史文化神韵，如海淀段景区景点城垣怀古、蓟门烟树、铁骑雄风、蓟草芬菲、银波得月、紫薇入画、大都建典、水关新意、鞍缰盛世、燕云牧歌（图13-15）；朝阳段景区景点双都巡幸、四海宾朋、海棠花溪、安定生辉、大都鼎盛、水街华灯、龙泽鱼跃等。

文化与园林艺术相辅相成，交相辉映。我国园林艺术在历史发展过程中，深受传统文化影响，且历代相承，一气呵成，形成了许多独特、鲜明的特点。其中典型的传统文化符号和艺术形式具有极强的生命力和广阔的适应性，延续至今成为优良的传统，依旧在现代园林建设中继续发挥着积极作用。如21世纪初，我国举办了两大世界性盛

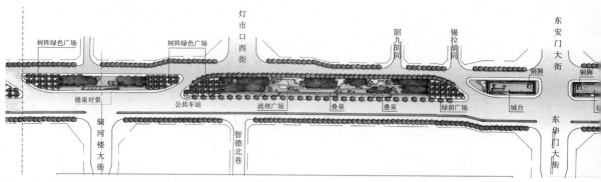

图 13-13　北京皇城根遗址公园南段规划设计平面图（图片来源：引自李战修著《梦笔生花第三部》）

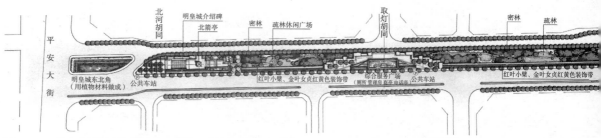

图 13-14　北京皇城根遗址公园北段规划设计平面图（图片来源：引自李战修著《梦笔生花第三部》）

图 13-15　北京元大都城垣遗址公园海淀段景区布置图（图片来源：引自李战修著《梦笔生花第三部》）

会，即 2008 年北京奥林匹克运动会和 2010 年上海世界博览会。以此为契机，弘扬园林艺术，传承传统文化，建设的北京奥林匹克公园和上海世博文化公园分别以龙和扇作为大型园林布局的图式语言，更好地将园林艺术与传统文化完美地融合在了一起。从龙形水系到中国扇，这是中国园林艺术阐释东方文化精神，体现中华民族最基本文化基因内核价值的独特文化建构和形态，具有无与伦比的中华文化神韵。

北京奥林匹克公园是 21 世纪建造的大型山水园林，充分体现了传统文化与现代科技的完美融合，具有鲜明的中国文化特色。总体方案以"通往自然的轴线"为规划设计理念，在满足奥运会场馆功能基础上，向北延伸了原有北京城的轴线，并将这条城市轴线融入自然山水园林，即仰山和奥海之中（图 13-16）。

奥林匹克公园总占地面积 11.59 平方千米，分为三个区域：北部是 6.8 平方千米的森林公园、中部是 3.15 平方千米的中心区（主要场馆和配套设施建设区）、南部是 1.64 平方千米的已建成和预留区（奥体中心）。中华民族园也纳入奥林匹克公园范围内。整

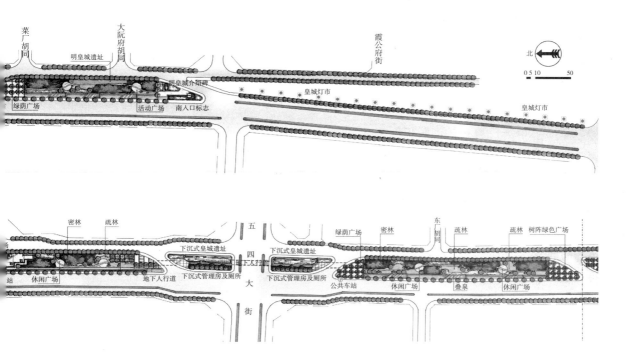

体建设体现了"科技、绿色、人文"三大理念，总体布局采取规则式与自然式相结合的方式，景观大道、龙形水系有效串联了主要场馆、配套设施建设区及北端奥林匹克森林公园。

"龙形水系"位于奥林匹克公园中心区，总长2.7公里，水面宽20～125米，水面总面积18.3万平方米，为亚洲最大的城区人工水系。奥林匹克公园内的"龙形水系"由森林公园的主景"奥海"和绵延在公园东部的景观河道共同构成，南起鸟巢南侧，北至森林公园的奥海，其龙头就是奥海，因形似一条"龙"而得名。龙形水系与周边环境融为一体，形成了优美壮观的城市生态水系景观绿廊。

奥林匹克森林公园位于北京市中

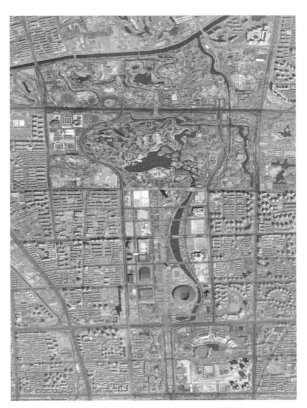

图13-16　通往自然的轴线与龙形水系

轴延长线的最北端，以大型自然山水园林为主，是北京城区名副其实的"绿肺"。森林公园里最著名的景观是"仰山"和"奥海"。"仰山"为公园的主峰，与北京城中轴线上的"景山"南北呼应。"仰山"取意《诗经》中"高山仰止，景行行止"的诗句，并与"景山"联合构成"景仰"一词，意喻中国数千年传统文化的博大精深、源远流长。而公园的主湖称"奥海"，即借"奥林匹克"之"奥"字，又隐喻并践行了隋唐以来传统风景园林审美意境中的"旷奥"之美；"海"字，则借鉴北京明清宫苑西苑三海（北海、中海、南海）及传统地名中的湖泊多以"海"为名的文化传统，寓意奥运之海、海纳百川。"仰山""奥海"，意为"山高水长、后会有期"，寓指奥运精神生生不息，中国文化传统延续传承与发扬光大。

　　上海世博公园位于浦东卢浦大桥下，北邻黄浦江，占地面积 29 公顷。公园整体方案设计取意"中国扇"，整个规划结构犹如一把打开的"中国绿扇"。呈放射状方阵式种植的大型乔木构成了折扇的"骨架"，珍贵的植物点缀了整个"扇面"（图 13-17）。

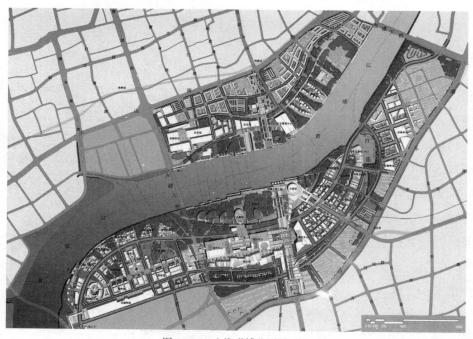

图 13-17　上海世博公园平面图

　　实践证明，以 2008 年北京奥林匹克运动会和 2010 年上海世界博览会等重大事件为契机，建设的奥林匹克公园和世博文化公园取得了巨大的成功，在世界造园史上写下了极为光辉的篇章。以奥林匹克森林公园为例，其对改善城市的环境和气候、丰富城市文化生活具有举足轻重的战略意义。如今的奥林匹克森林公园作为城市的天然绿色氧吧，生态效益、社会效益显著，据统计，仅 2019 年一年，入园人数便达到了 2000 万人次。

2008 年北京奥林匹克运动会成功举办 11 年之后，2019 年北京世界园艺博览会盛大开幕，其园区核心景观区再一次将中国文化和风景园林建设完美融合，并将中国与世界、传统与现代的多重文化内涵通过主题场馆及园林景观一一呈现。2019 中国北京世界园艺博览会园区核心景观区范围约 31.35 公顷，包括中国馆、国际馆、妫汭剧场三大主要人文建筑，其自然景观区包括山水园艺轴北段、园艺生活体验带中段以及园区制高点天田山和疏朗开阔的妫汭湖等。中国馆方案几经论证后定为"锦绣如意"，以传统"如意"为形式语言；"妫汭湖"则受"舜居妫汭"启发，取其"妫水弯曲的地方"之意。核心景观区立意"人间仙境，妫汭花园"，整体围绕妫汭湖依次展开，包括飞凤谷、千翠池、百花坡等入口景观空间以及九州花境、一色台、丝路花雨、世界芳华和花林芳甸五个主要区域（图 13-18）。

与此同时，在人文艺术、科技创新的交互作用下，文化与科技融合发展赋能新时代风景园林建设，正在为古老的园林艺术激发出更强劲的创新动能。

随着虚拟现实技术（VR）、人工智能（AI）、数字技术等现代高科技及新型材料、新技术在风景园林中的应用，传统文化与现代科学技术的结合，促成了园林设计创作思

Ⓐ 中国馆　❶ 飞凤谷（林入洞天）　❹ 九州花境　❺ 一色台　❽ 花林芳甸
Ⓑ 国际馆　❷ 千翠池（水入洞天）　4a 鲜花码头　❻ 丝路花雨　8a 晴日台
Ⓒ 演艺中心　❸ 百花坡（花入洞天）　4b 牡丹台　❼ 世界芳华　8b 人字桥
Ⓓ 永宁阁　　8a 邀月门　4c 渔舟唱晚　　8c 北侧现状杨树
　　　　　　8b 月影池　4d 青杨洲

图 13-18　2019 中国北京世界园艺博览会核心景观区平面图（图片来源：北京市园林古建设计研究院）

图 13-19   智能语音亭承露亭   图 13-20   菖蒲迎春

想的快速实现，使当代园林建设出现了一次次新的飞跃。其造园手法从最初的对于山、水等自然要素的模拟，到今天的城市大园林建设，无论是在学科建设还是创作理论上都取得了多方面的延伸和拓展。如北京市海淀区政府联合华为、百度打造的全国乃至全球首座 AI 科技主题公园，已成为科普教育、群众业余文化生活、特色文化活动的重要基地。AI 给海淀公园插上了高科技的翅膀，通过无人驾驶车"阿波龙"、智能步道、"万事通"承露亭（图 13-19）、"小度"机器人当讲解员、未来空间站、"发光石"装饰图案等现代高科技的赋能，让文化历史氛围极为厚重的海淀公园焕发新的生机。再如菖蒲河公园入口处花岗岩组成的石屏风"菖蒲迎春"（图 13-20），大胆采用中国花鸟画的构图和传统的透雕手法，展现出一年四季各种花木禽鸟的画景。屏风前面，用不锈钢精心锻造的"菖蒲球"造型，用艺术的手法对菖蒲进行夸张、变型，既点出公园的主题，又寓意菖蒲河的新生。

第三节   文化使节：中国风景园林艺术海外实践

在世界文化交流史上，东学西渐比近代的西学东渐要早得多，有着一千多年的历史。东学西渐是一个和西学东渐互相补充的过程，对世界文化的发展贡献卓著。其实很久以来，世界各国就一直渴望了解中国，早在罗马帝国时期，中国的丝绸作为一种奢侈品就曾在罗马上流社会引起轰动，古丝绸之路也由此成为东西方之间经济、政治、文化交流的重要载体，延续了 2000 多年。

早期商人和旅行家，尤其是僧侣和传教士，是中国文化在海外流行的重要传播者。中国风景园林艺术作为文化使节，在世界各地的传播与发展大致经历了唐宋、明清及当代三个重要时期。

唐宋时期，中国风景园林艺术第一次走出国门，对朝鲜半岛及日本的造园艺术产生了深远的影响。这一时期的主要特点是，中国传统文化，尤其是以陶渊明、王维、白居易等为代表的山水田园诗作发挥主要作用，成为日本造园艺术的"方案设计说明书"，直接指导了其庭院营造。

　　明清时期，中国风景园林艺术对东西方文化、园林产生了最为广泛的影响，以明崇祯年间计成所著《园冶》一书东渡日本为开端，至17—18世纪的康乾盛世达到了高潮。《园冶》在中国长期寂寂无名，鲜为人知近300年，只有清代李渔在《闲情偶寄·女墙》中提到《园冶》一书，究其缘由一说因为刊行该书并为本书作《冶叙》的是明末大奸臣阮大铖，故为读书人所不耻，又在清代一度被列为禁书。后通过民间书坊流入日本，抄本题名为《夺天工》，对日本园林影响很深，在造园界颇受推崇。20世纪30年代，中国营造学社创办人朱启钤在日本搜罗到《园冶》抄本，又在北京图书馆找到喜咏轩丛书（明代刻本《园冶》残卷），并将此二种版本和日本东京内阁文库所藏明代刻本对照、整理、注释，断句标点，于1932年由中国营造学社刊行《园冶》，为目前各版本《园冶》的主要依据。

　　相比于计成《园冶》在日本的传播，17—18世纪，中国风景园林艺术对西方的影响则更为广泛和深远，持续了近二百年之久。

　　17—18世纪欧洲文化思潮中引发了中国文化热的一个高潮，东学西渐，汉风正劲。这一时期中国的文学、艺术、园林建筑等文化的各个领域对英国乃至欧洲产生了重要影响。伴随着"中国热"潮流席卷欧洲，中国和欧洲的园林文化全面交流，两种园林艺术开始长达百年的相互影响、相互渗透。

　　欧洲人在东学西渐中通过文化艺术的交流获知中国园林是崇尚自然山水式的园林：自然山水元素的完美融合，蜿蜒曲折的道路、变化丰富的池岸、清雅幽远的意境……这些特点与欧洲大陆强调人工美或几何美的规则式造园风格形成了强烈的对比（图13-21～图13-23）。所有这些引发了欧洲的中国园林热，仿建中国自然式园林在欧洲成为一种时尚。欧洲王公贵族千方百计搜集中国园林资料，竞相仿造，巴伐利亚的路易二世甚至想仿造一座圆明园。如18世纪威廉·钱伯斯主持邱园的建筑和园林设计，园中模仿中国园林手法挖池、叠山、造亭、建塔，特别是中国塔在欧洲引起轰动，王公贵族纷纷仿制中国的亭、阁、榭、桥及假山等。中国塔于1762年建成，塔身为八角形，

图13-21　英国勃立克林府邸"中国式卧室"中的仿中国壁纸（约1760年）以园林为题材
（图片来源：引自陈志华著《中国造园艺术在欧洲的影响》）

图 13-22   德国格罗曼（J. Grohmann）设计的中国式亭子
（图片来源：引自陈志华著《中国造园艺术在欧洲的影响》）

图 13-23   腓特烈大帝建造的中国式茶亭
（图片来源：引自陈志华著《中国造园艺术在欧洲的
影响》）

10 层，高 50 米，塔中楼梯共 253 阶台阶，仿中国传统塔的形式而建，是当时的标志性
建筑之一（图 13-24）。

　　18 世纪，随着圈地运动、启蒙思想运动以及东学西渐等各种社会文化思潮的影响，
英国相继出现了坦普尔、艾迪生、蒲伯等热爱中国文化并歌颂美丽大自然的自然风景
式造园思想家，为自然风景更加深入人心奠定了基础，使整个国家都沉浸在对于自然

图 13-24   英国邱园中国塔
（图片来源：引自王向荣、林箐著《西方现代
景观设计的理论与实践》）

风景、乡村景观的热爱与追求之中。而随后威
廉·肯特、朗斯洛特·布朗、威廉·钱伯斯、汉
弗莱·雷普顿等造园大师的实践，更使风景式造
园热潮高起。此后，风景式造园思想，在短短半
个世纪里风靡整个欧洲。

　　18 世纪英国自然风景式园林的出现，结束了
由欧洲规则式园林统治上千年的历史，引发了西
方造园艺术领域的深刻变革，英国造园艺术开始
领导西方园林发展的潮流。由于英国自然风景式
园林和图画式园林的创作大量吸收中国元素，传
到法国后，被其誉为"中国式园林"，或称"中
英式园林"。"中国式"或"中英式"园林随后影
响到德国、俄国甚至整个欧洲，并盛行一时，对

整个西方造园艺术影响深远。当时德国的美学教授赫什菲尔德在其《造园学》一书中写道："现在人建造花园，不是依照他自己的想法，或者根据先前的比较高雅的趣味，而只问是不是中国式的、中英式的"。

17—18世纪，早期的殖民者将英国风景式造园带到了美国。整个19世纪，杰斐逊、唐宁以及后来的沃克斯、奥姆斯特德等设计大师在继承风靡欧洲的中国式的、中英式造园风格的基础上，建立了现代Landscape Architecture学科，为年轻的美国建构了整体的国家景观风貌，重塑了自然风景式的美国理想和生活。

当代中国园林艺术走向海外，即我国的造园师和能工巧匠走出国门，在海外建造中国园林的事业始于20世纪80年代。1980年4月纽约中国庭院明轩竣工。该园位于美国纽约大都会艺术博物馆的北翼，占地460平方米，建筑面积230平方米，是当代中国园林走向海外的开山之作（图13–25）。明轩是以苏州网师园内的"殿春簃"为蓝本设计建造，因以明代园林风格为基调，故名为"明轩"。全园布局紧凑、精致典雅、疏朗明快、精巧完美，集中反映了中国古典园林艺术的精华。作为海外造园的经典之作，明轩被赞誉为"中美文化交流史上的一件永恒展品"，载入现代造园史册。

图13–25　明轩

随着纽约"明轩"庭园的成功建造，中国古典园林作为传播中华文化的使者，频频出现在世界舞台上。截至2019年，我国已在美国、日本、德国、加拿大、新加坡、澳大利亚等二十多个国家建造了数十座中国园林，著名者如美国西雅图西华园、洛杉矶流芳园、波特兰兰苏园、纽约斯坦顿岛寄兴园、加拿大温哥华逸园、新加坡蕴秀园、埃及开罗国际会议中心秀华园、日本兵库县世界梅公园之中国梅园等。这些在世界五大洲各国建造的中国园林，面积从数百平方米到数万平方米不等，或由政府赠建，或为民间团体、商业公司以及华人华侨共同集资捐建，具有鲜明的中国特色，成为展示中华传统文化的重要窗口。它们深受世界各国人民欢迎和喜爱，被友好人士盛誉为"常驻文化大使""中华民族之光"。同时，这些富含东方文化神韵的中式园林作品，架起了中外文化交流的桥梁，更好地增进了中国人民和世界各国人民的友谊。

近年来，风景园林行业国际交流不断扩大，风景园林国际合作日益增多。新的历史时期，在推动构建人类命运共同体的大背景下，在推进"一带一路"建设中，风景园林行业发展要继续发挥"文化使节"的重要作用，坚持"请进来""走出去"，积极建设"各国共享的百花园"。

第十四章　植物

　　植物是地球上生命的主要形态之一，是人类和其他生物赖以生存的基础。

　　距今 25 亿年前 (元古代)，地球史上最早出现的绿色植物是蓝藻。在距今 1 亿 4 千万年前白垩纪开始的时候，裸子植物由盛而衰，特定的裸子植物中分化出被子植物，并得到发展，成为地球上分布最广、种类最多、适应性最强的植物。被子植物又名绿色开花植物、显花植物、有花植物，美丽的花是其区别于裸子植物及其他植物的显著特征。正是被子植物的花开花落、五彩缤纷，才把我们人类共同的家园——地球装扮得更加美丽。

　　我国幅员辽阔，地形复杂，气候多样，植物资源十分丰富，被子植物 2700 多属，约 3 万种。我国还是裸子植物种类最丰富的国家，全世界有裸子植物 800 多种，中国就有将近 300 种，其中 140 种为中国所特有，如白皮松、水松、银杏、水杉、银杉、金钱松、红豆杉等皆是优质的园林造景树种。

　　我国是世界园林植物重要的发祥地之一、著名观赏植物的世界分布中心，世界园林大花园中随处可见来自中国的园林植物[1]。16 世纪以来，中国植物通过传教士、探险家、专业采集队、园艺家等不断被引种到国外，遍及美国、英国、法国、德国、俄国等西方国家。世界园林大家庭中很多珍贵、稀有花木的原产地为中国，故我国又被赞誉为"世界园林之母"。[2] 约数千种来自中国的植物装扮了英国的花园，有"没有美丽的中国花木，就没有英国的园林"之说。据 1930 年统计，仅英国最大的植物园邱园引种成功的中国园林树种就达 1300 余种，约占该园引自全球的 4000 余种树木的三分之一。

　　植物在风景园林中扮演着重要角色，是构成人居环境的有生命的绿色基础设施。

---

　　[1] 据统计，北美引种中国的乔灌木在 1500 种以上，美国加州的树木花草中有 70% 来自中国，意大利引种中国园林植物约 1000 种，原联邦德国植物中的 50% 来源于中国，荷兰 40% 的花木由中国引入。

　　[2] 1929 年 E·H·威尔逊在美国出版的书籍——《中国，园林之母》。他在书中写道："中国的确是园林之母，因为在一些国家中，我们的花园深深受益于她所具有的优质品位的植物……这些都是中国贡献给世界园林的丰富资源。事实上，美国或欧洲的园林中，无不具备中国的代表植物……"

图14-1　避暑山庄第六景万壑松风

图14-2　海棠春坞

在我国传统园林艺术中的植物主要是烘托建筑物或美化庭院空间，并借植物造景的情趣、意境或所寓意的文化内涵为主题来命名景物、景点，如曲院风荷、万壑松风（图14-1）、梨花伴月、海棠春坞（图14-2）、玉兰堂、听雨轩、小山丛桂轩等。我国传统文化以植物材料"比德"，赋予了植物浓厚的情感色彩，使其具有独特文化艺术内涵，如玉兰、海棠、迎春、牡丹、桂花象征"玉堂春富贵"；松、竹、梅搭配称岁寒三友；梅、兰、竹、菊则比喻四君子等。不同的植物配置在皇家园林和私家园林中也呈现出丰富的象征寓意，如北方皇家园林中多植松柏体现其统治阶级的江山稳固和恒久不衰；而在南方私家宅院中，以白色粉墙为背景，配置几竿修竹、数块山石、三两棵芭蕉就构成了诗情画意的园林景观，给予人们无比广阔的想象空间和审美感受。

随着城镇化的发展和人们审美意识的不断提高，现代风景园林建设中更加注重植物材料的研发和利用。园林植物景观营造不只是人们审美情趣的反映，而且兼具生态、文化、艺术、生产等多种功能。

本章探讨的园林植物是指适用于风景名胜及各类园林、绿地中，发挥生态、美观等特性且具有生命的植物材料。园林植物景观配置（即植物造景），是把园林植物材料在发挥园林综合功能的需要、满足植物生态习性及符合园林艺术审美要求的基础上合理搭配起来，组成一个相对稳定的人工栽培群落，营造出赏心悦目的园林景观。植物造景不同于普遍绿化和植树造林，各种植物的不同配置组合，能形成千变万化的景境，给人以丰富多彩的艺术感受。植物是有生命的，春夏秋冬的时令交接、阴晴雪雨的气候变化都会改变植物的生长，改变景观空间意境，并深深影响人的审美感受。故在应用植物材料造景时，必须充分了解植物材料生长规律，兼顾每种植物材料的形态、色彩、风韵、芳香等美的特色，考虑内容与形式的统一，速生树种与慢生树种相互配置，乔灌草相结合，增强景观的快速形成和植物群落的演替更新。如西湖十景之一的花港

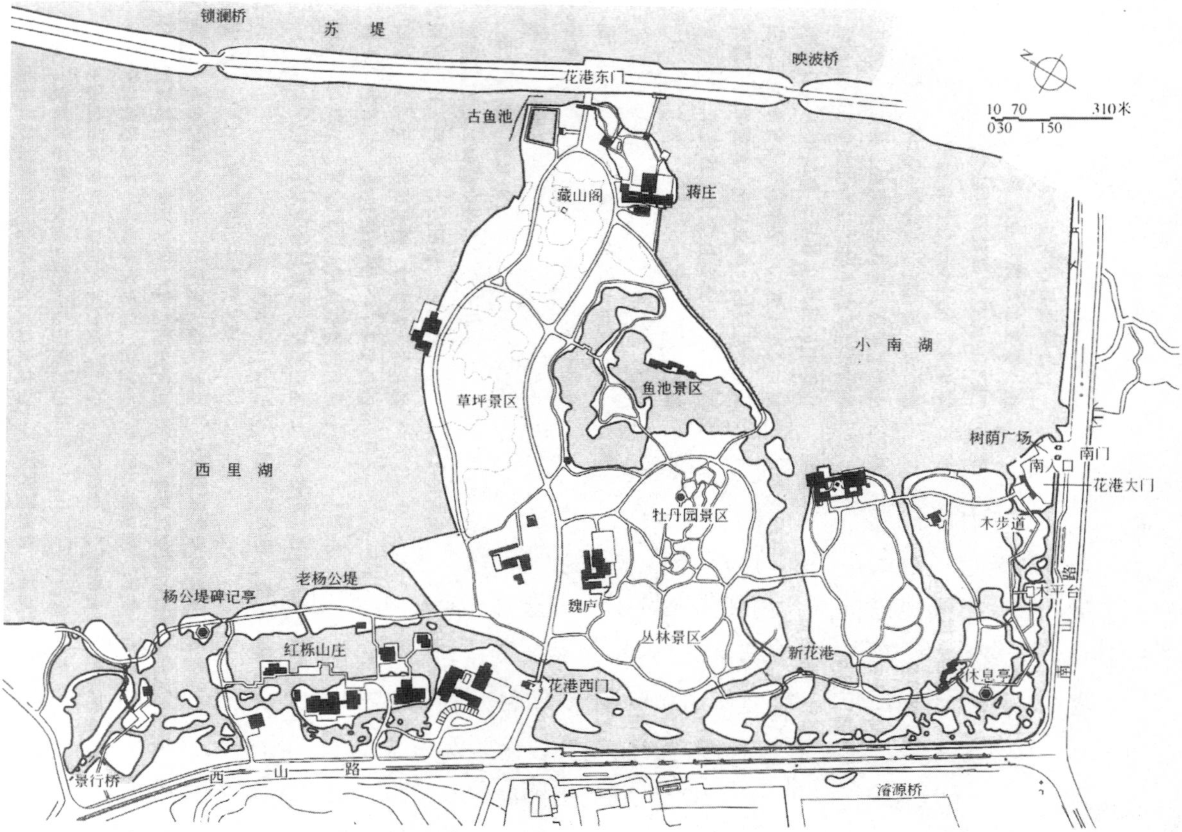

图 14–3 花港观鱼平面图
（图片来源：引自魏民主编《风景园林专业综合实习指导书：规划设计篇》）

观鱼，是以花、港、鱼为特色的公园，分为红鱼池、牡丹园、花港、大草坪、密林地五个景区（图 14–3）。花港观鱼植物造景以牡丹园形成全园植物配置构图的中心，除此之外还以海棠、樱花为主调树种，广玉兰为基调树种，配以槭树等为代表的色叶树种和针叶树等为代表的常绿树种，合理搭配观赏植物 200 余种，形成空间开合收放有度、景观层次变化丰富的植物景观和生态群落。

园林植物分为园林树木、园林花卉、草坪（本）植物三大类。此外还包括蕨类、水生、仙人掌多浆类等植物种类。

第一节　园林树木

一、含义与园林应用特点

园林树木通常是指适合于风景园林绿地应用的木本植物。

园林树木是风景园林绿化的主体植物材料，所占比重最大，具有种类、品种繁多，形态、花形、花色、季相丰富多彩，历史悠久，文化内涵深厚等特点。

二、分类与应用

（1）依据观赏特性分

1）赏形木类（赏树形）：如圆柱形的钻天杨、龙柏、杜松；圆锥形的毛白杨、圆柏、白皮松；宝塔形的雪松、桧柏；垂枝形的垂柳、垂枝榆；卵圆形的悬铃木、球柏、加拿大杨；圆球形的五角枫、黄刺玫；曲枝形的龙爪槐、龙爪柳；匍匐形的平枝荀子、铺地柏、沙地柏等。

2）赏叶木类（赏叶）：如黄栌、枫香、红枫等。

3）赏花木类（赏花）：如碧桃、桂花、牡丹等。

4）赏果木类（赏果）：如火棘、十大功劳等。

5）赏干枝类（赏枝干）：如白桦、红瑞木、湘妃竹等。

6）赏根木类（赏根）：如榕树等。

（2）按照树木在园林绿化中的用途分

根据树木在园林绿化中的用途，可分为独赏树类、遮荫树类、行道树类、防护树类、林带类、花灌木类、攀援花木类、绿篱植物类、地被植物类、盆栽桩景树木类、切花植物类等。

1）独赏树类：又称独植树、孤植树、赏形树或标本树。

2）庭荫树类：又称绿荫树、庇荫树，是指树冠高大、荫浓冠茂，具有遮荫功效的树木。可孤植、对植或丛植，常见的庭荫树种主要有玉兰、杨树类、柳树、泡桐、榆树、槐、悬铃木、梧桐、银杏、榉、榔榆、三角枫、无患子、桂花、樟树、榕树、合欢、楝树、木棉等。

3）行道树类：栽种在道路两旁及分车带内，具有遮荫功效并构成街景的树木。常见的行道树种主要有银杏、悬铃木、白蜡、国槐、香樟、合欢、栾树、广玉兰、棕榈、雪松等。

4）防护树类：防护林一般用杨树或白腊、千头椿。

5）林带类：在长度为200米以上，宽度为20~50米的范围内，栽植3排以上的树木，即构成林带。常用的树种如毛白杨、栾树、五角槭、合欢、刺槐等。

6）花灌木类：如紫荆、紫薇、丁香、木槿、迎春、榆叶梅、海桐、六月雪等。

7）攀援花木类：如凌霄、紫藤、葡萄、扶芳藤等。

8）绿篱植物类：如黄杨、小叶女贞、龙柏、红叶小檗等。

9）地被植物类：如络石、常春藤、铺地柏、扶芳藤等。

10）盆栽桩景树木类：如五针松、枸骨、榕树、火棘、榆树、桂花、蚊母、女贞、梅花、葡萄等，均可制作盆景或盆栽。

11）切花植物类：如梅花、蜡梅、银芽柳、玫瑰、牡丹、丁香、枸骨等。

（3）园林树木配置类型方式

按种植的平面布局分为规则式（包括左右对称、辐射对称）、自然式和混合式（规则式和不规则式相结合）三种类型。

按照景观观赏审美划分，种植类型中有列植、对植、孤植、群植、丛植五种（表14-1），其中丛植又有多种类型：三株丛植、四株丛植、五株丛植、六株丛植等。

园林树木配置类型 　　　　　　　　　　　　　　　　　　表 14-1

类型	释义	位置地段	景观特征	典型代表树种
孤植	单株树木或同种几株紧密地种在一起，作为独立观赏焦点的栽植方式	开阔、空旷、高敞的空间地段。如大草坪、广场中心、河边湖畔、高地山冈等	表现树木的个体美，包括树冠、形体、色彩、姿态等	雪松、金钱松、马尾松、白皮松、香樟、黄樟、悬铃木、榉树、乌桕、广玉兰、桂花、七叶树、银杏、石榴、罗汉松、白玉兰、碧桃、鹅掌楸、朴树等
列植	沿直线或曲线以等株距或按一定的变化规律而进行的植物配植方式。有单列、双列、多列等类型	街道、公路两侧或广场	规则简洁、整齐划一，可起到夹景的效果，此外亦可形成宏伟壮观、韵律感强的效果	油松、银杏、国槐、毛白杨、悬铃木、榕树、垂柳、合欢、西府海棠、木槿等
对植	两株或两丛相似树木按一定轴线关系相对应、对称的植物配植方式	大门两边、建筑物入口、广场或桥头两侧等	衬托主景的作用，或形成配景、夹景，以增强透视的纵深感	松柏类、南洋杉、云杉、冷杉、大王椰子、桂花、玉兰、碧桃、银杏、龙爪槐或整形的大叶黄杨、石楠等
群植	由多株树木混合成丛、成群的植物配植方式（一般在20～30株以上）	开阔、空旷的空间地段。如大草坪、宽广的林中空地、水中岛屿、山坡与土丘上等	主要为群体美，可作为主景或障景。主要可形成季相丰富、林冠线错落有致、空间层次感强等效果	园林植物通过合理搭配，皆可适用
丛植	将一株以上树木配置成一个整体的植物配植方式	大草坪中央、土丘、岛屿等地做主景或草坪边缘、水边点缀；也可布置在园林绿地出入口、路叉和弯曲道路的部分	以反映树木的群体美为主。树丛常作局部空间的主景，或配景、障景、隔景等，还兼有分隔空间和遮阴的作用	春季观花、秋季观果的花灌木以及常绿树配合使用

资料来源：根据《风景园林基本术语标准》CJJ/T 91—2017、《园林树木学》整理。

第二节 园林花卉

一、含义及园林应用特点

园林花卉通常是指风景园林中具有观花、观叶或观果等观赏价值的植物，包括草本花卉和木本花卉两大类型。如无特殊说明，本节仅以草本花卉为主要内容展开论述。

园林花卉在园林中的应用极为广泛，具有种类与品种繁多、形态各异、色彩丰富，观赏性好、芳香宜人、成景快、易亲近、人格化及富象征寓意等特点。

二、园林花卉类型与应用

我国的园林花卉栽培应用有三千多年的历史。早在公元前 1000 多年前的西周时期已在苑囿中种植花草，并开始设专门的鸟兽鱼虫花木的管理部门和人员。到秦汉时期，皇家园林及私家园林中广种奇花异草；隋唐宋时期，花卉园艺发展繁荣，大量花卉专著和综合性著作出现；明清时期，开始花卉商业化生产栽培和销售。后我国花卉产业一度萧条，直到 20 世纪七八十年代，园林花卉栽培应用和产业化发展开始复苏。1984 年中国花卉协会成立，相关花卉博览会、市花展览、专业花展等举办，促进了园林花卉应用和产业化发展。1986 年至 1987 年，"中国传统十大名花评选"活动以栽培历悠久、观赏价值高、富有民族特色为三个基本条件，评出了我国十大传统名花（表 14-2）[1]。

我国 10 大传统名花及其园林应用表   表 14-2

名称	科属	产地	花色	栽培历史与寓意象征	园林用途	备注
梅花	蔷薇科李属	原产我国西南及长江以南地区，北方多做室内盆栽	有大红、桃红、粉色、白色等	已有 3000 多年的栽培历史，象征着坚贞不屈的风骨	常用于庭院绿化或盆栽观赏，北京、青岛、武汉等建设有梅花专类园	具傲风雪、斗严寒的精神
牡丹	毛茛科芍药属	原产地中国，遍布各地。公元 8 世纪传入日本，14 世纪传入欧美。目前法国、德国等 20 多个国家均有栽培	有墨紫色、白色、黄色、粉色、红色、紫色、雪青色、绿色等八大色系	已有 1500 多年的栽培历史，寓意荣华富贵	常用于传统园林及现代公园、绿地及室内盆栽中。荷泽和洛阳等地建有牡丹专类园。亦可作应季插花材料	誉为"花中之王"，2019 年，我国国花确立为牡丹

---

[1] 其中菊花、兰花、荷花、水仙为草本花卉植物，其余为木本花卉植物。由于种种历史原因，十大名花中我国仅享有梅花、桂花、荷花国际品种登录权。世界流行花卉植物的国际品种登录权大多数被英、美等西方国家所垄断。

续表

名称	科属	产地	花色	栽培历史与寓意象征	园林用途	备注
菊花	菊科菊属	原产地中国，遍布各地。公元 8 世纪传入日本，17~18 世纪末引入欧洲，19 世纪中期引入北美。此后中国菊花遍及全球	有白色、黄色、棕色、粉红色、红色、紫色、绿色、复色等八大色系	已有 3000 多年的栽培历史，象征长寿或长久	常用于传统园林及现代公园、绿地及室内盆栽中，也可制作菊塔、菊篱、菊亭、盆景等各种形式的观赏艺术品	世界四大切花（菊花、月季、康乃馨、唐菖蒲）之一，产量居首
兰花	兰科兰属	中国除了华北、东北、和西北的宁夏、青海、新疆之外，其余省区均有分布	花色淡雅，有白、纯白、白绿、黄绿、淡黄、淡黄褐、黄、红、青、紫等	已有 1000 多年的栽培历史，象征高洁、典雅、淡泊、贤德	多用于室内盆栽或点缀庭园。兰花芳香四溢，叶终年鲜绿、姿态优美，古人曾有"观叶胜观花"的赞誉	花中四君子（梅、兰、竹、菊）之一
月季	蔷薇科蔷薇属	中国是月季的原产地之一。18 世纪，传入欧美，经三百年不断地杂交、选种、培育，欧美各国的现代月季品种已达一万余个	花色有红色、粉色、白色、黄色等	已有 3000 多年的栽培历史，象征爱情、幸福、美好、和平、友谊	除月季专类园外，广泛应用于花坛、花境、镶边绿地中。因其攀援生长的特性可形成花篱、花柱、花墙和花屏等独特造型	誉为"花中皇后"，为华夏先民北方系黄帝部族的图腾植物
杜鹃	杜鹃花科杜鹃花属	广布于长江流域，我国的横断山区和喜马拉雅地区是世界杜鹃花的现代分布中心之一。16 世纪传入欧洲	花色有深红、淡红、玫瑰、紫、白等	已有 2000 多年的栽培历史，象征热情纯真、吉祥美好	世界各公园中均有栽培，花、叶兼美，在欧美许多国家，有"没有杜鹃不成园"的名言	木本花卉之王，全世界的杜鹃花约有 900 种，我国约有 530 余种
山茶	山茶科山茶属	原产中国。主要分布在浙江、江西、四川、山东等地。公元 7 世纪初传入日本，18 世纪传入英国，后传入欧美各国	花色多为红色或淡红色，亦有白色，多为重瓣	已有 1500 多年的栽培历史，象征吉祥福瑞	北方地区宜盆栽，南方地区可种植于公园或庭院中	
荷花	睡莲科莲属	原产于中国，多分布在亚热带和温带地区。除西藏自治区和青海省外，全国大部分地区都有分布	花色有白色、粉色、深红色、淡紫色、黄色或间色等	已有 5000 多年的栽培历史，象征圣洁高雅、高洁、高尚、坚贞的品质	在园林中应用普遍，可做插花或盆栽盆景	被称为"活化石"，被子植物中起源最早的植物之一
桂花	木犀科木犀属	原产中国西南喜马拉雅山东段，印度、尼泊尔、柬埔寨也有分布。现广泛栽种于我国淮河流域及以南地区	花色有黄色、白色、红色等	已有 2500 多年的栽培历史，象征崇高、贞洁、荣誉、友好和吉祥	在南方地区的园林中应用普遍。因具较强的吸滞粉尘能力，常被用于城市及工矿区	常与玉兰、海棠、牡丹同植庭前，取玉、堂、富、贵之意
水仙	石蒜科水仙属	原种为唐代从意大利引进。目前，多分布我国东南沿海地区，尤以漳州水仙为盛。北京、湖北、四川等地也有栽培	花色多白色、黄色；亦有红色、蓝色、绿色等	已有 1000 多年的栽培历史，象征万事如意、吉祥、美好、纯洁、高尚	花朵秀丽、芬芳清新、素洁幽雅，常用作花坛、盆栽（景）、切花	与兰花、菊花、菖蒲并列为花中"四雅"

园林花卉美化环境提高人们生活质量的同时，也为风景园林发展提供优质植物材料。根据园林花卉的生境特征、观赏特性和用途划分，其在风景园林绿地中的主要应用形式有花坛、花境、盆栽、鲜切花卉及专类园等。

（1）花坛

花坛是指在一定几何形状的植床内，利用各种观赏花卉种植，形成优美景观的园林设施。花坛布局与设置灵活，可随位置、地形、环境的变化而定，既可做核心、主要景观而配置，也可做装饰、配景来点缀。以花坛表现主题内容不同可分为花丛花坛（盛花花坛）、模纹花坛（嵌镶花坛）、立体造型花坛（图14-4）、混合花坛。其中花丛花坛、模纹花坛应用最为普遍。但随着城市生活水平的提高和新材料、新技术的应用，近几年来，具有生机与活力，被誉为"城市活雕塑""花卉雕塑"的立体造型花坛应用日愈广泛和普及，成为现代城市街景中亮丽的风景线和城市景观美化的生力军，如天安门广场国庆花坛。从1986年开始，天安门广场每年都会围绕当年国家经济、社会发展的新特点设计布置广场中心主题大型花坛。2020年"祝福祖国"主题花坛，寓意"硕果累累决胜全面小康、百花齐放共襄复兴伟业"。主题花坛顶高18米，以喜庆的花果篮为主景，篮体南侧书写"祝福祖国，1949-2020"字样，篮体北侧书写"万众一心，1949-2020"字样（图14-5）。

花坛栽植花卉选择以株形整齐、耐修剪、耐干旱、抗病虫害、花期长、色彩艳丽

图14-4　各式各样的立体花坛

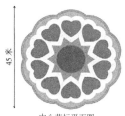

中心花坛平面图　　中心花坛立面图

图14-5　2020年天安门广场"祝福祖国"主题花坛

为基本原则，可用一、二年生草本花卉，也可一、二年生和多年生的品种搭配种植。品种主要有太阳花、金光菊、波斯菊、鸡冠花、郁金香、黑心菊、薰衣草、月见草、彩叶草、金盏菊、孔雀菊、万寿菊、三色堇、地肤等。

（2）花境

花境是以多年生花卉和花灌木为主要植物材料，模拟自然风景中的生长状态，并加艺术化处理而应用于风景园林中的植物造景方式。其面积一般比花坛要大，布局构图更加灵活多变，兼有自然式、规则式特点，亦可采取两者相互混合的构图形式。通常栽植在绿地边缘、道路两旁及建筑物墙基，可与树丛、绿篱、花架、游廊等搭配成景。其种植床应高于地面 7~10cm，土壤厚度为 30~50cm，以 3~5 米宽为最佳。花境更加注重立面美观，且要有四季景观效果，故花卉选择具有花期长、耐严寒、花期长、花叶兼美、抗逆性强等特点的品种，如芍药、萱草、耧斗菜、大丽菊、蜀葵、风信子、鸢尾、玉簪、唐菖蒲、石蒜、蛇鞭菊、射干、宿根福禄考、薰衣草、景天、宿根飞燕草、马蔺花等（图 14-6、图 14-7）。

（3）盆栽花卉

以盆栽形式装饰室内或庭园的花卉，主要用于盆栽观赏，如仙客来、瓜叶菊、文竹、菊花、一品红等。

（4）切花花卉

主要用于切取鲜花，在礼仪交往中做花束、花篮、插花用的花卉，比如玫瑰、香石竹、非洲菊、切花菊、郁金香等。

（5）专类园

在一定范围内种植同一类观赏花卉供游赏、科学研究或科学普及的花园，如月季

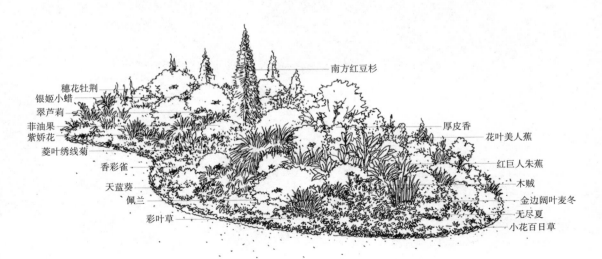

图 14-6　上海中环绿地花境（图片来源：陈永斌）

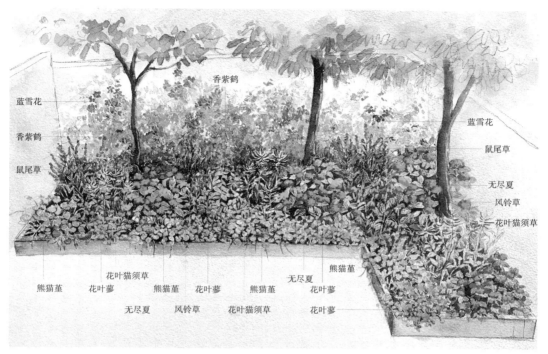

图 14-7　深圳某庭院花境设计效果图（图片来源：杨小倩）

园、牡丹芍药园、兰园、菊园等。比较知名的如北京植物园宿根花卉园，位于卧佛寺前坡路东侧，面积 1.44 公顷，收集种植宿根花卉百余种。宿根花卉园采取对称的规则式设计，十字对称的园路，中心置一硅化木盆景，沿十字轴线，东西向设带状花坛，南北轴线为花坛和花台，四角布置花境，其中遍植百合科、景天科、石蒜科、菊科、鸢尾科等 60 余种宿根花卉，自春至秋花开不绝（图 14-8）。

第三节　草坪植物

一、园林草坪植物的作用与应用

园林草坪通常是指以禾本科或莎草科植物为主体，由自然或人工种植后形成的草本植物群落。

园林草坪植物作为园林景观的本底和基调，烘托和丰富了其他园林景物如山石、建筑、树木、园林小品等的艺术审美效果。

草坪及地被植物来铺装裸露地面、护坡护岸，经济、美观，并具有水土保持、防尘降尘、杀菌、改善土壤结构与小气候的作用，还满足了人们休闲活动的要求。因此草坪及地被植物被广泛应用在公园绿地、街道、广场、停车场、学校操场、高尔夫球

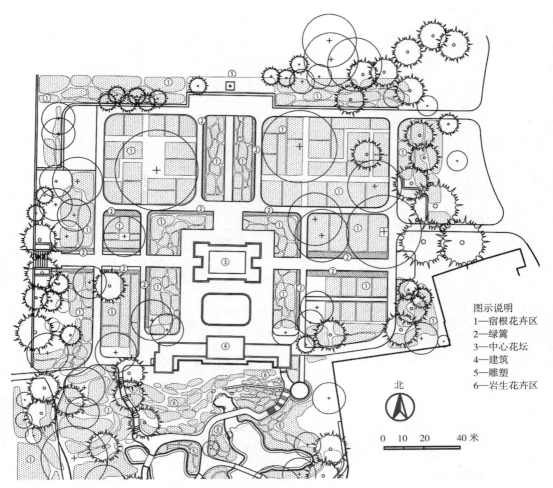

图 14-8   北京植物园宿根花卉园设计平面图（图片来源：尹豪，2018 年）

图示说明
1—宿根花卉区
2—绿篱
3—中心花坛
4—建筑
5—雕塑
6—岩生花卉区

北

0   10   20   40 米

场、河道（道路）护坡、预留建筑基地等城镇建设中，其主要种植形式为规则式和自然式。

二、园林草坪类型

根据不同划分依据，园林中有如下草坪类型[①]：

依据草地和草坪用途分为游憩草坪、体育场草坪、观赏草地或草坪、牧草地、飞机场草地、森林草地、林下草地、护坡护岸草地。

依据草本植物组合的不同分为单纯草地或草坪、混合草地或草坪、缀花草地或草坪。

① 孙筱祥. 园林艺术及园林设计 [M]. 北京：中国建筑工业出版社，2011.

依据草地与树木的组合情况分为空旷草地、稀树草地、疏林草地、林下草地。其中疏林草地应用最为广泛，北方地区以北京为代表，主要植物造景佳作有北京植物园、北京奥林匹克公园（图14-9）等；而南方地区则以杭州最为典型，疏林草地是园林植物造景的主要特色之一，尤以花港观鱼（图14-10）、柳浪闻莺两座公园为胜，开阔的草坪、草地约占整个公园陆地面积的35%~45%。通常实践做法为以大量的常绿针叶树种和观花、观叶树种围合一定的绿地空间，开敞的缓坡地形上种植大面积的草地、草坪，从而形成疏朗有致、开合有度、高低错落的景观空间。

图14-9　北京奥林匹克公园入口大草坪

图14-10　花港观鱼疏林大草坪

三、园林草地草种选择

我国常见园林草地多以禾本科多年生植物为主体。

园林草地草种主要有结缕草、高羊茅、天鹅绒草、狗牙根、假俭草、野牛草、羊胡子草；引入的外来草种有早熟禾、狐茅草、剪股颖、黑麦草等。根据司马相如《上林赋》"布结缕，攒戾莎，揭车衡兰，稾本射干"的描写，早在公元前约100年，西汉的上林苑中就已开始种植结缕草及戾莎、揭车、衡、兰、稾本、射干等香草植物。草坪栽植后多见于皇家苑囿及宫廷内园中，如清朝避暑山庄万树园，即由500多亩羊胡子草为主体形成的疏林草坪景观。

近几年，观赏草在园林植物造景中应用广泛（图14-11）。观赏草泛指形态优美、色彩斑斓多姿而又极富自然野趣的草本观赏植物。观赏草四季皆能成景，春夏观叶，秋季赏色，即便在寒冬中也有较好的观赏效果，丰富了单调的冬日景观。

观赏草具有管护成本低、抗性强、繁殖力强、抗旱性好、抗病虫能力强、适应面广等优点。目前，国内外观赏草园林应用品种逐渐丰富，包括了禾本科、莎草科、灯心草科、香蒲科以及天南星科在内的如粉黛乱子草、细茎针茅、金叶苔草、金叶石菖

图 14-11 风景园林中的观赏草应用

蒲、金边麦冬、菲黄竹、蓝羊茅、柳枝稷、阔叶麦冬、画眉草、细叶芒、柳枝稷、芦竹、狼尾草、燕麦草、矮蒲苇、花叶芒、旱伞草、大叶苔草、歌舞芒、矢羽芒、银穗芒、田芒、大油芒、知风草、地肤、矢羽芒等数十个品种。

第十五章　工程

风景园林工程是实施设计内容的过程，是一门操作性、应用性、实践性很强的学科。风景园林工程不同于一般的土木建筑工程、市政工程，规模较大的造园工程往往需要运用土木、建筑工程、设备安装、植物栽培、工艺品制作等多种专业技术，其中蕴涵着复杂的科学规律和精湛的艺术技巧，与地形、土壤、物候植物等条件关系密切，投入资金和劳力较多，需要精心策划，逐项落实。

本章讨论的风景园林工程主要包括地形工程、水景工程、假山工程、种植工程、园路及铺装工程及其他园林工程内容。

第一节　地形工程

地形地貌是风景园林构成的重要因素，是水景、植物、建筑等其他要素的基础和依托。[①]

地形构成了整个园林景观的骨架，并兼具构筑空间、组景造景、引导视线等作用。地形处理是风景园林工程的基础，也是造园的必要条件。造园必先动土，挖湖筑山、平整场地等地形处理是造园及组景的主要工程措施。地形塑造应遵循因地制宜、因势利导、师法自然、统筹兼顾、土方平衡的原则，宜山则山，宜水则水。《园冶》中所述："相地合宜，构图得体""自成天然之趣，不烦人工之事"，地形处理得当往往能起到事半功倍的效果。

地形塑造与园林风格特征形成密切相关。欧式园林重要类型意大利台地园的兴起，就是因意大利半岛三面濒海而又多山地，建筑与园林需依山坡地势而建所产生，中轴线、层层台地是其主要特色（图 15-1）。国土狭小、人口众多的日本则产生了独树一帜的枯山水艺术，即用常绿树、苔藓、沙、砾石等来寓意海洋、山脉、岛屿、瀑布等，

---

① 园林地形表现形式有等高线法、坡级法、断面法、高程标注法、模型法、计算机信息技术等。等高线法在风景园林设计和工程建设中使用最多，是园林地形设计、场地工程整理、土方工程的指导和依据。计算机的普及和地理信息系统（GIS）技术的发展，进一步加强了地形的可视化表达，大大加速了风景园林建设的进程。

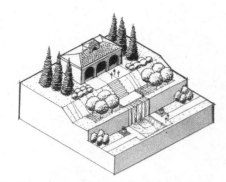

图 15-1 在台地上的意大利文艺复兴花园

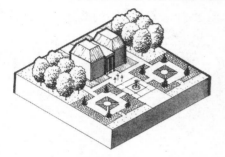

图 15-2 在水平地形上的法国文艺复兴花园

（图片来源：图 15-1、图 15-2 均引自（美）诺曼·K·布思著，曹礼昆、曹德鲲译《风景园林设计要素》）

营造出清幽、静寂、精致、内敛的缩微式园林。而多平原的法国，园林则多在平地上成中轴线对称、规则式布局（图 15-2）。18 世纪受中国山水园林影响形成的英国自然式风景园林则以缓坡草地、起伏地形、开阔的水面为载体，独具一格。如 18 世纪，有"自然风景式造园之王"美誉的布朗在布伦海姆公园改造中，用高低起伏的地形缓坡、疏林草坪；自然的山谷、河流代替了规则的台地、花坛及园路，使其成为英国自然风景式园林的经典之作（图 15-3）。

我国地形地貌复杂多样，山地、高原、丘陵、盆地、平原、戈壁、沙漠、洞穴……风景秀丽，山河壮美，且江山多娇，山水多情，文化意蕴丰厚。故我国古今风景园林建设多采取摹拟山水、筑山理水的营造方式，即挖湖与堆山、造堤相结合，既节省成本，又能就地平衡土方。从我国最为经典的传统园林实例分析看，山体主峰相对高度一般在 30~60 米，坡度为 10%~30%，纵深 300~500 米，最佳观赏点到主峰距离为 300~500 米，如北京北海公园主峰高度 32 米，坡度 18%~36%，建筑高度 35.9 米；北京颐和园主峰高度 60 米，坡度 10%~27%，建筑高度 40 米；苏州虎丘主峰 34 米，坡度 17%~19%，建筑高度 48 米。21 世纪我国重大的风景园林建设项目如北京奥林匹克森林公园和 2019 中

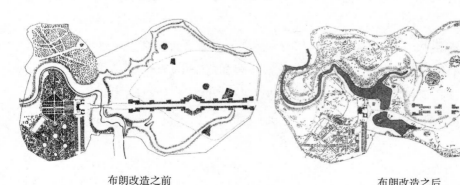

布朗改造之前　　　　　　　　　　布朗改造之后

图 15-3 布伦海姆地形改造

（图片来源：引自［美］查尔斯·莫尔等著，李斯译《风景——诗化般的园艺为人类再造乐园》）

国北京世界园艺博览会园区等，皆在分析参考我国各经典园林中山体与周边建筑和环境关系、土方工程量对比关系后，确定主山高度、挖湖规模及全园山形水系格局。其中，北京奥林匹克森林公园地形处理采取传统挖湖（奥海）堆山（仰山）模式，形成山水相依的格局。主湖区占地面积 28.74 公顷，比什刹海水域面积略小，主山独尊，相对高度 48 米，土方量约为 479 万立方米，主山主要由主湖挖土和鸟巢、水立方等的土方堆砌填筑而成（图 15-4）。而 2019 中国北京世界园艺博览会园区妫汭湖则利用废弃鱼塘改造、拓展，营造湖面景观，期间产生的土方，就近堆筑山体，建成天田山。其中，天田山工程占地 14.2 万平方米，堆筑高度 25 米，海拔 510 米，堆筑土方累计 113 万立方米（图 15-5）。

除挖湖堆山构筑大体量山体和水体外，常见的园林地形类型还有平地、坡地、假山（见"第三节假山工程"）。园林地形坡地的坡度通常在 3%~50%，其中缓坡地形坡度为 3%~12%，中坡地形（坡度 12%~50%）。各式各样、高低起伏的坡地地形可营造出峰、峦、坡、谷、河、湖、溪、涧、泉、瀑等丰富的园林景观和空间形态。此外结合地形，可分别布置各种园林建筑小品、广场、园路、树木花卉、草坪等（图 15-6），便于开展各类休闲游憩活动。

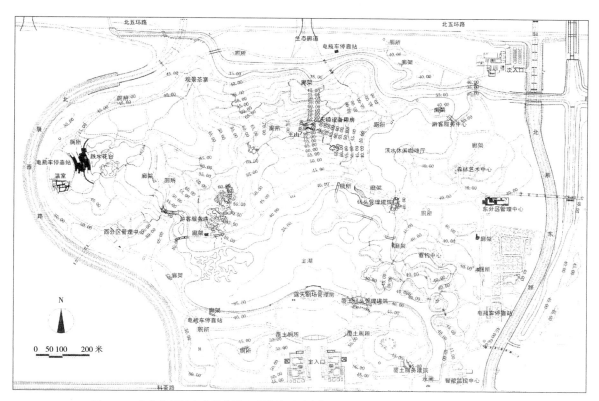

图 15-4　北京奥林匹克森林公园地形设计（图片来源：引自孟兆祯主编《风景园林工程》）

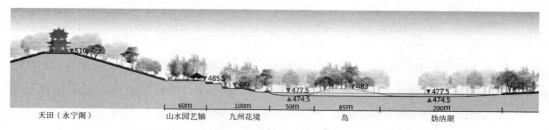

图 15-5　北京世园会园区天田山、永宁阁与妫汭湖山水关系图
（图片来源：引自北京市园林古建设计研究院编《世园揽胜——2019北京世园会园区规划设计》）

图 15-6　某小园的地形设计平面图及断面图
（图片来源：引自北京市园林局编《李嘉乐风景园林文集》）

具体风景园林工程推进过程中，地形工程主要包括园林空间竖向设计和土方工程两大部分。竖向设计是地形塑造的基础和前提，是对原有地形、地貌及各种景物、景点的综合统筹安排，并根据项目实际情况提出具体工程措施方案。土方工程则包括土方计算、土方平衡调配、场地平整、山形水系营造以及各类建筑物和构筑物坑槽、管沟的开挖等。其施工方法可根据场地条件、工程量和当地施工条件，选择采用人力施工、机械化或半机械化施工。

总之，不论是竖向设计还是土方工程，都要秉承"最小化干预"的原则，因地制宜，师法自然，合理利用原有地形减少土方工程量，创造经济、美观、实用的园林景观，实现风景园林的可持续发展。

第二节　水景工程

掇山理水、挖湖堆山是我国传统风景园林营造的主要手法。理水即水景的营造。一池三山、曲水流觞、濠濮间想等皆是我国传统风景园林艺术中的理水杰作。而西方园林水景多为规则式、几何状水池或与艺术品如雕塑或神像结合成喷泉。

由于水的可塑性及人们亲水需求，水景作为重要的造园元素，从古至今被广泛应用在风景园林建设中。风景园林中水的状态表现为静水和动水两大类。水景多以湖、池、河、塘、水道、溪流、瀑布、跌水、喷泉等形式存在，亭、桥、榭、舫、柱饰、雕塑、木栈道等建筑和小品都是与水景结合的造园要素。

风景园林中的水景工程包括城市水系、水池、驳岸、护坡、叠水喷泉、水环境处理等工程以及相应的园林建筑、园林小品和与之相配套的植物种植等。

一、驳岸、护坡工程

园林驳岸是保护水体、防止岸壁坍塌的工程构筑物，一般由基础、墙体、盖顶等组成。驳岸一般直接建在坚实的土层或岩基上。驳岸常用条石、块石混凝土、混凝土或钢筋混凝土作基础；用浆砌条石、浆砌块石勾缝、砖砌抹防水砂浆、钢筋混凝土以及用堆砌山石作墙体；用条石、卵石、山石、混凝土块料结合水生植物作盖顶（图15-7～图15-9）。驳岸按照造型可分为规则式、自然式、混合式三种形式。大型水体常采用整形式直驳岸，用石料、砖或混凝土等砌筑整形岸壁。小型水体常采用自然式山石驳岸或混合式驳岸。

护坡一般是在土壤斜坡45°角内使用，无明显岸壁直墙。护坡按照工程材料做法划分主要有草皮护坡、灌木护坡、铺石护坡、编柳抛石护坡等形式（图15-10）。近年

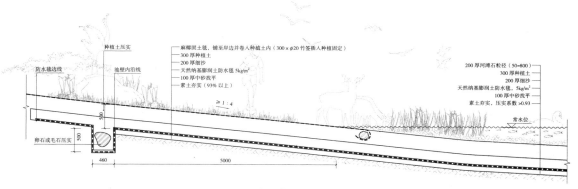

图15-7　自然草坪驳岸做法详图

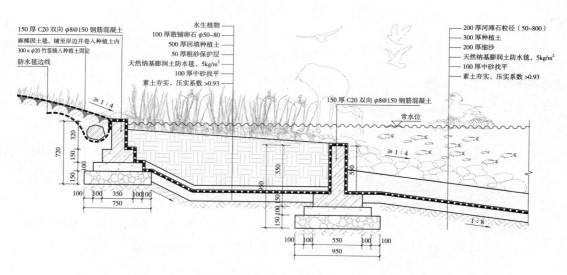

图 15-8 浆砌卵石驳岸做法详图

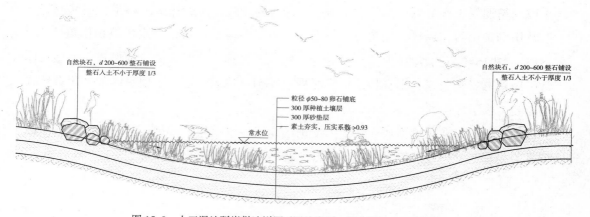

图 15-9 人工湿地驳岸做法详图（图片来源：郭志强，2020 年）

来，也出现了一些如环保型绿化混凝土、蜂巢护垫或网箱等新材料结合绿化的驳岸和护坡。

随着近年来海绵城市的建设，生态可持续的雨洪控制与雨水利用设施普遍应用，海绵型雨水花园应时而生。雨水花园对建筑屋顶及周边场地的雨水进行有效的渗透、滞留、净化、蓄积、利用、排放，注重了雨洪设施的景观化处理和对雨水的管理使用。

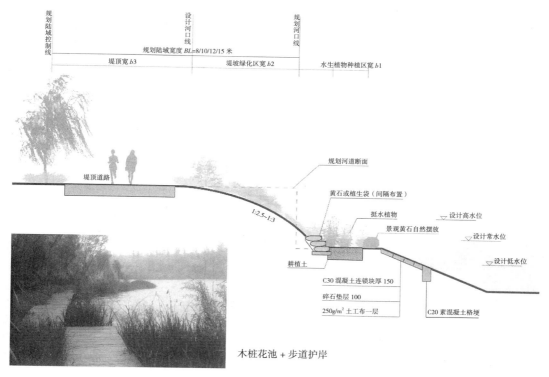

图 15-10　木桩花池 + 步道护岸断面图与效果
（图片来源：引自上海市规划与自然资源局等编《上海市河道规划设计导则》）

二、水池工程

本节所探讨的水池有别于天然的河流、湖泊和池塘，其规模尺度、面积水量相对较小，且多取人工水源，有进水、溢水、泄水的管线系统和必要的循环水设施。

园林水景中人工湖往往设置堤、岛、桥，来作为划分水面空间的主要手段，如北海公园内琼华岛、永安桥之于北海，颐和园十七孔桥、阮公墩、西堤之于昆明湖。除人工湖外，风景园林中常见的规模较小的水池类型还有喷水池、观鱼池、水生植物池、流杯池、砚池、剑池、建筑庭院里的小水池等（图 15-11）。

人工湖及水池构筑材料主要有钢筋混凝土水池（刚性结构水池）和各种柔性衬垫薄膜材料（柔性结构水池）。不同的材料采用不同的施工程序和施工要点。

三、瀑布、叠水工程

叠水、瀑布皆是动态水景，常表现出流动、韵律的动感之美。

除自然瀑布外，假山瀑布在园林中颇为常见。瀑布按跌落形式分为直落式瀑布、分流式瀑布、跌落式瀑布、滑落式瀑布等。但不论哪种形式，一般都由水源及动力设备、瀑布口、支座（或支架）、承水池滩、排水设施等组成。

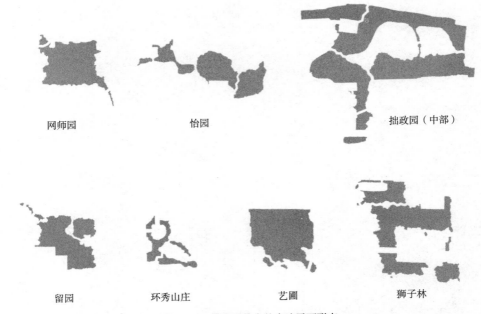

网师园   怡园   拙政园（中部）

留园   环秀山庄   艺圃   狮子林

图 15-11   传统园林中的水池平面形态

叠水水景为颇具规律性的阶梯落水形式，是落差较小的瀑布，常见有单级跌水、二级跌水、多级跌水、悬臂式跌水等形式。跌水的构筑方法与瀑布基本相同，其使用材料更加灵活多样（图 15-12）。

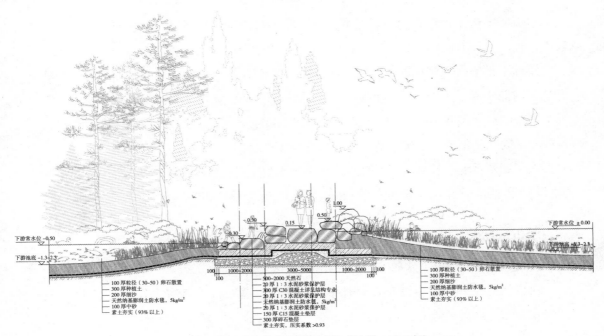

图 15-12   跌水做法（图片来源：郭志强，2020 年）

四、喷泉工程

喷泉，指由地下喷射出地面的泉水，如今多特指人工喷水设备。我国关于园林喷泉应用的记载最早出现在汉代，《汉书·典职》描述了上林苑"激上河水，铜龙吐水，铜仙人衔杯受水下注"的场景。宋代韩拙《山水纯全集·论水》载："湍而漱石者谓之涌泉，山石间有水泽波而仰沸者谓之喷泉"；明代王世贞《太仓诸园小记》载："有襄阳人者，能于石虢引机作水戏，亦足供唣嚎"。明末版画《环翠堂园景图》生动描绘了当时徽州坐隐园中鲤鱼冲天泉喷水园景（图15-13）。喷泉属于园林中的动态水景，我国文献资料中虽多有记载，但并未像西方古典园喷泉水景应用那样普遍。随着工程技术的进一步发展和中西方造园手法的交汇融合，圆明园西洋楼景区中形成了谐奇趣、海晏堂和大水法三处大型喷泉群（图15-14），构思奇特、蔚为壮观，为我国传统园林中喷泉水景营造的集大成之作。

现代喷泉形式主要包括旱

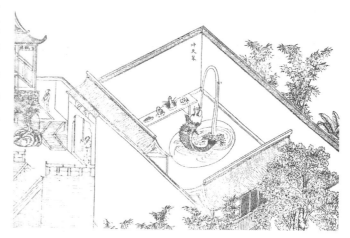

图15-13　明·钱贡《环翠堂园景图》中的喷泉水景

图15-14　创作于1724年圆明园铜版画册记录了海晏堂前的十二生肖喷泉

图 15-15　北京奥林匹克公园音乐喷泉

图 15-16　迪拜塔灯光秀和音乐喷泉

喷泉、雾喷泉、浮动喷泉、自控喷泉、音乐喷泉、水幕电影等。喷泉工程由土建、喷泉水池工程，管道阀门系统、动力水泵系统、声光电智能系统工程等组成。大型喷泉一般用于城市的大型广场或标志性建筑轴线焦点、端点。世界著名的喷泉作品有北京奥林匹克公园音乐喷泉（图 15-15）、西安大雁塔音乐喷泉、法国太阳神喷泉、美国芝加哥白金汉喷泉等。而中小型喷泉则多灵活设置在花坛群、室内外庭院或城市公共空间中。

　　现代喷泉多与声、光、电等技术相结合，按照预设程序合理控制水、光、音、色等，营造出蔚为壮观的城市地标景观（图 15-16）。随着现代智能技术的飞速发展，喷泉建设一再刷新纪录，如阿联酋迪拜朱美拉棕榈岛喷泉，覆盖面积达 1.2 万平方米，成为全球最大喷泉。这组迪拜唯一的彩色喷泉，装饰有超过 3000 个控制色彩和亮度的 LED 灯，有 128 个超级喷头最高可把水冲上 105 米高，打造出了美轮美奂的城市地标景观。

五、水环境综合处理工程

　　园林中的水景大多没有随时注入新鲜水流的条件，因此采取必要的水环境处理措施，保持水体清澈和水体的生态平衡十分重要。

　　为发挥生物对水体的净化作用，水景池底或堤岸护坡必须提供有生物生存的砂石泥土，即便用防水材料衬垫时，也要覆 50 厘米以上的泥土。水体中的生态系统由多种动植物和微生物构成，必须通过各种有效手段减轻水体污染，合理利用水体生态修复技术，构建生物生态群落，达到水质净化、水生态平衡的目的。

第三节　假山工程

我国园林中以石叠山始于西汉。后世造园必有山石，有"无石不成园""园中必有山"之说。假山是造园的重要素材，是山石在风景园林中的艺术再现。《园冶》中"片山有致，寸石生情"，假山既可营造错落有致的景观，又可借以抒发情趣。

一、假山石品类

我国园林掇山置石类型丰富、历史悠久。宋代杜绾的《云石林谱》收录盆玩石种有116种之多。根据产地、色彩等，常见造园用石的品类主要有太湖石、灵璧石，黄石、昆石、泰山石、青石、石笋、木化石、黄蜡石和石蛋等。其中太湖石、灵璧石、英石、昆石是我国传统四大观赏石，传统园林中以黄石和太湖石应用较多。如明代所建上海豫园的大假山、苏州耦园的假山和扬州个园秋山均为黄石掇成的佳品；苏州留园冠云峰及其十二峰石（图15-17、图15-18）、苏州瑞云峰（图15-19）、上海豫园玉

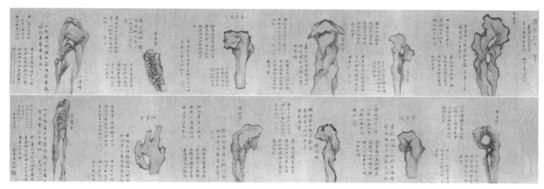

图 15-17　清·王学浩《寒碧庄十二峰》（乾隆年间留园又称寒碧庄）

图 15-18　苏州留园冠云峰

图 15-19　苏州瑞云峰

图 15-20 绍兴柯岩云骨

玲珑及北京北海公园艮岳石为太湖石名作；杭州西湖绉云峰为英石；绍兴柯岩云骨则为青石（图 15-20）。

二、假山艺术审美

假山山石主要审美特点自唐白居易"怪且丑"、宋米芾"秀、瘦、雅、透"，后经明清逐渐衍变为"瘦、漏、透、皱、丑"。直至今日，这仍为掇山、置石造景的重要依据和美学标准。如扬州个园以青竹和叠石艺术而富盛名。整个庭院以宜雨轩为中心，以分峰用石的手法，采用笋石、湖石、黄石、宣石叠成春、夏、秋、冬四季假山（图 15-21），营造出"春山澹冶而如笑，夏山苍翠而如滴，秋山明净而如妆，冬山惨淡而如睡"和"春山宜游，夏山宜看，秋山宜登，冬山宜居"的诗情画意。

三、掇山、置石、塑山

假山工程是技术性与艺术性的完美融合，石种、石色、石料纹理要统一，才形成

春山

夏山

图 15-21　个园四季假山之春山与夏山

浑然一体的好作品。假山按起、乘、转、合的章法组合呈现出峰、峦、洞、壑、谷、岭、岩、壁、台等各种变化。"字诀"是历代假山师傅的长期实践和总结，也是山石相互之间结合和实现上述丰富变化的基本形式（图15-22）。北京"山子张"后裔张蔚庭总结具体施工的十字诀为"安、连、接、斗、挎、拼、悬、剑、卡、垂"，后又经其他师傅补充增加五字诀"挑、券、撑、托、榫"。江南一带则流传九字诀，即"叠、竖、垫、拼、挑、压、钩、挂、撑"。

假山工程主要分为掇山、置石和塑山三种类型。

掇山是用山石掇叠成假山的工艺过程，包括选石、采运、相石、立基、拉底、堆叠中层、结顶等工序。

置石是以石材或仿石材布置成自然山石景观的造景手法，置石可以独立成景，亦可与建筑或植物相结合布置。

塑山是指以雕塑艺术的手法仿造自然山石景观，多用于现代园林建设中，多以水泥砂浆、玻璃纤维强化塑胶等人工材料塑成。塑山有施工灵活、成本低等优势，但作品干枯、少生气，宜远观不宜近赏。

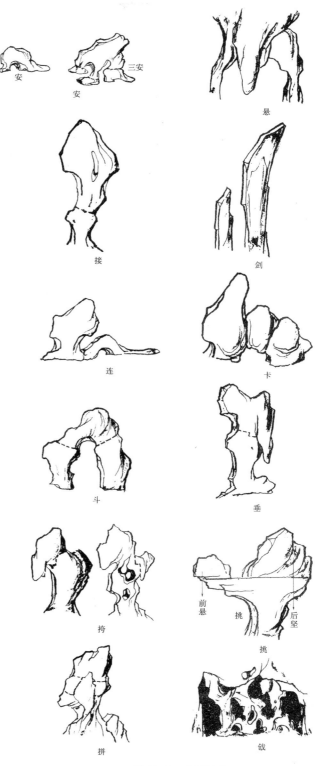

图15-22　山石制式
（图片来源：引自孟兆祯主编《风景园林工程》）

第四节　种植工程

园林种植工程即有生命的园林植物种植，常被称为栽植工程、绿化工程。种植工程是园林工程的重要组成部分，并有着显著的特殊性，其技术是园林工程的核心技术之一，可直接影响到园林工程建设的质量。种植工程主要有植物的起苗（掘苗）、搬运、种植三个核心操作环节，包括苗木选择、起苗准备、挖掘、包装、修剪、运输（搬运）、定点、挖穴、种植、支撑、养护等步骤。

一、种植工程施工程序

根据通用的施工程序组织，种植工程常被安排在园林建设的最后阶段进行，但不得迟于各项建筑及市政工程交付后的第一个植树季节。随着科学技术的发展，终年种植植物已实现，但为保证植物成活率，选择植物生长活动微弱的时候进行移植为最佳。

种植工程施工前需根据种植设计意图和施工任务，编制种植施工计划，按照一定的种植工程施工程序组织植物种植（图15-23）。

二、植树技术要求

（1）植树季节

"种树无时，惟务使树知"。种植工程一般要在植物的休眠期进行。适宜的植树季节一般在春、秋两季。在过于寒冷或多风的地方，秋季植树后，树往往遭受严冬的伤害，故大多在春季进行植树活动。"春天一刻值千金，植树季节不等人""立春好栽树，夏季好接枝"……这些关于植树的谚语是我国广大劳动人民的智慧结晶和经验总结。具体的种植时间华北地区、东北地区和南方地区均有差异。但落叶树木种植时间一般为秋季落叶后至翌年三月中旬；常绿针叶类以秋冬季休眠期和春季萌芽前栽植为宜；常绿阔叶树则以二月中旬至三月中旬、九月下旬至十二月上旬为佳。

（2）常规植树的技术要求

植物种植通常是风景园林建设中的最主要环节，栽植乔灌木更是其中的重中之重。常规植树要在植物生命活动最微弱的时候进行，即宜选择前文提到的植物休眠期内。

常规植树一般分为起苗、苗木运输、假植、挖栽植穴、栽植、养护管理等环节。这些环节应密切配合，随起、随运、随栽和及时管理，形成流水作业。如果使用在容器中培育的苗木，则可省去掘苗工序，对栽植后的养护与复原也大为有利。

起苗应按照操作规范开展作业，乔木树种土球直径是苗木胸径的 6～12 倍，灌木

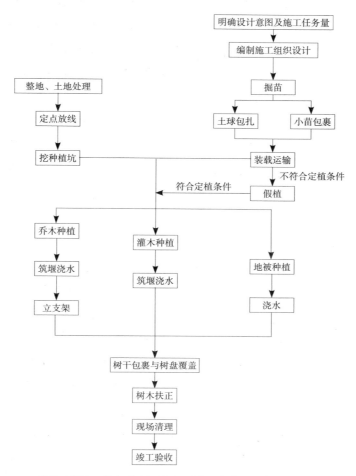

图 15-23　种植工程施工程序（图片来源：引自孟兆祯主编《风景园林工程》）

类土球直径为苗木冠幅的 1/3。裸根苗起苗根系应大于干径的 10 倍，且根系完整，无病虫害和劈裂。

苗木在长途运输过程中，应采取如湿物包裹或"打浆"[①]等必要的根部措施，喷蒸腾抑制剂和适当减掉枝、叶来减少苗木水分蒸腾。

不能及时栽植的苗木，要进行假植，即暂时用湿润的土壤对根系进行暂时的埋植处理，以免失水枯萎，影响成活。苗木假植分为临时假植和越冬假植两种[②]。

[①]　即把根系在用壤土调制的稠泥浆中浸蘸后包装。

[②]　前者是指假植时间短的苗木，将苗木成捆地排列在沟内，用湿土覆盖根系和苗茎下部，并踩实，以防透风失水。后者适用于在秋季起苗，需要通过假植越冬的苗木，在土壤结冻前，选排水良好背阴、背风的地方挖一条与当地主风方向垂直的沟，迎风面的沟壁作成 45° 的斜壁，将苗木单株均匀的排在斜壁上，用湿土将苗木根和苗茎下半部盖严，并踩实，使苗木安全越冬。

栽植穴要严格按定点放线标定的位置、规格挖掘。栽植穴的规格应按移栽树木的规格、栽植方法、栽植地段的土壤条件来确定。裸根栽植的树苗，树穴直径应比裸根根幅放大1/2，树穴的深度为穴坑直径的3/4。带土球栽植的树苗，树穴直径应比土球直径大30~50厘米，加深15~30厘米。在定点挖穴后，对栽植穴进行一定的土壤改良，改地适树，创造适宜的根系生长环境。栽植的要领在于深浅适度，根系舒展，并与土壤密切接触，且栽植方向应与原生长方向保持一致。裸根苗要事先把根系投入水中或埋入湿润的土中，边栽植边取苗。带土球的苗木放入栽植穴后要保证直立稳定，边填土边捣实，最后填土与地面齐平。栽植后应立即灌水，第一次必须灌透。灌水后要将表土耙松，以避免水分蒸发。在多风的地区栽植乔木后要立支柱，支柱与树干之间要用软物垫隔，捆扎的材料也要柔软。

（3）大树移植技术要求

我国关于大树移植技术的文字记载最早可追溯到两晋十六国时期，距今已有1700多年历史。现在的大树移植多沿用这一传统技术。所谓大树移植，一般是指移栽树干胸径在10~20厘米以上落叶乔木或胸径在15厘米以上常绿乔木的过程。为更好地克服大树移植中的各种困难，保证成活率，提高观赏价值，除遵循一般树木栽植的季节和技术方法外，还须采取一些特殊技术措施，如断根缩坨、修剪、起树包装、栽植和养护管理等。

① 断根缩坨

按照我国传统大树移植技术方法要求，断根缩坨可分两到三年之内进行两三次预先断根，促使有限的土坨范围内分生须根，而利于带土坨移植。即以树干为中心，胸径的5倍为半径（或边长）的圆圈（或正方形）为断根的范围，每年断全周的1/3~1/2，断根后沟内填入肥土并灌水，以促发新根（图15-24）。另外，还可采取根部环状剥皮方法，即同上法挖沟但不切断大根，剥皮的宽度为10~15厘米，促进须根的生长。专门培养大树的苗圃多采取多次移植的方法来达到断根缩坨的技术效果。

② 修剪

修剪是树木在移植过程中，对地上树冠、树

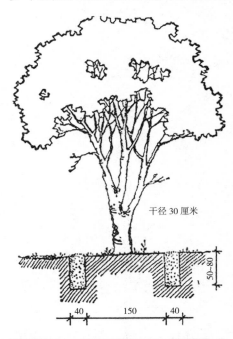

干径 30 厘米

图 15-24 大树断根缩坨技术示意

干部分进行处理的主要措施。修剪枝叶是修剪的主要方式，有时也采用摘叶、摘心、摘果、摘花、除芽、去蘖、刻伤、环状剥皮等措施。

③起树包装

起树包装方式主要分为软材包装法、木箱包装法，前者适用于圆形土坨，胸径不超过 15 厘米的树木，常用蒲包、席片等软材料包裹；后者适用于方形土坨，胸径超过 15 厘米的树木，常用木板、铁板等板箱材料包裹。此外，在现代化的施工过程中，也多采用树木移植机械，连续一次性完成起树、运输、栽植等全部作业。

④栽植

栽植穴的直径应比土坨大 40 ～ 60 厘米，深 15 ～ 20 厘米。栽植前先在穴内填入适量肥土，栽植时保持树木直立，方位正确。放稳后拆除并取走包装物，边埋土边夯实，并筑灌水堰。树移植后须妥立支柱，带叶移植后要覆盖遮荫网。

⑤养护管理

新移植大树由于根系受损，除适时浇水外，雨季应注意及时排水。另外，还应根据树种和天气情况采取夏防日灼、冬防寒措施，进行喷水雾保湿或树干包裹；根据当地病虫害发生情况随时观察，适时采取预防措施。

三、草坪及草本地被建植

草坪及草本地被建植根据其立地条件及工程费用安排情况，因地制宜选用不同草种和草本地被植物。草坪建植可选择播种、分栽、铺砌草块、草卷等技术措施，草本地被建植可选择播种和分栽的方法。

四、养护管理

在植物种植工作完成后，要及时对种植植物进行绿化养护管理。"三分种、七分养"，是说栽植苗木，苗木的成活率及长势，三分靠的是种植技术，七分靠的是日常养护。可见养护管理在园林绿化中非常重要。

科学的养护和管理是提高园林绿化建设成果的关键环节。园林有别于其他空间，最主要特点就是由有生命的植物构成它们的主体。园林养护的工作重点就在于保持这些生命健康的生存。

园林植物养护管理是一项基础性的工作，在进行园林植物养护管理过程中，主要抓好"肥、水、病、虫、剪、管"等方面技术管理措施。植物养护管理要根据不同植物的生长需要及时采取施肥、浇灌排水、中耕除草、整形修剪、防止病虫害等技术措施，并加强管理，做好看管、围护、支撑、绿地的清扫保洁等管理工作。

第五节　园路及铺装工程

一、园路类型与应用

园路，指园林中的道路工程，包括园路布局、路面层结构和地面铺装等。园路如同园林里的脉络，有效地串联起各个景点、景区，起着划分和组织空间、构筑园景、引导游览、交通联系等作用。园路按照重要性和规模划分，可分为主干道（主园路），即通往各主要建筑、风景点和活动设施的道路，宽度不低于 3.5 米；次干道（支路、次园路），对主干道起辅助作用，引导人群到各景点的道路，宽度一般在 2～3 米；小路（游步道），供人们漫步游赏的路，宽度多为 1～2 米，仅供 1 人或 2～3 人并肩散步（图 15-25）。

园路与地形塑造、建筑一样，也与园林风格特征联系紧密。西方规则式园林中，园路笔直宽大，轴线对称，成几何形。中国自然式山水园林中，园路则形式多样、富于变化，"山重水复疑无路，柳暗花明又一村"，曲径通幽是其主要特点。

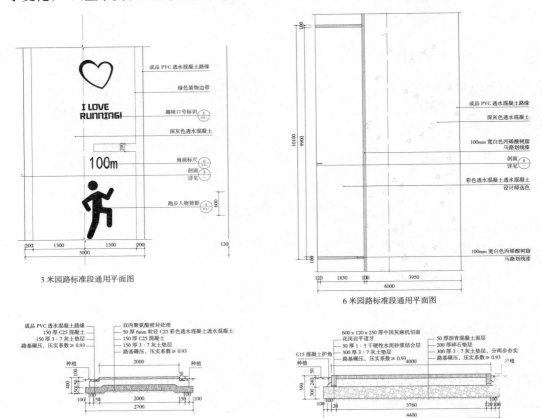

图 15-25　不同宽度的园路做法

园路平面布局形式由直线和曲线构成。园路工程构造由路基和路面两大部分组成，其中路基有填土路基、挖土路基、半挖半填土路基三种形式；路面自下而上由垫层、基层、结合层和面层组成，主要施工材料可分为碎石类、沥青类、水泥混凝土类等。此外，园路施工过程中，还有道牙、台阶、种植池、排水沟等附属工程。

二、园林铺装形式与应用

园林铺装工程主要包括园林广场铺装、活动场地铺装和园路铺装三大部分。

花街铺地是传统园林中的典型铺装表达形式（图15-26），即多用砖、瓦、石（卵石、碎石、石片）等，拼合组成图案精美、丰富多彩的地纹路面。花街铺地往往采用海棠花、牡丹花、荷花、梅花、兰花和蝙蝠、仙鹤、鹿、龟、鱼等动植物形状拼贴图案，或以寓言故事、民间剪纸、文房四宝、吉祥用语等为题材构图，其吉祥图案内容十分丰富，达上百余种。如北京故宫的雕砖卵石嵌花甬路、北京植物园牡丹园广场牡丹花图案铺地、苏州拙政园海棠春坞前万字海棠图案、网师园殿春簃庭院中的花街铺地、杭州花港观鱼梅花图案等，都极富观赏性和象征寓意，是体现园林文化意蕴的佳作。

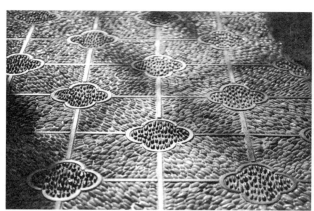

图15-26　花街铺地

现代风景园林的铺装形式，在继承传统花街铺地基础上，发挥现代材料和工艺技术优势，创造出一系列具有简洁、明快、大方、新颖等特点，又极具时代感的景观（图15-27）。铺装材料主要有各种地砖、马赛克、石材类地面材料及木（竹）质地面材料、沥青地面材料、高分子新型地面材料等（图15-28、图15-29）。尤其是近几年应生态环保、可持续发展和海绵城市等建设要求，大量新型环保材料涌现，生态型铺装广泛应用在风景园林建设中。如透水铺装作为一种新型环保材料，有"会呼吸的铺装"之称，因其高透水性、高散热性、防滑降噪、抗冻融、易清理的特性，被普遍应用于

图 15-27 现代风景园林的铺装建设式

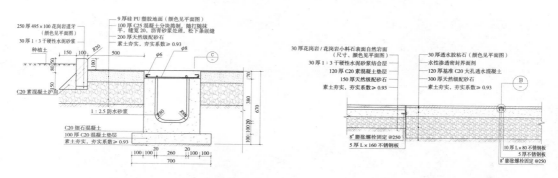

图 15-28 塑胶铺装做法

图 15-29 30 厚花岗岩 / 花岗岩小料石 +30 厚透水胶粘石做法

海绵城市建设中。透水铺装作为一项重要的低影响雨水开发技术措施，蓄水、内部和周边溢流结构，使其在满足硬质铺装使用功能的同时，更好地改善了城市湿热小环境，利于雨水的收集、净化和有效利用。另外，其丰富的色彩呈现，还可以营造出多样化的铺装景观，美化城市环境。

第六节 其他园林工程

除上述工程外，风景园林工程还包括给水工程、排水工程、挡土墙工程、照明与电气工程以及园林机械、园林工程的竣工与验收、工程施工管理与监理等。

总之，优质的风景园林工程，需要多行业、多工种、多部门的共同协作和不断的工程技术创新才能得以完成。

第十六章　建筑

园林建筑泛指园林中供人游览、观赏、休憩并构成景观的建筑物或构筑物。园林建筑具有可行（游）、可览、可望（观）、可居的功用和特点。

园林建筑是园林艺术的重要组成要素，是相对于风景园林环境而言存在的建筑类型。离开风景园林，园林建筑亦无从谈起。园林建筑是风景建筑、园林建筑及园林小品的统称。称谓因所建区位及与环境空间尺度融合的不同而异，与风景区中的山水风景相融合称为风景建筑，与城市园林绿地相结合称为园林建筑。

第一节　园林建筑布局特点

与风景园林环境相协调是园林建筑布局的最基本特点，其构图力求体现自然美和人工美的高度融合，并具有诗情画意、情景交融的情趣和意境。

我国其他建筑类型在构图上遵循统一、对称、比例、均衡、对比等基本原则，多采取内向布局形式。风景园林建筑构图和布局在借鉴上述原则基础上，更注重与周围山水、花木等要素的搭配要相辅相成，与环境的结合要相得益彰，故多采取规整与自然、内向与外向布局相结合的形式，强调"看与被看"的功用效果。

《园冶》中所述"因地制宜""巧于因借，精在体宜"是园林建筑布局营造的基本原则，因、借、体、宜是其主要手法。在总体平面布局、空间处理及尺度上，北方皇家园林建筑与南方私家园林建筑存在着较大差异，表现出迥异的风格。皇家园林建筑为突显至高无上的皇权思想，强调中轴对称，园林建筑体量大、庄严宏伟，起控制和主导作用，色彩金碧辉煌，多表现出恢弘的皇家气派；而江南私家园林建筑布局则灵活、富于变化，建筑体量较小，装饰淡雅，多呈现精巧、雅致的风格特征。

在山川形胜的风景系统或大型自然山水园林中，从风景、园林与建筑布局的整体结构看，园林建筑布局的向心、统领作用尤为重要，即主从关系清晰、明确。不论是传统园林营造还是现代园林建设，往往多结合自然地形，布置一定体量和高度的建筑群或楼阁、高塔等标志性核心园林建筑，从而形成俯瞰全园的制高点，起统领全局的

图 16-1　2019 中国北京世界园艺博览会永宁阁：
高阁临沩水，平湖映天田

图 16-2　成都高新区铁像文旅环绿道如意桥

作用。如中国古代四大名楼、明清时期的颐和园佛香阁、北海白塔以及 2019 中国北京世界园艺博览会永宁阁等皆起到了统领全局的功用。其中，永宁阁位于 2019 年中国北京世界园艺博览会园区山水园艺轴北端的天田山上，总体高度到达 52.6 米，为全园的制高点和标志性建筑（图 16-1）。永宁阁的设计在充分对奎文阁、滕王阁、黄鹤楼等传统楼阁名作分析研究基础上进行创新，其建筑风格融汇了对数座历史名楼的传承与借鉴，礼赞传统的同时，古为今用，仿中有创。高阁巍屹，耸峙全园，登阁远眺可俯瞰妫沩湖与天田山，纵观整个园区景色，更可南瞻长城，北望海坨山。

　　现代园林建筑多讲求功能、效率，推崇新颖、奇特和流线的简洁、顺畅。现代园林建筑在类型和使用功能等方面与传统园林建筑有很大不同，是作为公共设施应用在了在风景区、城市公园绿地、工矿企业、居住社区、庭院之中，多采用外向布局形式，方式在传承传统园林建筑精髓的基础上，多有创新。为游人服务，使用功能和观赏功能兼备是其主要特点。如成都高新区铁像文旅环绿道重要节点如意桥（图 16-2），设计灵感源自民族传统乐器"排箫"，造型灵动起伏，犹如流动的音乐旋律，塑造出具有功能性和观赏性的城市景观地标。从空中俯瞰，如意桥就像一件"如意"镶嵌于城市之中，有效连接南侧大源中央公园与北侧城市空间绿地。

第二节　园林建筑类型与应用

一、传统园林建筑类型与应用

常见的传统园林建筑类型有亭、台、楼、阁、轩、榭、廊、舫、厅堂等建筑物。这些园林建筑类型仍广泛应用在现代风景园林建设中。

（1）亭

亭，历史悠久。《营造法式》释亭"四柱攒尖"（图16-3）。亭建筑形态上的特征是"有顶无墙"，常作为风景园林中的"点景"建筑，可起到画龙点睛的效果。因类型多样、结构简单、柱间通透、布局灵活而应用普遍，故有"无亭不园""无园不亭"之说。

根据作用不同，亭可分为景亭、桥亭、戏亭、井亭、碑亭、旗亭、江亭、街亭、站亭、凉亭、鼓亭、钟亭、路亭、纪念亭等。

依据建造材料的不同，传统亭有木亭、石亭、砖亭、茅亭、竹亭等；现代亭有钢筋混凝土结构亭、钢结构亭等。

《园冶》中说，"亭造式无定，自三角、四角、五角、梅花、六角、横圭、八角到十字，随意合宜则制，惟地图可略式也。"亭因屋顶式样而形式丰富多变，以攒尖顶为主，攒尖顶中有圆形、方形、八角、三角、六角等，还有歇山顶、庑殿顶、悬山顶、硬山顶、十字顶、卷棚顶等。

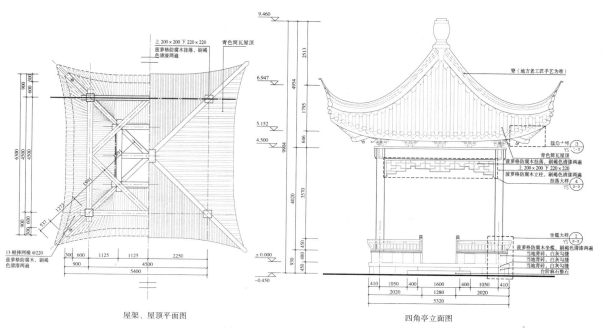

屋架、屋顶平面图　　　　　　四角亭立面图

图16-3　四角亭平面及立面图

　　以其亭名为园名的有苏州沧浪亭、北京陶然亭等。其中陶然亭公园西湖西南角的华夏名亭园，占地面积 10 公顷，始建于 1985 年，建成于 1989 年。总体布局以亭为基本素材，以亭取胜，以 1∶1 的比例仿建中国各地多处历史名亭，形成名亭荟萃、各自独立的集锦式亭园（图 16-4、图 16-5）。

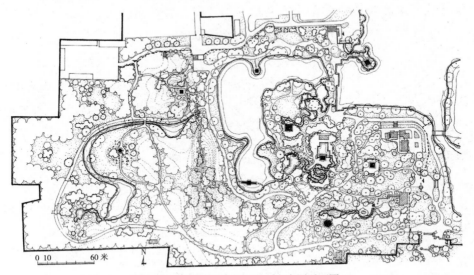

图 16-4　北京陶然亭公园华夏名亭园平面图
（图片来源：引自北京市园林局编《北京园林优秀设计集锦》）

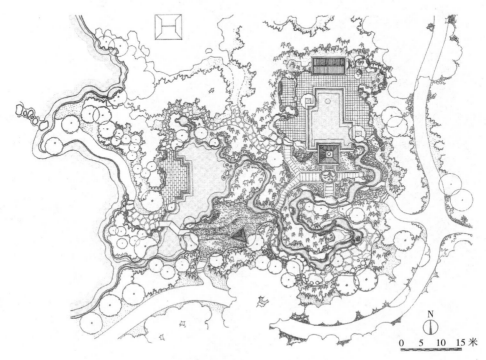

图 16-5　兰亭及周边环境
（图片来源：引自北京市园林局编《北京优秀园林设计集锦》）

图 16-6　武汉东湖楚天台

图 16-7　上海外滩英迪格酒店 270° 江景露台

（2）台

台的最初含义是一种建筑形式，《说文》释义："台，观四方而高者"，形状高且平，应用较少，多与楼阁等搭配。如湖北武汉楚天台，按古楚国章华台"层台累榭，三休乃至"的形制而建，面积 2260 平方米，外五内六层，层阶巨殿，高台耸立，依山傍水，登台眺望，可览浩淼东湖秀丽风景（图 16-6）。

台现多衍变为高层建筑露台、亲水平台、观光平台等形式。如上海外滩英迪格酒店 270° 江景露台，以外滩、黄浦江和陆家嘴建筑群为背景，壮阔的黄浦江江景和上海的繁华景致均可尽收眼底（图 16-7）。

（3）楼、阁

《说文》云：重屋曰"楼"。《园冶》述"阁者，四阿开四牖。汉有麒麟阁，唐有凌烟阁等，皆是式。"重屋为楼，四敞为阁。楼是两重以上的屋，故有"重层曰楼"之说。阁，是指下部架空、底层高悬的建筑。两者无严格区分，为园林中普遍采用的建筑形式（图 16-8）。楼阁多为木结构，现代亦常采用钢架结构。楼阁有多种建筑形式和用途，平面布局形式常为四、六、八角形及十字形，构架形式有井干式、重屋式、平坐式、通柱式等，造型有重檐歇山式、攒尖顶式、十字脊顶式等。

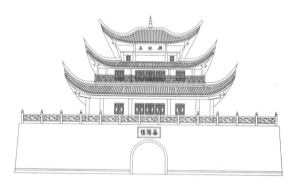

图 16-8　岳阳楼与滕王阁立面图

（4）轩、榭

轩与亭相似，体量不大，多置于高敞或临水之处。榭，多临水而建，多采取歇山式屋顶，现代园林水榭多采用平顶形式。最为著名的轩当数拙政园中扇亭，依水而筑，构作扇形，小巧精致，名为"与谁同坐轩"，取苏轼《点绛唇·闲倚胡床》"闲倚胡床，庾公楼外峰千朵，与谁同坐？明月清风我。"立意而建造。所谓"与谁同坐？明月、清风与我。"此处的我既可以是审美主体，也可以是诗文的作者，与古人同坐欣赏明月、感受清风，此种境界自是难以言传了。

（5）廊

廊上有顶棚，以柱支撑，在建筑物之间或者景点之间起交通连接、分隔空间、遮阳挡雨、引导游人等作用。按照结构形式分为单廊、复廊、双层廊等，按平面布局分为直廊、曲廊、回廊、爬山廊、桥廊等。主要佳作如苏州拙政园水廊、扬州寄啸山庄双层复道廊、苏州留园中通往冠云楼的曲廊、北京北海公园静心斋半壁爬山廊等，尤以全长728米的颐和园长廊最为壮观（图16-9），该长廊1990年被评为世界上最长的画廊。颐和园长廊在万寿山南麓和昆明湖北岸之间，如彩带一般，把前山各风景点紧紧连接起来，又以排云殿为中心，自然而然把风景点分为东西两部分。长廊东起邀月门，西至石丈亭，中间穿过排云门，两侧对称点缀着留佳、寄澜、秋水、清遥四座重檐八角攒尖亭，象征春、夏、秋、冬四季。

（6）舫

仿船型而造的建筑形式，又称"不系舟"（图16-10）。大多三面临水，一面与陆地相连。

图 16-9　颐和园长廊

图 16-10　颐和园清晏舫

（7）厅堂

客厅、堂屋，建造在建筑组群纵轴线上的主要建筑，用于聚会、待客等的宽敞房间。

（8）牌楼

牌楼是用于表彰、纪念、装饰、标识和导向的柱门形构筑物，类型有木牌楼、石牌楼、木石牌楼、砖木牌楼、琉璃牌楼等。

（9）塔

塔按结构和造型可分为楼阁式塔、密檐式塔、单层塔、喇嘛塔和其他特殊形制的塔。我国以楼阁式塔和密檐式塔为主。

与其他传统建筑相比，塔一般向上突破，高耸挺拔（图16-11）。其形式自由、样式丰富，多与楼阁功能一样，常为风景园林中构图的中心和重点，起控制和统领作用。如北京北海公园白塔和云南大理崇圣寺三塔。其中北海公园标志性建筑的白塔始建于清初顺治八年（1651年），属于藏式喇嘛塔，塔高35.9米，结构为砖木石混合结构。该塔矗立于琼岛顶峰，绿荫拥簇，巍峨壮美，具有统领全园的气势。而崇圣寺三塔鼎足而立，雄伟壮观，西对苍山应乐峰，东对洱海，与"玉洱银苍"浑然一体，成为大理国家风景名胜区的重要人文景观和大理美丽形象的代表（图16-12）。

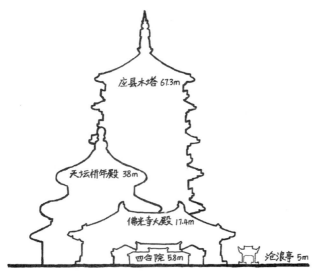

图16-11　塔与其他建筑物高度对比

图16-12　云南大理崇圣寺三塔

二、园林小品类型与应用

园林小品泛指园林中供人使用和装饰的小型建筑物和构筑物，具有体量小巧、功能简单、造型别致、富有情趣等特点。

园林小品包括园墙、园路、园桥、园灯、园椅、园凳、铺装、汀步、花坛、花架、

图 16-13　建于隋朝年间的赵州桥，距今已有 1400
多年的历史，堪称世界桥梁艺术的典范

图 16-14　贵州坝陵河大桥景观

棚架、雕塑、电话亭、果皮箱、栏杆、指示牌等设施。现仅对园桥、花架、园椅、园凳、景墙与景窗、指示牌等做简要阐述。

（1）桥

两墩架一梁式的独木桥是先民们创造的最简洁、最经典的桥梁造型。古时造桥所用材料多为木、石（图 16-13）。随着钢铁冶炼技术的成熟，多墩架一梁，以钢架、混凝土为主体的桥梁建设时代来临。今天，随着国家大基建项目建设的推进，中国大地上仅建成的公路桥梁就已超过 80 余万座，高铁桥梁总长达 1 万余千米，它们跨越高山大川、连通城镇乡村共同构成了祖国美丽山河中的壮美风景（图 16-14）。

与道路桥梁的宏伟壮观不同，城市园林绿地中的桥梁多规模尺度较小，主要起组织游览线路，赏景、组景和点缀园景的作用，故园桥的艺术欣赏功能远远超过其交通功能（图 16-15、图 16-16）。园桥主要形式有平桥、拱桥、亭桥、廊桥、索桥、汀步等。

图 16-15　宋 王希孟《千里江山图》中的桥

图 16-16 颐和园玉带桥

（2）花架、棚架

具一定格架形状可供植物攀附的园林设施，又称棚架、绿廊。花架应用于各种类型的风景、园林、绿地中，起遮荫、供游人驻足赏景、点缀园景的作用。其高度一般2.5 ～ 2.8 米，开间一般在 3 ～ 5 米。

花架常用的建筑材料有竹、木、砖、石、金属、混凝土等（图 16-17）。

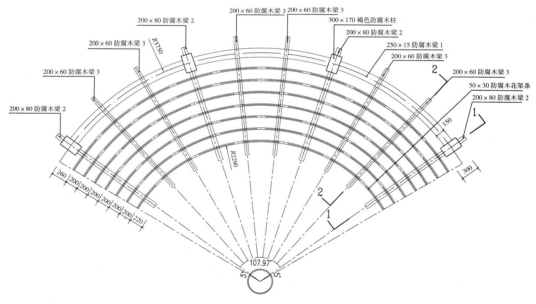

图 16-17 紫藤廊架顶平面图
（图片来源：么永生，2019 年）

（3）园椅、园凳

园椅、园凳应用在各种风景、园林绿地及道路广场中，供人休息、赏景之用（图16-18）。

园椅、园凳高度宜在 35~40 厘米，具有造型美观、形式多样、结构简单、制作方便、舒适耐用等特点。

图 16-18　各式各样的园椅坐凳

　　根据外部造型分为直线长方形、方形，曲线环形、圆形，直线加曲线形，仿生与模拟形，多边形或组合形等。其制作材料可用木、竹、钢铁、铝合金、混凝土、塑胶、石材、塑料、玻璃纤维等。

（4）景墙与景窗

　　景墙、景窗是我国传统风景园林重要的构景要素，在现代风景园林建设中也颇为常见，尤其是作为"文化墙"被应用在了美丽城市、美丽乡村建设中（图 16-19）。景墙、景窗的合理使用能够起到划分空间、组织景色、安排导览、衬托景物、装饰美化或遮蔽视线的作用。景墙上常设漏窗、空窗和洞门，易形成空间有序、富有层次的美观效果。墙上的漏窗又名透花窗，有方形、长方形、圆形、六角形、八角形、扇形以及其他不规则的形状，且漏窗的花纹图案灵活多样。

　　《园冶》中说："凡园之围墙，多于板筑，或于石砌，或编篱棘……或宜石宜砖，

图 16-19　以北京 2022 冬奥会为主题的文化景墙（北京朝阳区安翔里社区）

宜漏宜磨，各有所制，从雅遵时，令人欣赏，园林之佳境也。"风景园林中景墙既可与地形结合，也可与山石、竹丛、灯具、雕塑、花池、花坛、花架等组合独立成景。墙的形式有云墙（波形墙）、梯形墙、漏明墙、白粉墙、钢筋混凝土花格墙、虎皮石墙、竹篱笆墙等。景墙既要美观，又要坚固耐久，其建造材料丰富，施工简便。常用材料有砖、混凝土、石材、金属等。现代风景园林中的景墙、景窗在传统做法的基础上积极使用新材料、新技术，大大丰富了其景观效果。

（5）标识标牌

标识标牌有标记、导览的作用，产品材质主要有不锈钢、铝合金型材、木质、PVC板、双色板、镀锌板烤漆、丝网印等（图16-20）。

图16-20　北京奥林匹克公园景点标识牌、分区导览标识牌

第十七章　人才（教育）

　　国以才立，业以才兴。中国风景园林发展历史长河中，"极富中华文明特征的风景园林事业，有着与山水共存亡、同社会共兴衰的数千年发展轨迹，并有一支自强不息追求真善美和谐发展的专业力量"[①]。从工匠、匠人、园丁到造园家、园艺师、风景园林师，不同历史、不同地域国家造园者称谓的变化，亦反映出时代变迁，以及风景园林内涵和外延的不断变化与拓展。

　　随着现代风景园林学科和行业的发展需要，风景园林人才培养既要有系统的专业教育，又应注重风景园林从业人员继续教育和培养，提高综合专业素养和整体素质。新时代风景园林师要传承弘扬工匠精神，兼备山水才情与职业风骨，在推进生态文明建设，共建人类美好家园的伟大事业中有所建树、有所作为。

第一节　风景园林师的才情与风骨

一、匠人（园丁）、造园家（师）、风景园林师

　　我国传统园林艺术的营造者多为匠人、工匠、文人雅士甚至帝王将相。原始社会末期的社会大分工出现了专门从事手工业生产的工匠，即指有手艺有技术之人，后泛指"百工"。《周礼·考工记》中"匠人营国，方九里，旁三门。国中九经、九纬，经涂九轨。左祖，右社；面朝，后市。市、朝一夫"，这是关于王都和城市规划与营造的记述，至今仍为园林、建筑从业人员传诵的经典。其中，"匠人营国"中的匠人，也早已不单单只是称谓，而更能体现出一种特定的态度或精神的传承与延续。

　　我国传统社会中工匠社会地位虽不高，然而他们凭借自己掌握的精湛技艺，创造了举世瞩目的诸如故宫、长城、颐和园、拙政园等国家工程和世界遗产。《考工记》中有"百工之事，皆圣人之作也"之说，是对匠人、工匠的高度礼赞。但那些伟大而又不朽的园林杰作往往归功于帝王将相或者其主人，参与营建的建筑师或造园家则常常

[①] 张国强.自强不息求大美——风景园林师的多边活力与英发时代 [C]// 提高全民科学素质、建设创新型国家——2006 中国科协年会论文集（下册），2006.

被忽略甚至遗忘，尤其在中国多一概以匠人记之，冠以"无名氏"称谓。计成在《园冶》中也说："世之兴造，专主鸠匠，独不闻三分匠、七分主人之谚乎？非主人也，能主之人也。"意思是说园林的建造，三分是匠人的努力，七分是主人或设计者的参与指导，反映着其独特的品位和追求。可见在传统园林艺术营造中，往往需要能工巧匠高超精湛的技艺与文人雅士的山水才情相结合，也唯有此，才能创造出经久不衰的传世杰作。封建社会末期造园活动日益兴盛，不论是普通大众，还是文人雅士都参与了造园。文人、画家参与造园，很多甚至成了职业造园匠师、造园家。可以说，能工巧匠与文人雅士的高度配合，创造了诗情画意的园林艺术（表 17–1）。

中国古代部分重要造园匠师、造园家及其园林实例表　　　表 17–1

造园家	宫殿/园林	时期	地点	主人	相关造园著作	备注
石崇	金谷园	西晋	河南洛阳东北	石崇	《金谷集》《金谷诗序》	有"南兰亭，北金谷"美誉
谢灵运	始宁园	东晋	浙江上虞	谢玄、谢灵运	《山居赋》	山水诗鼻祖
王维	辋川别业	盛唐时期	陕西蓝田	王维	《终南别业》《辋川集》	唐代山水田园派的代表
白居易	庐山草堂	元和十二年（817年）	庐山	白居易	《草堂记》	诗歌和造园思想对日本影响深远
	履道坊宅园	长庆四年（824年）	洛阳	白居易	《池上篇》	
	西湖白堤	长庆二年（822年）		公共	《钱塘湖石记》	
柳宗元	八愚园林	永贞元年（805年）	湖南永州	柳宗元	《永州八记》	把山水游记推向了新的高峰
苏东坡	东坡雪堂	宋元丰三年（1081年）	湖北黄州	苏东坡	《雪堂记》《灵璧张氏园亭记》	
	西湖苏堤	宋元祐四年（1089年）	浙江杭州	公共		
司马光	独乐园	北宋熙宁六年（1073年）	河南洛阳	司马光	《独乐园记》	《资治通鉴》在独乐园中完成
苏舜钦	沧浪亭	北宋庆历五年（1045年）	江苏苏州		《沧浪亭记》	苏州园林中现存最古老的一座园林
沈括	梦溪园	北宋1087年	江苏镇江	沈括	《梦溪园记》《梦溪笔谈》	笔记体巨著《梦溪笔谈》在园中完成
文徵明、王献臣	拙政园	明朝正德年间	苏州	王献臣	《拙政园图》《拙政园记》	1997年列为世界文化遗产
计成	东第园	明天启年间	常州	吴玄	《园冶》	《园冶》为中国第一本造园理论专著
	影园	明天启年间	扬州	郑元勋		

造园家	宫殿/园林	时期	地点	主人	相关造园著作	备注
张南阳	豫园	明嘉靖年间	上海	潘允端	《豫园记》	石包土叠山造园
	弇山园	明万历年间	太仓	王世贞	《弇山园记》	
米万钟	米氏三园：京城漫园、湛园、勺园	明万历年间	北京	米万钟	《勺园修禊图》	米芾后裔，米家四奇：园、灯、石、童
张南垣	横云山庄、鹤洲草堂、藻园、席本桢东园、豫园等	清顺治年间到康熙年间	松江、嘉兴、江宁、金山、常熟、太仓一带		《张南垣传》	开创了叠山艺术的新流派，其后人在北京专门以叠假山为业
张然、叶洮	畅春园	康熙二十三年（1684年）至康熙二十六年（1687年）	北京	康熙	御制《畅春园记》	首次全面引进江南造园艺术的皇家园林
石涛	片石山房	清初	扬州	何芷舫	以石涛画稿为蓝本	扬州八怪之一
	大涤草堂	康熙三十六年（1698年）	扬州	石涛	《大涤堂图》	
戈裕良	苏州环秀山庄	清嘉庆十一年（1806年）	苏州			造园叠山艺术家，独创"钩带法"
	扬州小盘谷	清乾隆嘉庆年间	扬州	周馥	《小盘谷题跋》	
	常熟燕园	乾隆四十五年（1780年）	常熟			
李渔	南京芥子园	清顺治、康熙年间	江宁（南京）	李渔	《闲情偶寄》	《芥子园画谱》以园名之，为世人学画必修之书
	北京半亩园		北京	贾汉复		
文震亨	香草垞、碧浪园				《长物志》	
袁枚	随园	清乾隆十年（1745年）	江宁（南京）	袁枚	《随园记》	与纪晓岚齐名，时称"南袁北纪"

在西方传统造园史上，18世纪以前，造园者多以园丁、园艺师、造园师称谓（gardener，对应于gardening）。18世纪"中国热"在欧洲盛行，热爱中国文化并深受中国园林艺术影响的坦普尔、蒲伯、布朗、沈斯东、雷普顿等人，将英国自然风景式园林推向了建设高潮。在其后的短短100余年的时间内，造园者的称谓出现了两次深刻的变革。1754年，沈斯东第一次提出"Landscape-Gardener"即"风景造园师"概念。40年后的1794年，英国最为杰出的造园大师之一的雷普顿，提出了"风景造园学"（Landscape Gardening），并成为第一个称自己为"风景造园师"（Landscape Gardener）

的职业造园家。19 世纪中叶之后，有美国风景园林之父美誉的弗雷德里克·劳·奥姆斯特德作为雷普顿、唐宁等自然风景式造园事业的继承者，推动了美国风景式造园发展，并在 1858 年提出了 Landscape Architecture，以区别于雷普顿提出的风景式造园 landscape gardening 和风景造园师 landscape gardener。1863 年 Landscape Architecture 风景园林师被正式作为职业称号沿用至今。1900 年，哈佛大学设立了美国第一个风景园林专业，现代风景园林学科由此诞生。之后，用"Landscape architect"和"Landscape architecture"替代了"Landscape gardener"和"Landscape gardening"，并沿用至今。21 世纪初，我国关于 Landscape architecture 一词的翻译称谓之争（风景园林与景观设计的争论），沸沸扬扬持续数载。一词之别的争论，亦反映出系统的风景园林史学观的缺失。

二、工匠精神、山水才情与职业风骨

风景园林师应具备风景园林专业扎实的基础理论素养和较强的实践能力。德才兼备是风景园林人才的鲜明标志。工匠精神、山水才情与职业风骨是新时代风景园林师的最高要求。

工匠精神源于精益求精的工作态度和对专业求真务实的孜孜追求。琢器、治家、造园、筑城、营国，自古至今，在普通劳动者的血脉里，工匠精神生生不息。21 世纪，"培育精益求精的工匠精神"写进国务院政府工作报告，大力弘扬工匠精神成为国家号召。实现中华民族伟大复兴的征程上，需要众多的"中国工匠"。如已过九旬的中国科学院、中国工程院两院院士，著名城市规划及建筑学家、教育家吴良镛教授，曾手书"匠人营国"，自喻为"匠人"，用一生努力践行自己"谋万人居"的理想，堪称"国之大匠""国之巨匠"。风景园林师，作为生态文明、美丽中国的践行者，既要树立"营国"的远大抱负，又要用工匠精神履行职责与担当，而成就"圣人之作"。

山水才情源于数千年的华夏文化积淀。才华、才情是从业人员的必备专业素养，是成长成才、安身立命、贡献社会的基础。自古以来，才情与山水灵性相通是艺术创作的真谛，即"才情者，人心之山水也；山水者，天地之才情"。人心山水，天地才情，在"师法自然""宛自天开"的山水园林之间，风景园林师以自身之山水才情，内化于心，外化于形，以工匠精神营造着具天地之美的传世经典。

职业风骨源于为国家、民族乃至全人类的美丽家园而创造风景的远大抱负和内在激情。从开寄意山水田园之先河的陶渊明、兼备山水才情的古代造园家，到当代淡泊名利的园林大家童寯、治学严谨的风景园林学家周维权……风景园林事业代有人才出，且皆为我辈之楷模。风景园林师的成长应从古今中外名家、名作中不断汲取营养，不断加强自身专业和道德修为，培养全面客观看问题的风景园林史学观和大格局，以专业实力和传世作品赢得行业话语权和国际地位。保持风景园林师独立、高尚的人格，为国家民族、为行业发展贡献毕生的才情。"风物长宜放眼量"，风景园林师要立足行业，心怀天下，抛开一派或一域之私，在国际舞台上展现中国作品，贡献东方智慧。这是新时代风景园林学科教育及行业健康发展的大道、正道。

第二节　风景园林专业教育

古代工匠、匠人的成长和培养多以"师徒传帮带"或子承父业的方式完成。在专业类的学校出现以前，口传心授，以老带新、传帮带是传统造园人才培养的主要方式和途径。即前辈对晚辈、师傅对徒弟、父亲对儿子在工程建设实践中对文化知识、专业技术技能、经验经历等给予亲自传授。

风景园林专业系统的学校教育始于 20 世纪之初。自 1900 年，哈佛大学设立风景园林专业开始，经过 120 余年的发展，现代风景园林人才培养体系逐渐建立、完善。截至 2020 年，我国共有 200 余所高校开设风景园林专业，每年为社会培养数万名专业人才。从全国开设风景园林的高校情况分析看，风景园林学位设置主要分布在农林院校和建筑类院校。我国风景园林行业和专业教育经过 70 余年发展，已形成本科生、硕士研究生、博士研究生、专业学位研究生、留学生、函授生、进修生等多层次、多规格的人才培养体系。新时代，风景园林学建立起了综合型人才培养目标：以共建人类美好家园为己任，深入践行"绿水青山就是金山银山"的两山理论，满足生态文明、美丽中国和人居环境建设需求，培养德、智、体、美、劳全面发展，基础扎实，知识丰富，专业素质高，实践能力强的创新型复合型人才。

风景园林专业学生要求系统掌握中国传统文化风景园林历史、园林艺术、园林植物、园林规划设计、园林建筑、园林工程及生态、建筑、地理、土壤、气象、文学、艺术、美学、社会学等多学科领域的基本理论和基础知识；接受绘画及构图技法（图17-1）、规划设计及表现手法、手工及电脑制图方法、管理及施工技术等方面的综合训练；培养运用基本理论知识及设计原理进行风景园林艺术创作，并参与指导园林施工与组织管理的基本专业技能。风景园林专业学生所需要完成的主要专业课程有中外风景园林史、园林艺术、风景园林建筑、风景园林规划与设计、风景园林工程与管理、园林植物应用、城乡绿地系统规划、国土及风景区规划、园林生态与环境等。

除了专业系统的课程学习外，课外考察、实习、实践及会议论坛、国内外竞赛等成为现代风景园林专业教学的重要组成部分，对风景园林师的成长也尤为重要。理论与实践相结合，课堂与课外相补充的人才培养模式被越来越多的高校所认可并推广。如风景园林北方（北京、承德）综合实习（图17-2），南方（上海、苏州、杭州、深圳、无锡、扬州）综合实习已成为众多风景园林专业的必选课程（图17-3、图17-4），并

图 17-1 1998 级园林专业学生风景画写生

图 17-2 风景园林专业避暑山庄实习
（图片来源：薛晓飞，2010 年）

图 17-3 风景园林专业南方实习
（图片来源：薛晓飞，2010 年）

图 17-4 风景园林专业南方实习
（图片来源：张晋石，2017 年）

计入学分。南北方的风景园林综合实习教学，北京林业大学园林学院已坚持 30 余年，所涉及内容包括了古典皇家园林、私家园林、风景名胜、现代综合性城市公园、城乡绿地系统等多种类型与尺度，使学生直观、全面、系统地了解、学习中国的风景园林艺术。此外，国内外风景园林会议论坛及风景园林设计竞赛的举办，紧扣时代前沿热点问题，既开拓了学生专业视野，又培养了学生学以致用，解决现实难点问题的能力。目前，风景园林专业学生可参加的国内外设计竞赛主要有：IFLA 国际学生风景园林设计竞赛、欧洲风景园林国际竞赛、美国风景园林师协会学生奖（ASLA）、中日韩大学生风景园林设计大赛、日本造园学会学生公开创意竞赛、欧洲风景园林高校理事会 (ECLAS) 奖、勒诺特尔风景园林论坛暨国际学生设计竞赛、中国风景园林学会大学生设计竞赛（CHSLA）、北京林业大学国际花园建造节、中国人居环境设计学年奖、城市与景观 "U+L 新思维" 全国大学生概念设计竞赛、全国高校景观设计毕业作品竞赛、"园冶杯" 风景园林 (毕业设计、论文) 国际竞赛、艾景奖国际园林景观规划设计大赛学生组、"园科杯" 本科风景园林课程设计竞赛等。

时至今日，风景园林成为世界各国的热门专业。中国风景园林行业正在迎来一个快速发展的时期，社会急需大批优秀的风景园林专业人才，就业前景广阔。风景园林师就业领域主要面向城建、林业、城乡建设、市政交通、自然资源保护、地产开发、建筑与园林工程、市政园林、公用事业、规划设计院（公司）、大中专院校及城乡规划建设管理等相关的行业、部门、企业机构。

第三节　风景园林师执业制度建设

1995 年，国务院颁布《中华人民共和国注册建筑师条例》，1997 年，建设部发布《中华人民共和国注册建筑师条例实施细则》，对注册建筑师的考试、注册、执业和继续教育、管理监督等作了系统的安排。目前，注册建筑师、注册建造师、注册结构工程师等执业制度已逐步建立，取得了很好的行业管理效果。自 1995 年始，风景园林行业的职业资格认证一直为业内所关注，几经努力，但由于种种原因，至今仍未果。注册风景园林师的执业资格制度建设一直在路上。

实施执业资格制度，对从业人员的执业资格进行认证和管理，是国际上通行的一种做法。美国、英国、澳大利亚等国家均有完整的行业执业注册制度，从业人员必须通过职业资格考试，获得风景园林师职业资格，才能开展本职工作。如美国注册风景园林师考试为每年两次，分为专业知识、设计理论、设计实务及施工理论与实务四大部分（表 17–2）。

美国注册风景园林师考试科目　　　　　　　　　　　表 17–2

类型	科目名称与形式	考试时间
A	专业知识	总 1 小时
B	设计理论	总 3 小时
	（一）自然科学 1. 理论（Theory） 2. 自然系统（Natural System）	1.5 小时
	（二）人文科学 1. 历史（History） 2. 社会、文化（Social & Culture）	1.5 小时
C	设计实务	总 7.25 小时
	（一）设计方法评估与表现法（选择题）	1.75 小时
	（二）设计操作（作图题） 1. 场地分析（Site Analysis） 2. 设计（Design）	3.5 小时
	（三）种植设计（Planting）	2 小时

类型	科目名称与形式	考试时间
D	施工理论与实践	总5小时
	（一）施工常识（选择题） 1. 营造法规（Construction Law） 2. 景观材料（Landscape Material）	1小时
	（二）放样（Layout）	1小时
	（三）整地与排水（Grading& Drainage）	1.5小时
	（四）施工图（Details）与施工规范	1.5小时

资料来源：引自丁绍刚主编《风景园林概论》。

2009年以来，除重庆市试行"风景园林师"专业技术资格考试制度，把风景园林专业资格分为三级风景园林师、二级风景园林师和一级风景园林师三级外，其他地区仍普遍采用风景园林行业专业技术人员的专业技术职称评定，名称为风景园林工程师、园林工程师等，职称等级分类为技术员（员级职务）、助理工程师（初级职务）、工程师（中级职务）、高级工程师（副高级职务）、教授级高级工程师（高级职务）。

风景园林行业作为国家实施生态文明，建设美丽中国的生力军，应当尽快建立相应的执业制度建设和职业资格认定，实施风景园林师职业水平评价类职业认定或注册风景园林师职业准入类执业资格，加强风景园林人才培养和人才队伍建设，促进风景园林行业高质量发展。

第十八章　绩效管控

　　风景园林建设是我国生态文明建设的重要内容,功在当代、利在千秋的风景园林事业遍布祖国各地。风景园林经营管理,随着事业的发展,成为社会管理科学的重要分支,且已经形成了一套比较完整的科学管理体系。风景园林事业发展需要科学、技术、艺术的高度融合,更需要科学的绩效管控,即主要通过经济、社会行政、法律法规以及宣传发动的手段,调动全社会各行各业和广大人民群众的力量,共同参与建设和科学管理风景园林事业。风景园林绩效管控要求其开发建设与管理创新并重,加强风景园林建设的同时,提高行业发展的科学管理水平和创新管理体制、机制是我国风景园林事业发展的新课题、新要求。

　　本章讨论的风景园林绩效管控包括经济管理、社会管理和法律法规管理三大部分。

第一节　经济管理

　　风景美、产业兴、百姓富。风景园林行业是多种产业的集群,涉及风景园林规划设计、植物材料生产、施工建设、管理、养护、生态服务及休闲游憩等众多产业经济活动。风景园林产业是绿色经济、美丽经济的重要力量。与自然资源一样,风景园林价值的产业化数据统计实难以用价格(货币化计算)来衡量,但却有着巨大的生态服务、休闲游憩、科学文化价值。

一、风景园林在社会经济活动中的地位和作用

　　风景园林行业发展与社会经济发展密切相关,在国民经济中形成了相对独立和完整的产业体系。随着国民经济快速增长及城镇化进程的加快,风景园林行业投资也在逐年增加。风景园林行业虽涉及资源要素、产业链条、生产环节众多,但从全国城市市政公用设施固定资产投资、房地产投资以及全国各地政府风景园林建设投资分析看,在整个社会经济活动中,投资比重小,使用价值高;小行业、大产业是风景园林产业发展的主要特点。如住房和城乡建设部《2016年城乡建设统计公报》显示,2016年完

成城市市政公用设施固定资产投资 17460 亿元，其中，道路桥梁、轨道交通、园林绿化投资分别占城市市政公用设施固定资产投资的 43.3%、23.4% 和 9.6%。2016 年，全国村镇建设总投资 15908 亿元。按用途分，房屋建设投资 11882 亿元，市政公用设施建设投资 4026 亿元，分别占总投资的 74.7%、25.3%。在市政公用设施建设投资中，园林绿化投资 120.78 亿元，占到 3%，仅占城镇建设总投资的 0.76%，不足百分之一，可见村镇园林绿化任重之道远。2016 年，国家投资 84.4 亿元用于风景名胜区的维护和建设。从风景名胜区经济效益分析看，2019 年年末，全国共有 244 处国家级风景名胜区，全年接待游人约 10 亿人次，旅游收入近 1000 亿元，增加就业机会、拉动相关产业的同时，更好地推动了地方社会经济发展。再如近十年来，我国房地产投资保持较快增长，2019 年全国房地产开发投资 132194 亿元，而居住区园林景观投资仅占不足百分之一，但却为亿万家庭提供了美丽宜居的生态环境。

此外，全社会及全国各地各级政府广泛参与风景园林建设的热情高涨，风景园林行业呈现出蓬勃发展的态势。以浙江省为例，2018 年，浙江省即提出了"诗画浙江"的大花园建设行动计划，2018 年开始实施大花园建设重点项目 140 个，计划总投资 12500 亿元，把浙江省打造成为全国领先的绿色发展高地，形成"一户一处景、一村一幅画、一镇一天地、一城一风光"的全域大美格局。

全国各地各种类型的风景园林建设，拉动了花卉、苗木产业发展，产业富民效益显著。据不完全统计，2019 年，我国花木种植面积超过 1000 万亩，全年花卉及观赏苗木产业产值达到 2614 亿元。截至 2019 年，全国各地花木市场 3000 余个，花木企业 8 万余家，从业人员 500 余万人。此外，花农成为花木从业人员的主力军，全国花农数量达 200 万余户，其中云南省花农高达 27 万余户，浙江省花农数量近 20 万余户。花木种植已成为农民最赚钱的种植业之一，一些花木主产区农民人均收入 70% 以上来自花木产业。

二、"绿水青山就是金山银山"理念的价值实践

党的十九大报告指出："必须树立和践行绿水青山就是金山银山的理念"，实践证明"绿水青山就是金山银山"的理念富含哲理，辩证着人类赖以生存的自然环境与人类经济社会活动两者之间相互关系。"绿水青山就是金山银山"理论的实践价值在于激活绿水青山的价值，把自然生态环境转化为充满活力的绿色产业，把美丽资源变身美丽产业、转换成美丽经济；把生态优势变成经济优势，从而更好地造福社会、造福人民。如 2020 年，浙江省以"两山"理念提出 15 周年为契机，以大花园核心区（衢州市、丽水市）和示范县为重点，加快构建以生态系统生产总值（GEP）为核心的"两山"转化评估体系，成效显著。以国家试点丽水市为例，探索形成了多条示范全国的生态

产品价值实现路径，实现生态系统生产总值（GEP）和地区生产总值（GDP）双增长，GEP 的 GDP 转化率达到 40%，全面完成国家试点任务。此外，浙江安吉还进一步深化了"两山"转化改革的创新举措，开展"两山银行"试点，即存入"绿水青山"取出"金山银山"，探索出实现生态产品价值转换的重要路径 [1]。

"绿水青山就是金山银山"理念为风景园林产业发展指明了方向，美丽中国建设更为风景园林行业发展提供了更广阔的舞台。美丽城市、美丽乡村是美丽中国建设的两大重要空间载体，构成了美丽中国的本底。而发现美、创造美，追求真、善、美和谐统一的风景园林无疑是绘就这份美好蓝图的中坚力量，把美丽书写在祖国的青山绿水间更是风景园林师的责任和使命。在乡村振兴战略实施过程中，在美丽城镇、美丽乡村建设中，风景园林从业人员应成为"绿水青山就是金山银山"理念的践行者，把欠发达地区丰富的"美丽资源"盘活好，开发好，铸就最美的风景，从而实现一、二、三产业融合发展的叠加效益，变美丽资源为生态效益、经济效益、社会效益。如 2020年，习近平总书记在调研山西大同时盛赞黄花产业为"小黄花大产业"，是百姓的"致富花"。黄花又名萱草、忘忧草，既能食用，也能药用，还可以作为园林花卉应用在城镇化建设中。大同黄花种植有 600 多年历史，种植面积达到 26 万亩，形成了壮观的大地景观，很好地拉动了当地一、二、三产业的融合发展。黄花虽小但作用大、效益好，其年产值达 9 亿元，带动了 1.5 万多户贫困户脱贫致富。目前，与大同小黄花大产业类似的美丽产业发展模式，在全国各地遍地开花，并结出丰硕的果实，在脱贫攻坚，奔小康中发挥了重要的作用。全国以美丽城镇、美丽乡村、美丽风景为大背景的美丽产业逐渐向产业集群转变，向更为广阔的绿水青山之间拓展延伸。据国家林业和草原局 2020 年 12 月 6 日发布的数据，全国林下经济经营和利用面积目前已达 6 亿亩，林下经济总产值超过 9000 亿元，从业人数超过 3400 万。而据国家农业农村部数据统计显示，截至 2018 年底，全国休闲农业和乡村旅游接待人次达 30 亿人次，营业收入达 8000 亿元。绿水青山就是金山银山价值突显，产业富民成效显著。

三、风景园林经济产业实践

中国股市是中国经济的晴雨表。上证指数（上海证券交易所股票价格综合指数）和深证指数（深圳证券交易所股票价格综合指数）直接反映着中国企业或经济发展状况。

---

① 安吉县积极开展"两山银行"试点改革，通过搭建政府引导、市场化运作、社会各界参与的生态资源运营服务体系，探索一批配套改革制度，转化一批生态资源，大力拓宽"两山"转化路径。优化顶层设计"三个一"构建系统运营体系搭建一个运营平台。成立县级生态资源资产经营管理平台公司（以下简称"两山"公司），注册资金 6 亿元，组建起收储、数据、评估、信用、交易、风控等六个部门。搭建县乡（镇）两级"两山银行"，由金融机构为乡镇银行提供资金支持、银行运营模式和资源资产管理发布系统等要素保障。

风景园林上市公司是风景园林经济产业发展的生力军。风景园林行业作为"朝阳产业"，展现出越来越广阔的市场前景，伴随着国家和地方项目建设，衍生了庞大的市场需求，涌现出一批市场占有率较高、具有较强影响力的行业领先企业。这些企业随着中国经济的快速发展，其产业规模不断扩大、盈利能力不断提升，并积极登陆资本市场，成为行业新标杆（表 18-1）。从表中可以看出，北京东方园林（002310）2009 年 IPO 经证监会审批登陆 A 股市场，成为风景园林行业第一家上市公司；2017 年为风景园林行业企业上市年，先后有 6 家企业 IPO 经证监会审批登陆资本市场。在 18 家上市公司中，杭州园林（300649）和奥雅设计（300949）异军突起成为仅有的两家以风景园林

风景园林行业主要上市公司表　　　　　　　　　　　　　表 18-1

序号	上市公司名称及股票代码	注册地	上市年份	主营业务
1	东方园林（002310）	北京市朝阳区	2009 年	园林绿化工程的设计与施工、工程建设、环保业务
2	棕榈股份（002431）	河南省郑州市	2010 年	园林景观设计和园林工程施工服务、苗木种植与经营
3	节能铁汉（300197）	广东省深圳市	2011 年	园林绿化工程施工、生态环保、生态景观
4	美晨生态（300237）	山东省潍坊市	2011 年	橡胶非轮胎与园林绿化业务、园林施工、橡胶制品
5	蒙草生态（300355）	内蒙古自治区呼和浩特市	2012 年	在我国干旱半干旱地区运用蒙草进行节约型生态环境建设，主要包括工程设计施工与苗木培育
6	普邦股份（002663）	广东省广州市	2012 年	园林绿化工程施工、园林景观设计、苗木种植以及园林养护等
7	元成股份（603388）	浙江省杭州市	2012 年	园林绿化工程施工、景观设计、绿化养护及信息服务
8	岭南股份（002717）	广东省东莞市	2014 年	园林绿化工程施工、景观规划设计、绿化养护和苗木产销等
9	乾景园林（603778）	北京市海淀区	2015 年	园林绿化工程施工、园林景观设计、苗木种植和园林绿化养护等
10	文科园林（002775）	深圳市福田区	2015 年	园林绿化工程施工、园林景观设计、园林养护及绿化苗木种植
11	花王股份（603007）	江苏省丹阳市	2016 年	市政园林景观、旅游景观、道路绿化和地产景观等领域的园林绿化工程施工和设计业务
12	杭州园林（300649）	浙江省杭州市	2017 年	提供以整体性解决方案为核心的风景园林设计服务、EPC 项目、市政园林
13	绿茵生态（002887）	天津市滨海高新区	2017 年	生态环境建设工程，主要涉及生态修复工程、市政园林绿化工程、地产景观工程等
14	东珠生态（603359）	江苏省无锡市	2017 年	苗木种植和销售、园林景观设计、园林绿化工程施工、园林养护等
15	大千生态（603955）	江苏省南京市	2017 年	生态环境综合治理，土壤修复，水土保持，水环境治理，公共园林景观、地产景观以及企事业单位绿化景观的设计、施工、养护及苗木产销
16	天域生态（603717）	重庆市江北区	2017 年	园林绿化工程施工，园林生态工程的设计、施工养护及苗木种植等
17	诚邦股份（603316）	浙江省杭州市	2017 年	园林绿化工程施工、园林景观设计和园林养护
18	奥雅设计（300949）	广东省深圳市	2021 年	园林景观设计、美丽乡村建设规划、特色小镇规划

设计为主营业务的上市企业，其他为以园林绿化工程施工为主的上市企业。

依托资本市场，风景园林行业上市公司进入快速发展阶段，不断推动风景园林产业调整和转型，增强行业持续发展的质量和韧性。风景园林上市公司不仅是我国风景园林行业的佼佼者，而且是我国资本市场、证券市场的重要参与者和经济发展的重要推动力量。这些企业除了和其他企业一样接受主管部门行业管理外，风景园林上市公司还要受资本市场监管，接受股民监督，以保护投资者权益和推动资本市场健康发展。

从图 18-1、图 18-2 分析数据看，风景园林行业主要上市公司 2017 年度至 2020 年度，实现年度营业收入累计分别为 562.28 亿元、576.72 亿元、450.04 亿元、438.81 亿元；实现年度净利润累计分别为：67.18 亿元、46.83 亿元、-9.84 亿元、2.13 亿元。

分析数据显示，2019 年和 2020 年，上市公司业绩急剧下滑，部分企业发展出现负增长。究其原因，2019 年度受 PPP 项目模式受挫和 2020 年度新冠肺炎疫情影响是其重要因素。

2019 年业绩下滑的上市企业，原因归结于宏观经济形势、金融环境变化和行业政策变化，其中 PPP 是拖累企业迎来至暗时刻的重要因素。PPP，是政府和社会资本合作进行公共基础设施的一种项目运作模式。由于 PPP 项目体量大，对企业流动资金要求高，随着 2017 年底 PPP 发展模式遭遇国家相关部门多轮监管，PPP 项目融资受挫、地方政府债务调控、PPP 项目规范等多因素持续影响，击碎了部分上市企业盲目扩张梦。而对于业绩增长较好的企业，EPC 模式功不可没，所谓 EPC，是设计、采购、施工一体化的工程总承包模式。EPC 模式项目资金回流快、管理成本低，能让企业现金流大幅上升。实践证明，EPC 模式占比较高的企业，资金较为充裕。

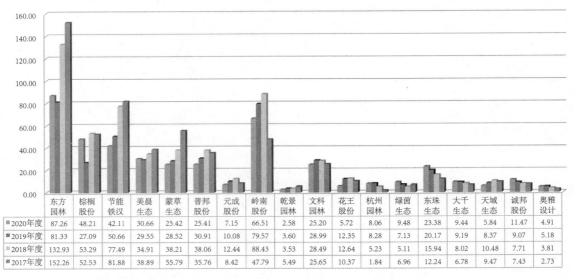

	东方园林	棕榈股份	节能铁汉	美晨生态	蒙草生态	普邦股份	元成股份	岭南股份	乾景园林	文科园林	花王股份	杭州园林	绿茵生态	东珠生态	大千生态	天域生态	诚邦股份	奥雅设计
2020年度	87.26	48.21	42.11	30.66	25.42	25.41	7.15	66.51	2.58	25.20	5.72	8.06	9.48	23.38	9.44	5.84	11.47	4.91
2019年度	81.33	27.09	50.66	29.55	28.52	30.91	10.08	79.57	3.60	28.99	12.35	8.28	7.13	20.17	9.19	8.37	9.07	5.18
2018年度	132.93	53.29	77.49	34.91	38.21	38.06	12.44	88.43	3.53	28.49	12.64	5.23	5.11	15.94	8.02	10.48	7.71	3.81
2017年度	152.26	52.53	81.88	38.89	55.79	35.76	8.42	47.79	5.49	25.65	10.37	1.84	6.96	12.24	6.78	9.47	7.43	2.73

图 18-1　风景园林行业主要上市公司 2017 年度至 2020 年度业绩分析图（单位：亿元）

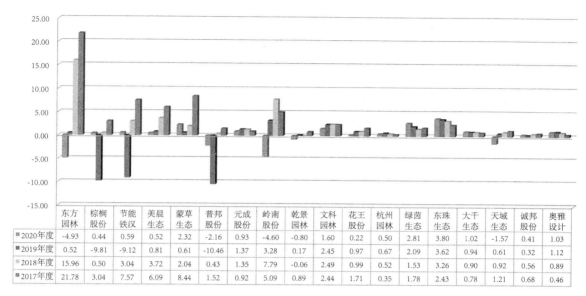

	东方园林	棕榈股份	节能铁汉	美晨生态	蒙草生态	普邦股份	元成股份	岭南股份	乾景园林	文科园林	花王股份	杭州园林	绿茵生态	东珠生态	大千生态	天域生态	诚邦股份	奥雅设计
2020年度	-4.93	0.44	0.59	0.52	2.32	-2.16	0.93	-4.60	-0.80	1.60	0.22	0.50	2.81	3.80	1.02	-1.57	0.41	1.03
2019年度	0.52	-9.81	-9.12	0.81	0.61	-10.46	1.37	3.28	0.17	2.45	0.97	0.67	2.09	3.62	0.94	0.61	0.32	1.12
2018年度	15.96	0.50	3.04	3.72	2.04	0.43	1.35	7.79	-0.06	2.49	0.99	0.52	1.53	3.26	0.90	0.92	0.56	0.89
2017年度	21.78	3.04	7.57	6.09	8.44	1.52	0.92	5.09	0.89	2.44	1.71	0.35	1.78	2.43	0.78	1.21	0.68	0.46

图 18-2　风景园林行业主要上市公司 2017 年度至 2020 年度净利润分析（单位：亿元）

2020 年度新冠肺炎疫情更是令风景园林企业发展雪上加霜，使原本正在转变运营管理模式的上市企业再受重创。但这次疫情提高了社会对于环境、健康的关注度，在给行业发展带来压力的同时，也促使风景园林企业优化创新运营管理模式，提高企业环境适应能力。2021 年，随着国内疫情后的复工复产及国家出台的为企业减税、返税等优惠政策的实施，风景园林行业上市公司业绩明显提升，行业业务稳定增长。从长远来看，风景园林上市公司在逐步释放风险，进行跨领域探索并拓展多元化业务后，有望迎来整体性向上。目前国家推行的大基建建设、大规模造林计划及重大生态工程实施等，对风景园林行业利好，风景园林企业高质量发展，值得拭目以待。

四、风景园林企业管理

企业一般是指以盈利为目的，运用各种生产要素，向市场提供商品或服务，实行自负盈亏的社会经济组织或部门。顾名思义风景园林企业是指从事与风景园林行业相关的工商经济组织和部门。

风景园林企业按照生产资料所有制的性质可分为国有企业或国有为主体的混合所有制企业、民营企业、外资企业或中外合资企业等。按照风景园林行业发展特点又分为规划设计与咨询企业、工程施工与养护管理企业和园林苗木生产与销售企业三大主要类型。

风景园林规划设计与咨询是整个风景园林建设的关键环节，起着桥梁和纽带作用。风景园林规划设计与咨询企业经营管理，既有国家和相关部门对其进行的专项设计资质管理认定和对规划设计人员职称资格的评定，也有相关设计业务水平考察评估和项目运营绩效的管理。从其企业组织管理架构分析看（图18-3），业务设计部门（集团）是企业核心板块，起着非常重要的作用，其设计质量的优劣直接影响到整个工程项目建设的全局。人员规模中等以上的业务设计部门可分为若干设计分院（所、工作室），其项目运营管理以专业技术人员和团队为工作开展基础，以项目负责人、项目负责制管控设计流程和设计过程，推进项目进展以保证工作质量。

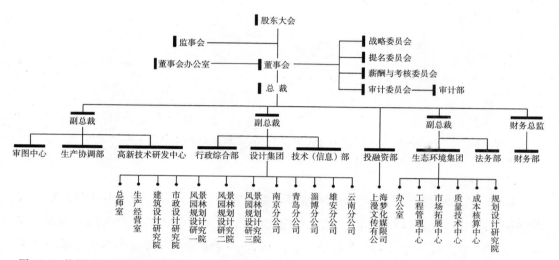

图18-3　杭州园林设计院股份有限公司组织框架结构，人员规模300余人，为A股资本市场首家以园林设计为主营业务的上市公司杭州园林设计院股份有限公司（图片来源：引自官方网站 https://www.hzyly.com/）

　　风景园林工程施工与养护管理具有工作量大、工程结构复杂、工种复杂多样、动用劳动力和资金多等特点。园林工程项目管理是风景园林工程施工与养护管理企业的核心，包含了风景工程施工组织管理、质量与安全生产管理、工程合同与成本管理、园林工程管理、养护管理、施工质量管理等内容（详见"第十五章工程"）。同设计咨询企业中实施的项目负责人、项目负责制一样，园林工程项目管理中最核心人物是项目经理，实行的是严格的项目负责人负责制。工程项目经理是项目实施的最高责任人和组织者，其知识结构、经验水平、管理能力等职业素养，对项目建设成败起着决定性作用。从企业管理和项目管理角度出发，项目经理不仅需要有过硬的专业技能和施工业务水平，还要注重不断加强提高自身的管理理论知识和领导管理能力。

　　园林苗圃是专门为城市园林绿化定向繁殖和培育各种各样的优质绿化材料的基地。园林苗圃的生产经营管理首要任务是为风景园林绿化建设提供各种类型、各种规格、各种用途的优质苗木。苗圃下设主管、仓管、技术员、养护工等岗位，另可根据实际生产情况聘请临时工，临时工按照工作内容分配到相应岗位。园林苗圃的技术管理是苗圃管理的重中之重，园林苗圃的经营管理者应建立科学的苗圃生产质量管理体系，通过科学管理苗圃，确保苗圃持续、稳定的发展，实现利润最大化。

总之，各类型风景园林相关企业除了要接受行政主管部门管理指导外，还要根据自身企业经营目标，有计划、有组织地建立企业经营质量管理体系，按经营目的对企业进行一系列管理。唯有如此，风景园林相关企业在市场发展中才能立于不败之地，得以健康良性发展，创造更大的社会财富和价值。风景园林企业经营质量管理体系主要包括现代企业制度、人力资源管理、企业经营管理、业务项目运营管理、市场营销管理、财务管理和创新管理等。其中，企业经营管理、业务项目运营管理是风景园林企业管理的核心和重中之重，直接影响着企业的生存发展和效益产出。近年来，各地风景园林企业普遍开展了 ISO9001 质量管理体系认证工作，对加强企业管理、提高设计和施工质量起到了推动作用。

第二节　社会管理

风景园林社会管理包括行政管理和社会公共事业管理两大部分，其中行政管理主要职能是政策制定、实施、督办和绩效管控等；社会公共事业管理主要包含世界遗产、风景名胜、公园、园林绿地、科研教育单位等各类公益性社会事业管理。

一、行政管理

行政管理是指国家行政机关对社会公共事务的管理，又称为公共行政。我国风景园林行政管理部门随着政府机构改革的深入，多有变化，且其设置也经历了较为复杂的阶段。目前，在中央、地方各级政府中，风景园林行政管理机构主要设置在城市建设、自然资源（林草）和文旅系统；国务院政府部门层面，住房和城乡建设部城市建设司具有"指导城市供水、节水、燃气、热力、市政设施、园林、市容环境治理、城建监察等工作；指导城市规划区的绿化工作"的主要职责，自然资源部管理的国家林业和草原局（加挂国家公园管理局牌子）生态保护修复司（全国绿化委员会办公室）具有"负责全国造林绿化管理工作；负责全国林业重点生态保护修复工程综合管理工作；协调和指导全民义务植树工作；指导和协调部门绿化工作"的主要职责。国家林业和草原局自然保护地管理司具有"起草国家公园、自然保护区、风景名胜区、世界自然遗产、世界自然与文化双重遗产等各类自然保护地法律法规、部门规章草案，拟订相关政策、规划、标准并组织实施；组织审核和监督管理世界自然遗产、世界地质公园的申报，会同有关部门审核世界自然与文化双重遗产的申报"的主要职责。文化和旅游部管理的国家文物局文物保护与考古司（世界文化遗产司）具有"依法承担文化遗产相关审核报批工作"的主要职责。此外，我国自 1985 年加入《保护世界文化和自然遗产公约》

以来，先后 4 次当选世界遗产委员会的委员国，积极参与世界遗产领域的全球治理。

省（自治区、直辖市）、地市级和县（区）级风景园林行政管理机构则根据各地实际情况确定，其设置方式多样。

各省（自治区、直辖市）住房和城乡建设厅多参照住房和城乡建设部的设置，内设"城市建设处"或"风景园林处"作为全省（自治区、直辖市）城市园林绿化的行政管理机构。各省（自治区、直辖市）自然资源厅（林草局）则按照自然资源部、国家林业和草原局的设置，内设"国土空间生态修复处"（挂省绿化委员会办公室牌子）。各城市（县、镇）人民政府中，风景园林行政管理职能则主要设置在城市建设、自然资源和规划以及市政市容、城市管理部门中。

由于直辖市明显的区位、经济、政治优势以及较高的城镇化发展水平，其风景园林行政管理主要设置在园林绿化和城市管理两大系统中，行政管理机构如北京市园林绿化局（首都绿化委员会办公室）、上海市绿化和市容管理局、天津市市容和园林管理委员会、重庆市城市管理委员会。

二、世界遗产、风景名胜与公益性园林绿地管理

如前文所述，我国以风景、园林、绿地三系为主体的风景园林事业的政府管理部门虽经历了多次改革，但社会公益性、不以盈利为目的始终是世界遗产、风景名胜与公益性园林绿地开发建设、经营管理的主要特点。

一　世界遗产及国家公园、风景名胜区、自然保护区等各种类型构成的自然保护地体系，是历经数千年乃至亿万年形成的人类宝贵的财富，具有自然生态系统的原真性、多样性、完整性等特点，并具有生态保护、科研、教育、游憩等综合功能，产生了巨大的生态效益、社会效益和经济效益。其永续发展在生态保护和全民公益属性的前提下，实行最严格的保护的同时，由中央政府和省级政府根据事权划分分别出资保障其保护、运行和管理，实现全民共享，提供国民福利。针对世界遗产、风景名胜区、自然保护区、森林公园等存在的权责不明等问题，党的十八大以来，中央政府提出了以国家公园为主体的自然保护地体系建设目标，明确了由国家建立统一管理机构主导管理全国各类自然保护地，并逐步建立健全了政府、企业、社会组织和公众共同参与自然资源保护管理的长效机制和模式（详见第七章第四节国家公园体制兴起）。

公益性园林绿地包括公益性公园、滨水绿地、道路绿地等，其中公益性公园又包含了各类城镇公园、动物园、植物园等类型。这些公益性园林绿地建设作为民生工程、惠民工程，受到各地政府的推崇，均由政府投资兴建，产权归人民政府所有，是全民公共财产，由具有行政编制的政府管理机构或由政府划拨经费的事业单位负责运营管理。如北京市、上海市、深圳市等分别在园林绿化和城市管理部门下设立公园管理中

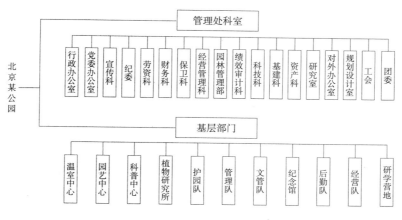

图 18-4 北京某公园组织机构

心，负责全市公园园艺、园容游览服务和公园行业管理等。其中北京市公园管理中心负责市属公园及其他所属机构人、财、物管理。负责市属公园和其他所属机构的规划、建设、管理、保护、服务、科技工作，并实施监督，以及财务管理审计、劳动人事、安全保卫等工作。中心内设计划财务处、综合管理处、服务管理处等 11 个处室和颐和园管理处等 14 个直属单位。从北京某公园组织管理架构分析看（图 18-4），公园管理机构主要由管理处科室和基层运营维护部门组成。

新时代，深入挖掘每块公益园林绿地的生态服务价值，积极拓展多种功能，成为风景园林从业人员的新使命、新任务。随着绿色化发展理念的提出和推行，全国各地各种类型的公园如雨后春笋般涌现。大批公益性公园绿地应时而生，并深受广大群众欢迎。与此同时，公园绿地生活服务圈及公共绿色开放空间服务圈等建设在全国各大城市相继开展。如江苏省在全国率先出台"城市公园绿地十分钟服务圈"规划，"300米见绿、500米见园"成为城市绿化标配，并在全国率先推进城市公园免费开放，让公园回归公益，全省 1089 座城市公园，93% 免费开放，常州、南通、泰州、宿迁等地公园免费开放率达 100%。此外，全省各级政府管理部门还在公园绿地民生实事工程的设计、施工、管理等多个环节广泛倾听百姓诉求，取得了良好的效果。其中扬州市更是为城市公园专门聘请"公园管家"上百人，即公开招募园林绿化、工程建设、物业管理、法律领域的热心志愿者，通过"游客＋管家"为公园管理"找茬""把脉"，形成了公园管理的"扬州模式"。

公益性园林绿地大多向公众免费开放，每年的运营管理费用由政府拨付。随着城市各类公园建设数量的陡增，通常各类公园通过适当收取门票费用或设置一些餐饮、娱乐等收费项目来支付过高的园林维护费用，以弥补公益事业经费的不足，但其收入归全民所有，由政府统筹安排。

第三节　法规管理

随着各级政府行政机构职能的完善和风景园林行业快速发展，我国逐步建立了以法律、行政法规（部门规章）、地方性法规（规章）、行业标准规范等为主体的法规与标准规范管理体系，将风景园林事业纳入了法制化、制度化、规范化的可持续发展轨道。

一、法律

风景园林与林业、环境保护、城乡规划和建设等有密切的联系，这些领域相关的法律规定中，对风景园林也作了相应的规定。以法律的形式规定风景园林事业，使其有法可依，突出了法制性特点。这些法律规定也成为各级政府制定相应风景园林法规、规章和标准规范所必须遵循的基本原则。

（1）《中华人民共和国宪法》

《中华人民共和国宪法》第二十二条规定："国家保护名胜古迹、珍贵文物和其他重要历史文化遗产。"第二十六条规定："国家保护和改善生活环境和生态环境，防治污染和其他公害。国家组织和鼓励植树造林，保护林木。"

（2）《中华人民共和国森林法》

《中华人民共和国森林法》第一条规定："为了践行绿水青山就是金山银山理念，保护、培育和合理利用森林资源，加快国土绿化，保障森林生态安全，建设生态文明，实现人与自然和谐共生，制定本法。"第十条规定："植树造林、保护森林，是公民应尽的义务。各级人民政府应当组织开展全民义务植树活动。"第四十二条规定："国家统筹城乡造林绿化，开展大规模国土绿化行动，绿化美化城乡，推动森林城市建设，促进乡村振兴，建设美丽家园。"第四十三条规定："各级人民政府应当组织各行各业和城乡居民造林绿化。"

（3）《中华人民共和国城乡规划法》

《中华人民共和国城乡规划法》第十七条规定："规划区范围、规划区内建设用地规模、基础设施和公共服务设施用地、水源地和水系、基本农田和绿化用地、环境保护、自然与历史文化遗产保护以及防灾减灾等内容，应当作为城市总体规划、镇总体规划的强制性内容。"第三十二条规定："城乡建设和发展，应当依法保护和合理利用风景名胜资源，统筹安排风景名胜区及周边乡、镇、村庄的建设。风景名胜区的规划、建设和管理，应当遵守有关法律、行政法规和国务院的规定。"

（4）《中华人民共和国环境保护法》

《中华人民共和国环境保护法》第二十九条规定："国家在重点生态功能区、生态环境敏感区和脆弱区等区域划定生态保护红线，实行严格保护。各级人民政府对具有代表性的各种类型的自然生态系统区域，珍稀、濒危的野生动植物自然分布区域，重要的水源涵养区域，具有重大科学文化价值的地质构造、著名溶洞和化石分布区、冰川、火山、温泉等自然遗迹，以及人文遗迹、古树名木，应当采取措施予以保护，严禁破坏。"第三十五条规定："城乡建设应当结合当地自然环境的特点，保护植被、水域和自然景观，加强城市园林、绿地和风景名胜区的建设与管理。"

二、行政法规、规章

风景园林法规、规章包括了行政法规与部门规章以及各地政府主管部门制定的法规和规章等，其中风景园林行政法规和部门规章主要有：

（1）行政法规

1981年12月13日，第五届全国人民代表大会第四次会议《关于开展全民义务植树运动的决议》，会议认为，植树造林，绿化祖国，是建设社会主义，造福子孙后代的伟大事业，是治理山河，维护和改善生态环境的一项重大战略措施。1982年2月，国务院发布《关于开展全民义务植树运动的实施办法》。

1985年，国务院颁布我国第一部关于风景名胜区工作的专项行政法规《风景名胜区管理暂行条例》。2006年9月，国务院颁布《风景名胜区条例》，是我国进行风景名胜资源保护和风景名胜区规划、建设、管理工作的依据。

1992年6月，国务院颁布我国第一部关于城市绿化事业管理的行政法规《城市绿化条例》，并于2011年、2017年分别进行了修订，是我国进行城市园林绿化建设和管理工作的依据。各个城市根据国家法规的精神，分别颁发了本市的园林绿化管理条例。

1994年10月9日，国务院发布《中华人民共和国自然保护区条例》，并于2017年进行了修订，是为加强自然保护区的建设和管理，保护自然环境和自然资源制定。

（2）部门规章

1994年1月，建设部施行《城市绿化规划建设指标的规定》。

1994年9月1日，建设部施行《城市动物园管理规定》，2004年修订。

2000年9月，建设部施行《城市古树名木保护管理办法》。

2002年9月，建设部常务会议审议通过《城市绿线管理办法》，2002年11月1日施行。

2006年3月，建设部颁布实施《国家重点公园管理办法（试行）》。

2015年10月，住房和城乡建设部第24次常务会议审议通过《国家级风景名胜区规划编制审批办法》，2015年12月1日施行。

2016年10月，住房和城乡建设部《国家园林城市系列申报评审管理办法》施行。

三、标准规范体系

围绕着上述国家法律、行政法规（部门规章）等纲领性文件，国家及各地政府主管部门积极推进风景园林行业标准和规范体系建设，健全完善了行业政策法规保障体系和技术标准体系，先后制定了与风景园林行业相关的国家标准、行业标准、团体标准、企业标准等文件达数百项，全面提升了我国风景园林行业的法规制度建设水平。其中风景园林国家标准和行业标准主要有：

（1）国家标准

《风景名胜区总体规划标准》GB/T 50298—2018；

《城市绿地设计规范》GB 50420—2007，2016 年修订；

《城市园林绿化评价标准》GB/T 50563—2010；

《园林绿化工程工程量计算规范》GB 50858—2013；

《城市绿线划定技术规范》GB/T 51163—2016；

《公园设计规范》GB 51192—2016；

《国家公园总体规划技术规范》GB/T 39736—2020；

《国家公园设立规范》GB/T 39737—2020；

《国家公园监测规范》GB/T 39738—2020；

《国家公园考核评价规范》GB/T 39739—2020。

（2）行业标准

《风景园林制图标准》CJJ/T 67—2015；

《城市道路绿化规划与设计规范》CJJ 75—1997；

《城市绿地分类标准》CJJ/T 85—2017；

《风景园林基本术语标准》CJJ/T 91—2017；

《风景名胜区分类标准》CJJ/T 121—2008；

《风景名胜区游览解说系统标准》CJJ/T 173—2012；

《镇（乡）村绿地分类标准》CJJ/T 168—2011；

《风景园林标志标准》CJJ/T 171—2012；

《园林绿化工程施工及验收规范》CJJ 82—2012；

《动物园术语标准》CJJ/T 240—2015；

《垂直绿化工程技术规程》CJJ/T 236—2015；

《国家重点公园评价标准》CJJ/T 234—2015；

《绿化种植土壤》CJ/T 340—2016；

《动物园设计规范》CJJ 267—2017。

参考文献

[1] （明）计成著.陈植注释.园冶注释[M].北京：中国建筑工业出版社，1988.

[2] （明）文震亨著.胡天寿译注.长物志[M].重庆：重庆出版社，2007.

[3] （明）徐宏祖著.朱惠荣，李兴和译注.徐霞客游记[M].北京：中华书局，2015.

[4] （清）李渔著.杜书瀛译著.闲情偶寄[M].北京：中华书局，2014.

[5] （清）吴秋士.天下名山游记[M].上海：上海书店，1982.

[6] 黄墨谷，等.中国历代游记选[M].北京：中华书局，1988.

[7] 杨光辉.中国历代园林图文精选[M].上海：同济大学出版社，2005.

[8] 鲍世行.钱学森论山水城市[M].北京：中国建筑工业出版社，2010.

[9] 姜璐.钱学森论系统科学[M].北京：科学出版社，2011.

[10] 苗东升.钱学森系统科学思想研究[M].北京：科学出版社，2012.

[11] 朱光潜.美学和中国美术史[M].北京：知识出版社，1984.

[12] 朱光潜.谈美[M].北京：金城出版社，2006.

[13] 许倬云.万古江河[M].上海：上海文艺出版社，2006.

[14] 许倬云.《西周史》（增补二版）[M].北京：生活·读书·新知三联书店，2012.

[15] 许倬云.中国上古史论文选辑[M].台北：国风出版社，1965.

[16] 张岱年，方克立.中国文化概论[M].北京：北京师范大学出版社，1994.

[17] 段宝林，江溶.中国山水文化大观[M].北京：北京大学出版社，1996.

[18] 冯友兰.中国哲学史新编[M].北京：人民出版社，1998.

[19] 冯友兰.中国哲学的精神：冯友兰集[M].上海：上海文艺出版社，1998.

[20] 张钧成.中国古代林业史·先秦篇[M].台北：五南图书出版公司，1995.

[21] 刘敦桢.中国古代建筑史[M].北京：中国建筑工业出版社，1980.

[22] 梁思成.中国建筑史[M].北京：生活·读书·新知三联书店，2011.

[23] 潘谷西.中国建筑史（第七版）[M].北京：中国建筑工业出版社，2015.

[24] 潘谷西.江南理景艺术[M].南京：东南大学出版社，2001.

[25] 刘敦桢.苏州古典园林[M].北京：中国建筑工业出版社，1979.

[26] 苏雪痕.植物造景[M].北京：中国林业出版社，1994.

[27] 苏雪痕.植物景观规划设计[M].北京：中国林业出版社，2012.

[28] 汪菊渊.中国古代园林史[M].北京：中国建筑工业出版社，2012.

[29] 陈俊愉.中国花经[M].上海：上海文化出版社，1990.

[30] 周维权.中国古典园林史第三版[M].北京：清华大学出版社，2008.

[31] 周维权.园林·风景·建筑[M].天津：百花文艺出版社，2006.

[32] 周维权.中国名山风景区[M].北京：清华大学出版社，1996.

[33] 陈从周.说园[M].上海：同济大学出版社，2007.

[34] 童寯.造园史纲[M].北京：中国建筑工业出版社，1983.

[35] 张琴.长夜的独行者：童寯1963-1983[M].上海：同济大学出版社，2018.

[36] 陈志华.外国造园艺术[M].郑州：河南科学技术出版社，2001.

[37] 彭一刚.中国古典园林分析[M].北京：中国建筑工业出版社，1986.

[38] 张国强.风景园林经典文汇[M].北京：中国建筑工业出版社，2014.

[39] 谢凝高 . 名山·风景·遗产 [M]. 北京：中华书局，2011.

[40] 谢凝高 . 中国的名山大川 [M]. 北京：商务印书馆，1997.

[41] 孙筱祥 . 园林艺术与园林设计 [M]. 北京：中国建筑工业出版社，2011.

[42] 胡洁，孙筱祥 . 移天缩地——清代皇家园林分析 [M]. 北京：中国建筑工业出版社，2011.

[43] 吴良镛 . 广义建筑学 [M]. 北京：清华大学出版社，1989.

[44] 吴良镛 . 人居环境科学导论 [M]. 北京：中国建筑工业出版社，2001.

[45] 吴良镛 . 建筑·城市·人居环境 [M]. 郑州：河北教育出版社，2003.

[46] 吴良镛 . 明日之人居 [M]. 北京：清华大学出版社，2013.

[47] 楼庆西 . 中国园林 [M]. 北京：五洲传播出版社，2003.

[48] 王向荣，林菁 . 西方现代景观设计的理论与实践 [M]. 北京：中国建筑工业出版社，2002.

[49] 张国强，贾建中 . 风景园林师（1-18）[M]. 北京：中国建筑工业出版社，2004-2019.

[50] 张国强，贾建中 . 风景规划：《风景名胜区规划规范》实施手册 [M]. 北京：中国建筑工业出版社，2003.

[51] 李泽厚，刘纲纪 . 中国美学史（第一、二卷）[M]. 北京：中国社会科学出版社，1984，1987.

[52] 李泽厚 . 美的历程 [M]. 北京：生活·读书·新知三联书店，2017.

[53] 李泽厚 . 李泽厚十年集 [M]. 合肥：安徽文艺出版社，1994.

[54] 刘纲纪 . 中国书画、美术与美学 [M]. 武汉：武汉大学出版社，2006.

[55] 刘纲纪 . 美学与文化 刘纲纪文选 [M]. 贵阳：贵州人民出版社，2018.

[56] 金学智 . 中国园林美学 [M]. 北京：中国建筑工业出版社，2005.

[57] 夏咸淳 . 明代山水审美 [M]. 北京：人民出版社，2009.

[58] 中国风景园林学会 . 园林工程项目负责人培训教材 [M]. 北京：中国建筑工业出版社，2019.

[59] 中国风景园林学会 . 第一届优秀风景园林规划设计奖获奖作品集 [M]. 北京：中国建筑工业出版社，2012.

[60] 中国风景园林学会 . 第二届优秀风景园林规划设计奖获奖作品集 [M]. 北京：中国建筑工业出版社，2014.

[61] 中国风景园林学会 . 第三届优秀风景园林规划设计奖获奖作品集 [M]. 北京：中国建筑工业出版社，2016.

[62] 中国风景园林学会 . 2012 年风景园林教育大会论文集：一级学科背景下的风景园林教育研究与实践 [M]. 南京：东南大学出版社，2012.

[63] 北京市园林局 . 李嘉乐风景园林文集 [M]. 北京：中国林业出版社，2006.

[64] 北京市园林局 . 北京园林优秀设计集锦 [M]. 北京：中国建筑工业出版社，1996.

[65] 北京市园林绿化局，北京园林学会 . 北京园林优秀设计集（2003-2008）[M]. 北京：中国建筑工业出版社，2010.

[66] 北京市园林绿化局，北京园林学会 . 北京园林优秀设计（2009-2016）（上、下册）[M]. 北京：中国建筑工业出版社，2019.

[67] 上海世博会事务协调局，上海市城乡建设和交通委员会 . 上海世博会景观绿化 [M]. 上海：上海科学技术出版社，2010.

[68] 上海市规划和国土资源管理局，等 . 上海市街道设计导则 [M]. 上海：同济大学出版社，2016.

[69] 上海市规划和自然资源局，等 . 上海市河道规划设计导则 [M]. 上海：同济大学出版社，2019.

[70] 上海园林志编纂委员会 . 上海园林志 [M]. 上海：上海社会科学出版社，2000.

[71] 上海市绿化管理局 . 上海园林绿地佳作 [M]. 北京：中国林业出版社，2004.

[72] 曹林娣，许金生 . 中日古典园林文化比较 [M]. 北京：中国建筑工业出版社，2004.

[73] 曹林娣 . 中国园林文化 [M]. 北京：中国建筑工业出版社，2005.

[74] 曹林娣 . 中国园林美学思想史·上古三代秦汉魏晋南北朝卷 [M]. 上海：同济大学出版社，2015.

[75] 吕明伟.中国园林 [M].北京：当代中国出版社，2008.

[76] 吕明伟.中国红·中国园林 [M].合肥：时代出版传媒股份有限公司，2011.

[77] 吕明伟.中国古代造园家 [M].北京：中国建筑工业出版社，2014.

[78] 吕明伟.外国古代造园家 [M].北京：中国建筑工业出版社，2014.

[79] 吕明伟，黄生贵.新城镇田园主义 重构城乡中国 [M].北京：中国建筑工业出版社，2014.

[80] 吕明伟，黄生贵.城乡重构：从田园城市理想到新城镇田园主义 [M].北京：中国建筑工业出版社，2015.

[81] 沈福煦.中国古代建筑文化史 [M].上海：上海古籍出版社，2001.

[82] 侯幼彬，李婉贞.中国古代建筑历史图说 [M].北京：中国建筑工业出版社，2002.

[83] 贾珺.北京私家园林志 [M].北京：清华大学出版社，2009.

[84] 贾珺.中国皇家园林 [M].北京：清华大学出版社，2013.

[85] 童寯.江南园林志 [M].北京：中国建筑工业出版社，1984.

[86] 任晓红.禅与中国园林 [M].北京：商务印书馆，1995.

[87] 李敏，吴伟.园林古韵 [M].北京：中国建筑工业出版社，2006.

[88] 魏民.风景园林专业综合实习指导书：规划设计篇 [M].北京：中国建筑工业出版社，2007.

[89] 关华山.红楼梦中的建筑与园林 [M].天津：百花文艺出版社，2008.

[90] 陈有民.园林树木学 [M].北京：中国林业出版社，2004.

[91] 刘燕.园林花卉学（第 3 版）[M].北京：中国林业出版社，2016.

[92] 叶要妹，包满珠.园林树木栽植养护学（第 5 版）[M].北京：中国林业出版社，2019.

[93] 张秀英.园林树木栽培养护学（第 2 版）[M].北京：高等教育出版社，2012.

[94] 陈瑞丹，周道瑛.园林种植设计（第 2 版）[M].北京：中国林业出版社，2019.

[95] 上海园林志编纂委员会.上海园林志 [M].上海：上海社会科学院出版社，2000.

[96] 孟兆祯.风景园林工程 [M].北京：中国林业出版社，2012.

[97] 孟兆祯.园衍 [M].北京：中国建筑工业出版社，2015.

[98] 朱钧珍.中国近代园林史（上篇）[M].北京：中国建筑工业出版社，2012.

[99] 李树华.园林种植设计学理论篇 [M].北京：中国农业出版社，2010.

[100] 董丽，包志毅.园林植物学 [M].北京：中国建筑工业出版社，2013.

[101] 杨赉丽.城市园林绿地规划（第 5 版）[M].北京：中国林业出版社，2019.

[102] 彭春生，李淑萍.盆景学（第 4 版）[M].北京：中国林业出版社，2018.

[103] 成仿云.园林苗圃学（第 2 版）[M].北京：中国林业出版社，2019.

[104] 成玉宁.中国园林史（20 世纪以前）[M].北京：中国建筑工业出版社，2018.

[105] 俞孔坚，李迪华.景观设计：专业，学科与教育 [M].北京：中国建筑工业出版社，2003.

[106] 王焘.园林经济管理 [M].北京：中国林业出版社，1997.

[107] 吴志强，李德华.城市规划原理第四版 [M].北京：中国建筑工业出版社，2010.

[108] 中国勘察设计协会园林设计分会.风景园林设计资料集：园林绿地总体设计 [M].北京：中国建筑工业出版社，2006.

[109] 张捷，赵民.新城规划的理论与实践——田园城市思想的世纪演绎 [M].北京：中国建筑工业出版社，2005.

[110] 林箐，张晋石，薛晓飞.风景园林学原理 [M].北京：中国林业出版社，2020.

[111] 陈效逑.自然地理学 [M].北京：北京大学出版社，1995.

[112] 汪德华.中国山水文化与城市规划 [M].南京：东南大学出版社，2002.

[113] 李雷.北林地景规划设计作品 [M].北京：中国建筑工业出版社，2010.

[114] 胡洁等.山水城市，梦想人居——基于山水城市思想的风景园林规划设计实践 [M].北京：中国建筑工业出版社，2020.

[115] 北京市规划委员会 . 2008 奥运·城市 [M]. 北京：中国建筑工业出版社，2008.

[116] 北京清华城市规划设计研究院 . 五环绿苑：奥林匹克公园 [M]. 北京：中国建筑工业出版社，2009.

[117] 北京市规划委员会，等 . 2008 北京奥运：北京奥林匹克公园森林公园及中心区景观规划设计方案征集 [M]. 北京：中国建筑工业出版社，2004.

[118] 北京园林古建设计研究院 . 世园揽胜：2019 北京世园会园区规划设计 [M]. 北京：中国林业出版社，2019.

[119] 陆大道 . 学科发展与服务需求——2003 年以来的部分文集 [M]. 北京：科学出版社，2018.

[120] 伍光和，等 . 自然地理学（第 4 版）[M]. 北京：高等教育出版社，2008.

[121] 顾朝林 . 人文地理学导论 [M]. 北京：科学出版社，2012.

[122] 樊杰，等 . 中国人文与经济地理学者的学术探究和社会贡献 [M]. 北京：商务印书馆，2016.

[123] 张伟然，等 . 历史与现代的对接：中国历史地理学最新研究进展 [M]. 北京：商务印书馆，2016.

[124] 星球研究所，中国青藏高原研究会 . 这里是中国 [M]. 北京：中信出版社，2019.

[125] 张驭寰 . 中国城池史 [M]. 北京：中国友谊出版公司，2015.

[126] 刘淑芬 . 六朝的城市与社会 [M]. 南京：南京大学出版社，2021.

[127] 住房和城乡建设部 . 海绵城市建设技术指南——低影响开发雨水系统构建 [M]. 北京：中国建筑工业出版社，2015.

[128] 童寯著 . 童明译 . 东南园墅 [M]. 长沙：湖南美术出版社，2018.

[129] 丁绍刚 . 风景园林概论（第二版）[M]. 北京：中国建筑工业出版社，2018.

[130] 俞孔坚 . 海绵城市——理论与实践（上 / 下）[M]. 北京：中国建筑工业出版社，2016.

[131] 沈福煦，王珂 . 建筑概论（第三版）[M]. 北京：中国建筑工业出版社，2019.

[132] 檀馨 . 梦笔生花（第一部）[M]. 北京：中国建筑工业出版社，2013.

[133] 李战修 . 梦笔生花（第三部）[M]. 北京：中国建筑工业出版社，2017.

[134] 杨宽 . 中国古代陵寝制度史研究 [M]. 上海：上海人民出版社，2016.

[135] 尹豪，贾茹 . 英国现代园林 [M]. 北京：中国建筑工业出版社，2017.

[136] 何昉 . 中国绿道规划设计理论与实践 [M]. 北京：中国建筑工业出版社，2021.

[137] 宗白华 . 美学散步 [M]. 上海：上海人民出版社，2015.

[138] 宗白华 . 宗白华讲美学 [M]. 成都：四川美术出版社，2019.

[139] 宿白 . 中国石窟寺研究 [M]. 北京：生活·读书·新知三联书店，2019.

[140] 杨鸿勋 . 江南园林论 [M]. 北京：中国建筑工业出版社，2011.

[141] [美] 麦克哈格著 . 芮经纬译 . 设计结合自然 [M]. 天津：天津大学出版社，2008.

[142] [美] 西蒙兹著 . 俞孔坚译 . 景观设计学 [M]. 北京：中国建筑工业出版社，2000.

[143] [美] 诺曼·K·布思著，曹礼昆，曹德鲲译 . 风景园林设计要素 [M]. 北京：中国林业出版社，1989.

[144] [美] 尼古拉斯·T·丹尼斯，等 . 刘玉杰等译 . 景观设计师便携手册 [M]. 北京：中国建筑工业出版社，2002.

[145] [丹麦] 扬·盖尔著 . 何人可译 . 交往与空间 [M]. 北京：中国建筑工业出版社，2002.

[146] [英] 崔瑞德著 . [美] 费正清编 . 杨品泉等译 . 剑桥中国史 [M]. 北京：中国社会科学出版社，2015.

[147] [爱尔兰] 安·布蒂默著 . 左迪，孔翔，李亚婷译 . 地理学与人文精神 [M]. 北京：北京师范大学出版社，2019.

[148] [美] 伊丽莎白·巴洛·罗杰斯著，韩炳越，等译 . 世界景观设计 [M]. 北京：中国林业出版社，2005.

[149] [美] 查尔斯·莫尔等著 . 李斯译 . 风景——诗化般的园艺为人类再造乐园 [M]. 北京：光明日报出版社，2000.

[150] [美] AIexander Garvin 著 . 张宗祥译 . 公园——宜居社区的关键 [M]. 北京：电子工业出版社，2013.

[151] [英] Peter Hall 著 . 童明译 . 明日之城：一部关于 20 世纪城市规划与设计的思想史 [M]. 上海：同济大学出版社，2009.

[152] [美] 查尔斯·瓦尔德海姆编著 . 刘海龙等译 . 景观都市主义 [M]. 北京：中国建筑工业出版社，2011.

[153] [英] 尼克·罗宾逊著 . 尹豪译 . 种植设计手册 [M]. 北京：中国建筑工业出版社，2017.

[154] 王世仁 .《勺园修禊图》中所见的一些中国庭园布置手法 [J]. 文物，1957（6）：20-24.

[155] 傅熹年 . 王希孟《千里江山图》中的北宋建筑 [J]. 故宫博物院院刊，1979（2）：50-62.

[156] 庄惟敏 . SD 法与建筑空间环境评价 [J]. 清华大学学报（自然科学版），1996，3（4）：42-47.

[157] 李嘉乐，刘家麒，王秉洛 . 中国风景园林学科的回顾与展望 [J]. 中国园林，1999，15（1）：40-43.

[158] 李嘉乐 . 现代风景园林学的内容及其形成过程 [J]. 中国园林，2002，18（4）：3-6.

[159] 孙筱祥 . 风景园林 (LANDSCAPE ARCHITECTURE) 从造园术、造园艺术、风景造园——到风景园林、地球表层规划 [J]. 中国园林，2002，18（4）：7-13.

[160] 吕明伟，胡晓雷 . 传统园林艺术中文人园的隐逸精神 [J]. 中国园林，2003，19（12）：63-65.

[161] 吕明伟，赵鑫 . 后现代主义与我国城市景观建设 [J]. 中国园林，2004，20（4）：47-53.

[162] 沈乃文 . 米万钟与勺园史事再考 [M]// 文史（总第 68 辑），北京：中华书局，2004：71-106.

[163] 中国园林增刊 2006. 风景园林学科的历史与发展论文集 .

[164] 李雄 . 北京林业大学风景园林专业本科教学体系改革的研究与实践 [J]. 中国园林，2008，24（1）：1-5.

[165] 华晓宁，吴琅 . 当代景观都市主义理念与实践 [J]. 建筑学报，2009（12）：85-89.

[166] 徐振 . 面向理论建构的风景园林研究 [J]. 建筑学报，2010（6）：15-18.

[167] 杨锐 . 风景园林学的机遇与挑战 [J]. 中国园林，2011，27（5）：18-19.

[168] 杨锐 . 论风景园林学发展脉络和特征——兼论 21 世纪初中国需要怎样的风景园林学 [J]. 中国园林，2013，29（6）：6-9.

[169] 王云才 . 基于风景园林学科的生物多样性框架 [J]. 风景园林，2014（1）：36-41.

[170] 李雄，刘尧 . 中国风景园林教育 30 年回顾与展望 [J]. 中国园林，2015，31（10）：20-23.

[171] 周如雯，陈伟良，茅晓伟 . 风景园林经济与管理学发展的回顾与展望 [J]. 中国园林，2015，31（10）：32-36.

[172] 金荷仙，汪辉，苗诗麒，等 . 1985-2014 年《中国园林》载文统计分析与研究 [J]. 中国园林，2015，31（10）：37-50.

[173] 王向荣 . 自然与文化视野下的中国国土景观多样性 [J]. 中国园林，2016，32（9）：33-42.

[174] 刘滨谊 . 学科质性分析与发展体系建构——新时期风景园林学科建设与教育发展思考 [J]. 中国园林，2017，33（1）：7-12.

[175] 张国强 . 中国风景园林史纲 [J]. 中国园林，2017，33（7）：34-40.

[176] 尹豪，傅玉 . 自然式种植设计的模数化途径研究 [J]. 中国园林，2017，33（9）：83-87.

[177] 关于《中共中央关于全面深化改革若干重大问题的决定》的说明 [N]. 人民日报，2013-11-16.

[178] 中共中央办公厅，国务院办公厅 . 建立国家公园体制总体方案 [Z]. 2017-09-26.

[179] 中共中央办公厅，国务院办公厅 . 关于建立以国家公园为主体的自然保护地体系的指导意见 [Z]. 2019-06-26.

[180] 杨滨章 . 建设美丽中国与风景园林学的使命——关于风景园林学发展的政治学思考 [J]. 中国园林，2018，34（10）：61-64.

[181] 方创琳，王振波，刘海猛 . 美丽中国建设的理论基础与评估方案探索 [J]. 地理学报，2019，74（4）：619-632.

[182] 周亮，车磊，周成虎.中国城市绿色发展效率时空演变特征及影响因素 [J].地理学报，2019, 74（10）：2027–2044.

[183] 傅凡，李红，赵彩君.从山水城市到公园城市：中国城市发展之路 [J].中国园林，2020,36（4）：12–15.

[184] 金云峰，陶楠.国土空间规划体系下风景园林规划研究 [J].风景园林，2020（1）：19–24.

[185] 吴岩，贺旭生，杨玲.国土空间规划体系背景下市县级蓝绿空间系统专项规划的编制构想 [J].风景园林，2020（1）：30–34.

[186] 张云路，马嘉，李雄.面向新时代国土空间规划的城乡绿地系统规划与管控路径探索 [J].风景园林，2020（1）：25–29.

[187] 王应临，张玉钧.中国自然保护地体系下风景遗产保护路径探讨 [J].风景园林，2020（3）：14–17.

[188] 李金路.中国名山风景区的演化 [J].风景园林，2020（4）：114–117.

[189] 刘文平，陈倩，黄子秋.21 世纪以来风景园林国际研究热点与未来挑战 [J].风景园林,2020(11）：75–81.

[190] 欧阳志云，杜傲，徐卫华.中国自然保护地体系分类研究 [J].生态学报，2020, 40（20）：7207–7215.

[191] 赵金崎，桑卫国，闵庆文.以国家公园为主体的保护地体系管理机制的构建 [J].生态学报，2020, 40（20）：7216–7221.

[192] 杨锐.中国风景园林学学科简史 [J].中国园林，2021, 37（1）：6–11.

[193] 张晋石，杨锐.世界风景园林学学科发展脉络 [J].中国园林，2021, 37（1）：12–15.

[194] 刘晖.中国风景园林知行传统 [J].中国园林，2021, 37（1）：16–21.

[195] 成玉宁.中国风景园林学的发端 (1920s—1940s)[J].中国园林，2021, 37（1）：22–25.

[196] 杜春兰，郑曦.一级学科背景下的中国风景园林教育发展回顾与展望 [J].中国园林,2021,37（1）：26–32.

[197] 曹家骧.钱学森与"山水城市" [N].文汇报，2009–11–07.

[198] 马振兴.山水城市：中国特色的生态城市——看胡洁践行的"山水城市"理念 [N].光明日报，2010–06–08.

附　录

附录一　中国国家自然保护区名录（474 处）目前仅查到 448 处

时间	自然保护区名称
1956 年 6 月 30 日 （共 1 处）	广东省鼎湖山
1958 年 3 月 1 日 （共 1 处）	广西壮族自治区桂林花坪
1975 年 3 月 20 日 （共 2 处）	四川省卧龙、雅安蜂桶寨
1978 年 12 月 15 日 （共 5 处）	四川省九寨沟、马边大风顶、美姑大风顶，陕西省佛坪，甘肃省白水江
1979 年 7 月 3 日 （共 1 处）	福建省武夷山
1980 年 1 月 17 日 （共 1 处）	山东省山旺古生物化石
1980 年 3 月 16 日 （共 1 处）	云南省南滚河
1980 年 8 月 6 日 （共 1 处）	辽宁省蛇岛、老铁山
1980 年 9 月 11 日 （共 1 处）	广西壮族自治区弄岗
1984 年 10 月 18 日 （共 1 处）	天津市蓟县中、上元古界地层剖面
1985 年 3 月 5 日 （共 1 处）	新疆维吾尔自治区阿尔金山
1986 年 7 月 9 日 （共 20 处）	吉林省长白山、向海，辽宁省医巫闾山，山西省庞泉沟，浙江省天目山，安徽省扬子鳄，湖北省神农架，湖南省八大公山，贵州省梵净山，海南省东寨港、海南省大田，云南省西双版纳、高黎贡山，西藏自治区墨脱，四川省唐家河，陕西省太白山，青海省隆宝，新疆维吾尔自治区哈纳斯、巴音布鲁克，北京市松山
1987 年 4 月 18 日 （共 1 处）	黑龙江省扎龙
1988 年 5 月 9 日 （共 25 处）	河北省雾灵山，山西省历山，内蒙古自治区大青沟，辽宁省白石砬子、双台河口，黑龙江省丰林、呼中，安徽省古牛绛，福建省梅花山，江西省鄱阳湖候鸟，山东省长岛，河南省鸡公山、宝天曼，海南省坝王岭，广东省内伶仃岛－福田、车八岭，贵州省茂兰，云南省白马雪山，云南省哀牢山，陕西省周至、牛背梁，甘肃省兴隆山、祁连山，宁夏回族自治区贺兰山、六盘山

续表

时间	自然保护区名称
1990 年 10 月 6 日（共 5 处）	河北省昌黎黄金海岸，广西壮族自治区山口红树林，海南省大洲岛海洋、三亚珊瑚礁，浙江省南麂列岛
1992 年 10 月 27 日（共 16 处）	天津市古海岸与湿地，内蒙古自治区贺兰山、达赉湖，吉林省伊通火山群，辽宁省仙人洞，山东省黄河三角洲，江苏省盐城沿海滩涂珍禽，浙江省凤阳山—百山祖，福建省深沪湾海底古森林遗迹，湖北省长江新螺段白鱀豚、长江天鹅洲白鱀豚，广东省惠东港口海龟，广西壮族自治区合浦营盘港—英罗港儒艮，贵州省威宁草海、赤水桫椤，甘肃省安西极旱荒漠
1994 年 4 月 5 日（共 13 处）	黑龙江省牡丹峰、兴凯湖，浙江省乌岩岭，安徽省鹞落坪，山东省马山，湖南省东洞庭湖、壶瓶山、莽山，广东省南岭，云南省苍山洱海，广西壮族自治区防城金花茶，西藏自治区珠穆朗玛峰，宁夏回族自治区沙坡头
1995 年 11 月 6 日（共 3 处）	天津市八仙山，内蒙古自治区科尔沁，广东省丹霞山
1995 年 12 月 12 日（共 1 处）	陕西省长青
1996 年 11 月 29 日（共 7 处）	内蒙古大兴安岭汗马，黑龙江省五大连池、洪河，河南省豫北黄河故道湿地鸟类，湖南省张家界大鲵，四川省小金四姑娘山、攀枝花苏铁
1997 年 12 月 8 日（共 18 处）	山西省芦芽山，内蒙古自治区锡林郭勒草原、达里诺尔、西鄂尔多斯，辽宁省大连斑海豹、丹东鸭绿江口湿地，吉林省莫莫格，黑龙江省凉水、饶河东北黑蜂，江苏省大丰麋鹿、升金湖，河南省伏牛山，广东省湛江红树林，四川省贡嘎山、龙溪—虹口，贵州省习水中亚热带常绿阔叶林，青海省青海湖、可可西里
1998 年 8 月 18 日（共 12 处）	河北省围场红松洼，山西省阳城莽河猕猴，辽宁省北票鸟化石、恒仁老秃顶子，浙江省临安清凉峰，安徽省金寨天马，福建省将乐龙栖山，河南省焦作太行山猕猴，湖北省石首麋鹿，广西壮族自治区木论，四川省若尔盖湿地，甘肃省尕海—则岔
2000 年 4 月 4 日（共 18 处）	内蒙古自治区白音敖包、赛罕乌拉，黑龙江省三江、宝清七星河，福建省厦门珍稀海洋物种，江西省井冈山，湖北省五峰后河，湖南省永州都庞岭，广西壮族自治区大瑶山、北仑河口，重庆市金佛山，四川省长江合江—雷波段珍稀鱼类，云南省西双版纳纳版河流域、无量山，西藏自治区羌塘，青海省循化孟达，宁夏回族自治区灵武白芨滩，新疆维吾尔自治区西天山
2001 年 6 月 16 日（共 16 处）	内蒙古自治区大黑山、乌拉特梭梭林—蒙古野驴、鄂尔多斯遗鸥，辽宁省成山头海滨地貌，浙江省古田山，福建省虎伯寮，江西省桃红岭梅花鹿，河南省董寨，湖北省青龙山恐龙蛋化石群，湖南省小溪，重庆市缙云山，四川省亚丁，贵州省雷公山，云南省金平分水岭、大围山，新疆维吾尔自治区甘家湖梭梭林
2002 年 7 月 2 日（共 17 处）	河北省泥河湾、小五台山，内蒙古自治区辉河、图牧吉，吉林省天佛指山，黑龙江省挠力河，浙江省大盘山，江西省江西武夷山，湖南省炎陵桃源洞，广东省象头山，广西壮族自治区大明山，海南省尖峰岭，四川省王朗、白水河，西藏自治区察隅慈巴沟，甘肃省民勤连古城，宁夏回族自治区罗山
2003 年 1 月 24 日（共 9 处）	内蒙古自治区额济纳胡杨林、红花尔基樟子松林，吉林省鸭绿江上游，广西壮族自治区猫儿山，海南省铜鼓岭，云南省大山包黑颈鹤，西藏自治区芒康滇金丝猴，新疆维吾尔自治区托木尔峰，青海省三江源

续表

时间	自然保护区名称
2003 年 6 月 6 日 （共 29 处）	河北省衡水湖、大海坨，内蒙古自治区黑里河，吉林省龙湾，黑龙江省南瓮河、八岔岛，浙江省九龙山，福建省梁野山、天宝岩、漳江口红树林，江西省九连山，河南省南阳恐龙蛋化石群、黄河湿地，湖北省星斗山，广东省珠江口中华白海豚，广西壮族自治区十万大山，海南省五指山，重庆市大巴山，四川省察青松多白唇鹿、长宁竹海、画稿溪，贵州省麻阳河，云南省黄连山、文山，西藏自治区色林错、雅鲁藏布江中游河谷黑颈鹤，甘肃省莲花山、敦煌西湖，新疆维吾尔自治区罗布泊野骆驼
2005 年 7 月 23 日 （共 17 处）	河北省柳江盆地地质遗迹，内蒙古自治区阿鲁科尔沁、哈腾套海，吉林省大布苏、珲春东北虎，上海市九段沙湿地、崇明东滩鸟类，浙江省长兴地质遗迹，福建省戴云山，河南省连康山，湖南省黄桑，云南省药山，西藏自治区拉鲁湿地、类乌齐马鹿，陕西省汉中朱鹮，甘肃省太统—崆峒山、连城
2006 年 2 月 1 日 （共 22 处）	山西省五鹿山，内蒙古自治区额尔古纳，辽宁省努鲁儿虎山，黑龙江省凤凰山，江苏省泗洪洪泽湖，安徽省铜陵淡水豚，福建省闽江源，山东省滨州贝壳堤岛与湿地，河南省小秦岭，湖南省乌云界、鹰嘴界，广西壮族自治区千家洞，四川省米仓山、雪宝顶，云南省会泽黑颈鹤、永德大雪山，陕西省子午岭，甘肃省小陇山、盐池湾、安南坝野骆驼，宁夏回族自治区哈巴湖，新疆维吾尔自治区塔里木胡杨
2007 年 4 月 6 日 （共 19 处）	河北省塞罕坝，内蒙古自治区鄂托克恐龙遗迹化石，辽宁省海棠山，吉林省查干湖、雁鸣湖，黑龙江省乌伊岭、胜山，江西省官山，山东省荣成大天鹅，河南省丹江湿地，湖北省九宫山，湖南省南岳衡山，广西壮族自治区岑王老山、九万山，广东省徐闻珊瑚礁，四川省花萼山，贵州省宽阔水，陕西省化龙山，新疆维吾尔自治区艾比湖湿地
2008 年 1 月 14 日 （共 19 处）	北京市百花山，河北省滦河上游、茅荆坝，内蒙古自治区大青山，黑龙江省珍宝岛湿地、红星湿地、双河，福建省君子峰，江西省鄱阳湖南矶湿地、马头山，山东省昆嵛山，湖北省七姊妹山，湖南省借母溪、八面山，广东省雷州珍稀海洋生物，广西壮族自治区金钟山黑颈长尾雉，海南省吊罗山，四川省海子山，陕西省天华山
2009 年 9 月 18 日 （共 16 处）	吉林省松花江三湖、哈泥，黑龙江省东方红湿、大沾河湿地、穆棱东北红豆杉，湖北省龙感湖，湖南省阳明山、六步溪、舜皇山，广西壮族自治区雅长兰科植物，四川省长沙贡玛，陕西省青木川、桑园、陇县秦岭细鳞鲑，甘肃省洮河、敦煌阳关
2011 年 4 月 16 日 （共 16 处）	河北省驼梁国家级自然保护区，内蒙古自治区高格斯台罕乌拉，辽宁省白狼山，吉林省波罗湖，黑龙江省新青白头鹤，浙江省象山韭山列岛，安徽省清凉峰，江西省九岭山，湖北省赛武当，湖南省高望界，重庆市雪宝山，四川省老君山，云南省轿子山，陕西省延安黄龙山褐马鸡、米仓山，甘肃省张掖黑河湿地
2012 年 1 月 21 日 （28 处）	河北省青崖寨，山西省黑茶山，内蒙古自治区古日格斯台，辽宁省章古台，吉林省靖宇、黄泥河，黑龙江省绰纳河、多布库尔、友好、小北湖，福建省雄江黄楮林，江西省齐云山、阳际峰，湖北省木林子、咸丰忠建河大鲵，广东省石门台、南澎列岛，广西壮族自治区崇左白头叶猴，重庆市阴条岭，四川省诺水河珍稀水生动物、黑竹沟、格西沟，云南省云龙天池、元江，陕西省韩城黄龙山褐马鸡、太白湑水河珍稀水生生物、紫柏山，甘肃省太子山
2013 年 12 月 25 日 （共 23 处）	山西省灵空山国家级自然保护区，内蒙古自治区罕山、青山，吉林省白山原麝国、四平山门中生代火山，黑龙江省中央站黑嘴松鸡、茅兰沟、明水，湖北省十八里长峡，湖南省西洞庭湖、九嶷山、金童山，广西壮族自治区亮长臂猿、恩城、元宝山，四川省栗子坪，云南省乌蒙山，陕西省老县城、观音山，甘肃省黄河首曲，青海省大通北川河源区，宁夏回族自治区火石寨丹霞地貌，新疆维吾尔自治区布尔根河狸

时间	自然保护区名称
2014 年 12 月 5 日 （共 21 处）	内蒙古自治区毕拉河、乌兰坝，辽宁省葫芦岛虹螺山、青龙河，吉林省集安，黑龙江省太平沟、老爷岭、大峡谷，福建省汀江源，江西省铜钹山，河南省大别山，湖北省洪湖、南河、大别山，广东省云开山，广西壮族自治区七冲，海南省鹦哥岭，四川省千佛山，甘肃省秦州珍稀水生野生动物，宁夏回族自治区南华山，新疆维吾尔自治区巴尔鲁克山
2015 年 3 月 28 日 （共 1 处）	黑龙江黑瞎子岛
2016 年 5 月 2 日 （共 18 处）	辽宁省楼子山，吉林省通化石湖，黑龙江省北极村、公别拉河、碧水中华秋沙鸭、翠北湿地，安徽省古井园，福建省峨眉峰，江西省婺源森林鸟类，河南省高乐山，湖北省巴东金丝猴，广西壮族自治区银竹老山资源冷杉，贵州省佛顶山，西藏自治区麦地卡湿地，陕西省丹凤武关河珍稀水生动物、黑河珍稀水生野生动物，新疆维吾尔自治区霍城四爪陆龟、伊犁小叶白蜡
2017 年 7 月 4 日 （共 17 处）	黑龙江省盘中、平顶山、乌马河紫貂、岭峰、黑瞎子岛、七星砬子东北虎，浙江省安吉小鲵，江西省南风面，湖北省长阳崩尖子、大老岭、五道峡，四川省白河，西藏自治区玛旁雍错湿地，陕西省摩天岭，甘肃省多儿，新疆维吾尔自治区阿勒泰科克苏湿地、温泉新疆北鲵
2018 年 5 月 31 日 （共 5 处）	山西省太宽河，吉林省头道松花江上游、吉林甑峰岭，黑龙江省细鳞河，贵州省贵州大沙河

注：1. 广东省鼎湖山为我国第一个自然保护区，第一届全国人民代表大会第三次会议上第 92 号提案，在大会上被审查通过公布；其余均为国务院发布；

2. 本表由作者收集，感谢各方帮助；至今仅查到 448 处。

附录二　中国国家风景名胜区名录

国家级风景名胜区（244处）

批次	风景名胜区名称
第一批（44） 1982年11月8日 图务院发布	八达岭—十三陵▲、承德避暑山庄外八庙、秦皇岛北戴河、五台山▲、恒山、鞍山千山、镜泊湖、五大连池、太湖、南京钟山▲、杭州西湖▲、雁荡山、富春江—新安江、普陀山、黄山◆、九华山、天柱山、武夷山◆、庐山▲、井冈山、泰山◆、青岛崂山、鸡公山、洛阳龙门▲、嵩山▲、武汉东湖、武当山▲、衡山、肇庆星湖、桂林漓江★、长江三峡、重庆缙云山、峨眉山◆、黄龙寺—九寨沟、剑门蜀道、青城山—都江堰★、黄果树、路南石林★、大理、西双版纳、华山、临潼骊山▲、麦积山▲、天山天池★
第二批（40） 1988年8月1日 图务院发布	野三坡、苍岩山、黄河壶口瀑布、鸭绿江、金石滩、兴城海滨、大连海滨—旅顺口、"八大部"—净月潭、松花湖、云台山、蜀岗瘦西湖▲、天台山、嵊泗列岛、楠溪江、琅琊山、清源山、鼓浪屿—万石山▲、太姥山、三清山★、龙虎山、胶东半岛海滨、大洪山、武陵源、岳阳楼洞庭湖、西樵山、丹霞山★、桂平西山、花山▲、金佛山★、贡嘎山、蜀南竹海、织金洞、舞阳河★、红枫湖、龙宫、三江并流★、昆明滇池、丽江玉龙雪山▲、西夏王陵、雅砻河
第三批（35） 1994年1月10日 图务院发布	盘山、嶂石岩、北武当山、五老峰、凤凰山、本溪水洞、莫干山、雪窦山、双龙、仙都、齐云山、桃源洞—鳞隐石林、金湖、鸳鸯溪、海坛、冠豸山、王屋山—云台山、隆中、九宫山、韶山、三亚热带海滨、四面山、西岭雪山★、四姑娘山★、荔波漳江★、赤水★、马岭河峡谷、腾冲热地火山、九乡、瑞丽江—大盈江、建水、宝鸡天台山、崆峒山、鸣沙山▲、青海湖
第四批（32） 2002年5月17日 图务院发布	石花洞、西柏坡—天桂山、崆山白云洞、扎兰屯、青山沟、医巫闾山、仙景台、防川、江郎山★、仙居、浣江—五泄、采石、巢湖、花山谜窟—渐江、鼓山、玉华洞、仙女湖、三百山、博山、青州、石人山、陆水、岳麓山、崀山★、白云山、惠州西湖、芙蓉江★、邛海—螺髻山、石海洞乡、黄帝陵、库木塔格沙漠、博斯腾湖
第五批（26） 2004年1月13日 图务院发布	三山、方岩、百丈漈—飞云湖、太极洞、十八重溪、青云山、梅岭—滕王阁、龟峰★、林虑山、猛洞河▲、桃花源、罗浮山、湖光岩、天坑地缝、光雾山—诺水河、白龙湖、龙门山、邛崃天台山★、都匀斗篷山—剑江、九洞天、九龙洞、黎平侗乡、普者黑、阿庐、合阳洽川、赛里木湖
第六批（10） 2005年12月31日 图务院发布	方山—长屿硐天、花亭湖、高岭—瑶里、武功山、云居山—柘林湖、青天河、神农山、紫鹊界梯田—梅山龙宫、德夯、紫云格凸河穿洞
第七批（21） 2009年12月28日 图务院发布	太阳岛、天姥山、佛子山、宝山、福安白云山、灵山、桐柏山—淮源、郑州黄河、苏仙岭—万华岩、南山、万佛山—侗寨、虎形山—花瑶、东江湖、梧桐山、平塘、榕江苗山侗水、石阡温泉群、沿河乌江山峡、瓮安江界河、唐古拉山—怒江源、纳木措—念青唐古拉山
第八批（17） 2012年10月31日 图务院发布	太行大峡谷、响堂山、娲皇宫、碛口、大红岩、灵通山、湄洲岛、神农源、大茅山、凤凰、沩山、炎帝陵、白水洞、潭潼峡、须弥山石窟、罗布人村寨、土林—古格
第九批（19） 2017年3月21日 图务院发布	额尔古纳、大沽河、大盘山、桃渚、仙华山、龙川、齐山—平天湖、九龙漈、瑞金、小武当、杨岐山、汉仙岩、千佛山、丹江口水库、九嶷山—舜帝陵、里耶—乌龙山、米仓山大峡谷、关山莲花台、托木尔大峡谷★

其他重要风景名胜区（63处）

省份	名称
河北（1）	凉城
山西（1）	晋祠—天龙山
吉林（4）	满天星、长白山、八道江、五女山
黑龙江（2）	三江湿地、扎龙鹤乡
江苏（3）	盐城湿地★、大运河★、云龙
浙江（1）	天荒坪
安徽（1）	浮山
山东（1）	峄山
河南（2）	百泉、亚武山—函谷关
湖南（1）	洞河
广西（2）	资江—八角寨、大化红水河—七百弄
海南（3）	西沙群岛、中沙群岛、南沙群岛
重庆（1）	大足▲
四川（3）	卡龙、蒙山—碧峰峡、佛宝
贵州（3）	梵净山太平河★、遵义山关、百里杜鹃
云南（7）	泸沽湖、楚雄紫溪山—禄丰恐龙山、武定狮子山、多依河—鲁布革、景东漫湾—哀牢山、沧源佤山、大黑山
西藏（7）	羌塘、昂仁、珠穆朗玛峰、日喀则、拉萨胜迹▲、巴结巨拍、雅鲁藏布大峡谷
陕西（1）	楼观台—太白山
青海（3）	昆仑山、可可西里湖★、江河源★
宁夏（2）	沙湖、泾河源
新疆（6）	喀什风物、和田、若羌、艾丁湖、巴音布鲁克★、喀纳斯湖
台湾（8）	阳明山、雪霸、太鲁阁、日月潭、阿里山—玉山、南湾垦丁、钓鱼岛、东沙群岛

注：1. 纳入世界自然遗产的风景名胜标注为"★"；
2. 纳入世界自然与文化双遗产的风景名胜标注为"◆"；
3. 纳入世界文化遗产的风景名胜标注为"▲"。

资料来源：本表引自《风景园林文脉》，2020年10月。

附录三　中国风景资源分类细表（3 大类、12 中类、98 小类、803 子类）

大类	中类	小类	子　类
一、自然景源	1. 天景	1) 日月星光	(1) 旭日夕阳 (2) 月色星光 (3) 日月光影 (4) 日月光柱 (5) 晕 (风) 圈 (6) 幻日 (7) 光弧 (8) 曙暮光楔 (9) 雪照云光 (10) 水照云光 (11) 白夜 (12) 极光
		2) 虹霞蜃景	(1) 虹霓 (2) 宝光 (3) 露水佛光 (4) 干燥佛光 (5) 日华 (6) 月华 (7) 朝霞 (8) 晚霞 (9) 海市蜃楼 (10) 沙漠蜃景 (11) 冰湖蜃景 (12) 复杂蜃景
		3) 风雨阴晴	(1) 风色 (2) 雨情 (3) 海 (湖) 陆风 (4) 山谷 (坡) 风 (5) 干热风 (6) 峡谷风 (7) 冰川风 (8) 龙卷风 (9) 晴天景 (10) 阴天景
		4) 气候景象	(1) 四季分明 (2) 四季常青 (3) 干旱草原景观 (4) 干旱荒漠景观 (5) 垂直带景观 (6) 高寒干景观 (7) 寒潮 (8) 梅雨 (9) 台风 (10) 避寒避暑
		5) 自然声象	(1) 风声 (2) 雨声 (3) 水声 (4) 雷声 (5) 涛声 (6) 鸟语 (7) 蝉噪 (8) 蛙叫 (9) 鹿鸣 (10) 兽吼
		6) 云雾景观	(1) 云海 (2) 瀑布云 (3) 玉带云 (4) 形象云 (5) 彩云 (6) 低云 (7) 中云 (8) 高云 (9) 响云 (10) 雾海 (11) 平流雾 (12) 山岚 (13) 彩雾 (14) 香雾
		7) 冰雪霜露	(1) 冰雹 (2) 冰冻 (3) 冰流 (4) 冰凌 (5) 树挂雾凇 (6) 降雪 (7) 积雪 (8) 冰雕雪塑 (9) 霜景 (10) 露景
		8) 其他天景	(1) 晨景 (2) 午景 (3) 暮景 (4) 夜景 (5) 海滋 (6) 海火海光　　　　　（合计 84 子类）
	2. 地景	1) 宏观山地	(1) 高山 (2) 中山 (3) 低山 (4) 丘陵 (5) 孤丘 (6) 台地 (7) 盆地 (8) 原野
		2) 山景	(1) 峰 (2) 顶 (3) 岭 (4) 脊 (5) 岗 (6) 崖 (7) 台 (8) 崮 (9) 坡 (10) 崖 (11) 石梁 (12) 天生桥
		3) 奇峰	(1) 孤峰 (2) 连峰 (3) 群峰 (4) 峰丛 (5) 峰林 (6) 形象峰 (7) 岩柱 (8) 岩碑 (9) 岩嶂 (10) 岩岭 (11) 岩墩 (12) 岩蛋
		4) 峡谷	(1) 洞 (2) 峡 (3) 沟 (4) 谷 (5) 川 (6) 门 (7) 口 (8) 关 (9) 壁 (10) 岩 (11) 谷盆 (12) 地缝 (13) 溶斗天坑 (14) 洞窟山坞 (15) 石窟 (16) 一线天
		5) 洞府	(1) 边洞 (2) 腹洞 (3) 穿洞 (4) 平洞 (5) 竖洞 (6) 斜洞 (7) 层洞 (8) 迷洞 (9) 群洞 (10) 高洞 (11) 低洞 (12) 天洞 (13) 壁洞 (14) 水洞 (15) 旱洞 (16) 水帘洞 (17) 乳石洞 (18) 响石洞 (19) 晶石洞 (20) 岩溶洞 (21) 熔岩洞 (22) 人工洞
		6) 石林石景	(1) 石纹 (2) 石芽 (3) 石海 (4) 石林 (5) 形象石 (6) 风动石 (7) 钟乳石 (8) 吸水石 (9) 湖石 (10) 砾石 (11) 响石 (12) 浮石 (13) 火成岩 (14) 沉积岩 (15) 变质岩
		7) 沙景沙漠	(1) 沙山 (2) 沙丘 (3) 沙坡 (4) 沙地 (5) 沙滩 (6) 沙堤坝 (7) 沙湖 (8) 响沙 (9) 沙暴 (10) 沙石滩
		8) 火山熔岩	(1) 火山口 (2) 火山高地 (3) 火山孤峰 (4) 火山连峰 (5) 火山群峰 (6) 熔岩台地 (7) 熔岩流 (8) 熔岩平原 (9) 熔岩洞窟 (10) 熔岩隧道
		9) 蚀余景观	(1) 海蚀景观 (2) 溶蚀景观 (3) 风蚀景观 (4) 丹霞景观 (5) 方山景观 (6) 土林景观 (7) 黄土景观 (8) 雅丹景观
		10) 洲岛屿礁	(1) 孤岛 (2) 连岛 (3) 列岛 (4) 群岛 (5) 半岛 (6) 岬矶 (7) 沙洲 (8) 三角洲 (9) 基岩岛礁 (10) 冲积岛礁 (11) 火山岛礁 (12) 珊瑚岛礁 (岩礁、环礁、堡礁、台礁)
		11) 海岸景观	(1) 枝状海岸 (2) 齿状海岸 (3) 躯干海岸 (4) 泥岸 (5) 沙岸 (6) 岩岸 (7) 珊瑚礁岸 (8) 红树林岸
		12) 海底地形	(1) 大陆架 (2) 大陆坡 (3) 大陆基 (4) 孤岛海沟 (5) 深海盆地 (6) 火山海峰 (7) 海底高原 (8) 海岭海脊 (洋中脊)

大类	中类	小类	子　类
一、自然景源	2. 地景	13) 地质珍迹	(1) 典型地质构造 (2) 标准地层剖面 (3) 生物化石点 (4) 灾变遗迹 (地震、沉降、塌陷、地震缝、泥石流、滑坡)
		14) 其他地景	(1) 文化名山 (2) 成因名山 (3) 名洞 (4) 名石　　　　　　　（合计 149 子类）
	3. 水景	1) 泉井	(1) 悬挂泉 (2) 溢流泉 (3) 涌喷泉 (4) 间歇泉 (5) 溶洞泉 (6) 海底泉 (7) 矿泉 (8) 温泉 (冷、温、热、汤、沸、汽)(9) 水热爆炸 (10) 奇异泉井 (喊、笑、羞、血、药、火、冰、甘、苦、乳)
		2) 溪涧	(1) 泉溪 (2) 洞溪 (3) 沟溪 (4) 河溪 (5) 瀑布溪 (6) 灰华溪
		3) 江河	(1) 河口 (2) 河网 (3) 平川 (4) 江峡河谷 (5) 江河之源 (6) 暗河 (7) 悬河 (8) 内陆河 (9) 山区河 (10) 平原河 (11) 顺直河 (12) 弯曲河 (13) 分汊河 (14) 游荡河 (15) 人工河 (16) 奇异河 (香、甜、酸)
		4) 湖泊	(1) 狭长湖 (2) 圆卵湖 (3) 枝状湖 (4) 弯曲湖 (5) 串湖 (6) 群湖 (7) 卫星湖 (8) 群岛湖 (9) 平原湖 (10) 山区湖 (11) 高原湖 (12) 天池 (13) 地下湖 (14) 奇异湖 (双层、沸、火、死、浮、甜、变色)(15) 盐湖 (16) 构造湖 (17) 火山口湖 (18) 堰塞湖 (19) 冰川湖 (20) 岩溶湖 (21) 风成湖 (22) 海成湖 (23) 河成湖 (24) 人工湖
		5) 潭池	(1) 泉溪潭 (2) 江河潭 (3) 瀑布潭 (4) 岩溶潭 (5) 彩池 (6) 海子
		6) 瀑布跌水	(1) 悬落瀑 (2) 滑落瀑 (3) 旋落瀑 (4) 一叠瀑 (5) 二叠瀑 (6) 多叠瀑 (7) 单瀑 (8) 双瀑 (9) 群瀑 (10) 水帘状瀑 (11) 带形瀑 (12) 弧形瀑 (13) 复杂型瀑 (14) 江河瀑 (15) 涧溪瀑 (16) 温泉瀑 (17) 地下瀑 (18) 间歇瀑 (19) 冰瀑
		7) 沼泽滩涂	(1) 泥炭沼泽 (2) 潜育沼泽 (3) 苔草草甸沼泽 (4) 冻土沼泽 (5) 丛生嵩草沼泽 (6) 芦苇沼泽 (7) 红树林沼泽 (8) 河湖漫滩 (9) 海滩 (10) 海涂
		8) 海湾海域	(1) 海湾 (2) 海峡 (3) 海水 (4) 海冰 (5) 波浪 (6) 潮汐 (7) 海流洋流 (8) 涡流 (9) 海啸 (10) 海洋生物
		9) 冰雪冰川	(1) 冰山冰峰 (2) 大陆性冰川 (3) 海洋性冰川 (4) 冰塔林 (5) 冰柱 (6) 冰胡同 (7) 冰洞 (8) 冰裂隙 (9) 冰河 (10) 雪山 (11) 雪原
		10) 其他水景	(1) 热海热田 (2) 奇异海景 (3) 名泉 (4) 名湖 (5) 名瀑 (6) 坎儿井　（合计 119 子类）
	4. 生景	1) 森林	(1) 针叶林 (2) 针阔叶混交林 (3) 夏绿阔叶林 (4) 常绿阔叶林 (5) 热带季雨林 (6) 热带雨林 (7) 灌木丛林 (8) 人工林 (风景、防护、经济)
		2) 草地草原	(1) 森林草原 (2) 典型草原 (3) 荒漠草原 (4) 典型草甸 (5) 高寒草甸 (6) 沼泽化草甸 (7) 盐生草甸 (8) 人工草地
		3) 古树名木	(1) 百年古树 (2) 数百年古树 (3) 超千年古树 (4) 国花国树 (5) 市花市树 (6) 跨区系边缘树林 (7) 特殊人文花木 (8) 奇异花木
		4) 珍稀生物	(1) 特有种植物 (2) 特有种动物 (3) 古遗植物 (4) 古遗动物 (5) 濒危植物 (6) 濒危动物 (7) 分级保护植物 (8) 分级保护动物 (9) 观赏植物 (10) 观赏动物
		5) 植物生态类群	(1) 旱生植物 (2) 中生植物 (3) 湿生植物 (4) 水生植物 (5) 喜钙植物 (6) 嫌钙植物 (7) 虫媒植物 (8) 风媒植物 (9) 狭温植物 (10) 广温植物 (11) 长日照植物 (12) 短日照植物 (13) 指示植物
		6) 动物群栖息地	(1) 苔原动物群 (2) 针叶林动物群 (3) 落叶林动物群 (4) 热带森林动物群 (5) 稀树草原动物群 (6) 荒漠草原动物群 (7) 内陆水域动物群 (8) 海洋动物群 (9) 野生动物栖息地 (10) 各种动物放养地
		7) 物候季相景观	(1) 春花新绿 (2) 夏荫风采 (3) 秋色果香 (4) 冬枝神韵 (5) 鸟类迁徙 (6) 鱼类洄游 (7) 哺乳动物周期性迁移 (8) 动物的垂直方向迁移
		8) 其他生物景观	(1) 典型植物群落 (翠云廊、杜鹃坡、竹海……)(2) 典型动物种群 (鸟岛、蛇岛、猴岛、鸣禽谷、蝴蝶泉……　　　　　　　（合计 67 子类）

大类	中类	小类	子　类
二、人文景源	5.园景	1) 历史名园	(1) 皇家园林 (2) 私家园林 (3) 寺庙园林 (4) 公共园林 (5) 文人山水园 (6) 苑囿 (7) 宅园圃园 (8) 游憩园 (9) 别墅园 (10) 名胜园
		2) 现代公园	(1) 综合公园 (2) 特种公园 (3) 社区公园 (4) 儿童公园 (5) 文化公园 (6) 体育公园 (7) 交通公园 (8) 名胜公园 (9) 海洋公园 (10) 森林公园 (11) 地质公园 (12) 天然公园 (13) 水上公园 (14) 雕塑公园
		3) 植物园	(1) 综合植物园 (2) 专类植物园（水生、岩石、高山、热带、药用） (3) 特种植物园 (4) 野生植物园 (5) 植物公园 (6) 树木园
		4) 动物园	(1) 综合动物园 (2) 专类动物园 (3) 特种动物园 (4) 野生动物园 (5) 野生动物圈养保护中心 (6) 专类昆虫园
		5) 庭宅花园	(1) 庭园 (2) 宅园 (3) 花园 (4) 专类花园（春、夏、秋、冬、芳香、宿根、球根、松柏、蔷薇……)(5) 屋顶花园 (6) 室内花园 (7) 台地园 (8) 沉床园 (9) 墙园 (10) 窗园 (11) 悬园 (12) 廊柱园 (13) 假山园 (14) 水景园 (15) 铺地园 (16) 野趣园 (17) 盆景园 (18) 小游园
		6) 专类主题游园	(1) 游乐场园 (2) 微缩景园 (3) 文化艺术景园 (4) 异域风光园 (5) 民俗游园 (6) 科技科幻游园 (7) 博览园区 (8) 生活体验园区
		7) 陵园墓园	(1) 烈士陵园 (2) 著名墓园 (3) 帝王陵园 (4) 纪念陵园 (5) 祭祀坛园
		8) 其他园景	(1) 观光果园 (2) 劳作农园　　　　　　　　　　　　　（合计68子类）
	6.建筑	1) 风景建筑	(1) 亭 (2) 台 (3) 廊 (4) 榭 (5) 舫 (6) 门 (7) 厅 (8) 堂 (9) 楼阁 (10) 塔 (11) 坊表 (12) 碑碣 (13) 景桥 (14) 小品 (15) 景壁 (16) 景柱
		2) 民居宗祠	(1) 庭院住宅 (2) 窑洞住宅 (3) 干阑住宅 (4) 碉房 (5) 毡帐 (6) 阿以旺 (7) 舟居 (8) 独户住宅 (9) 多户住宅 (10) 别墅 (11) 祠堂 (12) 会馆 (13) 钟鼓楼 (14) 山寨
		3) 文娱建筑	(1) 文化宫 (2) 图书阁馆 (3) 博物苑馆 (4) 展览馆 (5) 天文馆 (6) 影剧院 (7) 音乐厅 (8) 杂技场 (9) 体育建筑 (10) 游泳馆 (11) 学府书院 (12) 戏楼
		4) 商业建筑	(1) 旅馆 (2) 酒楼 (3) 银行邮电 (4) 商店 (5) 商场 (6) 交易会 (7) 购物中心 (8) 商业步行街
		5) 宫殿衙署	(1) 宫殿 (2) 离宫 (3) 衙署 (4) 王城 (5) 宫堡 (6) 殿堂 (7) 官寨
		6) 宗教建筑	(1) 坛 (2) 庙 (3) 佛寺 (4) 道观 (5) 庵堂 (6) 教堂 (7) 清真寺 (8) 佛塔 (9) 庙阙 (10) 塔林
		7) 纪念建筑	(1) 故居 (2) 会址 (3) 祠庙 (4) 纪念堂馆 (5) 纪念碑柱 (6) 纪念门墙 (7) 牌楼 (8) 阙
		8) 工交建筑	(1) 铁路站 (2) 汽车站 (3) 水运码头 (4) 航空港 (5) 邮电 (6) 广播电视 (7) 会堂 (8) 办公 (9) 政府 (10) 消防
		9) 工程构筑物	(1) 水利工程 (2) 水电工程 (3) 军事工程 (4) 海岸工程
		10) 其他建筑	(1) 名楼 (2) 名桥 (3) 名栈道 (4) 名隧道　　　　　　　（合计93子类）
	7.史迹	1) 遗址遗迹	(1) 古猿人旧石器时代遗址 (2) 新石器时代聚落遗址 (3) 夏商周都邑遗址 (4) 秦汉后城市遗址（5）古代手工业遗址 (6) 古交通遗址
		2) 摩崖题刻	(1) 岩面（2）摩崖石刻题刻 (3) 碑刻 (4) 碑林 (5) 石经幢 (6) 墓志
		3) 石窟	(1) 塔庙窟 (2) 佛殿窟 (3) 讲堂窟 (4) 禅窟 (5) 僧房窟 (6) 摩崖造像 (7) 北方石窟 (8) 南方石窟（9）新疆石窟 (10) 西藏石窟
		4) 雕塑	(1) 骨牙竹木雕 (2) 陶瓷塑 (3) 泥塑 (4) 石雕 (5) 砖雕 (6) 画像砖石 (7) 玉雕 (8) 金属铸像 (9) 圆雕 (10) 浮雕（11）透雕 (12) 线刻
		5) 纪念地	(1) 近代反帝遗址 (2) 革命遗址 (3) 近代名人墓 (4) 纪念地

大类	中类	小类	子　类
二、人文景源	7.史迹	6)科技工程	(1) 长城 (2) 要塞 (3) 炮台 (4) 城堡 (5) 水城 (6) 古城 (7) 塘堰渠陂 (8) 运河 (9) 道桥 (10) 纤道栈道（11）星象台（12）古盐井
		7)古墓葬	(1) 史前墓葬 (2) 商周墓葬 (3) 秦汉以后帝陵 (4) 秦汉以后其他墓葬 (5) 历史名人墓 (6) 民族始祖基
		8)其他史迹	(1) 古战场　　　　　　　　　　　　　　　　　　　　　（合计 57 子类）
	8.风物	1)节假庆典	(1) 国庆节 (2) 劳动节 (3) 双休日 (4) 除夕春节 (5) 元宵节 (6) 清明节 (7) 端午节 (8) 中秋节 (9) 重阳节（10）民族岁时节日
		2)民族民俗	(1) 仪式 (2) 祭礼 (3) 婚仪 (4) 祈禳 (5) 驱祟 (6) 纪念 (7) 游艺 (8) 衣食习俗 (9) 居住习俗 (10) 劳作习俗
		3)宗教礼仪	(1) 朝觐活动 (2) 禁忌 (3) 信仰 (4) 礼仪 (5) 习俗 (6) 服饰 (7) 器物 (8) 标识
		4)神话传说	(1) 古典神话及地方遗迹 (2) 少数民族神话及遗迹 (3) 古谣谚 (4) 人物传说 (5) 史事传说 (6) 风物传说
		5)民间文艺	(1) 民间文学 (2) 民间美术 (3) 民间戏剧 (4) 民间音乐 (5) 民间歌舞 (6) 风物传说
		6)地方人物	(1) 英模人物 (2) 民族人物 (3) 地方名贤 (4) 特色人物
		7)地方物产	(1) 名特产品 (2) 新优产品 (3) 经销产品 (4) 集市圩场
		8)其他风物	(1) 庙会 (2) 赛事 (3) 特殊文化活动 (4) 特殊行业活动　　　（合计 52 子类）
三、综合景源	9.游憩景地	1)野游地区	(1) 野餐露营地 (2) 攀登基地 (3) 骑驭场地 (4) 垂钓区 (5) 划船区 (6) 游泳场区
		2)水上运动区	(1) 水上竞技场 (2) 潜水活动区 (3) 水上游乐园区 (4) 水上高尔夫球场
		3)冰雪运动区	(1) 冰灯雪雕园地 (2) 冰雪游戏场区 (3) 冰雪运动基地 (4) 冰雪练习场
		4)沙草游戏地	(1) 滑沙场 (2) 滑草场 (3) 沙地球艺场 (4) 草地球艺球
		5)高尔夫球场	(1) 标准场 (2) 练习场 (3) 微型场
		6)其他游憩景地	(1) 游人中心　　　　　　　　　　　　　　　　　　　（合计 21 子类）
	10.娱乐景地	1)文教园区	(1) 文化馆园 (2) 特色文化中心 (3) 图书楼阁馆 (4) 展览博览园区 (5) 特色校园 (6) 培训中心 (7) 训练基地（8）社会教育基地
		2)科技园区	(1) 观测站场 (2) 试验园地 (3) 科技园区 (4) 科普园区 (5) 天文台馆 (6) 通信转播站
		3)游乐园地	(1) 游乐园地 (2) 主题园区 (3) 青少年之家 (4) 歌舞广场 (5) 活动中心 (6) 群众文娱基地
		4)演艺园区	(1) 影剧场地 (2) 音乐厅堂 (3) 杂技场区 (4) 表演场馆 (5) 水上舞台
		5)康体园区	(1) 综合体育中心 (2) 专项体育园地 (3) 射击游戏场地 (4) 健身康乐园地
		6)其他娱乐景地	（合计 29 子类）
	11.保健景地	1)度假景地	(1) 郊外度假地 (2) 别墅度假地 (3) 家庭度假地 (4) 集团度假地 (5) 避寒地 (6) 避暑地
		2)休养景地	(1) 短期休养地 (2) 中期休养地 (3) 长期休养地 (4) 特种休养地
		3)疗养景地	(1) 综合慢性疗养地 (2) 专科病疗养地 (3) 特种疗养地 (4) 传染病疗养地
		4)福利景地	(1) 幼教机构 (2) 福利院 (3) 敬老院
		5)医疗景地	(1) 综合医疗地 (2) 专科医疗地 (3) 特色中医院 (4) 急救中心
		6)其他保健景地	（合计 21 子类）

续表

大类	中类	小类	子 类
三、综合景源	12. 城乡景观	1) 田园风光	(1) 水乡田园 (2) 旱地田园 (3) 热作田园 (4) 山陵梯田 (5) 牧场风光 (6) 盐田风光
		2) 耕海牧渔	(1) 滩涂养殖场 (2) 浅海养殖场 (3) 浅海牧渔区 (4) 海上捕捞
		3) 特色村街寨	(1) 山村 (2) 水乡 (3) 渔村 (4) 侨乡 (5) 学村 (6) 画村 (7) 花乡 (8) 村寨
		4) 古镇名城	(1) 山城 (2) 水城 (3) 花城 (4) 文化城 (5) 卫城 (6) 关城 (7) 堡城 (8) 石头城 (9) 边境城镇 (10) 口岸风光 (11) 商城 (12) 港城
		5) 特色街区	(1) 天街 (2) 香市 (3) 花市 (4) 菜市 (5) 商港 (6) 渔港 (7) 文化街 (8) 仿古街 (9) 夜市 (10) 民俗街区
		6) 其他城乡景观	(合计 40 子类)
3	12	98	803

资料来源：本表引自"风景规划——《风景名胜区规划规范》实施手册"，2003 年 3 月。

附录四 《保护世界文化和自然遗产公约》

联合国教育、科学及文化组织大会于 1972 年 10 月 17 日至 11 月 21 日在巴黎举行的第十七届会议，注意到文化遗产和自然遗产越来越受到破坏的威胁，一方面因年久腐变所致，同时，变化中的社会和经济条件使情况恶化，造成更加难以对付的损害或破坏现象，考虑到任何文化或自然遗产的坏变或消失都构成使世界各国遗产枯竭的有害影响，考虑到国家一级保护这类遗产的工作往往不很完善，原因在于这项工作需要大量手段，以及应予保护的财产的所在国不具备充足的经济、科学和技术力量，回顾本组织《组织法》规定，本组织将通过确保世界遗产得到保存和保护以及建议有关国家订立必要的国际公约来维护、增进和传播知识，考虑到现有关于文化财产和自然财产的国际公约、建议和决议表明，保护不论属于哪国人民的这类罕见且无法替代的财产，对全世界人民都很重要，考虑到某些文化遗产和自然遗产具有突出的重要性，因而需作为全人类世界遗产的一部分加以保存，考虑到鉴于威胁这类遗产的新危险的规模和严重性，整个国际社会有责任通过提供集体性援助来参与保护具有突出的普遍价值的文化遗产和自然遗产；这种援助尽管不能代替有关国家采取的行动，但将成为它的有效补充，考虑到为此有必要通过采用公约形式的新规定，以便为集体保护具有突出的普遍价值的文化遗产和自然遗产建立一个依据现代科学方法组织的永久性的有效制度，在第十六届会议上曾决定就此问题制订一项国际公约，于 1972 年 11 月 16 日通过本公约。

Ⅰ. 文化遗产和自然遗产的定义

第一条 为实现本公约的宗旨，下列各项应列为"文化遗产"：

古迹：从历史、艺术或科学角度看具有突出的普遍价值的建筑物、碑雕和碑画、具有考古性质的成分或构造物、铭文、窟洞以及景观的联合体；

建筑群：从历史、艺术或科学角度看在建筑式样、分布均匀或与环境景色结合方面具有突出的普遍价值的单立或连接的建筑群；

遗址：从历史、审美、人种学或人类学角度看具有突出的普遍价值的人类工程或自然与人的联合工程以及包括有考古地址的区域。

第二条 为实现本公约的宗旨，下列各项应列为"自然遗产"：

从审美或科学角度看具有突出的普遍价值的由物质和生物结构或这类结构群组成的自然景观；

从科学或保护角度看具有突出的普遍价值的地质和地文结构以及明确划为受到威胁的动物和植物生境区；

从科学、保存或自然美角度看具有突出的普遍价值的天然名胜或明确划分的自然区域。

第三条 本公约缔约国均可自行确定和划分上面第一条和第二条中提及的、本国领土内的各种不同的财产。

Ⅱ. 文化遗产和自然遗产的国家保护和国际保护

第四条 本公约缔约国承认，保证第一条和第二条中提及的、本国领土内的文化遗产和自然遗产的确定、保护、保存、展出和传给后代，主要是有关国家的责任。该国将为此目的竭尽全力，最大限度地利用本国资源，适当时利用所能获得的国际援助和合作，特别是财政、艺术、科学及技术方面的援助和合作。

第五条 为确保本公约各缔约国为保护、保存和展出本国领土内的文化遗产和自然遗产采取积极有效的措施，本公约各缔约国应视本国具体情况尽力做到以下几点：

1. 通过一项旨在使文化遗产和自然遗产在社会生活中起一定作用，并把遗产保护工作纳入全面规划纲要的总政策；

2. 如本国内尚未建立负责文化遗产和自然遗产的保护、保存和展出的机构，则建立一个或几个此类机构，配备适当的工作人员和为履行其职能所需的手段；

3. 发展科学和技术研究，并制订出能够抵抗威胁本国文化或自然遗产的危险的实际方法；

4. 采取为确定、保护、保存、展出和恢复这类遗产所需的适当的法律、科学、技术、行政和财政措施；

5. 促进建立或发展有关保护、保存和展出文化遗产和自然遗产的国家或地区培训中心，并鼓励这方面的科学研究。

第六条

（一）本公约缔约国，在充分尊重第一条和第二条中提及的文化遗产和自然遗产的所在国的主权，并不使国家立法规定的财产权受到损害的同时，承认这类遗产是世界遗产的一部分，因此，整个国际社会有责任进行合作，予以保护。

（二）缔约国同意，按照本公约的规定，应有关国家的要求帮助该国确定、保护、保存和展出第十一条第（二）和第（四）款中提及的文化遗产和自然遗产。

（三）本公约缔约国同意不故意采取任何可能直接或间接损害第一条和第二条中提及的位于本公约其他缔约国领土内的文化遗产和自然遗产的措施。

第七条 为实现本公约的宗旨，世界文化遗产和自然遗产的国际保护应被理解为建立一个旨在支持本公约缔约国保存和确定这类遗产的努力的国际合作和援助系统。

Ⅲ. 保护世界文化遗产和自然遗产政府间委员会

第八条

（一）在联合国教育、科学及文化组织内，现建立一个保护具有突出的普遍价值的文化遗产和自然遗产的政府间委员会，称为"世界遗产委员会"。委员会由联合国教育、科学及文化组织大会常会期间召集的本公约缔约国大会选出的 15 个缔约国组成。委员会成员国的数目将自本公约至少在 40 个缔约国生效后的大会常会之日起增至 21 个。

（二）委员会委员的选举须保证均衡地代表世界的不同地区和不同文化。

（三）国际文物保存与修复研究中心（罗马中心）的一名代表、国际古迹遗址理事会的一名代表，以及国际自然及自然资源保护联盟的一名代表，可以咨询者身份出席委员会的会议。此外，应联合国教育、科学及文化组织大会常会期间参加大会的本公约缔约国提出的要求，其他具有类似目标的政府间或非政府组织的代表也可以咨询者身份出席委员会的会议。

第九条

（一）世界遗产委员会成员国的任期自当选之应届大会常会结束时起至应届大会后第三次常会闭幕时止。

（二）但是，第一次选举时指定的委员中，有 1/3 的委员的任期应于当选之应届大会后第一次常会闭幕时截止；同时指定的委员中，另有 1/3 的委员的任期应于当选之应届大会后第二次常会闭幕时截止。这些委员由联合国教育、科学及文化组织大会主席在第一次选举后抽签决定。

（三）委员会成员国应选派在文化或自然遗产方面有资历的人员担任代表。

第十条

（一）世界遗产委员会应通过其议事规则。

（二）委员会可随时邀请公共或私立组织或个人参加其会议，以就具体问题进行磋商。

（三）委员会可设立它认为为履行其职能所需的咨询机构。

第十一条

（一）本公约各缔约国应尽力向世界遗产委员会递交一份关于本国领土内适于列入本条第二段所述《世界遗产目录》的组成文化遗产和自然遗产的财产的清单。这份清单不应当看做是详尽无遗的。清单应包括有关财产的所在地及其意义的文献资料。

（二）根据缔约国按照第（一）款规定递交的清单，委员会应制订、更新和出版一份《世界遗产目录》，其中所列的均为本公约第一条和第二条确定的文化遗产和自然遗产的组成部分，也是委员会按照自己制订的标准认为是具有突出的普遍价值的财产。一份最新目录应至少每两年分发一次。

（三）把一项财产列入《世界遗产目录》需征得有关国家同意。当几个国家对某一领土的主权或管辖权均提出要求时，将该领土内的一项财产列入《目录》不得损害争端各方的权利。

（四）委员会应在必要时制订、更新和出版一份《处于危险的世界遗产目录》，其中所列财产均为载于《世界遗产目录》之中、需要采取重大活动加以保护并根据本公约要求需给予援助的财产。《处于危险的世界遗产目录》应载有这类活动的费用概算，并只可包括文化遗产和自然遗产中受到下述严重的特殊危险威胁的财产。这些危险是：蜕变加剧、大规模公共和私人工程、城市或旅游业迅速发展的项目造成的消失威胁；土地的使用变动或易主造成的破坏；未知原因造成的重大变化；随意摒弃；武装冲突的爆发或威胁；灾害和灾变；严重火灾、地震、山崩；火山爆发；水位变动、洪水和海啸等。委员会在紧急需要时可随时在《处于危险的世界遗产目录》中增列新的条目并立即予以发表。

（五）委员会应确定属于文化或自然遗产的财产可被列入本条第（二）和第（四）款中提及的目录所依据的标准。

（六）委员会在拒绝一项要求列入本条第（二）和第（四）款中提及的目录之一的申请之前，应与有关文化或自然财产所在缔约国磋商。

（七）委员会经与有关国家商定，应协调和鼓励为拟订本条第（二）和第（四）款中提及的目录所需进行的研究。

第十二条　未被列入第十一条第（二）和第（四）款提及的两个目录的属于文化或自然遗产的财产，绝非意味着在列入这些目录的目的之外的其他方面不具有突出的普遍价值。

第十三条

（一）世界遗产委员会应接收并研究本公约缔约国就已经列入或可能适于列入第十一条第（二）和第（四）款中提及的目录的本国领土内成为文化或自然遗产的财产，要求国际援助而递交的申请。这种申请的目的可以是保证这类财产得到保护、保存、展出或恢复。

（二）当初步调查表明有理由进行深入的时候，根据本条第（一）款中提出的国际援助申请还可以涉及鉴定哪些财产属于第一条和第二条所确定的文化或自然遗产。

（三）委员会应就对这些申请所需采取的行动作出决定，适当时应确定其援助的性质和程度，并授权以它的名义与有关政府作出必要的安排。

（四）委员会应制订其活动的优先顺序并在进行这项工作时应考虑到需予保护的财产对世界文化遗产和自然遗产各具的重要性、对最能代表一种自然环境或世界各国人民的才华和历史的财产给予国际援助的必要性、所需开展工作的迫切性、受到威胁的财产所在的国家现有的资源、特别是这些国家利用本国手段保护这类财产的能力大小。

（五）委员会应制订、更新和发表已给予国际援助的财产目录。

（六）委员会应就根据本公约第十五条设立的基金的资金使用问题作出决定。委员会应设法增加这类资金，并为此目的采取一切有益的措施。

（七）委员会应与拥有与本公约目标相似的目标的国际和国家级政府组织和非政府组织合作。委员会为实施其计划和项目，可约请这类组织，特别是国际文物保存与修复研究中心（罗马中心）、国际古迹遗址理事会和国际自然及自然资源保护联盟，并可约请公共和私立机构及个人。

（八）委员会的决定应经出席及参加表决的委员的 2/3 多数通过。委员会委员的多数构成法定人数。

第十四条

（一）世界遗产委员会应由联合国教育、科学及文化组织总干事任命组成的一个秘书处协助工作。

（二）联合国教育、科学及文化组织总干事应尽可能充分利用国际文物保存与修复研究中心（罗马中心）、国际古迹遗址理事会和国际自然及自然资源保护联盟在各自职权能力范围内提供的服务，为委员会准备文件资料，制订委员会会议议程，并负责执行委员会的决定。

Ⅳ. 保护世界文化遗产和自然遗产基金

第十五条

（一）现设立一项保护具有突出的普遍价值的世界文化遗产和自然遗产基金，称为"世界遗产基金"。

（二）根据联合国教育、科学及文化组织《财务条例》的规定，此项基金应构成一项信托基金。

（三）基金的资金来源应包括：

1. 本公约缔约国义务捐款和自愿捐款；

2. 下列方面可能提供的捐款、赠款或遗赠：

（1）其他国家；

（2）联合国教育、科学及文化组织、联合国系统的其他组织（特别是联合国开发计划署）或其他政府间组织；

（3）公共或私立团体或个人。

3. 基金款项所得利息；

4. 募捐的资金和为本基金组织的活动的所得收入；

5. 世界遗产委员会拟订的基金条例所认可的所有其他资金。

（四）对基金的捐款和向委员会提供的其他形式的援助只能用于委员会限定的目的。委员会可接受仅用于某个计划或项目的捐款，但以委员会业已决定实施该计划或项目为条件。对基金的捐款不得带有政治条件。

第十六条

（一）在不影响任何自愿补充捐款的情况下，本公约缔约国同意，每两年定期向世界遗产基金纳款，本公约缔约国大会应在联合国教育、科学及文化组织大会届会期间开会确定适用于所有缔约国的一个统一的纳款额百分比。缔约国大会关于此问题的决定，需由未作本条第（二）款中所述声明的、出席及参加表决的缔约国的多数通过。本公约缔约国的义务纳款在任何情况下都不得超过对联合国教育、科学及文化组织正常预算纳款的1%。

（二）然而，本公约第三十一条或第三十二条中提及的国家均可在交存批准书、接受书或加入书时声明不受本条（一）规定的约束。

（三）已作本条第（二）款中所述声明的本公约缔约国可随时通过通知联合国教育、科学及文化组织总干事收回所作声明。然而，收回声明之举在紧接的一届本公约缔约国大会之日以前不得影响该国的义务纳款。

（四）为使委员会得以有效地规划其活动，已作本条第（二）款中所述声明的本公约缔约国应至少每两年定期纳款，纳款不得少于它们如受本条第（一）款规定约束所需交纳的款额。

（五）凡拖延交付当年和前一日历年的义务纳款或自愿捐款的本公约缔约国，不能当选为世界遗产委员会成员，但此项规定不适用于第一次选举。

属于上述情况但已当选委员会成员的缔约国的任期，应在本公约第八条第（一）款规定的选举之时截止。

第十七条　本公约缔约国应考虑或鼓励设立旨在为保护本公约第一条和第二条中所确定的文化遗产和自然遗产募捐的国家、公共及私立基金会或协会。

第十八条　本公约缔约国应对在联合国教育、科学及文化组织赞助下为世界遗产基金所组织的国际募款运动给予援助。它们应为第十五条第（三）款中提及的机构为此目的所进行的募款活动提供便利。

Ⅴ. 国际援助的条件和安排

第十九条　凡本公约缔约国均可要求对本国领土内组成具有突出的普遍价值的文化或自然遗产的

财产给予国际援助。它在递交申请时还应按照第二十一条规定提交所拥有的并有助于委员会作出决定的情报和文件资料。

第二十条 除第十三条第（二）款、第二十二条 3 项和第二十三条所述情况外，本公约规定提供的国际援助仅限于世界遗产委员会业已决定或可能决定列入第十一条第（二）和第（四）款中所述目录的文化遗产和自然遗产的财产。

第二十一条

（一）世界遗产委员会应制订对向它提交的国际援助申请的审议程序，并应确定申请应包括的内容，即打算开展的活动、必要的工程、工程的预计费用和紧急程度以及申请国的资源不能满足所有开支的原因所在。这类申请须尽可能附有专家报告。

（二）对因遭受灾难或自然灾害而提出的申请，由于可能需要开展紧急工作，委员会应立即给予优先审议，委员会应掌握一笔应急储备金。

（三）委员会在作出决定之前，应进行它认为必要的研究和磋商。

第二十二条 世界遗产委员会提供的援助可采取下述形式：

1. 研究在保护、保存、展出和恢复本公约第十一条第（二）和第（四）款所确定的文化遗产和自然遗产方面所产生的艺术、科学和技术性问题；

2. 提供专家、技术人员和熟练工人，以保证正确地进行已批准的工程；

3. 在各级培训文化遗产和自然遗产的鉴定、保护、保存、展出和恢复方面的工作人员和专家；

4. 提供有关国家不具备或无法获得的设备；

5. 提供可长期偿还的低息或无息贷款；

6. 在例外并具有特殊原因的情况下提供无偿补助金。

第二十三条 世界遗产委员会还可向培训文化或自然遗产的鉴定、保护、保存、展出和恢复方面的各级工作人员和专家的国家或地区中心提供国际援助。

第二十四条 在提供大规模的国际援助之前，应先进行周密的科学、经济和技术研究。这些研究应考虑采用保护、保存、展出和恢复自然遗产和文化遗产方面最先进的技术，并应与本公约的目标相一致。这些研究还应探讨合理利用有关国家现有资源的手段。

第二十五条 原则上，国际社会只担负必要工程的部分费用。除非本国资源不许可，受益于国际援助的国家承担的费用应构成用于各项计划或项目的资金的主要份额。

第二十六条 世界遗产委员会和受援国应在它们签订的协定中，确定关于获得根据本公约规定提供的国际援助的计划或项目的实施条件。接受这类国际援助的国家应负责按照协定制订的条件，对如此卫护的财产继续加以保护、保存和展出。

VI. 教育计划

第二十七条

（一）本公约缔约国应通过一切适当手段，特别是教育和宣传计划，努力增强本国人民对本公约第一条和第二条中确定的文化和自然遗产的赞赏和尊重。

（二）缔约国应使公众广泛了解对这类遗产造成威胁的危险和为履行本公约进行的活动。

第二十八条 接受根据本公约提供的国际援助的缔约国应采取适当措施，使人们了解接受援助的财产的重要性和国际援助所发挥的作用。

VII. 报告

第二十九条

（一）本公约缔约国在按照联合国教育、科学及文化组织大会确定的日期和方式向该组织大会递交的报告中，应提供有关它们为实施本公约所通过的立法和行政规定以及采取的其他行动的情况，并详述在这方面获得的经验。

（二）应提请世界遗产委员会注意这些报告。

（三）委员会应在联合国教育、科学及文化组织大会的每届常会上递交一份关于其活动的报告。

VIII. 最后条款

第三十条　本公约以阿拉伯文、英文、法文、俄文和西班牙文拟订，五种文本同一作准。

第三十一条

（一）本公约应由联合国教育、科学及文化组织会员国根据各自的宪法程序予以批准或接受。

（二）批准书或接受书应交联合国教育、科学及文化组织总干事保存。

第三十二条

（一）所有非联合国教育、科学及文化组织会员的国家，经该组织大会邀请均可加入本公约。

（二）向联合国教育、科学及文化组织总干事交存加入书后，加入方才有效。

第三十三条　本公约须在第 20 份批准书、接受书或加入书交存之日的 3 个月之后生效，但这仅涉及在该日或该日之前交存各自批准书、接受书或加入书的国家。就任何其他国家而言，本公约应在这些国家交存其批准书、接受书或加入书的 3 个月之后生效。

第三十四条　下述规定适用于拥有联邦制或非单一立宪制的本公约缔约国：

1. 在联邦或中央立法机构的法律管辖下实施本公约规定的情况下，联邦或中央政府的义务应与非联邦国家的缔约国的义务相同；

2. 在无须按照联邦立宪制采取立法措施的联邦各个国家、地区、省或州的法律管辖下实施本公约规定的情况下，联邦政府应将这些规定连同其应予通过的建议一并通知各个国家、地区、省或州的主管当局。

第三十五条

（一）本公约缔约国均可废弃本公约。

（二）废约通告应以一份书面文件交存联合国教育、科学及文化组织的总干事。

（三）公约的废弃应在接到废约通告书 12 个月后生效。废弃在生效日之前不得影响退约国承担的财政义务。

第三十六条　联合国教育、科学及文化组织总干事应将第三十一条和第三十二条规定交存的所有批准书、接受书或加入书以及第三十五条规定的废弃等事项通告本组织会员国、第三十二条中提及的非本组织会员的国家以及联合国。

第三十七条

（一）本公约可由联合国教育、科学及文化组织的大会修订。但任何修订只对将成为修订公约的缔约国具有约束力。

（二）如大会通过一项全部或部分修订本公约的新公约，除非新公约另有规定，本公约应从新的修订公约生效之日起停止批准、接受或加入。

第三十八条　按照《联合国宪章》第一百零二条，本公约需应联合国教育、科学及文化组织总干事的要求在联合国秘书处登记。

1972 年 11 月 23 日订于巴黎，两个正式文本均有第十七届会议主席和联合国教育、科学及文化组织总干事的签字，由联合国教育、科学及文化组织存档，经验明无误之副本将分送至第三十一条和第三十二条所述之所有国家以及联合国。

前文系联合国教育、科学及文化组织大会在巴黎举行的，于 1972 年 11 月 21 日宣布闭幕的第十七届会议通过的《公约》正式文本。

1972 年 11 月 23 日签字，以昭信守。

后言：熔古铸今　继往开来

历史长河浩浩汤汤，风景园林源远流长。

中国风景园林肇始于原始农耕时代，风景园林的远古序曲深邃、悠远……一如激荡着的史诗般的旋律，回响数千年。

从上古典籍《尚书》中的"奠高山大川""所过名山大川"到三山五岳为首的名山景胜系统，再到新时代以国家公园为主体的自然保护地体系建设；从神话传说中的昆仑"帝都悬圃"、西王母"瑶池"到秦汉上林苑、明清三山五园，再到如今的奥林匹克公园及各地园林城市建设；从三星堆出土的夏商青铜神树、春秋时期的八种植树类型到秦汉弛道列树、树榆为塞，再到当下的绿廊、绿道系统建设……中国风景园林体系完备，类型丰富。

研究和践行风景园林的学科既古老又年轻。1949 年，中华人民共和国成立后，我国现代风景园林学才逐步建立起来，走过 70 余年风雨兼程之路，其内涵和外延不断拓展。与此同时，历经数千年发展演进的风景园林进入风景、园林、绿地三系系统集成时期，并伴随着全球第三次城镇化浪潮，即中国的城镇化发展而进一步提高、充实、完善①。

20、21 世纪之交的中国在全球化、城镇化背景下，经济高速发展，社会转型加剧，文化艺术发展亦趋向多元化。中西方风景园林交流在千禧年后经过了短暂而又激烈的碰撞，我国现代风景园林在熔古铸今、传承创新、兼收并蓄中呈现出强劲的发展态势，在国家、社会、个人层面，均构成中华民族伟大复兴中国梦的有机组成部分。

过去的 20 年，是中国风景林发展进程中的重要时期，以 2008 北京奥运会、2010 上海世博会、2019 北京世园会等国际化重大活动为契机，风景园林师在这些国际化赛事会展活动的会址、园区等一系列重大项目规划设计、建设运营中发挥了主导作用，

---

① 全球城镇化历经三大浪潮，第一次为 1750 年始于英国的欧洲城市化，历时 200 年；第二次以美国及北美国家为代表的城镇化浪潮，从 1860 年到 1950 年，速度较第一次快了一倍，用了大概 90 年的时间；第三次则以中国为代表，时间从 1978 年改革开放以后，到 2050 年之前，中国的城镇化率从 17.92% 将提高到 80% 以上，逼近城镇化率 85% 峰值饱和度，基本完成城镇化。

产生了良好的社会影响。新时代，"一带一路"、京津冀协同发展、乡村振兴、碳中和以及粤港澳大湾区等国家战略和重大项目建设为风景园林学提供了更为宽阔的空间和舞台。实践证明，以社会发展需求为导向，满足国家、地方重大项目建设和社会发展需要，风景园林学的实践应用价值得以充分体现和发挥。"以项目促学科"，风景园林学以重大项目建设为机遇集成新优技术成果和构建学科理论体系的同时，也更好地推动了风景园林学科体系建设和自身学科结构的优化。

风景园林是传承的文化，亦是绿色的社会公共事业。中国风景园林既体现了中华文明的丰富文化内涵，又承担着传统文化优秀基因永续传承的历史使命。极富中华文明特征的风景园林事业在新型城镇化发展和生态文明建设中发挥着越来越重要的作用。新型城镇化发展和生态文明建设也为风景园林学发展提供了前所未有的机遇，赋予了风景园林学重大的历史责任和社会担当。现代风景园林学作为一门经世致用的综合性应用学科，在推进理论创新并指导实践应用的同时，应以中华文化基因传承为己任，要求我们（风景园林师）既要有仰望星空的理想，又要有脚踏实地、久久为攻的干劲，扎实干好风景园林这一功在当代、泽被后世的绿色社会事业。

读史明智，知古鉴今。唐宋至明清时期，中国园林艺术作为"文化使节"便走向海外，影响了世界上东亚及西方国家的文化和风景园林发展。20世纪80年代，我国的风景园林师和能工巧匠更是走出国门，在美国、日本、德国、加拿大、新加坡、澳大利亚等国家建造中国园林并传播风景园林文化。新的历史时期，在推动构建人类命运共同体的大背景下，在推进"一带一路"建设中，风景园林更要继续发挥"文化使节"的重要作用，积极投身建设"各国共享的百花园"事业，增进中外文明交流互鉴。

鉴以往而知未来，从中国风景园林发展历程和阶段特征来看，中国风景园林在世界园林史上独树一帜、自成一体，形成了具有着鲜明中国特色的发展体系，具有着不可替代性和核心竞争力。这在过去、现在如此，未来亦如此……今天，当我们能够以更开放、更自信的心态来回顾和展望时，中国的风景园林学建设更要坚持世界眼光、全球视野，切实提升中国风景园林的国际竞争力和影响力。风景园林学在以后的发展中，随着新型城镇化的深入推进，会遇到新问题、新难题，在实践中也会出现新内容、新类型，需要我们进一步从宏观、中观、微观层面，充实完善风景、园林、绿地三系体系和内容，从而指导行业快速、稳定发展。展望未来，新的、现代化、多元化的中国风景园林系统集成完成、确立之时，也就是中国风景园林再次引领世界风景园林发展潮流之日。

当今世界正经历百年未有之大变局，中华民族伟大复兴正处于关键阶段。立德、立言、立身、立业，风景园林师要志当存高远，建功立业在天地之中、绿水青山之间，营造出最为独特、最有魅力、最激荡人心的传世作品。也唯有此，才能无愧于这个时代，无愧于这项社会事业。

一山一水入君怀，一草一木总关情。真诚希望风景园林爱好者、从业者能够通过此书，进一步了解并认识风景园林，加强交流与合作，共同推进风景园林学的发展。

编者

2021 年 5 月 16 日

图 7-2　河北塞罕坝林场是我国生态文明建设的典型范例。"为首都阻沙源、为京津涵水源",半个多世纪以来,三代塞罕坝人接续努力建成了世界上面积最大的人工林（112 万亩）,创造了沙漠变绿洲、荒原变林海的绿色奇迹,构建了守卫京津的重要绿色生态屏障

图 7-3　新疆阿克苏地区柯柯牙绿道建设,呈现果林化、景观化特征

图 7-4　世界城市建设历史上最杰出的典范——宏伟壮美绿树掩映中的北京中轴线景观

图 8-4 九曲黄河

图 8-5 长安（今西安）城南绿树成荫的乐游原，原为秦宜春苑的一部分，登此可望长安城，故在秦汉、隋唐时期皆为游览胜地，仅盛唐一朝就留下了关于乐游原的近百首珠玑绝句（图片来源：星球研究所，射虎）

图 8-7 设计师大燕儿的客厅绿植（北京阳光 100 公寓）

图 8-6　风景如画、游人如织的武汉东湖樱花园

图 8-8　上海莘庄立交桥绿化

图 10-3　西岳华山：奇险天下第一山

图 10-15　长江巫峡十二峰之最神女峰全景图

图 10-23　西湖全景图

图 10-30　敦煌莫高窟（王金）

图 10-39 黄鹤楼享有"天下江山第一楼""天下绝景"之称，
是武汉市标志性建筑，与晴川阁、古琴台并称武汉三大名胜

图 10-44 在崇山峻岭之间蜿蜒盘旋的万里长城

图 11-1 从北海公园上空俯瞰故宫（2009 年 10 月拍摄）
（引自胡洁等著《山水城市，梦想人居——基于山水城市思想的风景园林规划设计实践》）

图 11-33　于 2000 年千禧年建成开放的北京植物园展览温室，建筑面积 17000 平方米，占地 5.5 公顷，目前为亚洲最大、世界单体温室面积最大的展览温室

图 12-41　重庆光环购物中心浮悬于 40 米高空的"悬浮秘境绿植"与高 20 多米的"花之瀑谷"

图 13-24　英国丘园中国塔
（图片来源：引自王向荣，林箐著《西方现代景观设计的理论与实践》）

图 16-1　2019 北京世界园艺博览会永宁阁：高阁临沩水，平湖映天田

图 17-1　1998 级园林专业学生风景画写生